水利工程建设行业施工管理技术岗位人员培训系列教材

水利部建设与管理司
中国水利工程协会
编

质检员

中国水利水电出版社
www.waterpub.com.cn

内 容 提 要

本教材是根据当前水利水电工程建设行业对质检员的岗位要求编写的。全书共分为3部分：第1部分为水利水电工程建设质量管理与施工质检员，主要内容包括水利水电工程建设质量管理概述，施工质检员的岗位职责、工作内容、基本要求和职业道德；第2部分为水利水电工程施工质量管理操作实务，主要内容包括施工导流工程、基础处理工程、土石方开挖工程、土石方填筑工程、模板工程和钢筋工程、混凝土工程、渠道与堤防工程、水工建筑物金属结构、启闭机及机电产品；第3部分为水利水电工程施工质量评定表填表说明与示例。

本教材除作为水利水电工程建设行业质检员岗位培训、学习及考核（考试）用书外，还可供从事各行业工程建设项目可行性研究、设计、采购、施工、监理等人员以及大专院校相关专业师生参考阅读。

图书在版编目（CIP）数据

质检员/水利部建设与管理司，中国水利工程协会编.—北京：中国水利水电出版社，2009.11（2016.6重印）
（水利工程建设行业施工管理技术岗位人员培训系列教材）
ISBN 978-7-5084-7007-8

Ⅰ.①质… Ⅱ.①水…②中… Ⅲ.①水利工程-施工管理：质量管理-技术培训-教材 Ⅳ.①TV512

中国版本图书馆CIP数据核字（2009）第212839号

书　　名	水利工程建设行业施工管理技术岗位人员培训系列教材 **质检员**
作　　者	水利部建设与管理司　中国水利工程协会　编
出版发行	中国水利水电出版社 （北京市海淀区玉渊潭南路1号D座　100038） 网址：www.waterpub.com.cn E-mail：sales@waterpub.com.cn 电话：（010）68367658（发行部）
经　　售	北京科水图书销售中心（零售） 电话：（010）88383994、63202643、68545874 全国各地新华书店和相关出版物销售网点
排　　版	中国水利水电出版社微机排版中心
印　　刷	三河市鑫金马印装有限公司
规　　格	184mm×260mm　16开本　21.25印张　478千字
版　　次	2009年11月第1版　2016年6月第10次印刷
印　　数	27501—29500册
定　　价	**50.00**元

《水利工程建设行业施工管理技术岗位人员培训系列教材》

编　写　单　位

主编单位　水利部建设与管理司

中国水利工程协会

参编单位　（排名不分先后）

水利部黄河水利委员会建设管理局

水利部丹江口水利枢纽管理局

水利部淮河水利委员会建设与管理处

水利部珠江水利委员会建设与管理处

重庆市水利局

山西省水利厅

广东省水利厅建设与管理处

湖南省水利厅建设与管理处

海南省水务厅建设与管理处

四川省水利厅建设与管理处

河南省水利厅建设与管理处

江西省水利厅建设与管理处

新疆维吾尔自治区水利厅建设与管理处

云南省水利厅建设管理处

福建省水利厅水利建设处

安徽省水利厅基本建设处

山东省水利厅建设处

浙江省水利厅建设处

黑龙江省水利厅建设处

贵州省水利厅建设处

湖北省水利厅建设处

江西省水利厅农村水利处

广西壮族自治区水利厅基本建设局

安徽省水利水电基本建设管理局
山东黄河河务局
河南黄河河务局
山东东平黄河河务局
福建省水利水电建设管理总站
重庆市水利工程质量监督中心站
新疆生产建设兵团水利工程质量监督中心站
辽宁省水利工程协会
福建省建筑业协会水利水电分会
河海大学
武汉大学
黄河水利职业技术学院
福建水利电力职业技术学院
广东水利电力职业技术学院
山东水利职业学院
南京东方工程学院
四川省水利干部学校
中水建管（北京）管理技术培训中心
中国水利水电建设集团公司
武警水电指挥部
中水淮河规划设计研究有限公司
淮委沂泗水利工程有限公司（徐州）
河南省中原水利水电工程集团有限公司
河南黄河勘测设计研究院
开封黄河工程开发有限公司
中国电工设备总公司
中源环球（北京）管理顾问有限公司

《水利工程建设行业施工管理技术岗位人员培训系列教材》

编 审 委 员 会

本书编写委员会

主　　编　刘永强

副 主 编　赵东晓　宗敦峰

参　　编　（按姓氏笔画排序）

于纪玉　王　安　孙晓露　朱瑞宇

刘永强　庄　建　李良卫　吴香菊

汪自江　张修忠　宗敦峰　赵东晓

侯利敏　黄金胜　曾　琴　楚跃先

序

随着我国经济的快速发展、人口的日益增长，水利作为国民经济的基础设施和基础产业，在经济社会发展中起着越来越重要的作用。’98大洪水后，党中央、国务院高度重视水利工作，大幅度增加对水利的投入，掀起了新一轮水利建设高潮。一大批关系国计民生和经济社会发展全局的重点水利工程开工建设，实施了大规模的病险水库除险加固改造、灌区节水改造、水土保持和人畜饮水解困等工程，水利工程体系得到进一步完善，防洪减灾和水资源调控能力显著提高，为经济社会发展提供了可靠的防洪安全、供水安全、生态安全和粮食安全保障。

水利工程承担着防洪、供水、灌溉、发电等重要公共服务任务，与社会公共利益、人民生命安全密切相关。水利工程质量和安全一旦出现问题，极有可能导致灾难性后果。水利工程施工是确保工程质量的关键。水利工程点多、线长、面广，参与人员多，大型机具多，施工难度大，涉及爆破、隧洞开挖、高空操作等特种作业，其工程特点决定了水利工程施工管理的重要性，它不仅要求严格执行施工作业程序化管理，还要求对材料、资料等方面进行严格管理，特别是涉及人民生命财产安全的施工质量和施工安全管理的工作尤为重要。因此，重视水利工程施工的管理，加强对参与水利工程建设施工单位的施工管理人员岗位教育，建设一支合格的水利工程建设施工管理队伍，特别是抓紧对生产一线的水利工程施工管理人才培养显得越来越紧迫。

水利部建设与管理司和中国水利工程协会，组织国内多年从事水利水电工程施工、管理的有关单位和专家、学者、教授，在两年时间里编写了《水利工程建设行业施工管理技术岗位人员培训系列教材》。本套教材将会对规范水利工程施工管理行为，提高施工管理技术岗位人员综合素质与业务水平，打造一支过硬的水利工程建设工程师队伍发挥积极的作用。

孙继昌

2009.11

前言

为适应水利工程建设发展的需要，为贯彻、执行水利工程法律法规和规范规定，为提高水利工程实施中施工管理岗位人员的业务素质和管理水平，我们共同组织编写了《水利工程建设行业施工管理技术岗位人员培训系列教材》，全套教材共有5个分册，为水利水电工程施工管理岗位人员的上岗考核（考试）培训用书。

《质检员》为《水利工程建设行业施工管理技术岗位人员培训系列教材》的一个分册。水利水电工程施工质量管理是水利水电工程施工现场管理的重要组成部分。随着国家及社会对工程质量重视程度的不断提升，工程建设质量已经成为关系到社会民生的一件大事。加强水利水电工程质量管理，培养全面的水利水电工程质量管理人才，是适应现代水利的需要，是工程质量管理发展的必然趋势。水利水电工程质量管理工作比照其他行业的管理工作存在着工程类别多、工作模式不明确、质量管理责任重大等特点。因此，施工单位必须严格按照国家及水利行业有关工程建设法规、技术规程、技术标准的规定进行施工，并且对其施工的工程质量负责。要积极推行全面的施工质量管理，建立、健全施工质量保证体系，制定、完善质量责任考核办法，推行落实质量责任制，切实做好工程质量的全过程控制工作。

本教材是根据当前水利水电工程建设行业对质检员的岗位要求编写的。全书共分3部分：第1部分为水利水电工程建设质量管理与施工质检员，主要内容包括水利水电工程建设质量管理概述，施工质检员的岗位职责、工作内容、基本要求和职业道德；第2部分为水利水电工程施工质量管理操作实务，主要内容包括施工导流工程、基础处理工程、土石方开挖工程、土石方填筑工程、模板工程和钢筋工程、混凝土工程、渠道与堤防工程、水工建筑物金属结构、启闭机及机电产品；第3部分为水利水电工程施工质量评定表填表说明与示例。

本教材除作为水利水电工程建设行业质检员岗位培训、学习及考核（考试）用书外，还可供从事各行业工程建设项目可行性研究、设计、采购、施工、监理等人员以及大专院校相关专业师生参考阅读。

由于作者在水利水电工程建设行业质量管理方面的实践经验和理论水平有限，编写时间仓促，书中难免有疏漏之处，敬请同行专家和读者提出宝贵意见。

编者

2009.11.10

目　　录

第1部分

水利水电工程建设质量管理与施工质检员

第1章 水利水电工程建设质量管理概述

教学要求：本章介绍了水利水电工程建设质量管理的基本内容。通过本章学习要求了解水利水电工程建设质量管理的基本概念、水利水电工程质量形成过程和特点；熟悉水利水电工程质量管理体系；掌握水利水电工程质量控制、质量检验、质量评定和质量验收等基本知识。

1.1 基本概念

1.1.1 质量、工程质量与质量管理

1.1.1.1 质量与工程质量

质量是指反映实体固有的满足明确或者隐含需要能力的特性的总和。固有的就是指某事或某物中本来就有的，尤其是那种永久的特性。质量的主体是“实体”，实体可以是活动或者过程的有形产品。例如，建成的大坝、处理后的地基、或是无形的产品（质量措施规划等），也可以是某个组织体系或人，以及上述各项的组合。由此可见，质量的主体不仅包括产品，而且包括活动、过程、组织体系或人，以及它们的组合。质量的明确需要是指在合同、标准、规范、图纸、技术文件中已经作出明确规定的要求；质量的隐含需要则应加以识别和确定，如人们对实体的期望，公认的、不言而喻的、不必作出规定的“需要”。

工程质量除了具有上述普遍意义上的质量的含义以外，还具有自身的一些特点。在工程质量中，所说的满足明确或者隐含的需要，不仅是针对客户的，还要考虑到社会的需要和符合国家有关的法律、法规的要求。

一般认为工程质量具有以下特性。

1. 工程质量的单一性

这是由工程施工的单一性所决定的，即一个工程一个情况，即使是使用同一设计图纸，由同一施工单位来施工，也不可能有两个工程具有完全一样的质量。因此，工程质量的管理必须管理到每项工程，甚至每道工序。

2. 工程质量的过程性

工程的施工过程，在通常的情况下是按照一定的顺序来进行的。每个过程的质量都会影响到整个工程的质量，因此工程质量的管理必须管理到每项工程的全过程。

3. 工程质量的重要性

一个工程质量的好与坏，影响很大，不仅关系到工程本身，业主和参与工程的各个单位都将受到影响。所以，政府必须加强对工程质量的监督和控制，以保证工程建设和使用阶段的安全。

4. 工程质量的综合性

工程质量不同于一般的工业产品，工程是先有图纸后有工程，是先交易后生产或是边交易边生产。影响工程质量的原因很多，有设计、施工、业主、材料供应商等多方面的因素。只有各个方面做好了各个阶段的工作，工程的质量才有保证。

综合以上的特点，工程质量可以定义为工程能够满足国家建设和人民需要所具备的自然属性。

1.1.1.2 质量管理

我国 GB/T 19000—2000 族标准中把质量管理定义为：在质量方面指挥和控制组织协调的活动。这些相互协调的活动通常包括确定质量方针、质量目标和质量职责，组织质量策划、质量保证、质量控制和质量改进。

显而易见，质量管理是全部管理职能的一个组成部分，是有计划、有系统的活动，其首要任务是确定质量方针、质量目标和质量职责，核心是建立有效的质量管理体系，通过质量策划、质量控制、质量保证和质量改进，确保质量方针、质量目标和质量职责的实施和实现。质量体系是指为实施质量管理所需的组织机构、程序过程和资源，在这3个组成部分中，任一组成部分的缺失或不完善都会影响质量管理活动的顺利实施和质量管理目标的实现。质量管理的目标是组织总目标的重要内容，质量目标和责任应按级分解落实，各级管理者对目标的实现负有责任。

在工程施工中，质量管理是各级管理者的职责，必须是由项目经理领导，项目的全体员工参与并承担相应的义务和责任。因此，要搞好质量管理，应加强项目经理的领导作用，落实各级管理者职责，并加强教育，激励全体职工积极参与。

1.1.2 工程质量管理

工程质量管理是指为保证提高工程质量而进行的一系列管理工作，是企业管理的重要部分，它的目的是以尽可能低的成本，按既定的工期完成一定数量的达到质量标准的工程。它的任务就在于建立和健全质量管理体系，用企业的工作质量来保证工程实物质量。从20世纪60年代起，我国工程建设领域，在学习国外先进经验的基础上，开始引进并推行全面质量管理。

工程质量管理包含两个重要方面：质量保证与质量管理。

1. 质量保证

质量保证是指企业对用户在工程质量方面作出的担保，即企业向用户保证其承建的工程在规定的期限内能满足的设计和使用功能。它是质量管理的一部分，其核心是致力于使人们信任产品满足质量要求。

（1）质量保证的目的是提供信任，获信任的对象有两个方面：一是内部的信任，主要对象是组织的领导；二是外部的信任，主要对象是客户。由于质量保证的对象不同，所以客观上就存在着内部和外部质量保证。

（2）信任来源于质量体系的建立和运行（包括技术、管理、人员等方面的因素均处于受控状态），建立减少、消除、预防质量缺陷的机制，只有这样的体系才能说具有质量保证能力。

（3）产品的质量要求（产品要求、过程要求、体系要求），必须反映顾客的要求才能给顾客以足够的信任。

（4）保证方法。

1）供方的合格声明。

2）提供形成文件的基本证据。

3）提供其他顾客的认定证据。

4）顾客亲自审核。

5）由第三方进行审核。

6）提供经国家认可的认证机构出具的认证材料。

质保体系是指为了保证质量满足要求，运用系统的观点和方法，将参与设计施工和管理的各部门和人员组织起来，将设计施工的各环节及其管理活动严密协调组织起来，明确他们在保证质量方面的任务、责任、权限、工作程序和方法，从而形成一个有机的质量保证整体。主要内容有：有明确的质量方针、目标和计划；建立严格的质量责任制；建立专职质量管理机构和兼职质量管理人员；实行管理业务标准化和管理流程程序化；开展群众性的质量管理活动、建立高效灵敏的质量信息管理系统。

2. 质量控制

为达到质量要求所采取的作业技术和活动，致力于满足质量要求，是质量管理的一部分。其定义包含两个方面。

（1）质量控制包括作业技术和管理活动，其目的在于监视过程并排除质量环所有阶段中导致不满意结果的原因，以取得经济效益。

（2）质量控制和质量保证的某些活动是互相关联的。

1）质量控制的对象是过程，通过对作业技术和管理活动的管理，使被控制对象达到规定的质量要求。

2）质量控制应贯穿于质量形成的全过程（即质量环的所有环节）。

3）质量控制的目的在于以预防为主，通过采取预防措施来排除质量环各个阶段产生问题的原因，以获得期望的经济效益。

4）质量控制的具体实施主要是影响产品质量的各环节、各因素制订相应的计划和程序，对发现的问题和不合格情况进行及时处理，并采取有效的纠正措施。

质量保证和质量控制是一个事物的两个方面，其某些活动是互相关联、密不可分的。

1.2 水利水电工程质量形成过程及特点

1.2.1 水利水电工程质量形成过程

水利水电工程项目建设的过程就是水利水电工程质量的形成过程。把好水利水电工程建设各阶段的质量关，是保证水利水电工程质量的关键。

1. 项目可行性研究对工程项目质量的影响

项目可行性研究是在项目决策之前，在批准的项目建议书基础上进行的，通过调查、研究、分析与项目有关的工程、技术、经济等方面的条件和情况，对可能的多种方案进行比较论证，来对项目建成后的经济效益进行预测和评价的一种投资决策分析研究方法和科学分析活动。在此阶段，需要确定工程项目的质量要求，并与投资目标相协调。因此，项目的可行性研究直接影响项目的决策质量和设计质量。这就要求项目可行性研究对以下内容进行论证：①综述；②项目建设的必要性；③建设目标与任务；④建议方案；⑤方案论证；⑥可行性分析；⑦建设与运行管理；⑧投资估算及资金筹措；⑨效益分析与评价；⑩结论与建议。

2. 设计阶段对工程项目质量的影响

工程项目设计阶段，是根据已确定的质量目标和水平，通过工程设计使其具体化。设计在技术上是否可行、工艺是否先进、经济是否合理、设备是否配套、结构是否安全可靠等，这些都将决定着工程项目建成后的使用价值和功能。没有高质量的设计，就不可能有高质量的工程，因此，设计阶段是影响工程项目质量的决定性环节。

3. 施工阶段对工程项目质量的影响

工程项目施工阶段，是根据设计文件和图纸的要求，通过施工形成工程实体。它是将设计意图、质量目标和质量计划付诸实施的过程。施工阶段直接影响工程的最终质量。因此，施工阶段是工程质量控制的关键环节。

4. 工程竣工验收阶段对工程项目质量的影响

工程项目竣工验收阶段，就是对项目施工阶段的质量进行试车运转、检验评定，考核质量目标是否符合设计阶段的质量要求和合同规定的质量标准。这一阶段是工程建设向生产转移的必要环节，影响工程能否最终形成生产能力，体现了工程质量水平的最终结果。因此，工程竣工验收阶段是工程质量控制的最后一个重要环节。

综上所述，水利水电工程项目质量的形成包括一系列过程，它是由可行性研究、设计、工程施工和竣工验收各阶段质量等综合而成。根据国务院《质量振兴纲要（1996~2010年）》和有关规定，为了加强对水利水电工程的质量管理，保证工程质量，依照《水利工程质量管理规定》进行各阶段的质量控制，确保水利水电工程项目质量目标的最终实现。

1.2.2 水利水电工程质量的特点

水利水电工程质量的特点是由工程本身和生产的特点决定的，特别是大型水利水电工程建设涉及面广，是极其复杂的综合过程，建设周期长、建设过程具有连续性和协作性、受自然和社会条件的制约性强、结构类型不一、施工方法不一等特点，使得水利水电工程项目的质量不同于一般工业产品的质量，水利水电工程质量的特点主要表现在以下几个方面。

1. 过程的复杂性

一般工业产品质量从设计、开发、生产、安装到服务各阶段，通常由一个企业来完成，质量易于控制。而水利水电工程项目质量由咨询单位、设计承包单位、施工承包商、材料供应商等来完成，故质量形成过程比较复杂。

2. 影响因素多

水利水电工程项目质量的影响因素有决策、设计、材料、机械、施工工序、操作方法、技术措施、管理制度、施工人员素质及自然条件等，这些都影响到工程项目的质量。

3. 质量波动性大

水利水电工程建设不同于其他工业产品生产，没有固定的生产流水线、规范化的生产工艺、完善的检测技术、成套的生产设备和稳定的生产环境，产品质量易受控制，比较稳定。而水利水电工程项目本身的复杂性、多样性和单件性，决定了其质量的波动性大。

4. 质量变异大

由于影响水利水电工程质量的偶然性因素和系统性因素较多，任何一种因素发生变化，均会引起水利水电工程建设中的系统性质量变动。如材料规格品种错误、机械设备过度磨损和设计失误等都会严重影响工程质量，甚至造成工程质量事故。所以施工中要严防出现系统性因素的质量变异，把质量变异控制在偶然性因素范围内。

5. 质量隐蔽性

水利水电工程项目在施工过程中，由于工序交接多，中间产品多，隐蔽工程多，取样数量受到各种因素、条件的限制，很容易产生第二类判断错误，即：将不合格的产品误判为是合格的产品，这种错误判断的概率是工业产品的2倍左右，这对工程安全度是不利的。

6. 最终检验局限大

水利水电工程项目建成后不可能像一般工业产品那样将产品拆卸、解体来检查其内在的质量，或对不合格零部件更换。而水利水电工程项目的终检（竣工验收）无法通过工程内在质量的检验发现隐蔽的质量缺陷，即使发现质量问题可以修补，但也会给业主带来经济损失及其他不可弥补的损失。因此，工程项目的终检存在一定的局限性。

所以，对水利水电工程质量更应该重视，将质量控制贯穿于项目建设的全过程。

1.3　水利水电工程质量管理体系

《水利工程质量管理规定》（水利部令第7号〔1997〕）明确规定：水利水电工程质量实行项目法人（建设单位）负责、监理单位控制、施工单位保证和政府监督相结合的质量管理体制。由此可见，水利水电工程质量管理的四个体系分别为：政府部门的工程质量监督体系、项目法人的质量检查体系、监理单位的质量控制体系和勘察设计施工承包商的质量保证体系。下面对各个体系予以介绍。

1.3.1　政府部门的工程质量监督体系

《建设工程质量管理条例》（国务院令第279号〔2000〕）明确规定：国家实行建设工程质量监督管理制度。国务院建设行政主管部门对全国的建设工程质量实施统一的监督管理。铁路、交通、水利等有关部门按国务院规定的职责分工，负责对全国的有关专业建设工程质量的监督管理。1997年8月25日水利部颁布的《水利工程质量监督管理规定》（水建〔1997〕339号）明确规定：水利水电工程质量监督机构是水行政主管部门对水利水电工程进行监督管理的专职机构，对水利水电工程质量进行强制性的监督管理。其目的在于维护社会公共利益，保证技术性法规和标准贯彻执行，不代替项目法人（建设单位）、监理、设计、施工单位的质量管理工作。

1. 水利水电工程质量监督机构的设置

1997年8月25日水利部颁布的《水利工程质量监督管理规定》（水建〔1997〕339号）明确规定：水行政主管部门主管水利水电工程质量监督工作。水利水电工程质量监督机构按总站、中心站、项目站三级设置。

（1）水利部设置全国水利水电工程质量监督总站，办事机构设在建设司。水利水电规划设计管理局设置水利水电工程设计质量监督分站，各流域机构设置流域水利水电工程质量监督分站作为总站的派出机构。

（2）各省（自治区、直辖市）水利（水电）厅（局），新疆生产建设兵团水利局设置水利水电工程质量监督中心站。

（3）各地（市）水利（水电）局设置水利水电工程质量监督站。

各级质量监督机构隶属于同级水行政主管部门，业务上接受上一级质量监督机构的指导。水利水电工程质量监督项目站（组），是相应质量监督机构的派出单位。

2. 水利水电工程质量监督机构主要职责

全国水利水电工程质量监督总站负责全国水利水电工程的监督和管理，其主要职责包括：

（1）贯彻执行国家和水利部有关工程建设质量管理的方针、政策。

（2）制定水利水电工程质量监督、检测有关规定和办法，并监督实施。

（3）归口管理全国水利水电工程的质量监督工作，指导各分站、中心站的质量监督工作。

（4）对部直属重点工程组织实施质量监督。参加工程的阶段验收和竣工验收。

（5）监督有争议的重大工程质量事故的处理。

（6）掌握全国水利水电工程质量动态；组织交流全国水利水电工程质量监督工作经验，组织培训质量监督人员；开展全国水利水电工程质量检查活动。

水利水电工程设计质量监督分站受总站委托承担的主要任务包括：

（1）归口管理全国水利水电工程的设计质量监督工作。

（2）负责设计全面质量管理工作。

（3）掌握全国水利水电工程的设计质量动态，定期向总站报告设计质量监督情况。

各流域水利水电工程质量监督分站对本流域内下列工程项目实施质量监督对本流域内下列工程项目实施质量监督：

（1）总站委托监督的部属水利水电工程。

（2）中央与地方合资项目，监督方式由分站和中心站协商确定。

（3）省（自治区、直辖市）界及国际边界河流上的水利水电工程。

市（地）水利水电工程质量监督站的职责，由各中心站进行制定。项目站（组）职责应根据相关规定及项目实际情况进行制定。

3. 水利水电工程质量监督机构监督程序及主要工作内容

项目法人（或建设单位）应在工程开工前到相应的水利水电工程质量监督机构办理监督手续，签订《水利水电工程质量监督书》。

水利水电工程建设项目质量监督方式以抽查为主。大型水利水电工程应建立质量监督项目站，中、小型水利水电工程可根据需要建立质量监督项目站（组），或进行巡回监督。监督的主要内容有：

（1）对监理、设计、施工和有关产品制作单位的资质进行复核。

（2）对建设、监理单位的质量检查体系和施工单位的质量保证体系以及设计单位现场服务等实施监督检查。

（3）对工程项目的单位工程、分部工程、单元工程的划分进行监督检查。

（4）监督检查技术规程、规范和质量标准的执行情况。

（5）检查施工单位和建设、监理单位对工程质量检验和质量评定情况。

（6）在工程竣工验收前，对工程质量进行等级核定，编制工程质量评定报告，并向工程竣工验收委员会提出工程质量等级的建议。

工程建设、监理、设计和施工单位在工程建设阶段，必须接受质量监督机构的监督。工程竣工验收前，必须经质量监督机构对工程质量进行等级核验。未经工程质量等级核验或者核验不合格的工程，不得交付使用。

1.3.2 项目法人的质量检查体系

项目法人为维护自己的利益，保证工程质量，充分发挥投资效益，需要建立质量检查体系，成立质量检查机构，配备专职抓工程质量的技术负责人和质量检查人员，有一般的质量检测手段，当条件不具备时，应委托有资质的工程质量检测单位为其进行抽检；建立健全工程质量管理各项规章制度，如总工程师岗位责任制、质量管理分工负责制、技术文件编制，审核，上报制、工程质量管理例会制、工程质量月报制、工程质量事故报告制等。通过对施工全过程、全面的质量监督管理、协调和决策，保证竣工项目达到投资决策所确定的质量标准。

1.3.3 监理单位的质量控制体系

监理工程师的质量控制体系包括组织机构、工作制度、方法、职责等内容。总监理工程师、监理工程师、监理员及其他工作人员的组成（人员素质及数量）应符合合同规定，并满足所承担监理任务的要求。总监、监理工程师及监理员应持证上岗；建立健全质量管理制度。如岗位责任制、技术文件审核审批制度、原材料，中间产品及工程设备检验制度、工程质量检验制度、质量缺陷备案及检查处理制度、监理例会制、紧急情况报告制度、工作报告制度、工程验收制度等；工程规模较大时，应按合同规定建立工地试验室。无条件时，可就近委托有资质检测机构或试验室进行复核检测；编制工程建设监理规划及单位工程建设监理细则，并在第一次工地会议上向参建各方进行监理工作交底。监理工程师对工程质量的控制认证，有一套完整的、严密的组织机构、工作制度、程序和方法，构成了项目建设的质量控制体系，成为我国工程建设管理体系中不可缺少的另一层次的组成部分，并对强化工程质量管理发挥着越来越重要的作用。

1.3.4 设计单位/施工单位的质量保证体系

质量保证体系是以保证和提高工程质量为目标，运用系统工程的观点和方法，把企业各部门、各环节的质量管理职能和活动严密地组织起来，形成一个完整的质量管理网和工作体系。明确任务、职责、权限，而又互相协调、互相促进，使质量管理制度化、标准化，从而建造出用户满意的工程。

在工程项目实施过程中，质量保证是指企业对用户在工程质量方面作出担保和保证（承诺）。在承包人组织内部，质量保证是一种管理手段。在合同环境中，质量保证还被承包人用以向发包人提供信任。

设计/施工承包人的质量保证体系，是我国工程管理体系中最基础的部分，对于确保工程质量是至关重要的。只有使质量保证体系正常实施和运行，才能使建设单位、设计施工承包人在风险、成本及利润3个方面达到最佳状态。

建立设计单位设计质量及现场服务质量保证体系。

（1）大、中型工程设计单位应按合同规定在施工现场设立设计代表机构或派驻设计代表。现场设计人员的资格和专业配备应满足工程需要。

（2）建立健全相关质量保证制度。如：设代机构责任制度、设计文件及图纸签发批准制度、单项设计技术交底制度、现场设计通知和设计变更的审核签发制度等。

建立健全施工单位质量保证体系。

（1）项目经理部的组织机构应符合承建项目的要求。项目经理应持证上岗，技术负责人应具有相应专业技术资质。

（2）现场应设置专职质检机构，其人员（素质及数量）配置符合承建工程需要，质检员应持证上岗。

（3）现场应设置符合要求的试验室。无条件设立工地试验室的，经项目法人同意后，施工单位应就近委托有资质的检测机构或试验室进行自检项目的试验工作。

（4）建立健全质量管理规章制度。如工程质量岗位责任制度、质量管理制度、原材料，中间产品设备质量检验制度、施工质量自检制度、工序及单元工程验收制度、工程质量等级自评制度、质量缺陷检查及处理制度、质量事故及重大质量问题责任追究制度等。

1.4 水利水电工程建设质量控制

1.4.1 水利水电工程质量控制的分类

按实施主体不同，分为自控主体和监控主体。自控主体是指直接从事质量职能的活动者，监控主体是指对他人质量能力和效果的监控者，主要包括以下四个方面：

（1）政府的工程质量控制。政府属于监控主体，它主要以抽查为主的方式，以法律法规为依据，通过复核有关单位资质、检查技术规程、规范和质量标准的执行情况、重大工程质量评定和验收等重要环节实现其目的。

（2）工程监理单位的质量控制。工程监理单位属于监控主体，工程建设监理的质量控制，是指监理单位受发包人委托，代表发包人按照合同规定的质量标准对工程实施全过程进行的质量监督和控制。

（3）勘测设计单位的质量控制。勘察设计单位属于自控主体，它是以法律、法规以及设计合同为依据，对勘测设计的整个过程进行控制，包括工程进度、费用、方案以及设计成果所包含的功能和使用价值，以满足发包人对勘察设计质量的要求。

（4）施工单位的质量控制。施工单位属于自控主体，它是以工程承包合同、设计图纸和技术规范为依据，对施工准备阶段、施工阶段、工程设备和材料、工程验收阶段以及保修期全过程进行的工程质量进行的控制，以达到合同文件规定的质量要求。

1.4.2 水利水电工程质量控制的内容

1. 施工质量控制的过程

（1）施工准备质量控制。指工程项目开工前的全面施工准备和施工过程中各分部分项工程施工作业前的施工准备（或称施工作业准备）。此外，还包括季节性的特殊施工准备。施工准备质量是属于工作质量范畴，它对建设工程产品质量的形成产生重要的影响。

（2）施工过程的质量控制。指施工作业技术活动的投入与产出过程的质量控制，其内涵包括全过程施工生产及其中各分部、分项工程的施工作业过程。

（3）施工验收质量控制。指对已完工程验收时的质量控制，即工程产品质量控制。包括隐蔽工程验收、检验批验收、分项工程验收、分部工程验收、单位工程验收和整个建设工程项目竣工验收过程的质量控制。

2. 施工质量控制过程中各主体控制职能

（1）自控主体。施工承包方和供应方在施工阶段是质量自控主体，他们不能因为监控主体的存在和监控责任的实施而减轻或免除其质量责任。

（2）监控主体。业主、监理、设计单位及政府的工程质量监督部门，在施工阶段是依据法律和合同对自控主体的质量行为和效果实施监督控制。

自控主体和监控主体在施工全过程相互依存、各司其职，共同推动着施工质量控制过程的发展和最终工程质量目标的实现。

3. 工程施工质量的自控主体

施工企业作为工程施工质量的自控主体既要遵循本企业质量管理体系的要求，也要根据其在所承建工程项目质量控制系统中的地位和责任，通过具体项目质量计划的编制与实施，有效地实现自主控制的目标。一般情况下，对施工承包企业而言，无论工程项目的功能类型、结构形式及复杂程度存在着怎样的差异，其施工质量控制过程都可归纳为以下相互作用的8个环节：

（1）工程调研和项目承接：全面了解工程情况和特点，掌握承包合同中工程质量控制的合同条件。

（2）施工准备：图纸会审、施工组织设计、施工力量设备的配置等。

（3）材料采购。

（4）施工生产。

（5）试验与检验。

（6）工程功能检测。

（7）竣工验收。

（8）质量回访及保修。

1.4.3 质量控制的原理

1.4.3.1 PDCA 循环原理

全面质量管理的基本工作方法为PDCA循环法。美国质量管理专家戴明博士把全面质量管理活动的全过程划分为计划（Plan）、实施（Do）、检查（Check）、处理（Action）4个阶段、8个步骤，简称PDCA循环。它是提高产品质量的一种科学管理工作方法，在日本称为“戴明环”。

1. 计划阶段 P

可以理解为质量计划阶段。主要是在调查问题的基础上制定计划。计划的内容包括确立目标、活动等，以及制定完成任务的具体方法。这个阶段包括8个步骤中的前4个步骤：查找问题；进行排列；分析问题产生的原因；制定对策和措施。

2. 实施阶段 D

包含两个环节，即计划行动方案的交底和按计划规定的方法与要求展开工程作业技术活动。就是按照制定的计划和措施去实施，这个阶段是8个步骤中的第5个步骤，即执行措施。

3. 检查阶段 C

就是检查生产（如设计或施工）是否按计划执行，其效果如何。就是产生的质量是否达到标准的要求，这个阶段是8个步骤中的第6个步骤，即检查采取措施后的效果。

4. 处理阶段 A

就是总结经验和清理遗留问题。这个阶段包括 8 个步骤中的最后两个步骤：建立巩固措施，即把检查结果中成功的做法和经验加以标准化、制度化，并使之巩固下来；提出尚未解决的问题，转入到下一个循环。

在 PDCA 循环中，处理阶段是一个循环的关键。PDCA 的循环过程是一个不断解决问题，不断提高质量的过程。同时，在各级质量管理中都有一个 PDCA 循环，形成一个大环套小环，一环扣一环，互相制约，互为补充的有机整体。在 PDCA 循环中，一般来说，上一级的循环是下一级循环的依据，下一级的循环是上一级循环的落实和具体化。

1.4.3.2 三阶段控制原理

就是通常所说的事前控制、事中控制和事后控制。这三阶段控制构成了质量控制的系统过程。

1. 事前控制

即施工前的准备阶段进行的质量控制。它是指在各工程对象，各项准备工作及影响质量的各因素和有关方面进行的质量控制。

2. 事中控制

即施工过程中进行的所有与施工过程有关各方面的质量控制，中间产品（工序产品或分部、分项工程产品）的质量控制。

3. 事后控制

它是指对于通过施工过程所完成的具有独立的功能和使用价值的最终产品（单位工程或整个工程项目）及其有关方面（例如质量文档）的质量进行控制。

以上三阶段不是孤立和截然分开的，它们之间构成有机的系统过程，实质上也就是 PDCA 循环具体化，并在每一次滚动循环中不断提高，达到质量管理或质量控制的持续改进。

1.4.3.3 三全控制管理

三全控制管理是来自于全面质量管理 TQC 的思想，同时包容在质量体系标准中，它指生产企业的质量管理应该是全面、全过程和全员参与的。这一原理对建设工程项目的质量控制，同样有理论和实践的指导意义。

1. 全面质量控制

是指工程（产品）质量和工作质量的全面控制，工作质量是产品质量的保证，工作质量直接影响产品质量的形成。对于建设工程项目而言，全面质量控制还应包括建设工程各参与主体的工程质量与工作质量的全面控制。如业主、监理、勘察、设计、施工总包、施工分包、材料设备供应商等，任何一方任何环节的怠慢疏忽或质量责任不到位都会造成对建设工程质量的影响。

2. 全过程质量控制

是指根据工程质量的形成规律，从源头抓起，全过程推进。质量体系标准强调质量管理的“过程方法”管理原则。按照建设程序，建设工程从项目建议书或建设构想提出，历经项目鉴别、选择、策划、可研、决策、立项、勘察、设计、发包、施工、验收、使用等各个有机联系的环节，构成了建设项目的总过程。其中每个环节又由诸多相互关联的活动构成相应的具体过程，因此，必须掌握识别过程和应用“过程方法”进行全过程质量控制。

3. 全员参与控制

从全面质量管理的观点看，无论组织内部的管理者还是作业者，每个岗位都承担着相应的质量职能，一旦确定了质量方针目标，就应组织和动员全体员工参与到实施质量方针的系统活动中去，发挥自己的角色作用。全员参与质量控制作为全面质量管理所不可或缺的重要手段就是目标管理。目标管理理论认为，总目标必须逐级分解，直到最基层岗位，从而形成自下到上，自岗位个体到部门团队的层层控制和保证关系，使质量总目标分解落实到每个部门和岗位。就企业而言，如果存在哪个岗位没有自己的工作目标和质量目标，说明这个岗位就是多余的，应予调整。

1.4.4 施工质量监理

监理工程师监理的具体任务是在施工全过程中对各环节进行有效的质量控制，从资料到现场，形成完整的管理体系。

1.4.4.1 施工准备阶段的质量监理

施工准备阶段，监理工程师应做以下工作。

1. 对承包人进行资质审查

承包人资质通常在招标阶段已进行审查，但为确保施工质量目标的实现，在承包队伍进场时，仍需对其资质进行审核，其中包括：

（1）企业注册证明和技术等级。

（2）了解施工企业的施工经历、技术力量等情况。

（3）了解机械设备配备情况。

2. 对承包人进场情况审查

包括人员状况、机械设备、材料是否满足施工要求，是否符合技术规范。检查进场材料、构配件的质量（是否有出厂合格证、质量保证书，是否有复试报告，是否有准用证等）。对需复试的材料，监理工程师有权要求取样、送检、复试，合格的材料方可使用。对某些工程材料、构配件还应事先提取样品，经认可后，方能采购、订货。

3. 对分包单位资格审查

总承包单位在选择分包单位时，要经监理工程师对分包单位的资质进行审查，确认其符合要求后，才能签订分包合同。分包单位应按照分包合同的约定对分包工程的质量向总承包单位负责，总承包单位与分包单位对分包工程的质量承担连带责任。

对分包单位资格审核内容如下。

（1）分包单位的营业执照、企业资质等级证书、特殊行业施工许可证、国外（境外）企业在国内承包工程许可证。

（2）分包单位近几年的业绩。

（3）拟分包工程的内容和范围。

（4）专职管理人员和特种作业人员的资格证、上岗证。

4. 审核质量保证体系、安全保证体系

审核质量保证体系、安全保证体系，确保质量安全。

5. 机、电、水暖设备的监理

在施工中配备的机械应提交设备产品的合格证、设备运行检验报告。对用电安全应进行审核、检查，尤其是临时用电安全，必须按规定操作。对于永久性设备，应按图纸设计要求采购，设备进场应开箱检验。

6. 审核施工组织设计、施工方案

（1）施工组织设计审核程序。

1）承包单位必须完成施工组织设计的编制及自审工作，由承包单位负责人签字并填写施工组织设计报审表，报送项目监理机构；

2）总监理工程师应在约定时间内，组织专业监理工程师审查，提出审查意见后，由总监理工程师审定批准；

3）施工组织设计报送建设单位备案。

（2）对单位工程施工组织设计的审查着重以下方面。

1）组织体系特别是质量保证体系是否健全。

2）施工现场总体布置是否合理，是否有利于保证施工的安全、正常、顺利地进行，是否有利于保证质量。

3）工程地质特征及场区环境状况，以及它们可能在施工中对质量与安全带来的不利影响。

4）主要施工技术措施的针对性，有效性如何。

（3）对施工方案审查的主要内容。

1）施工程序的安排是否合理。

2）施工机械设备的选择应考虑对施工质量的影响与保证。

3）主要项目的施工方法，它是施工方案的核心，合理的施工方法应当是方法可行，符合现场条件及工艺要求；符合国家有关的施工规范和质量检验评定标准的有关规定；符合国家有关的安全规定与所选择的施工机械设备和施工组织方式期适应；经济合理。

7. 施工现场管理

（1）审核施工总平面图布置是否合理。

（2）审核测量标桩控制点位置是否准确、牢固。

（3）审查测量放线方案，检查建筑物的定位、放线。

（4）审核基坑开挖支护方案。

（5）检查周围环境问题的处理。

8. 参加设计交底和图纸会审

（1）设计交底。参加设计交底了解的基本内容：

1）设计主导思想、建筑艺术构思和要求，采用的设计规范，确定的抗震等级、防火等级，基础、装修及机电设备设计等。

2）对主要建筑材料、构配件和设备的要求，所采用的新技术、新工艺、新材料、新设备的要求以及施工中应特别注意的事项等。

3）设计内容是否符合国家的强制性标准。

4）对建设单位、承包单位和监理单位提出的对施工图的意见和建议的答复。

（2）图纸会审。

图纸会审的主要内容有：

1）设计是否符合国家的有关政策规定和技术标准、规范，是否做到经济合理。

2）设计是否做到符合目前施工技术装备条件。

3）有无特殊材料（包括新材料）市场上是否能买到。买不到时是否可用替代材料。

4）建筑结构与设备安装之间有无矛盾，工程基础、结构、装饰等重点节点是否由疑难问题，各专业之间的图纸是否有碰、错、漏、改相互矛盾的地方。

5）图纸及说明是否齐全、清楚、明确，图纸所标尺寸、坐标、标高及管线通路交叉连接点是否正确。

6）设备安装大样详图、节点大样图是否齐全。

根据出图情况，图纸会审与设计交底可以分专业或分阶段进行。

9. 向承包人发布监理工作计划

（1）监理范围及控制目标。

（2）监理组织机构及其职责。

（3）监理与各有关方的关系。

（4）质量、进度、投资控制要求。

（5）变更、事故处理。

（6）隐蔽工程验收、分项工程验收、分部工程验收、竣工验收的要求。

10. 审查现场开工条件，召开工地例会

监理工程师应审查承包单位报送的工程开工报审表及相关资料，具备开工条件时，由总监理工程师签发，并报建设单位。

1.4.4.2 施工过程中的质量监理

（1）检查、督促承包人完善质量保证体系。

（2）现场检查、旁站、量测、试验。

（3）工序施工中的跟踪监督、检查与控制。

（4）隐蔽工程施工检查。

（5）审批设计变更和修改的图纸。

（6）当有质量问题暂时无法解决时，应下达停工令，整改完毕，达到质量标准后，根据施工单位的复工申请，监理工程师现场验收批复后方可开工。

（7）分项、分部工程质量验收。

（8）工程质量保证、质量评价资料及时、完整、真实。

（9）整理竣工档案。

1.4.4.3 保修阶段的质量监理

（1）审核承建商的“工程保修证书”。

（2）督促承包人完成竣工时尚未完成的任务。

（3）检查、鉴定工程质量状况和工程使用状况。

（4）在缺陷责任期终止前，督促承建商修复质量缺陷。

（5）在保修期结束后，检查工程保修状况，移交保修资料。

1.5 水利水电工程建设质量检验

1.5.1 水利水电工程质量检验的基本概念

水利水电工程质量检验是指在施工过程中，为了保证水利水电工程的施工质量符合质量规范要求，借助某种手段和方法对工程施工的质量特性进行测定，然后把测定的结果同该特性规定的质量标准进行比较。质量检验是保证工程施工质量的重要手段。

水利水电建设工程施工质量的形成是一个复杂的动态过程，在这个过程中，由于受到各种波动因素的影响，不可避免地存在不同程度的工程施工质量波动现象，这种波动超出允许界限值就会产生不合格。为了将工程施工质量的波动控制在允许的界限值（合格或优良）内，不仅要对原材料、配件和设备的质量进行检验，还要对施工作业过程的质量进行检验，通过检验，获取必要的工程施工质量特性信息，以便及时采取纠正和预防措施，防止问题再发生，从而保证工程施工的质量满足规定要求。这就要求施工单位做好“三检制”，质检员做好质量检查和控制工作

1.5.2 水利水电工程质量检验的分类

水利水电工程质量检验的分类方法有很多，有的按施工的不同阶段可将其分为施工前检验、中间检验和竣工检验；有的按检验的对象可分为材料检验、半成品检验和成品检验；有的按检验的目的可分为控制检验和验收检验；有的按检验的数量不同可分为抽样检验和全数检验；有的按检验的破坏程度不同可分为破坏性检验、半破坏性检验和非破坏性检验等。下面介绍常用的两种工程质量检验的分类方法。

1. 按检验的内容不同进行分类

水利水电工程施工质量检验按检验的内容不同可分为：施工准备质量检验（查）、原材料与中间产品质量检验、水工金属结构、启闭机及机电产品质量检验、单元工程质量检验、质量事故检验（查）、工程外观质量检验、竣工验收质量检验。

施工单位质检员应负责对施工单位内部的施工准备质量检验（查）、原材料与中间产品质量检验、水工金属结构、启闭机及机电产品质量检验、单元工程质量检验以及质量事故检验（查）等自检检验的检查工作。

2. 按检验的判别方法进行分类

按质量检验的判别方法分为定性检验和定量检验。

（1）定性检验是指质量标准没有具体的界限值，而是将质量标准的要求用文字进行定性的描述。如碾压式土石坝及砌石坝工程单元工程中的基本项目检验就是定性检

验。如护坡工程单元工程中基本项目护坡的质量标准是：

合格：砌体咬扣紧密；错缝竖砌，基本无通缝、叠砌；砂浆勾缝基本密实，坡面基本平整。

优良：砌体咬扣紧密；错缝竖砌，无通缝、叠砌；砂浆勾缝密实，坡面平整美观。

（2）定量检验是指质量标准有具体的界限值，合格或不合格的界限很清楚。如SDJ 249—88《水利水电基本建设工程单元工程质量等级评定标准》（以下简称《评定标准》）中的检测项目或允许偏差项目的检验都是定量检验。如水工隧洞喷射混凝土的厚度质量标准中规定喷射混凝土的厚度优良标准为不低于设计厚度的80%，合格标准为不低于设计厚度的70%。

定性检验由于界限值不明显，不易把握，主要凭经验靠感观进行判断。定量检验由于界限值明显，易于掌握，但往往要借助一定的工具或仪器设备才能进行检验。

1.5.3 水利水电工程质量检验的方法

水利水电工程质量检验由于检验手段的不同，又有不同的检验方法。在建筑安装工程中的质量检验方法一般分为两大类，即物理化学检验和感官检验。

物理化学检验是指凡是主要依靠量具、仪器及检测设备、装置、运用物理或化学方法对受检物进行检验而获得检验结果的方法。如对建筑物轴线、标高、长、宽、平整、顺直以及混凝土强度、密度、变形、变位、承载力、抗渗、抗冻等的检验，对砖、砂、石、钢筋、水泥、构配件、止水材料等的检验，均需要使用水平仪、经纬仪、量尺、塞尺、压力机及其他仪器、仪表、量具、检测设备、装置及物理与化学分析等方法进行质量检验。如检测混凝土的抗压强度，就要用混凝土压力试验机进行混凝土试块抗压试验。

感官检验是指仅依靠人的直观感觉来对工程的质量特性或特征进行评价判断的活动。比如，对于表面的光洁程度用手摸用眼看，对于建筑物外部的裂缝、变形和砌体通缝等用眼观看，对于面砖的空鼓用锤敲击听其声音等，往往都是依靠人的感觉器官来进行检查、判断和评价。

感官检验的过程是：受检物的质量特性或特征，给人的感觉器官（通常是指视觉、听觉、触觉、味觉和嗅觉）的刺激，感觉器官将这些信号传给人的大脑，经大脑分析判断后形成感知的知觉，再把知觉信号用感官量的语言、文字表达出来，并以此与一定的质量判定标准进行比较，对受检物的质量合格与否作出判定。

感官检验在把感觉数量化及比较判定的过程中，都不时地受到参与检验人的因素影响，如错觉、时空误差、疲劳程度、训练效果、心理影响、生理差异、知识水平、知识结构、工作经验、工作能力等。为了保证判定的准确性，要求检验人应具备一定的知识水平、工作经验和工作能力，并通过培训和实践锻炼不断提高自身的专业素质。

1.5.4 水利水电工程质量检验的程序

水利水电工程质量检验包括施工准备检查、中间产品与原材料质量检验、水工金属结构、启闭机及机电产品质量检查、单元工程质量检验、质量事故检查及工程外观质量检验等程序。

（1）施工准备检查。主体工程开工前，施工单位应组织人员对施工准备工作进行全面检查，并经建设（监理）单位确认合格后才能进行主体工程施工。

（2）中间产品与原材料质量检验。施工单位应按《评定标准》的规定及有关技术标准对中间产品与水泥、钢材等原材料质量进行全面检验，不合格产品不得使用。

（3）水工金属结构、启闭机及机电产品质量检查。安装前，施工单位应检查是否有出厂合格证、设备安装说明书及有关技术文件；对在运输和存放过程中发生的变形、受潮、损坏等问题应做好记录，并进行妥善处理。无出厂合格证或不符合质量标准的产品不得用于工程中。

（4）单元工程质量检验。施工单位应严格按《评定标准》规定的检验工序及单元工程质量，做好施工记录，并填写《水利水电工程施工质量评定表》。建设（监理）单位根据自己抽检的资料，核定单元工程质量等级。发现不合格单元工程，应按设计要求及时进行处理，合格后才能进行后续单元工程施工。对施工中的质量缺陷要记录备案，进行统计分析，并记入相应单元工程质量评定表“评定意见”栏内。

（5）施工单位应按月将中间产品质量及单元工程质量等级评定结果报建设（监理）单位，由建设（监理）单位汇总后报质量监督机构。

（6）工程外观质量检验。单位工程完工后，由质量监督机构组织建设（监理）、设计及施工等单位组成工程外观质量评定组，进行现场检验评定。参加外观质量评定的人员，必须具有工程师及以上技术职称。评定组人数不应少于5人，大型工程不宜少于7人。

1.6 水利水电工程质量评定

1.6.1 水利水电工程项目划分

1. 基本概念

为加强水利水电工程建设质量管理，保证工程施工质量，实践中通常将大、中型水利水电工程划分为单位工程、分部工程、单元工程等三级。

单位工程，指具有独立发挥作用或独立施工条件的建筑物。

分部工程，指在一个建筑物内能组合发挥一种功能的建筑安装工程，是组成单位工程的各个部分。对单位工程安全、功能或效益起控制作用的分部工程称为主要分部工程。

单元工程，指分部工程中由几个工种施工完成的最小综合体，是日常质量考核的基本单位。

重要隐蔽工程，指主要建筑物的地基开挖、地下洞室开挖、地基防渗、加固处理和排水工程等。

工程关键部位，指对工程安全或效益有显著影响的部位。

中间产品，指需要经过加工生产的土建类工程的原材料及半成品。

外观质量得分率，指单位工程外观质量实际得分占应得分数的百分数。

2. 工程项目划分原则

（1）单位工程划分原则。单位工程的划分应按工程施工设计及施工部署进行。

1）枢纽工程。以每座独立的建筑物为一个单位工程，工程规模大时，也可将一个建筑物中具有独立施工条件的一部分划为一个单位工程。

2）渠道工程。按渠道级别（干、支渠）或工程建设期、段划分，以一条干（支）渠或同一建设期、段的渠道工程为一个单位工程，大型渠道建筑物也可以每座独立的建筑物为一个单位工程。

3）堤防工程。依据设计及施工部署，可把堤身、堤岸防护、交叉连接建筑物分别列为单位工程。

（2）分部工程划分原则。

1）枢纽工程的土建工程按设计的主要组成部分划分分部工程；金属结构、启闭机及机电设备安装工程根据《评定标准》划分分部工程；渠道工程和堤防工程依据设计及施工部署划分分部工程。

2）同一单位工程中，同类型的各个分部工程的工程量不宜相差太大，不同类型的各个分部工程的投资也不宜相差太大。

3）每个单位工程的分部工程数目不宜少于5个。

（3）单元工程划分原则。

1）枢纽工程按照《评定标准》的规定划分；《评定标准》中未涉及的单元工程可依据设计结构、施工部署或质量考核要求划分层、块、段，确定单元工程。

2）渠道工程中的明渠（暗渠）开挖填筑单元工程、衬砌单元工程按渠道变形缝或结构缝划分。当渠道设计流量小于$30m^3/s$时，单元工程长度不宜大于100m；当设计流量不小于$30m^3/s$时，单元工程长度不宜大于50m。

渠道建筑物视其规模大小划分单元工程：大型渠道的建筑物可按《评定标准》划分单元工程；中型渠道建筑物按设计的组成部分划分，以每一主要组成部分为一个单元工程，小型建筑物以一座或几座建筑物为一个单元工程。

3）堤防工程根据施工方法与施工进度划分单元工程，土堤按填筑层、段划分，每个单元工程填筑量以$1000\sim2000m^3$为宜；堤防中的大、中型建筑物可按照《评定标准》划分单元工程，小型建筑物以一座或几座建筑物为一个单元工程。

1.6.2 水利水电工程质量评定标准

1. 水利水电工程施工质量等级评定依据

（1）《评定标准》和国家及其他水利水电行业有关施工规程、规范及技术标准。

（2）经批准的设计文件、施工图纸、金属结构设计图样与技术条件、设计修改通知书、厂家提供的设备安装说明书及有关技术文件。

（3）工程承发包合同中采用的技术标准。

（4）工程试运行期的试验及观测分析成果。

2. 单元工程质量评定标准

（1）单元工程质量等级标准按《评定标准》执行。

例：SDJ 249.2—88《金属结构及启闭机械安装工程》规定，主要项目必须符合标准，一般项目检查的实测点有90%及以上符合标准，其余基本符合标准的就可以评定为合格；在合格的基础上，优良项目占全部项目的50%及以上，应评为优良。

（2）单元工程（或工序）质量达不到《评定标准》合格规定时，必须及时处理。其质量等级按下列规定确定。

1）全部返工重做的，可重新评定质量等级。

2）经加固补强并经鉴定能达到设计要求，其质量只能评为合格。

3）经鉴定达不到设计要求，但建设（监理）单位认为能基本满足安全和使用功能要求的，可不加固补强；或经加固补强后，改变外形尺寸或造成永久性缺陷的，经建设（监理）单位认为基本满足设计要求，其质量可按合格处理。

3. 分部工程质量评定标准

（1）合格标准。

1）单元工程质量全部合格。

2）中间产品质量及原材料质量全部合格，金属结构及启闭机制造质量合格，机电产品质量合格。

（2）优良标准。

1）单元工程质量全部合格，其中有50%以上达到优良，主要单元工程、重要隐蔽工程及关键部位的单元工程质量优良，且未发生过质量事故。

2）中间产品质量全部合格，其中混凝土拌和物质量达到优良。原材料质量、金属结构及启闭机制造质量合格，机电产品质量合格。

4. 单位工程质量评定标准

（1）外观质量评定。在单位工程完工后，由项目法人（建设单位）组织、质量监督机构主持，项目法人（建设单位）、监理、设计、施工和管理运行单位组成外观质量评定组，进行现场评定。参加评定的人员，必须具有工程师及以上技术职称。

评定要求：

1）评定组人数不应少于5人，大型工程不宜少于7人。

2）检测数量：全面检查后，抽测25%，且各项不少于10点。

3）评定等级标准：测点中符合质量标准的点数占总测点数的百分率为100%时，为一级。合格率为99.0%～99.9%时，为二级。合格率为70.0%～89.9%时，为三级。合格率小于70%时，为四级。其下方的百分数为相应于所得标准分的百分数。每项评定得分按下式计算：

$$各项评定得分=该项标准分\times该项得分百分率$$

$$得分率=实得分/应得分$$

（2）单位工程质量评定标准。

1）合格标准。①分部工程质量全部合格；②中间产品质量及原材料质量全部合格，金属结构及启闭机制造质量合格，机电产品质量合格；③外观质量得分率达到

70% 以上；④施工质量检验资料基本齐全。

2）优良标准。①分部工程质量全部合格，其中有 50% 以上达到优良，主要分部工程质量优良，且施工中未发生重大安全事故；②中间产品质量全部合格，其中混凝土拌和物质量达到优良，原材料质量、金属结构及启闭机制造质量合格，机电产品质量合格；③外观质量得分率达到 85% 以上；④施工质量检验资料齐全。

5. 工程项目质量评定标准

（1）合格标准。单位工程质量全部合格。

（2）优良标准。单位工程质量全部合格，其中有 50% 以上的单位工程优良，且主要建筑物单位工程为优良。

6. 质量评定工作的组织与管理

（1）单元工程质量由施工单位质检部门组织评定，建设（监理）单位复核。

（2）重要隐蔽工程及工程关键部位在施工单位自评合格后，由建设（监理）、质量监督、设计、施工单位组成联合小组，共同核定其质量等级。

（3）工程质量评定在施工单位质检部门自评的基础上，由建设（监理）单位复核，报质量监督机构审查核备。大型枢纽主体建筑物的分部工程质量等级，报质量监督机构审查核定。

（4）单位工程质量评定在施工单位自评的基础上，由建设（监埋）单位复核，报质量监督机构核定。

（5）工程项目的质量等级由该项目质量监督机构在单位工程质量评定的基础上进行核定。

（6）质量监督机构应在工程竣工验收前提出工程质量评定报告，向工程竣工验收委员会提出工程质量等级的建议。

1.7 水利水电工程质量验收

水利水电工程质量验收分为分部工程验收、阶段验收、单位工程验收和竣工验收。按照验收的性质可分为投入使用验收和完工验收。

工程开工后，项目法人或有关责任主体应依据水利水电工程验收规程，并结合工程建设计划编制工程各项验收计划，报工程建设主管部门备案。

验收工作的主要内容有：

（1）检查工程是否按照批准的设计文件进行建设。

（2）检查已完工程在设计、施工、设备制造安装等方面的质量，并对验收遗留问题提出处理要求。

（3）检查工程是否具备运行或进行下一阶段建设的条件。

（4）总结工程建设中的经验教训，并对工程作出评价。

（5）及时移交工程，尽早发挥工程投资效益。

工程进行验收时，必须要有质量评定意见。工程质量评定分为单元工程质量评定、分部工程质量评定、单位工程质量评定和工程项目质量评定。阶段验收时应有水利水电工程质量监督机构的质量评价意见，竣工验收时必须有水利水电工程质量监督机构的质量监督报告，竣工验收委员会在质量监督报告的基础上鉴定工程质量等级。工程质量评定应严格按照 SL 176—2007《水利水电工程施工质量检验与评定规程》执行。

验收资料的制备由项目法人负责统一组织，各有关单位应按照项目法人的要求及时完成。

1.7.1　分部工程质量验收

分部工程验收应具备的条件是：该分部工程的所有单元工程已经完建且质量全部合格。

分部工程验收由验收工作组负责，分部工程验收工作组由项目法人或监理主持，设计、施工、运行管理单位有关专业技术人员参加，每个单位以不超过 2 人为宜。

分部工程验收的主要工作是：

（1）鉴定工程是否达到设计标准。

（2）按现行国家或行业技术标准，评定工程质量等级。

（3）对验收遗留问题提出处理意见。

（4）分部工程验收的图纸、资料和成果是竣工验收资料的组成部分，必须按竣工验收标准制备。

（5）分部工程验收的成果是“分部工程验收签证”，签证原件一般不少于 4 份，暂由项目法人保存，待竣工验收后，分送有关单位。

1.7.2　工程质量阶段验收

根据工程建设需要，当工程建设达到一定关键阶段时（如基础处理完毕、截流、水库蓄水、机组启动、输水工程通水等），应进行阶段验收。

阶段验收由竣工验收主持单位或其委托单位主持。阶段验收委员会由项目法人、设计、监理、施工、运行管理、质量监督、上级主管部门等单位组成，必要时应邀请地方政府及有关部门参加。

阶段验收的主要工作是：

（1）检查已完工程的质量和形象面貌。

（2）检查在建工程建设情况。

（3）检查待建工程的计划安排和主要技术措施落实情况，以及是否具备施工条件。

（4）检查拟投入使用工程是否具备运用条件。

（5）对验收遗留问题提出处理要求。

阶段验收的成果是“阶段验收鉴定书”，自鉴定书通过之日起 14d 内，由验收主持单位行文发送有关单位。“阶段验收鉴定书”原件不少于 5 份，除验收主持单位留存 1 份外，其余暂由项目法人保存，待竣工验收后，分送有关单位。

1.7.3　单位工程质量验收

单位工程在完工后应及时进行完工验收。单位工程完工验收应具备的条件是：单位工程中所有分部工程已经完建并验收合格。

单位工程完工验收由项目法人主持，验收委员会由监理、设计、施工、运行管理等单位的专业技术人员组成，每个单位一般以2~3人为宜。

单位工程完工验收的主要工作是：

（1）检查工程是否按批准的设计文件完成。

（2）检查工程质量，评定质量等级，对工程缺陷提出处理要求。

（3）对验收遗留问题提出处理要求。

（4）按照合同规定，施工单位向项目法人移交工程。

单位工程验收的成果是“单位工程验收鉴定书”，鉴定书原件一般不少于4份，暂由项目法人保存，待竣工验收后，分送有关单位。

对于在竣工验收前已经建成并能够发挥效益，需要提前投入使用的单位工程，在投入使用前应进行投入使用验收。

1.7.4 工程质量竣工验收

工程在投入使用前必须通过竣工验收。竣工验收应在全部工程完建后3个月内进行。进行验收确有困难的，经工程验收主持单位同意，可以适当延长期限。

1. 竣工验收应具备的条件

（1）工程已按批准的设计文件规定的内容全部建成。

（2）各单位工程能正常运行。

（3）历次验收所发现的问题已基本处理完毕。

（4）归档资料符合工程档案资料管理的有关规定。

（5）工程建设征地补偿及移民安置等问题已基本处理完毕，工程主要建筑物安全保护范围内的迁建和工程管理土地征用已经完成。

（6）工程投资已全部到位。

（7）竣工决算已经完成，并通过竣工审计。

2. 竣工验收的组织及程序

工程竣工验收工作由竣工验收委员会负责。验收委员会由主持单位、地方政府、水行政主管部门、银行（贷款项目）、环境保护、质量监督、投资方等单位代表和有关专家组成。验收委员会设主任委员1名（由主持单位代表担任），副主任委员若干名。

工程的项目法人、设计、施工、监理、运行管理单位作为被验收单位不参加验收委员会，但应列席验收委员会会议，负责解答验收委员的质疑。

竣工验收的主要工作是：

（1）审查项目法人“工程建设管理工作报告”和“专家技术评价工作报告”。

（2）检查工程建设和运行情况。

（3）协调处理有关问题。

（4）讨论并通过“竣工验收鉴定书”。

竣工验收会的一般工作程序是：

（1）召开竣工验收预备会，听取项目法人有关竣工验收准备情况的汇报，确定竣工验收委员会成员名单。

（2）召开大会。

1）宣布验收会会议议程。

2）宣布竣工验收委员会委员名单。

3）听取项目法人“工程建设管理工作报告”。

4）看工程声像、文字资料。

5）听取专家技术评估组的“专家技术评价工作报告”。

（3）检查工程实体及工程档案资料。

（4）召开验收委员会会议，协调处理有关问题，讨论并通过“竣工验收鉴定书”。

（5）召开大会

1）宣读“竣工验收鉴定书”。

2）竣工验收委员会委员在“竣工验收鉴定书”上签字。

3）被验收单位代表在“竣工验收鉴定书”上签字。

“竣工验收鉴定书”是工程移交的依据。自鉴定书通过之日起28d内，由验收主持单位行文发送有关单位。“竣工验收鉴定书”原件的份数，应满足验收主持单位以及项目法人、设计、监理、施工、运行管理单位各1份的需要。

竣工验收遗留问题，由竣工验收委员会责成有关单位妥善处理。项目法人应负责督促和检查遗留问题的处理，及时将处理结果报告竣工验收主持单位。

1.8 质量事故调查与质量缺陷备案

1.8.1 水利水电工程质量事故的分类

工程质量事故是指在水利水电工程建设过程中，由于建设管理、监理、勘测、设计、咨询、施工、材料、设备等原因造成工程质量不符合规程规范和合同规定的质量标准，影响使用寿命和对工程安全运行造成隐患和危害的事件。

工程质量事故按直接经济损失的大小，检查、处理事故对工期的影响时间长短和对工程正常使用的影响，分为一般质量事故、较大质量事故、重大质量事故、特大质量事故，见表1.1.1。

表1.1.1　　水利水电工程质量事故分类标准

损失情况 \ 事故类别		特大质量事故	重大质量事故	较大质量事故	一般质量事故
事故处理所需的物质、器材和设备、人工等直接损失费用（万元人民币）	大体积混凝土、金属结构制作和机电安装工程	>3000	>500 ≤3000	>100 ≤500	>20 ≤100
	土石方工程、混凝土薄壁	>1000	>100 ≤1000	>30 ≤100	>10 ≤30

续表

事故类别 损失情况	特大 质量事故	重大 质量事故	较大 质量事故	一般 质量事故
事故处理所需合理工期（月）	>6	>3 ≤6	>1 ≤3	≤1
事故处理后对工程功能和寿命影响	影响工程正常使用，需限制条件运用	不影响工程正常使用，但对工程寿命有较大影响	不影响工程正常使用，但对工程寿命有一定影响	不影响工程正常使用和工程寿命

注 1. 直接经济损失费用为必需条件，其他两项主要适用于大中型工程。

2. 小于一般质量事故的质量问题称为质量缺陷。

一般质量事故指对工程造成一定经济损失，经处理后不影响正常使用并不影响使用寿命的事故。

较大质量事故是指对工程造成较大经济损失或延误较短工期，经处理后不影响正常使用但对工程寿命有一定影响的事故。

重大质量事故是指对工程造成重大经济损失或较长时间延误工期，经处理后不影响正常使用但对工程寿命有较大影响的事故。

特大质量事故是指对工程造成特大经济损失或长时间延误工期，经处理后仍对正常使用和工程寿命造成较大影响的事故。

1.8.2 水利水电工程质量事故调查与处理

事故发生后，事故单位要严格保护现场，采取有效措施抢救人员和财产，防止事故扩大。因抢救人员、疏导交通等原因需移动现场物件时，应当由质检员负责作出标志、绘制现场简图并作出书面记录，妥善保管现场重要痕迹、物证，并进行拍照或录像。质检员应协助技术负责人初步对质量事故原因、事故大小、责任进行分析，并初步制定事故处理的方案和措施，做好准备接受事故调查组的调查。发生（发现）较大、重大和特大质量事故后，事故单位要在48h内向项目法人（监理单位）写出书面报告，质量事故书面报告由质检员负责完成。对于突发性质量事故，事故单位要在4h内电话向项目法人（监理单位）报告。发生质量事故后，质检员必须协助项目经理采取有效措施，防止事故扩大，并立即按照管理权限向上级部门报告。

质量事故报告应当包括以下内容：

（1）工程名称、建设规模、建设地点、工期、项目法人、主管部门及负责人电话。

（2）事故发生的时间、地点、工程部位以及相应的参建单位名称。

（3）事故发生的简要经过、伤亡人数和直接经济损失的初步估计。

（4）事故发生原因初步分析。

（5）事故发生后采取的措施及事故控制情况。

（6）事故报告单位、负责人及联系方式。

接到事故单位的质量事故报告后，项目法人必须将事故的简要情况向项目主管部门报告。项目主管部门接事故报告后，按照管理权限向上级水行政主管部门报告。一般质量事故向项目主管部门报告；较大质量事故逐级向省级水行政主管部门或流域机构报告；重大质量事故逐级向省级水行政主管部门或流域机构报告并抄报水利部；特大质量事故逐级向水利部和有关部门报告。

接到质量事故报告后，有关部门应按照管理权限组织调查组进行调查，查明事故原因，提出处理意见，提交事故调查报告。

一般事故由项目法人组织设计、施工、监理等单位进行调查，调查结果报项目主管部门核备；较大质量事故由项目主管部站组织调查组进行调查，调查结果报上级主管部门批准并报省级水行政主管部门核备；重大质量事故由省级以上水行政主管部门组织调查组进行调查，调查结果报水利部核备；特大质量事故由水利部组织调查。事故调查组成员由主管部门根据需要确定并实行回避制度。质检员应协助事故调查组进行质量事故调查工作。发生质量事故，必须针对事故原因提出工程处理方案，经有关单位审定后实施。

一般事故，由项目法人负责组织有关单位制定处理方案并实施，报上级主管部门备案；较大质量事故，由项目法人负责组织有关单位制定处理方案，经上级主管部门审定后实施，报省级水行政主管部门或流域机构备案；重大质量事故，由项目法人负责组织有关单位提出处理方案，征得事故调查组意见后，报省级水行政主管部门或流域机构审定后实施；特大质量事故，由项目法人负责组织有关单位提出处理方案，征得事故调查组意见后，报省级水行政主管部门或流域机构审定后实施，并报水利部备案。

质量事故调查组的主要任务是：

（1）查明事故发生的原因、过程、财产损失情况和对后续工程的影响。

（2）组织专家进行技术鉴定。

（3）查明事故的责任单位和主要责任者应负的责任。

（4）提出工程处理和采取措施的建议。

（5）提出对责任单位和责任者的处理建议。

（6）提交事故调查报告。

事故调查组提交的调查报告经主持单位同意后，调查工作即告结束。事故调查费用暂由项目法人垫付，待查清责任后，由责任方负担。

在质量事故处理过程中，必须坚持 SL 176—2007《水利水电工程施工质量检验与评定规程》条文中“事故原因不查清楚不放过、主要事故责任者和职工未受到教育不放过、补救和防范措施不落实不放过”的“三不放过”原则进行事故处理，认真调查事故原因，研究处理措施，查明事故责任，做好事故处理工作。

1.8.3 水利水电工程质量缺陷备案

水利水电工程建设中发生的以下质量问题属于质量缺陷。

（1）发生在大体积混凝土、金结制作安装及机电设备安装工程中，处理所需物资、器材及设备、人工等直接损失费用不超过 20 万元人民币。

（2）发生在土石方工程或混凝土薄壁工程中，处理所需物资、器材及设备、人工等直接损失费用不超过 10 万元人民币。

（3）处理后不影响工程正常使用和寿命。

在施工过程中，工程个别部位或局部发生达不到技术标准和设计要求（但不影响使用），且未能及时进行处理的工程质量缺陷问题（质量评定仍为合格），应以工程质量缺陷备案形式进行记录备案。

质量缺陷备案表（表1.1.2）由监理机构组织填写，施工单位质检员应协助监理人员进行备案工作，质量缺陷备案表内容应真实、准确、完整。各参建单位代表应在质量缺陷备案表上签字，有不同意见应明确记载。质量缺陷备案表应及时报工程质量监督机构备案，格式见表1.1.2。质量缺陷备案资料按竣工验收的标准制备。工程竣工验收时，项目法人应向竣工验收委员会提交历次质量缺陷备案资料。

表1.1.2　　水利水电工程施工质量缺陷备案表格式

编号：

________工程施工质量缺陷备案表

质量缺陷所在单位工程名称及部位：

缺陷类别：

备案日期：　年　月　日

1. 施工质量缺陷产生的部位（主要说明具体部位、缺陷描述并附示意图）：

2. 质量缺陷产生的主要原因：

3. 对工程的安全、使用功能和运用影响分析：

4. 处理方案，或不处理的原因分析：

5. 保留意见（保留意见应说明主要理由，或采用其他方案及主要理由）：

保留意见人（签名）
（或保留意见单位及责任人，盖公章，签名）
6. 参建单位和主要人员
1）施工单位：　（公章）
质检部门负责人：　（签名）
技术负责人：　（签名）
2）设计单位现场服务机构：　（公章）
设计代表：　（签名）
3）监理机构：　（公章）
监理工程师：　（签名）
总监理工程师：　（签名）
4）项目法人（建设单位）：　（公章）
现场代表：　（签名）
技术负责人：　（签名）

工程质量事故或缺陷处理后，应由项目法人委托具有相应资质等级的工程质量检测单位检测后，按照处理方案的质量标准，重新进行工程质量评定。

1.9 GB/T 19000—ISO 9000（2000版）质量管理体系标准介绍

1.9.1 质量管理的八项原则

GB/T 19000 质量管理体系标准是我国按等同原则，从2000版ISO 9000族国际标准转化而成的质量管理体系标准。

八项质量管理原则是2000版ISO 9000族标准的编制基础，八项质量管理原则是世界各国质量管理成功经验的科学总结，其中不少内容与我国全面质量管理的经验吻合。它的贯彻执行能促进企业管理水平的提高，并提高顾客对其产品或服务的满意程度，帮助企业达到持续成功的目的。

质量管理八项原则的具体内容为：

原则一：以顾客为关注焦点。

组织（从事一定范围生产经营活动的企业）依存于其顾客。组织应理解顾客当前的和未来的需求，满足顾客要求并争取超越顾客的期望。

原则二：领导作用。

领导者确立本组织统一的宗旨和方向，并营造和保持使员工充分参与实现组织目标的内部环境。因此领导在企业的质量管理中起着决定的作用。只有领导重视，各项质量活动才能有效开展。

原则三：全员参与。

各级人员都是组织之本，只有全员充分参加，才能使他们的才干为组织带来收益。产品质量是产品形成过程中全体人员共同努力的结果，其中也包含着为他们提供支持的管理、检查、行政人员的贡献。企业领导应对员工进行质量意识等各方面的教育，激发他们的积极性和责任感，为其能力、知识、经验的提高提供机会，发挥创造精神，鼓励持续改进，给予必要的物质和精神奖励，使全员积极参与，为达到让顾客满意的目标而奋斗。

原则四：过程方法。

将相关的资源和活动作为过程进行管理，可以更高效地得到期望的结果。任何使用资源生产活动和将输入转化为输出的一组相关联的活动都可视为过程。

2000版ISO 9000标准是建立在过程控制的基础上。一般在过程的输入端、过程的不同位置及输出端都存在着可以进行测量、检查的机会和控制点，对这些控制点实行测量、检测和管理，便能控制过程的有效实施。

原则五：管理的系统方法。

将相互关联的过程作为系统加以识别、理解和管理，有助于组织提高实现其目标的有效性和效率。不同企业应根据自己的特点，建立资源管理、过程实现、测量分析改进等方面的关联关系，并加以控制。即采用过程网络的方法建立质量管理体系，实施系统管理。一般建立实施质量管理体系包括：①确定顾客期望；②建立质量目标和方针；

③确定实现目标的过程和职责；④确定必须提供的资源；⑤规定测量过程有效性的方法；⑥实施测量确定过程的有效性；⑦确定防止不合格并清除产生原因的措施；⑧建立和应用持续改进质量管理体系的过程。

原则六：持续改进。

持续改进总体业绩是组织的一个永恒目标，其作用在于增强企业满足质量要求的能力，包括产品质量、过程及体系的有效性和效率的提高。持续改进是增强和满足质量要求能力的循环活动，使企业的质量管理走上良性循环的轨道。

原则七：基于事实的决策方法。

有效的决策应建立在数据和信息分析的基础上，数据和信息分析是事实的高度提炼。以事实为依据作出决策，可防止决策失误。为此企业领导应重视数据信息的收集、汇总和分析，以便为决策提供依据。

原则八：与供方互利的关系。

组织与供方是相互依存的，建立双方的互利关系可以增强双方创造价值的能力。供方提供的产品是企业提供产品的一个组成部分。处理好与供方的关系，涉及到企业能否持续稳定提供顾客满意产品的重要问题。因此，对供方不能只讲控制，不讲合作互利，特别是关键供方，更要建立互利关系，这对企业与供方双方都有利。

1.9.2 质量管理体系文件的构成

（1）GB/T 19000 质量管理体系标准对质量体系文件的重要性作了专门的阐述，要求企业重视质量体系文件的编制和使用。编制和使用质量体系文件本身是一项具有动态管理要求的活动。因为质量体系的建立健全要从编制完善体系文件开始，质量体系的运行、审核与改进都是依据文件的规定进行，质量管理实施的结果也要形成文件，作为证实产品质量符合规定要求及质量体系有效的证据。

（2）GB/T 19000 质量管理体系对文件提出明确要求，企业应具有完整和科学的质量体文件。质量管理体系文件一般由以下内容构成。

1）形成文件的质量方针和质量目标。

2）质量手册。

3）质量管理标准所要求的各种生产、工作和管理的程序性文件。

4）质量管理标准所要求的质量记录。

以上各类文件的详略程度无统一规定，以适于企业使用，使过程受控为准则。

（3）质量方针和质量目标。一般都以简明的文字来表述，是企业质量管理的方向目标，应反映用户及社会对工程质量的要求及企业相应的质量水平和服务承诺，也是企业质量经营理念的反映。

（4）质量手册。质量手册是规定企业组织建立质量管理体系的文件，质量手册对企业质量体系作系统、完整和概要的描述。其内容一般包括：企业的质量方针、质量目标；组织机构及质量职责；体系要素或基本控制程序；质量手册的评审、修改和控制的管理办法，质量手册作为企业质量管理系统的纲领性文件应具备指令性、系统性、协调性、先进性、可行性和可检查性。

（5）程序文件。质量体系程序文件是质量手册的支持性文件，是企业各职能部门为落实质量手册要求而规定的细则，企业为落实质量管理工作而建立的各项管理标准、规章制度都属程序文件范畴。各企业程序文件的内容及详略可视企业情况而定。一般有以下6个方面的程序为通用性管理程序，各类企业都应在程序文件中制定下列程序：文件控制程序；质量记录管理程序；内部审核程序；不合格品控制程序；纠正措施控制程序；预防措施控制程序。

除以上6个程序以外，涉及产品质量形成过程各环节控制的程序文件，如生产过程、服务过程、管理过程、监督过程等管理程序，不作统一规定，可视企业质量控制的需要而制定。

为确保过程的有效运行和控制，在程序文件的指导下，还可按管理需要编制相关文件，如作业指导书、具体工程的质量计划等。

（6）质量记录。质量记录是产品质量水平和质量体系中各项质量活动进行及结果的客观反映。对质量体系程序文件所规定的运行过程及控制测量检查的内容如实加以记录，用以证明产品质量达到合同要求及质量保证的满足程度。如在控制体系中出现偏差，则质量记录不仅须反映偏差情况，而且应反映出针对不足之处所采取的纠正措施及纠正效果。

质量记录应完整地反映质量活动实施、验证和评审的情况，并记载关键活动的过程参数，具有可追溯性的特点。质量记录以规定的形式和程序进行，并有实施、验证、审核等签署意见。

1.9.3 质量管体系的建立和运行

（1）质量管理体系的建立是企业按照八项质量管理原则，在确定市场及顾客需求的前提下，制定企业的质量方针、质量目标、质量手册、程序文件及质量记录等体系文件，确定企业在生产（或服务）全过程的作业内容、程序要求和工作标准，并将质量目标分解落实到相关层次、相关岗位的职能和职责中，形成企业质量管理体系执行系统的一系列工作。质量管理体系的建立还包含着组织不同层次的员工培训，使体系工作和执行要求为员工所了解，为形成全员参与的企业质量管理体系的运行创造条件。

（2）质量管理体系的建立需识别并提供实现质量目标和持续改进所需的资源，包括人员、基础设施、环境、信息等。

（3）质量管理体系的运行是在生产及服务的全过程按质量管理文件体系制定的程序、标准、工作要求及目标分解的岗位职责进行操作运行。

（4）在质量管理体系运行的过程中，按各类体系文件的要求，监视、测量和分析过程的有效性和效率，做好文件规定的质量记录，持续收集、记录并分析过程的数据和信息，全面体现产品的质量和过程符合要求及可追溯的效果。

（5）按文件规定的办法进行管理评审和考核。过程运行的评审考核工作，应针对发现的主要问题，采取必要的改进措施，使这些过程达到所策划的结果和实现对过程的持续改进。

（6）落实质量体系的内部审核程序，有组织有计划开展内部质量审核活动，其主要目的是，评价质量管理程序的执行情况及适用性；揭露过程中存在的问题，为质量改进提供依据；建立质量体系运行的信息；向外部审核单位提供体系有效的证据。

为确保系统内部审核的效果，企业领导应进行决策领导，制定审核政策、计划，组织内审人员队伍，落实内部审核，并对审核发现的问题采取纠正措施和提供人财物等方面的支持。

1.9.4 质量管理体系的认证与监督

（1）质量管理体系认证的意义。质量认证制度是由公正的第三方认证机构对企业的产品及质量体系作出正确可靠的评价，从而使社会对企业的产品建立信心。第三方质量认证制度自20世纪80年代以来已得到世界各国普遍重视，它对供方、需方、社会和国家的利益都具有以下重要意义：提高供方企业的质量信誉；促进企业完善质量体系；增强国际市场竞争能力；减少社会重复检验和检查费用；有利于保护消费者利益；有利于法规的实施。

（2）质量管理体系的申报及批准程序。

申请和受理：具有法人资格，并已按GB/T 19000—ISO 9000系统标准或其他国际公认的质量体系规范建立了文件化的质量管理体系，并在生产经营全过程贯彻执行的企业可提出申请。申请单位须按要求填写申请书，认证机构经审查符合要求后接受申请，如不符合则不接受申请，均予发出书面通知书。

审核：认证机构派出审核组对申请方质量体系进行检查和评定。包括文件审查，现场审核，并提出审核报告。

审批与注册发证：认证机构对审核组提出的审核报告进行全面审查，符合标准者批准并予以注册，发给认证证书（内容包括证书号、注册企业名称地址、认证和质量体系覆盖产品的范围、评价依据及质量保证模式标准及说明、发证机构、签发人和签发日期）。

（3）获准认证后的维持与监督管理。企业获准认证的有效期为3年。企业获准认证后，应通过经常性的内部审核，维持质量管理体系的有效性，并接受认证机构对企业质量体系实施监督管理。获准认证后的质量管理体系，维持与监督管理内容包括：

企业通报：认证合格的企业质量体系在运行中出现较大变化时，需向认证机构通报，认证机构接到通报后，视情况采取必要的监督检查措施。

监督检查：指认证机构对认证合格单位质量维持情况进行监督性现场检查，包括定期和不定期的监督检查。定期检查通常是每年1次，不定期检查视需要临时安排。

认证注销：注销是企业的自愿行为。在企业体系发生变化或证书有效期届满时未提出重新申请等情况下，认证持证者提出注销的，认证机构予以注销，收回体系认证证书。

认证暂停：是认证机构对获证企业质量体系发生不符合认证要求情况时采取的警告措施。认证暂停期间企业不得用体系认证证书做宣传。企业在规定期间采取纠正措施满足规定条件后，认证机构撤销认证暂停。否则将撤销认证注册，收回合格证书。

认证撤销：当获证企业发生质量体系存在严重不符合规定或在认证暂停的规定期限

未予整改的，或发生其他构成撤销体系认证资格情况时，认证机构作出撤销认证的决定。企业不服可提出申诉。撤销认证的企业 1 年后可重新提出认证申请。

复评：认证合格有效期满前，如企业愿继续延长，可向认证机构提出复评申请。

重新换证：在认证证书有效期内，出现体系认证标准变更、体系认证范围变更、体系认证证书持有者变更，可按规定重新换证。

本章习题

1.1.1 水利水电工程建设质量的概念是什么？

1.1.2 水利水电工程质量管理体系的内容是什么？

1.1.3 怎样进行水利水电工程建设的质量控制？

1.1.4 水利水电工程质量检验的内容是什么？

1.1.5 水利水电工程质量评定的内容是什么？

1.1.6 水利水电工程质量验收的内容是什么？

第2章　水利水电工程施工质检员

教学要求：通过本章学习，要求掌握水利水电工程施工质检员的岗位职责、工作内容、基本要求和职业道德。

2.1　水利水电工程施工质检员的岗位职责

2.1.1　施工准备阶段质检员的岗位职责

施工准备阶段的质量控制是指项目正式施工活动开始前，对各项准备工作及影响质量的各因素和有关方面进行的质量控制，是为保证施工生产正常进行而必须事先做好的工作，故亦称为事前控制。

施工准备工作不仅是在工程开工前要做好，而且贯穿于整个施工过程。施工准备的基本任务就是为施工项目建立一切必要的施工条件，确保施工生产顺利进行，确保工程质量符合要求。

施工前做好质量控制工作对保证工程质量具有很重要的意义。它包括审查施工队伍的技术资质，采购和审核对工程有重大影响的施工机械、设备等。质检员在本阶段的主要职责有以下3个方面。

1. 建立质量控制系统

建立质量控制系统，制定本项目的现场质量管理制度，包括现场会议制度、现场质量检验制度、质量统计报表制度、质量事故报告处理制度、质量统计报表制度、质量事故报告处理制度，完善计量及质量检测技术和手段。协助分包单位完善其现场质量管理制度，并组织整个工程项目的质量保证活动。俗话说："没有规矩不成方圆"，建章立制是保证工程质量的前提，也是质检员的首要任务。

2. 进行质量检查与控制

对工程项目施工所需的原材料、半成品、构配件进行质量检查与控制。重要的预订货应先提交样品、经质检员检查认可后方进行采购。凡进场的原材料均应有产品合格证或技术说明书。通过一系列检验手段，将所取得的数据与厂商所提供的技术证明文件相对照，及时发现材料（半成品、构配件）质量是否满足工程项目的质量要求。一旦发现不能满足工程质量的要求，立即重新购买、更换，以保证所采用的材料（半成品、构配件）的质量可靠性。同时，质检员将检验结果反馈厂商，使之掌握有关的质量情况。此外，根据工程材料（半成品、构配件）的用途、来源及质量保证资料的具体情况，质检员可决定质量检验工作的深度，如免检、抽检或全部检查。

3. 组织或参与组织图纸会审

（1）组织图纸审查。

1）规模大、结构特殊或技术复杂的工程由公司总工程师在项目质检员的配合下组织分包技术人员，采用技术会议的形式进行图纸审查。

2）企业列为重点的工程，由工程处主任工程师组织有关技术人员进行图纸审查，项目质检员配合。

3）一般工程由项目质检员组织技术队长、工长、翻样师傅等进行图纸审查。

（2）图纸会审程序。在图纸会审以前，质检员必须组织技术队长或主任工程师、分项工程负责人（工长）及预算人员等学习正式施工图，熟悉图纸内容、要求和特点，并由设计单位进行设计交底，以达到明确要求、彻底弄清设计意图、发现问题、消灭差错的目的。图纸审查包括学习、初审、会审和综合会审四个阶段。

（3）图纸会审重点。图纸会审是应以保证建筑物的质量为出发点，对图纸中有关影响建筑性能、寿命、安全、可靠、经济等问题提出修改意见。会审重点如下：

1）设计单位技术等级证书及营业执照。

2）对照图纸目录，清点新绘图纸的张数及利用标准图的册数。

3）建设场地地质勘察资料是否齐全。

4）设计假定条件和采用的处理方法是否符合实际情况。

5）地基处理和基础设计有无问题。

6）建筑、结构、设备安装之间有无矛盾。

7）专业图之间、专业图内各图之间、图与统计表之间的规格、强度等级、材质、数量、坐标、标高等重要数据是否一致。

8）实现新技术项目、特殊工程、复杂设备的技术可能性和必要性，是否有保证工程质量的技术措施。

图纸会审后，应由组织会审的单位，将会审中提出的问题以及解决办法详细记录，写成正式文件，列入工程档案。

2.1.2 施工过程阶段质检员的岗位职责

施工过程中进行质量控制称为事中控制。事中控制是施工单位控制工程质量的重点，其任务也很繁重。质检员在本阶段的主要工作职责是：

1. 完善工序质量控制，建立质量控制点

完善工序质量控制、建立质量控制点在于把影响工序质量的因素都纳入管理范围。

（1）工序质量控制。

1）工序质量控制的内容。施工过程质量控制强度以科学方法来提高人的工作质量，以保证工序质量，并通过工序质量来保证工程项目实体的质量。

2）工序质量控制的实施要则。工序质量控制的实施是一件很繁杂的事情，关键应抓住主要矛盾和技术关键，依靠组织制度及职责划分，完成工序活动的质量控制。一般来说，要掌握如下的实施要则：确定工序质量控制计划；对工序活动实行动态跟踪控制；加强对工序活动条件的主动控制。

（2）质量控制点：在施工生产现场中，对需要重点控制的质量特性、工程关键部位或质量薄弱环节，在一定的时期内，一定条件下强化管理，使工序处于良好的控制状态，这就称为“质量控制点”。建立质量控制点的作用，在于强化工序质量管理控制、防止和减少质量问题的发生。

2. 组织参与技术交底和技术复核

技术交底与复核制度是施工阶段技术管理制度的一部分，也是工程质量控制的经常性任务。

（1）技术交底的内容。技术交底是参与施工的人员在施工前了解设计与施工的技术要求，以便科学地组织施工，按合理的工序、工艺进行作业的重要制度。在单位工程、分部工程、分项工程正式施工前，都必须认真做好技术交底工作。技术交底的内容根据不同层次有所不同，主要包括施工图纸、施工组织设计、施工工艺、技术安全措施、规范要求、操作规程、质量标准要求等。对于重点工程、特殊工程，采用新结构、新工艺、新材料、新技术的特殊要求，更需详细地交代清楚。分项工程技术交底后，一般应填写施工技术交底记录。施工现场技术交底的重要内容有以下几点：

1）提出图纸上必须注意的尺寸，如轴线、标高、预留孔洞、预埋铁件、镶入构件的位置、规格、大小、数量等。

2）所用各种材料的品种、规格、等级及质量要求。

3）混凝土、砂浆、防水、保温、耐火、耐酸和防腐蚀材料等的配合比和技术要求。

4）有关工程的详细施工方法、程序、工种之间、土建与各专业单位之间的交叉配合部位、工序搭接及安全操作要求。

5）设计修改、变更的具体内容或应注意的关键部位。

6）结构吊装机械及设备的性能、构件重量、吊点位置、索具规格尺寸、吊装顺序、节点焊接及支撑系统等。

（2）技术复核一方面是在分项工程施工前指导，帮助施工人员正确掌握技术要求；另一方面是在施工过程中再次督促检查施工人员是否已按施工图纸、技术交底及技术操作规程施工，避免发生重大差错。

3. 严格工序间交换检查作业

严格工序间交换检查主要作业工序包括隐蔽作业应按有关验收规定的要求由质检员检查并签字验收。隐蔽验收记录是今后各项建筑安装工程的合理使用、维护、改造扩建的一项重要技术资料，必须归入工程技术档案。

4. 认真分析质量统计数据。为项目经理决策提供依据

做好施工过程记录，认真分析质量统计数字，对工程的质量水平及合格率、优良品率的变化趋势作出预测供项目经理决策。对不符合质量要求的施工操作应及时纠偏，加以处理，并提出相应的报告。

2.2 水利水电工程施工质检员的工作内容

质检员的工作贯穿施工的各个阶段，其主要内容如下。

2.2.1 施工准备阶段质检员的工作内容

进行事前控制（在正式施工活动开始前进行的质量控制称为事前控制）。事前控制对保证工程质量非常关键，具体内容包括：

（1）协助建立质量控制系统。协助项目负责人建立质量控制系统；制定本项目的现场管理制度，包括现场会议制度、现场质量检验制度、质量统计报表制度、质量事故报告处理制度；完善计量和质量检测技术和手段。协助分包单位完善其现场质量管理制度，并组织整个工程项目的质量保证活动。

（2）参与组织图纸会审。熟悉图纸内容、要求和特点，并由设计单位进行设计交底，以达到明确要求，彻底弄清设计意图，发现问题，消灭差错的目的。以保证建筑物的质量为出发点，对图纸中有关影响建筑物性能、寿命、安全、可靠、经济等问题提出修改意见。对施工中可能出现的技术质量难点提出保证质量的技术措施。

（3）进行质量检查与控制。对工程项目施工所需的原材料、半成品、构配件进行质量检查与控制。通过一系列检验手段，将所取得的数据与厂商所提供的技术证明文件相对照，验证原材料、半成品、构配件质量是否满足工程项目的质量要求，及时处置不合格产品。

2.2.2 施工过程阶段质检员的工作内容

事中控制（施工过程中进行质量控制称为事中控制）是施工单位控制工程质量的重点环节，任务繁杂，责任重大。

（1）协助完善工序质量控制，建立质量控制点。在项目负责人的领导下把影响工序质量的因素都纳入管理范围，以科学发展的方法来提高工作质量，保证工序质量，进而保证工程项目实体的质量。在一定的时期内，一定条件下对需要重点控制的质量特性、工程关键部位或质量薄弱环节进行强化管理，使工序处于控制内，保证状态良好。

（2）参与组织技术交底和技术复核。技术交底与复核制度是施工阶段技术管理制度的一部分，也是工程质量控制的经常性任务。质检员在此期间要积极参与，掌握情况，做好督促检查。

为科学地组织施工，按合理的工序、工艺进行作业，参与施工的人员在施工前必须了解设计与施工的技术交底。在单位工程、分部工程、分项工程正式施工前，必须认真做好技术交底工作。质检员要掌握技术交底情况，协助项目负责人监督检查交底工作，保证技术交底完全彻底。

技术复核目的一是在分项工程施工前提示、帮助施工人员正确掌握技术要求；二是在施工过程中及时督促检查施工人员是否按施工图纸、技术交底及技术操作规程施工，避免发生重大差错。

（3）检查工序间交接。主要作业工序，包括隐蔽作业，应按有关验收规定的要求由质量检查员检查、签字验收。如出现下述情况，质量检查员有权向项目经理建议下达停工令。

1）施工中出现异常情况。

2）隐蔽工程未经检查擅自封闭、掩盖。

3）使用的材料超过保质期或者保存不善，质量已经无法保证。

4）使用了无质量合格证的工程材料，或擅自变更、替换工程材料等。

2.2.3 施工后阶段质检员的工作内容

进行事后控制（对施工完的产品进行质量控制称为事后控制）。其目的是对工程产品进行最后验收把关，以避免不合格产品投入使用。

（1）按照工程质量检验评定标准评定各分项工程、分部工程和单位工程的质量等级。

（2）严格按照规定办理工程竣工验收手续，认真填写好验收记录。

（3）整理好有关的工程项目质量的技术文件，编制目录，建立档案。

2.3 水利水电工程施工质检员的基本要求

2.3.1 质检员的基本素质要求

对于一个水利水电工程来说，项目质检员应对现场质量管理全权负责，因此，质检员的人选很重要，其必须具备如下素质：

（1）足够的专业知识。质检员的工作具有很强的专业性和技术性，必须由专业技术人员来承担，一般要求应连续从事本专业工作3年以上。此外，对于设计、施工、材料、测量、计量、检验、评定等各方面专业知识都应了解。

（2）较强的管理能力和一定的管理经验。质检员是现场质量监控体系的组织者和负责人，具有一定的组织协调能力也是非常必要的，一般有2年以上的管理经验，才能胜任质检员的工作。

（3）很强的工作责任心。质检员除派专人负责外，还可以由技术员、项目经理助理、业内技术员等其他工程技术人员担任。

2.3.2 质检员的岗位能力要求

（1）具备初级或以上专业技术职称。

（2）熟悉ISO 9000：2005《质量管理体系基础和术语》、ISO 14001：2004《环境管理体系》、OHSAS 18001《OHSAS 18000职业安全健康管理体系》等相关知识，了解多种质量管理工具。

（3）经过专业质量知识培训，有质检员上岗证书。

（4）熟悉施工工程的工艺标准，掌握工程质量验收规范。

（5）能独立完成施工过程每道工序的自检工作，有效控制不合格的发生。

（6）工作认真敬业，具备良好的沟通能力和服务意识。

2.4 水利水电工程施工质检员的职业道德

质检员是施工现场重要的技术人员，其自身素质对工程项目的质量、成本、进度有很大影响。因此，要求质检员应具有良好的职业道德。

（1）热爱质检员本职工作，爱岗敬业，工作认真，一丝不苟，团结合作。

（2）遵纪守法，模范地遵守建设职业道德规范。

（3）维护国家的荣誉和利益。

（4）执行有关工程建设的法律、法规、标准、规程和制度。

（5）努力学习专业技术知识，不断提高业务能力和水平。

（6）认真负责地履行自己的义务和职责，保证工程质量。

本章习题

1.2.1 水利水电工程施工质检员的岗位职责是什么?

1.2.2 水利水电工程施工质检员的工作内容是什么?

1.2.3 水利水电工程施工质检员的基本要求是什么?

1.2.4 水利水电工程施工质检员的职业道德是什么?

第2部分

水利水电工程施工质量管理操作实务

第1章 施工导流工程

教学要求： 施工导流是水利水电工程施工的基础和关键，它影响到工程的安全、工期和效益。通过本章学习，要求熟悉施工导截流标准和导截流方法；掌握围堰工程质量控制要点；熟悉围堰工程常见质量问题的监控与防治；了解基坑排水量计算与设备选择；掌握基坑排水质量标准。

1.1 施工导截流标准

1.1.1 施工导流方式与截流工程

1. 施工导流方式

导流方式不但影响导流工程的规模和造价，而且与枢纽布置、主体工程施工部署、施工工期密切相关，有时还受施工条件及施工技术水平的制约。大量工程实践经验表明，由于每个工程的具体条件各不相同，采用的导流方式也各有其特点。

导流方式主要取决于坝型及地形、地质条件，导流流量的大小也有重要影响，一些位于通航河流的工程还必须妥善解决施工期间的航运问题。施工导流方式一般有分期围堰导流、明渠导流和隧洞导流。在施工过程中根据需要还采用坝体底孔导流、缺口导流和永久泄水建筑物导流等方式。

分期围堰导流（简称分期导流）方式适用于河流流量大、河槽宽、覆盖层薄的坝址，一期围堰基坑内一般包括发电、通航及用于中后期导流的永久建筑物。

隧洞导流方式适用于河谷狭窄、地质条件适合开挖导流隧洞的坝址。

明渠导流方式适用于河流流量较大，河床一侧有较宽台地的坝址。为满足中后期导流需要，还可在明渠坝段内设置导流底孔或留缺口；导流明渠还常用于施工期通航。明渠导流虽仍属于河床内分期导流，但其与分期导流方式的主要区别在于分期导流很少专为满足导流需要而扩大原河床的过流断面，导流的各个阶段均在原天然河床内导流。而明渠导流系利用岸边台地，在一期围堰保护下，需要在岸边专为导流或者结合永久工程开挖，建成具有必要宽度、深度、长度的明渠，以实现导流或通航的要求。

对我国已建和在建的部分混凝土坝的统计表明，在长江干流及其主要支流岷江、汉江、沅水和赣江以及闽江、新安江、富春江、红水河等大江大河和较宽阔的河床上多采用分期导流或明渠导流，例如长江三峡、葛洲坝、安康、丹江口、五强溪、龚嘴、铜街子、万安、水口、岩滩、大化工程等。而在黄河、雅砻江、乌江、清江、澜沧江等狭窄河段则采用隧洞导流，例如龙羊峡、李家峡、刘家峡、二滩、乌江渡、隔河岩等。对25座土石坝的统计表明，其中22座不论河谷宽狭、导流流量大小都采用隧洞导流，只有3座位于十分开阔的河床上采用涵洞导流，这主要是由于土石坝不便在河床内分期施工，且一般不允许坝体过水，因此河床一次断流、隧洞导流往往成为土石坝工程的主要选择。

2. 截流工程

截流工作在泄水建筑物接近完工时（图2.1.1），即以进占方式自两岸或一岸建筑戗堤（作为围堰的一部分）形成龙口，并将龙口防护起来，待泄水建筑物完工以后，在有利时机，全力以最短时间将龙口堵住，截断河流。接着在围堰迎水面投抛防渗材料闭气，水即全部经泄水道下泄。与闭气同时，为使围堰能挡住当时可能出现的洪水，必须立即加高培厚围堰，使之迅速达到相应设计水位的高程以上。

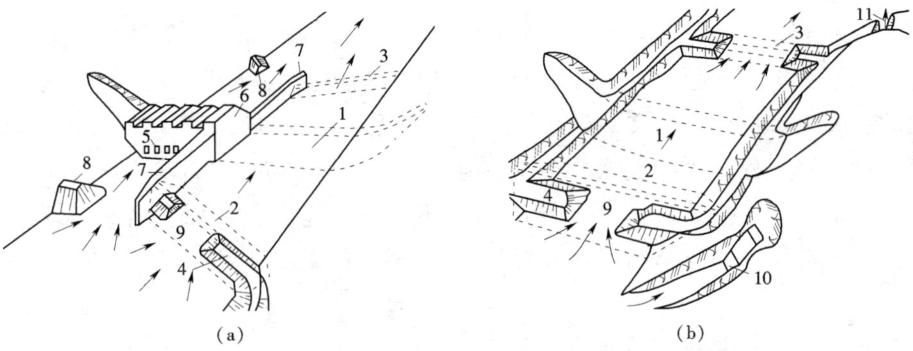

图2.1.1　截流布置示意图

（a）采用分期导流时；（b）采用一次断流隧洞导流时

1—大坝基坑；2—上游围堰；3—下游围堰；4—戗堤；5—底孔；6—已浇混凝土坝体；7—二期纵向围堰；8——期围堰的残留部分；9—龙口；10—导流隧洞进口；11—导流隧洞出口

截流是整个水利枢纽施工的重要关键，它的成败直接影响工程进度。如失败了，就可能使进度推迟一年。截流工作的难易程度取决于：河道流量、泄水条件；龙口的落差、流速、地形地质条件；材料供应情况及施工方法、施工设备等因素。因此事先经过充分的分析研究，采取适当措施，才能保证在截流施工中争取主动，顺利完成截流任务。

河道截流工作在我国已有千年以上的历史。在黄河防汛、海塘工程和灌溉工程上积累了丰富的经验，如利用捆厢帚、柴石枕、柴土枕、杩杈、排桩填帚截流，不仅施工方便速度快，而且就地取材，因地制宜、经济适用。新中国成立后，我国水利水电建设发展很快，江淮平原和黄河流域的不少截流堵口、导流堰工程多是采用这些传统方法完成的。此外，还广泛采用了高度机械化抛投块料截流的方法。

抛石截流是在20世纪30年代才逐渐发展起来的。从20世纪30年代开始到50年代，这个时期的特点是大多以平堵完成截流。投抛料由普通的块石发展到使用20~30t重的混凝土四面体、六面体、异形体和构架等。

从20世纪50年代开始，由于水利水电建设逐步转到大河流。山区峡谷落差大（4~10m）、流量大，加上重型施工机械的发展，立堵截流开始有了发展；与之相应，世界上对立堵水力学的研究也普遍开展。所以从20世纪60年代以来，立堵截流在世界各国河道截流中已成为主要方式。截流落差大于5m为常见，更高有达10m的。由于在高落差下进行立堵截流，于是就出现了双戗堤、三戗堤、宽戗堤的截流方法。以后立堵不仅用于岩石河床，而且也向可冲刷基床推广。如法国塞纳河截流（1963年），流量为9000~10000m^3/s，落差为1.6m，是在粗沙基床上立堵成功的例子。对于落差较大的可冲河床截流，可用平堵先垫高龙口或护底，或用多戗堤分散龙口落差，借以减轻大流量高落差下可冲刷河床上立堵的难度。

1.1.2 施工导流标准

1. 施工导流标准

（1）导流建筑物的级别。导流建筑物级别及设计洪水标准，简称导流标准，是施工导流首先要确定的问题。导流标准的高低实质上是风险度大小的问题。它不但与工程所在地的水文气象特性、水文系列长短、导流工程运用时间长短直接相关，也取决于导流建筑物和主体工程，例如大坝的抗风险能力，以及遭遇超设计标准洪水时可能对工程本身和下游地区带来损失的大小。导流标准还受地形地质条件以及各种施工条件的制约。需要结合工程实际，全面综合分析其技术上的可行性和经济上的合理性，然后作出抉择。

我国SL 303—2004《水利水电工程施工组织设计规范》根据导流建筑物（包括临时挡水和泄水建筑物）、保护对象、失事后果、使用年限、围堰工程规模等将级别划分为3~5级，见表2.1.1。导流建筑物的设计洪水标准可根据其级别和类型在表2.1.2划分的范围内选择。

从表2.1.1、表2.1.2可以看出，SL 303—2004《水利水电工程施工组织设计规范》充分考虑了我国幅员辽阔、水文、气象特点与地形、地质条件千差万别，以及影响导流标准选择的因素多而复杂，对导流建筑物的洪水标准未作硬性规定，而是划分了一个幅度较大的选择范围。每一个工程都要全面分析各自的环境条件和工程特点，并结合风险度分析，因地制宜、经济合理地选择适合于本工程的导流建筑物及相应的导流标准。

表 2.1.1　　导流建筑物级别划分

项目 级别	保护对象	失事后果	使用年限（年）	围堰工程规模	
				堰高（m）	库容（亿 m^3）
3	有特殊要求的 1 级建筑物	淹没主要城镇、工矿企业、交通干线或推迟工程总工期及第一台（批）机组发电，造成重大灾害和损失	>3	>50	>1.0
4	1、2 级永久建筑物	淹没一般城镇、工矿企业或影响工程总工期及第一台（批）机组发电而造成较大经济损失	1.5～3	15～50	0.1～1.0
5	3、4 级永久建筑物	淹没基坑，但对总工期及第一台（批）机组发电影响不大，经济损失较少	<1.5	<15	<0.1

注 1. 导流建筑物包括挡水和泄水建筑物，两者级别相同。
2. 表列 4 项指标均按导流分期划分，保护对象一栏中所列永久性水工建筑物级别系按 SL 252—2000《水利水电工程等级划分及洪水标准》划分。
3. 有、无特殊要求的永久性水工建筑物均系针对施工期而言，有特殊要求的 I 级永久性水工建筑物系指施工期不应过水的土石坝及其他有特殊要求的永久性水工建筑物。
4. 使用年限系指导流建筑物每一导流分期的工作年限，两个或两个以上导流分期共用的导流建筑物，如分期导流一期、二期共用的纵向围堰，其使用年限不能叠加计算。
5. 导流建筑物规模一栏中，围堰高度指挡水围堰最大高度，库容指堰前设计水位所拦蓄的水量，两者应同时满足。

表 2.1.2　　导流建筑物洪水标准划分

导流建筑物类型	导流建筑物级别		
	3	4	5
	洪水重现期（年）		
土石	20～50	10～20	5～10
混凝土	10～20	5～10	3～5

注 河流水文实测资料系列较短（小于 20 年），或工程处于暴雨中心区；采用新型围堰结构型式；处于关键施工阶段，失事后可能导致严重后果；工程规模、投资和技术难度用上限值与下限值相关不大等情况下方可用上限值。

（2）过水围堰挡水标准。

1）过水围堰的挡水标准，应结合水文特点、施工工期、挡水时段，经技术经济比较后，在重现期 3～20 年范围内选定。当水文序列较长（不小于 30 年）时，也可按实测流量资料分析选用。

2）过水围堰级别按表 2.1.1 确定，表中各项指标系以过水围堰挡水期情况作为衡量依据。

3）围堰过水时的设计洪水标准，根据过水围堰的级别和表 2.1.2 选定。当水文系列较长（不小于 30 年）时，也可按实测典型年资料分析选用。通过水力学计算或水工模型试验，找出围堰过水时控制稳定的流量作为设计依据。

（3）截流设计标准。

1）截流时段应根据河流水文特征、气候条件、围堰施工以及通航、过水等因素综合分析选定。一般宜安排在汛后枯水时段，严寒地区尽量避开河道流冰及封冻期。

2）截流标准一般可采用截流时段重现期 5～10 年的月或旬平均流量，也可结合河流水文特性及截流施工特点用其他方法分析确定。

（4）坝体施工期临时度汛洪水标准。当坝体筑高到不需围堰保护时，其临时度汛洪水标准应根据坝型及坝前拦洪库容按表 2.1.3 规定执行。

表 2.1.3　　坝体施工期临时度汛洪水标准表

大坝类型	拦洪库容（亿 m^3）		
	>1.0	0.1～1.0	<0.1
	洪水重现期（年）		
土石坝	>100	50～100	20～50
混凝土坝	>50	20～50	10～20

（5）导流泄水建筑物封堵后坝体的度汛洪水标准。导流泄水建筑物封堵后，如永久泄洪建筑物尚未具备设计泄洪能力，坝体初期度汛洪水标准的确定，应对坝体施工和运行要求进行分析后，按表 2.1.4 规定执行。汛前坝体上升高度应满足拦洪要求，帷幕灌浆及接缝灌浆高程应能满足蓄水要求。

表 2.1.4　　导流泄水建筑物封堵后坝体度汛洪水标准表

大坝类型		大坝级别		
		1	2	3
		洪水重现期（年）		
土石坝	设计	200～500	100～200	50～100
	校核	500～1000	200～500	100～200
混凝土坝	设计	100～200	50～100	20～50
	校核	200～500	100～200	50～100

（6）导流泄水建筑物封堵设计标准。导流泄水建筑物的封堵时间应在满足水库拦洪蓄水要求的前提下，根据施工总进度确定。封堵下闸的设计流量可用封堵时段 5～10 年重现期的月或旬平均流量，或按实测水文统计资料分析确定。封堵工程施工阶段的导流设计标准，可根据工程重要性、失事后果等因素，在该时段 5～20 年重现期范围内选定。

（7）水库施工期蓄水标准。水库施工期蓄水标准，应根据发电、灌溉、通航、供水等要求和大坝安全超高等因素分析确定，一般保证率为 75%～80%。

2. 截流工程质量标准

（1）河道截流是大中型水利水电工程施工中的一个重要环节。截流的成败直接关

系到 工程的进度和造价，设计方案必须稳妥可靠，保证截流成功。

（2）选择截流方式应充分分析水力学参数、施工条件和难度、抛投物数量和性质，并进行技术经济比较。

1）单戗立堵截流简单易行，辅助设备少，较经济，适用于截流落差不超过3.5m，但龙口水流能量相对较大，流速较高，需制备的重大抛投物料相对较多。

2）双戗和双戗立堵截流，可分担总落差，改善截流难度，适用于落差大于3.5m。

3）建造浮桥或栈桥平堵截流，水力学条件相对较好，但造价高，技术复杂，一般不常选用。

4）定向爆破、建闸等方式只有在条件特殊、充分论证后方可选用。

（3）河道截流前，泄水道内围堰或其他障碍物应予清除；因水下部分障碍物不易清除干净，会影响泄流能力和增大截流难度，设计中宜留有余地。

（4）戗堤轴线应根据河床和两岸地形、地质、交通条件、主流流向、通航、过水要求等因素综合分析选定，戗堤宜为围堰堰体组成部分。

（5）确定龙口宽度及应考虑的位置。

1）龙口工程量小，应保证预进占段裹头不致遭冲刷破坏。

2）河床水深较浅、覆盖层较薄或基岩部位，有利于截流工程施工。

（6）若龙口段河床覆盖层抗冲能力低，可预先在龙口抛石或抛铅丝笼护底，增大糙率和抗冲能力，减少合龙工程量，降低截流难度。护底范围通过水工模型试验或参照类似工程经验拟定。一般立堵截流的护底长度与龙口水跃特征有关，轴线下游护底长度可按水深的3~4倍取值，轴线以上可按最大水深的2倍取值。护底顶面高程在分析水力学条件、流速、能量等参数以及护底材料后确定。护底宽度根据最大可能冲刷宽度加一定富裕值确定。

（7）截流抛投材料选择的原则。

1）预进占段填料尽可能利用开挖渣料和当地天然料。

2）龙口段抛投的大块石、石串或混凝土四面体等人工制备材料数量应慎重研究确定。

3）截流备料总量应根据截流料物堆存、运输条件、可能流失量及戗堤沉陷等因素综合分析，并留适当备用量。

4）戗堤抛投物应具有较强的透水能力，且易于起吊运输。

（8）重要截流工程的截流设计应通过水工模型试验验证并提出截流期间相应的观测设施。

1.2　围堰工程

1.2.1　围堰的型式及选择原则

1. 围堰的型式

（1）工程施工中经常采用的围堰，按其所使用的材料，可以分为：土石围堰、混凝土围堰、草土围堰、木笼填石围堰、钢板桩格型围堰等。

（2）按围堰与水流方向的相对位置，可以分为：横向围堰和纵向围堰。

（3）按导流期间基坑淹没条件，可以分为：过水围堰和不过水围堰。过水围堰除需要满足一般围堰的基本要求外，还要满足堰顶过水的专门要求。

2. 围堰选择原则

（1）安全可靠，能满足稳定、抗渗、抗冲要求。

（2）结构简单，施工方便，易于拆除并能充分利用当地材料及开挖渣料。

（3）堰基易于处理，堰体便于与岸坡或已有建筑物连接。

（4）在预定施工期内修筑到需要的断面及高程。

（5）具有良好的技术经济指标。

1.2.2 围堰平面布置与堰顶高程

1. 围堰的平面位置

围堰的平面布置是一个很重要的课题，如果平面布置不当，围护基坑的面积过大会增加排水设备容量；过小，会妨碍主体工程施工，影响工期；更有甚者，如前所述会造成水流宣泄不畅顺，冲刷围堰及其基础，影响主体工程安全施工。

围堰的平面布置一般应按导流方案，主体工程的轮廓和对围堰提出的要求而定。当采用全段围堰法导流时，基坑是由上、下游横向围堰和两岸围成的。当采用分段围堰法导流时，围护基坑的还有纵向围堰。在上述两种情况下，上、下游横向围堰的布置都取决于主体工程的轮廓。通常，基坑坡趾离主体工程轮廓的距离，不应小于20～30m，以便布置排水设施、交通运输道路及堆放材料和模板等（图2.1.2）。至于基坑开挖边坡的大小，则与地质条件有关。

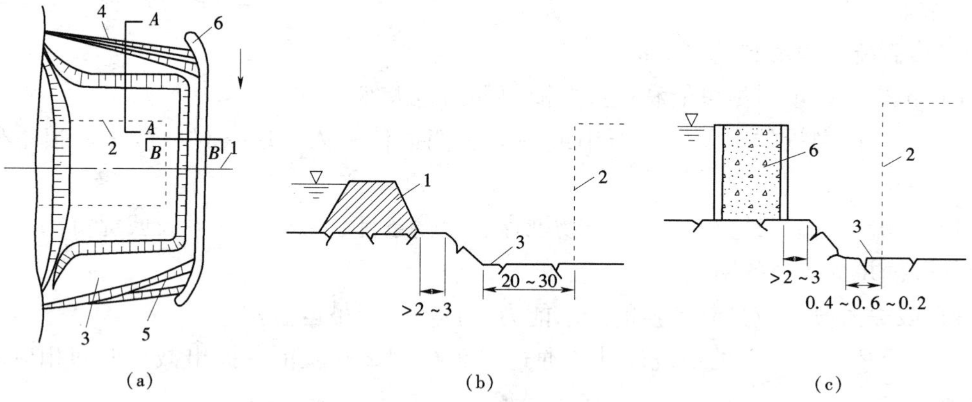

图2.1.2　围堰布置与基坑范围示意图（单位：m）

（a）平面图；（b）A—A 剖面，（c）B—B 剖面

1—主体工程轴线；2—主体工程轮廓；3—基坑；4—上游横向围堰；5—下游横向围堰；6—纵向围堰

分段围堰法导流时，上、下游横向围堰一般不与河床中心线垂直，其平面布置常呈梯形，既可保证水流顺畅，同时也便于运输道路的布置和衔接。

当采用全段围堰法导流时，为了减少工程量，围堰多与主河道垂直。当纵向围堰不作为永久建筑物的一部分时，纵向基坑坡趾离主体工程轮廓的距离，一般不小于2.0m，以供布置排水系统和堆放模板。如果无此要求，只需留0.4~0.6m就够了，此外，布置围堰时，应尽量利用有利的地形，以减少围堰的高度与长度，从而减少围堰的工程量。同时，还应结合泄水建筑物的布置，来考虑围堰的布置，以保证围堰不被冲刷。

一些重要的大中型水利水电工程的围堰平面布置，要结合导流方案的选择，通过水工模型试验的验证来确定。

2. 堰顶高程

堰顶高程的决定，取决于导流设计流量及围堰的工作条件。

下游围堰的堰顶高程由下式决定。

$$H_d = h_d + h_a + \delta$$

式中 H_d——下游围堰堰顶高程，m；

h_d——下游水位高程，m；可以直接由原河流水位流量关系曲线中找出；

h_a——波浪爬高，m；

δ——围堰的安全超高，m；一般对于不过水围堰可按有关规定确定，对于过水围堰可不予考虑。见表2.1.5。

表2.1.5　　不过水围堰堰顶安全超高下限值　　单位：m

围堰型式	围堰级别	
	3	4~5
土石围堰	0.7	0.5
混凝土围堰	0.4	0.3

上游围堰的堰顶高程由下式决定：

$$H_H = h_d + z + h_a + \delta$$

式中 H_H——上游围堰堰顶高程，m；

z——上下游水位差，m；

其余符号同上式。

必须指出，当围堰要拦蓄一部分水流时，则堰顶高程应通过水库调洪计算来确定。纵向围堰的堰顶高程，要与束窄河段宣泄导流设计流量时的水面曲线相适应。因此，纵向围堰的顶面往往做成阶梯形或倾斜状，其上游部分与上游围堰同高，下游部分与下游围堰同高。

1.2.3 围堰质量控制要点

1.2.3.1 土石围堰

1. 围堰填料

（1）土石围堰的填料，除淤泥、沼泽土外；任何土砾料都可用做围堰填料。

（2）干填碾压防渗土料的质量应符合表2.1.6的规定。

（3）水中抛填土料的质量应符合表2.1.7的规定。

表 2.1.6　　　　　干填碾压防渗土料

项　目	指　标		备　注
黏粒含量	均质围堰	10% ~30% 为宜	
	斜墙或心墙围堰	15% ~50% 为宜	大于 50% ~60% 的重黏土不宜采用
塑性指数	均质围堰	7 ~ 20	
	斜墙或心墙围堰	10 ~ 25	大于 30 时，其黏粒含量太高，不宜采用
渗透指数	均质围堰	小于 1×10^{-4}cm/s	
	斜墙或心墙围堰	小于 1×10^{-5}cm/s	
天然含水量	最好接近最优含水量或塑限		一般已不偏离最有含水量的 1% ~2% 为宜

表 2.1.7　　　　　水中抛填土料的一般要求

项　目	指　标	备　注
宜用土料	砂质黏土或砂壤土	
黏粒含量	15% ~25%	黏粒含量大于 40% ~50% 的黏土，浸水后不易崩解，不宜采用
渗透系数	1×10^{-6} ~ 1×10^{-4}cm/s	
天然含水量	6% ~i	i 为 1.2 倍塑限
崩解性能	良好	30min 崩解 50% ~70%，24h 完全崩解

（4）反滤料应采用级配性能较好的砂、卵石或砾石。粒径小于 0.1mm 的颗粒不宜大于 5% ~10%，渗透系数应大于被保护土渗透系数的 50 ~ 100 倍。

对于砂砾石与块石之间的过渡层，可采用竹席、柴排与土工织物等来达到反滤目的。

（5）堰壳填料并无很高的要求，各类石料、石渣、砂卵石等均可采用，但应尽可能利用开挖弃料。

2. 堰顶宽度

（1）堰顶宽度应根据围堰高度、结构型式及其材料组合等来确定：

1）高于 10m 的围堰，其最小宽度不应小于 3.0m。

2）堰高超过 20 ~ 30m 时，宽度一般为 4 ~ 6m。

（2）如堰顶需要通行汽车等大型车辆，其宽度应符合交通要求。

（3）当需要挡御超标准洪水时，还应考虑设置子堰或防汛抢险材料堆存要求。

（4）土石围堰的边坡应根据土石料的性质、压实程度及地基的承载能力等因素确定。

3. 不过水土石围堰

（1）不过水土石围堰宜在流水中、深水中、岩基或有覆盖层的河床上修建。

（2）填筑材料应采用当地材料，可就地取材或充分利用开挖的弃料。

1）若当地有足够数量的渗透系数小于 10^{-4}cm/s 的防渗材料时，可采用斜墙式或斜墙带水平铺盖式结构。

2）若当地没有足够数量的防渗料或覆盖层较厚时，可采用垂直防渗墙式或帷幕灌浆式结构，用混凝土防渗墙、高喷墙、自凝灰浆墙或帷幕灌浆来解决基础和堰身的防渗问题。

（3）土石围堰的断面较大，一般用于横向围堰；在宽阔河床的分期导流中，由于围堰束窄河床增加的流速不大，也可作为纵向围堰，但需注意防冲设计，以保证围堰安全。

（4）土石围堰水下部分的施工，石渣、堆石体的填筑可采用进占法，也可采用各种驳船抛填水下材料。

（5）土石围堰水上部分的施工与一般土石坝相同，可采用分层填筑、碾压施工的方法，并适时安排防渗墙施工。

4. 过水土石围堰

（1）在山区河流中，当洪枯流量和水位变幅均较大时，宜采用过水土石围堰。

（2）过水土石围堰的挡水标准必须综合各方面的因素，经比较论证后才能合理选定。

（3）要求堰体必须允许过水时，如土石围堰是散粒体结构，则不允许堰体溢流。

（4）经常采用的过水围堰有大块石护面、钢筋石笼护面、加筋护面及混凝土板护面等，采用较普遍的是混凝土板护面。

（5）混凝土护面板的安装或浇筑应错缝、跳仓，其施工顺序应从下游面坡脚向堰顶进行。

（6）混凝土护面板与围堰下游坡之间一般需设置垫层，以削减板下水流压强，以利于面板的平整与稳定。

（7）加筋过水土石围堰应在围堰的下游坡面上铺设钢筋网，在下游部分堰体内埋设水平向主锚筋，以防止坡面块石被冲走。

（8）钢筋网由纵向主筋、横向构造筋及横向加筋组成。纵向主筋 ϕ6mm ~ ϕ30mm，间距为 100 ~ 450mm；横向构造筋中 ϕ8mm ~ ϕ25mm，间距为 150 ~ 225mm；横向加筋为 ϕ20mm ~ ϕ30mm，间距为 1500 ~ 3000mm。

1）横向加筋应放置在纵向加筋的下面，以防止钢筋网隆起，被水流挟带的杂物所切断。

2）水平向立锚筋应安置在堰体内，一般采用如 ϕ20mm ~ ϕ38mm，其垂直间距为 1500 ~ 3000mm，水平间距为 230 ~ 1500mm。水平向立锚筋可事先预制，然后在现场进行装配。

（9）对过水土石围堰的下游坡面及堰脚应采取可靠的加固保护措施。

1.2.3.2 混凝土围堰

1. 一般规定

（1）混凝土围堰是用常态混凝土或碾压混凝土浇筑而成的，一般需在低水土石围堰围护下施工，也可采用水下浇筑的方式。

（2）常用的混凝土围堰有干地浇筑的重力式及拱型围堰，此外还有浆砌石围堰。一般采用重力式居多。

（3）混凝土围堰易于与永久建筑物结合，并且堰顶可溢流。

2. 重力式混凝土围堰

（1）重力式混凝土围堰应建于岩基上，其断面可做成实心式，与非溢流重力坝类似；也可做成空心式。

（2）重力式混凝土围堰的基本断面为三角形，其顶点高程应在堰顶附近，宜选在上游最高库水位，断面尺寸必须通过稳定和强度计算确定。

1）采用的基本断面为上游面垂直时，下游面坡度为1∶0.6～1∶0.8。

2）为利用水重，上游面可做成1∶0.1～1∶0.25的折坡，折坡的起点一般在1/3～2/3堰高处。

3）纵向围堰两侧交替挡水，其基本断面尺寸宜为等腰三角形或近似于等腰三角形。过水围堰的断面型式，还应结合过水时的流态及消能方式确定。

（3）混凝土围堰顶在设计洪水静位以上应加安全超高，对3级混凝土围堰安全超高的要求不小于0.4m，对4、5级围堰安全超高要求不小于0.3m。对于混凝土围堰，堰顶短时漫流是允许的。

（4）碾压混凝土重力围堰的断面形式在体形上应力求简单，便于施工。围堰顶宽度应为5～8m，上游面宜采用铅直或斜面，应尽量避免折面。

（5）堰体廊道有纵向廊道（平行于围堰轴线）和横向廊道（垂直于围堰轴线）两种。当堰体较高时，纵向廊道可设几层。其检查要求如下。

1）廊道内应有适宜的通风条件，每隔一定距离应设置竖井通至堰顶或下游堰外，否则，应配备人工通风系统。

2）廊道上游侧面至堰体上游面的距离一般为该处堰面水头的0.07～0.1倍，且不小于3m。

3）廊道的断面应按其用途确定。一般采用城门洞形，基础灌浆廊道一般宽度为2.5～3.0m，高度为3.0～3.5m；基础排水廊道一般宽度为1.5～2.5m，高度为2.2～3.5m；交通廊道及其他廊道最小尺寸为宽1.2m、高2.2m。

4）较长的基础灌浆廊道，每隔50～100m宜设置灌浆泵房，其纵向坡度应缓于1∶1；当岸坡基础陡于1∶1时，灌浆廊道可分层布置，用竖井连接。

5）廊道底脚按需要设置排水沟，排水沟宽度一般为20～25cm，深20～30cm，排水沟通至集水井，排水沟底坡不应缓于1.5‰。

6）廊道周边一般浇筑厚1～2m常态钢筋混凝土。

（6）堰体止水的检查的要求。

1）碾压混凝土围堰横缝止水一般采用一道塑料止水带，对于高堰可加设一道止水带（紫铜片或塑料止水带）。

2）当孔洞穿过堰体永久横缝时应设一圈塑料止水带。

3）止水设置位置应距上游堰面0.5～2.0m，在寒冷地区可适当远些。

4）当岸坡堰段基础开挖成陡于1∶1的陡坡时，应设陡坡止水，陡坡止水一般采用止水带。

5）当止水槽深0.4～0.6m时，宽1～2m时，应设锚筋进行加固，并和预埋止水片与横缝止水对应。

6）对于特别重要的围堰，两道止水片之间还应设排水槽，止水片下游宜设排水孔，以利于排除渗水。

（7）堰体排水系统的检查要求。

1）堰体竖向排水系统的排水管应设置在堰体上游防渗层后面。排水管顶部按需要通至堰顶或堰体某一高程，其底部通至排水廊道、基础灌浆廊道内。

2）碾压混凝土围堰排水管一般为预制的无砂混凝土管，亦可采用钻孔或拔管等方法形成，管距为 2.0～3.0m，内径为 15～20cm，常态混凝土围堰排水管内径为 15～25cm。

（8）堰体分缝分块的检查要求。

1）碾压混凝土围堰一般不设置纵缝。对于分期施工的堰体，如温控措施较复杂，可将堰体改为常态混凝土浇筑，并按要求设置纵缝和键槽，对纵缝应进行接缝灌浆，并采取必要的并缝措施。

2）碾压混凝土围堰堰段间设置横缝，横缝间距宜为 20～50m。①横缝为非暴露平面的连续缝，可由切缝嵌金属片或用其他材料进行人工埋设造缝；② 横缝为非暴露平面的不连续诱导缝，可采用钻孔、切缝、预埋等方法形成，但应严格控制缝距、方向及斜度。

（9）堰体混凝土分区检查要求。

1）碾压混凝土的抗压强度一般采用 90～180d 龄期，当堰体开始承受荷载时间早于 90～180d 时，应进行核算，必要时可缩短龄期或调整强度等级。

2）堰体内部混凝土强度等级应相同。不同强度等级的混凝土，其分区宽度应根据堰体受力状态、构造要求和施工条件确定。

3）碾压混凝土垫层必须采用常态混凝土，其厚度一般为 1.0～1.5m。

4）碾压混凝土围堰上游堰面防渗层采用常态混凝土或富胶凝材料的碾压混凝土。防渗层最小的有效厚度一般为堰面水头的 1/30～1/15，但不宜小于 1.0m。

防渗层混凝土抗渗强度等级的最小允许值为：H（水头）<30m 时为 W4；$H=30\sim60$m 时为 W6；$H=60\sim120$m 时为 W8；$H>120$m 时，应进行专门试验论证。

（10）为确保防渗可靠，碾压混凝土围堰上游堰面应涂刷防渗材料。

3. 拱型混凝土围堰检查

（1）拱型混凝土围堰应修建在岸坡稳定、岩石坚硬完整的地基上，适用于两岸陡峻、岩石坚实的山区河流。

（2）拱型混凝土围堰适用的地形（L 为堰顶的河谷宽度，H 为最大堰高）：

1）$L/H\leqslant1.5\sim2.0$ 时，适宜于拱型。

2）$L/H\leqslant3.0\sim3.5$ 时，适宜于重力拱型。

3）$L/H>3.5\sim4.0$ 时，不宜采用拱型结构。

（3）拱型围堰有薄拱型、拱型和重力拱型 3 种，常采用拱型或重力拱型，薄拱型较少采用。

1）当底厚 T 和高度 H 的比值 $T/H<0.1$ 时，为薄拱型。

2）$T/H=0.1\sim0.4$ 时，为拱型。

3）$T/H=0.4\sim0.6$ 时，为重力拱型。

4）$T/H=0.6\sim0.8$ 时，则为重力式。

（4）围堰的拱座应修筑在枯水期的水面以上。

（5）进行基础处理时，如河床的覆盖层较薄，应进行水下清基；如覆盖层较厚，应灌注水泥浆防渗加固。

（6）围堰堰身的混凝土浇筑宜进行水下施工；在拱基两侧应回填部分砂砾料，以利于灌浆，形成阻水帷幕。

（7）混凝土围堰水下施工时，其检查要求是：

1）对于浅水，在混凝土模袋或清基立模后，直接浇筑混凝土。

2）对于深水，其工艺程序为测量放样、水下清基、立模就位、清仓堵漏、水下混凝土浇筑及模板拆除等，均应符合相关工艺要求。

（8）水下清基应采用空气吸砂器和人工水下装吊两种方法进行。

小颗粒砂砾，应用吸砂器吸出；30～40cm 的块石，由潜水员将石块装入钢筋笼内吊出；50～60cm 的大块石，则套扎钢丝绳直接吊出运走；遇更大的巨石，需进行水下爆破后清除。

（9）钢木围令模板组装、沉放到位后，潜水员应进行清仓封堵，并清除靠近模板处的残留渣物，堵塞模板与基岩间不密合的缝隙。

（10）采用导管法进行水下混凝土浇筑时，导管应高出水面 1～2m；浇筑混凝土时，导管埋入混凝土的深度应在 50cm 以上，其扩散半径约为 3.0m。

导管不宜埋置过深，宜控制在 1.5m 以内。

（11）混凝土应具有良好的流动性和泌水性，应采用坍落度为 15～20cm、水灰比为 0.5～0.6 的混凝土。

（12）边墩施工时，如流速在 0.5m/s 以内时，可采取潜水员水下立模，导管浇筑混凝土的方法。浅水部位，可采用以混凝土赶水的直接浇筑方法。

（13）中墩施工时，如流速为 1.0～1.5m/s，无法进行水下立模时，宜采用在中墩左右两侧各用钢围令组装模板下沉定位，然后进行清仓、堵漏，并用导管浇筑混凝土。

（14）闸孔段水下混凝土浇筑时，为保护混凝土，使底槛表面平整，可在人字梁上嵌有厚 10mm 的钢板盖。盖板上设有浇筑孔，导管通过盖板孔插入仓内，进行水下混凝土浇筑。

（15）深槽段水下混凝土施工时，应在深槽上、下游侧采用两道钢围令框架格栅沉放，然后在两围令间抛石截流，再插入钢筋混凝土预制模板。

由于插板间缝隙较大，可用悬挂帆布将模板包住，抛填黏土闭气，然后在围令框架内浇筑混凝土，并对填石体进行灌浆，形成注浆混凝土。

4. 碾压混凝土围堰

（1）碾压式混凝土宜采用干硬性混凝土，水泥用量 85～120kg/m^3，掺合料 30%～

40%，骨料最大粒径不超过8cm为宜。

（2）围堰碾压混凝土可由自卸汽车直接入仓，如因场地和运输条件的制约，也可采用塔机吊运入仓、皮带机直接入仓。

（3）根据围堰施工强度与运输道路的布置，仓内宜分成两个工作面。自卸汽车采用左右两侧进入仓内，并在专人指挥下有序倒料，及时摊铺和碾压。

（4）通仓薄层应连续浇筑，混凝土拌和料从出机口到平仓面碾压完毕应控制在2h以内。

（5）应控制摊铺厚度，以减少骨料分离。铺层厚度一般为30～40cm，最大不宜超过80cm。

（6）自卸汽车铺料后，应由推土机将骨料推到适宜厚度，再用振动碾进行碾压，切割机切缝。

（7）仓内大面积碾压作业时，宜采用自重和激振力较大、频率较高而振幅相对较低的双轮自行式振动碾；在仓内边角部位，可选用手扶式小型振动碾压实。

（8）仓面进行薄层连续浇筑时，铺料、平仓、碾压作业应在整个仓面分条带进行。条带的方向应平行于围堰轴线，上下层的条带应错开。

（9）层间间隔宜大于8～12h。冬季气温较低时，可延长至14～16h，否则应进行铺砂浆等处理。

（10）碾压混凝土4～5月施工时，应采用预冷混凝土。为防止混凝土表面出现干燥而产生裂缝，仓内应备有喷雾设施，也可配备洒水车进行喷雾处理。

（11）模板应能适应堰体的上升速度和振动压实力的特点；模板支撑围令应有足够的刚度。

（12）如需设置伸缩缝，应在浇筑后1.5～3h内，用切缝机切出永久缝，缝内插入塑料板。

1.2.3.3 草土围堰

1. 筑堰材料

（1）草料一般为麦草、稻草或其他柔软性山草，要求柔软、干燥、不腐烂、新旧不限。单支草茎长在0.5m以上。使用时，应经过打场碾压。

（2）除纯砂土和纯黏土外，一般土壤均可用作土料，但不允许用冻土。土内不应含有石子、大量的砂砾及植物根茎等杂物。

（3）草土用量的比例关系应根据施工条件、施工时的水深和流速等因素确定。

（4）制作草捆时，应将麦草或稻草做成长1.2～1.8m、直径0.5～0.7m、重约10kg的单个草捆，然后将两个草捆靠齐压扁，再用长6～8m、直径4～5cm粗草绳系紧。

2. 围堰断面

（1）草土围堰的断面尺寸应满足抗滑、抗渗、抗倾覆等要求，同时还应满足堰顶运草及运土等要求。

（2）围堰的断面一般为矩形或梯形，其边坡坡边宜为1∶0.2～1∶0.3。在岩基河床上，草土围堰的宽度比为2～3；在软基河床上，围堰宽度比为4～5。

（3）草土围堰与混凝土等建筑物的接头布置宜选择在具有坡面的位置，使草土体沉陷后可自然压紧。

（4）草土围堰的水深与顶宽比一般为1：2～1：2.5。在堰顶有压重和施工质量较好的情况下，且地基为岩石时，水深与顶宽比为1：1.5。转弯部分堰体应适当加宽。堰顶高程应比运用期间的最高水位高出1.0～1.5m。

（5）围堰内侧应留有5～10m的余地，以便于堵漏和排水。围堰与岸边接头应选择在岸坡小于45°的缓坡处。

3. 捆草法水中填筑

（1）采用捆草法修建围堰时，应先将草料做成草捆，然后一层草捆一层土料进占而成。

（2）进占前，应先清理岸边，铺填一层土料，然后将草捆垂直岸边并排沉放。

（3）第一排草捆沉入水中1/3～1/2草捆长时，应将草绳拉直固定在岸边，以便与后铺的草捆互相连接。

（4）在第一层草捆上后退压放第二层草捆，两层草捆搭接长度一般为1/3～1/2草捆长，当压草层数较多时，搭接长度可适当减少。

（5）随着草捆的逐层压放，形成一个30°～40°的斜坡，直到满足所需层数为止（斜坡长度不小于1.5倍水深）。

（6）当草捆压好后，再铺一层厚约30cm的散草，填补捆草间的空隙。同时盖住草绳，使其随草捆下沉。

（7）铺草完成后应洒水润湿草料，以便于下沉和压实。然后在散草上铺土，铺土厚度为30～35cm。

（8）铺好的土层应踩实或加夯压实。当一层草土填筑完成，再进行第二层草土填筑，逐渐向前进占。

（9）随着草土的不断循环填筑，堰体不断向前进占。当堰体高出水面后，应立即铺土夯实，并将围堰加高至设计高程。

（10）如施工期水位与围堰运用期的最高水位相差较大，则可将堰体堆筑分两次完成。先将堰体筑至施工水位以上1.0m左右，待合龙后再加高水上部分的堰体。

（11）填筑时，应超过设计高程一定高度：水中填筑的沉陷超高为堰高的8%～10%；干地填筑为10%～12%。

4. 围堰防渗

（1）草土围堰与河岸接头处，基岩面上的覆盖层应清除干净，其清除范围应同围堰底部同宽。

（2）在软基上修建的草土围堰；如地基渗透系数较大时，应对地基进行灌浆。

1）钻孔灌浆工作应在堰顶进行。

2）灌浆材料应采用水泥、黏土等；当渗水量很大时可用水泥砂浆，或掺入一定数量的掺合料。

3）灌浆孔应沿围堰中心线布置，并根据承受水头和地基性质决定灌浆孔的孔距和排数。

（3）当围堰外侧为静水区或缓流区时，堰外应用草土作外围墙，中间填以黏土。

1.2.3.4　木笼围堰

（1）木笼结构应采用横木和直木交叉搭叠成框格，其节点应用栓钉连接。框格内应填块石，临水面应设置阻水面板。

（2）木笼断面尺寸：对于宽型木笼，其高宽比为1∶1.0～1∶1.5；窄型木笼的高宽比为1∶0.6。

（3）单只木笼的宽度应为5～7m，框格尺寸必须与高度相适应；较低的木笼，框格可适当大些。布置框格时，应将较小的格子布置在临水面及背水面。

（4）横直木交叉处应用穿透3层木料的钢栓钉销合。栓钉直径不宜过大。

（5）阻水面板应由2层木板夹2层油毛毡组成，并用铁钉、夹木和螺栓固定在木笼临水面横木上。

（6）木笼之间的接头应采用橡皮止水。橡皮的厚度和宽度应符合要求，两侧应用压木钉在木笼面板上。

（7）在木笼临水面一格浇筑水下混凝土进行封底。封底混凝土的高度应为1.0～1.5m。为抵抗填石冲击力，封底混凝土浇筑3～4d后才能回填框格。

（8）过水木笼混凝土顶盖的外形轮廓，有交通要求时应做成平顶，无交通要求时可做成斜面或曲面。为加强顶盖与框格之间的连接，框格应伸入混凝土顶盖内0.3～0.5m。

（9）填料时，应采用内摩擦角大、压实性好的砾石料，块石级配应良好。

1.2.3.5　钢板桩格型围堰

（1）格型围堰应修建在岩基上或软基上。对于软基，板桩必须具有一定的入土深度或打到岩层内。

（2）若地基上有大量漂砾的覆盖层，为减少打桩进尺，打桩前应将漂砾部分清除。

（3）格体钢板桩的锁口应互相扣接，形成封闭空间，封闭空间内应回填砂砾石料。

（4）格体内应填充透水性强的填料（常用的有砂、砂卵石或石渣等）。填料必须耐冲刷，并具有很高的抗剪强度和抗滑重度。

（5）向格体内填料时，应保持各格体内填料均衡上升。避免出现高差变化太大的现象。

（6）格型围堰施工时，其定位、打设模架支柱、模架就位、安插钢板桩、打设钢板桩、填充料渣、取出模架及支柱等，均应符合相关规定。

（7）圆筒形格体的直径D应为挡水高度H的0.9～1.4倍，平均宽度B为0.85D。圆筒形格体钢板桩围堰适用的挡水高度应小于15～18m。

（8）圆筒形格体围堰施工时，每个格体应单独回填；已建格体应作为相邻格体的施工平台，在急流中随建随填。

（9）鼓形格体应通过延长隔墙的方式来增加围堰的有效高度，但每个格体不能单独稳定，也不能单独回填，可在平衡的水流中使用。

（10）花瓣形格体本身应用十字隔墙加固，每个格体应单独稳定。

（11）格体本身不需采用专门的防渗措施，迎水面板桩打进基岩内的深度应控制在0.3～0.6m。迎水侧板桩外面应浇0.5m厚的水下混凝土或用水泥砂袋封底。

（12）格体内应采取排水措施，背水侧板桩上开30mm直径排水孔。排水孔垂直间距为0.5～1m，水平间距为1.2～2m。格体填料的透水性较差时，应采取强制性排水措施，排水层应设置在填料底部。

1.2.4 围堰工程常见质量问题监控与防治

1. 围堰的防渗和防冲

围堰的防渗、接头和防冲是保证围堰正常的关键问题，对土石围堰来说尤为突出。一般土石围堰在流速超过3.0m/s时，会发生冲刷现象，尤其在采用分段围堰法导流时，若围堰布置不当，在束窄河床段的进出口和沿纵向围堰会出现严重的涡流，淘刷围堰及其基础，导致围堰失事。

（1）围堰的防渗。围堰防渗的基本要求，和一般挡水建筑物无大差异。土石围堰的防渗一般采用斜墙、斜墙接水平铺盖、垂直防渗墙或灌浆帷幕等措施。围堰一般需在水中修筑，因此如何保证斜墙和水平铺盖的水下施工质量是一个关键问题。

柘溪水电站土石围堰的斜墙和铺盖是在10～20m深水中，用人工手铲抛填的方法施工的。施工时注意了滑坡、颗粒分离及坡面平整等的控制。抛填三个月后经取样试验，填土密实度均匀，防渗性能良好，干表观密度均在1.45t/m^{3}以上，无显著分层沉积现象，土坡稳定。上部坡高8～9m范围内，坡度约为1：2.50～1：3.00；下部坡度较平，一般均在1：4.00以上。

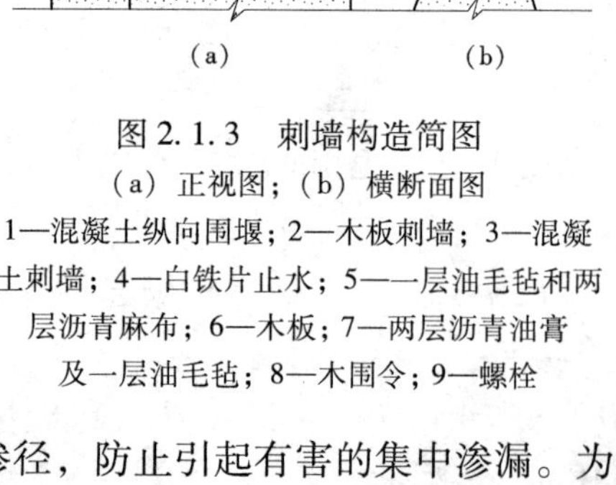

图2.1.3 刺墙构造简图

（a）正视图；（b）横断面图

1—混凝土纵向围堰；2—木板刺墙；3—混凝土刺墙；4—白铁片止水；5—一层油毛毡和两层沥青麻布；6—木板；7—两层沥青油膏及一层油毛毡；8—木围令；9—螺栓

由此可见，尽管斜墙和水平铺盖的水下施工难度较高，只要施工方法选择得当，是能够保证质量的。

（2）围堰的接头处理。围堰的接头是指围堰与围堰、围堰与其他建筑物及围堰与岸坡等的连接。围堰的接头处理与其他水工建筑物接头处理的要求并无多大区别，所不同的仅在于围堰是临时建筑物，使用期不长，因此接头处理措施可适当简便。如混凝土纵向围堰与土石横向围堰的接头，一般采用刺墙型式（图2.1.3），以增加绕流渗径，防止引起有害的集中渗漏。为降低造价，以及施工和拆除方便，在基础部位可用混凝土刺墙，上接双层2.5cm厚木板，中夹两层沥青油膏及一层油毛毡的木板刺墙。木板刺墙与混凝土纵向围堰的连接处设厚2mm的白铁片止水。木板刺墙与混凝土刺墙的接触处则用一层油毛毡和两层沥青麻布防渗。

（3）围堰的防冲。围堰遭受冲刷在很大程度上与其平面布置有关，尤其在分段围堰法导流时，水流进入围堰区受到束窄，流出围堰区又突然扩大（图2.1.4），这样就不可避免地在河底引起动水压力的重新分布，流态发生急剧改变。此时在围堰的上下游转角处产生很大的局部压力差，局部流速显著增高，形成螺旋状的底层涡流，流速方向自下而上，从而淘刷堰脚及基础。为了避免由局部淘刷而导致溃堰的严重后果，必须采取护底措施。

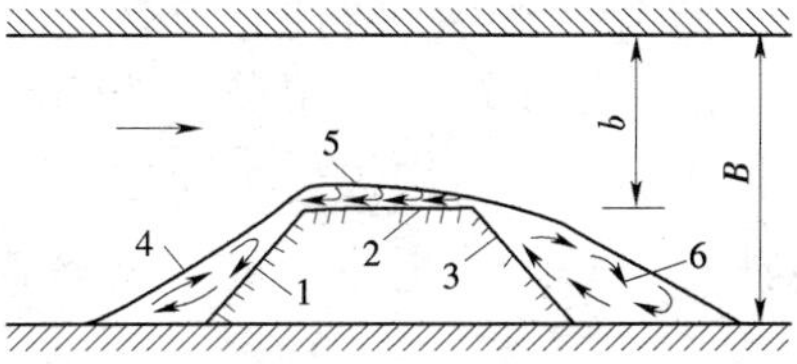

图2.1.4　分段围堰法导流时的流态图

1—上游围堰；2—纵向围堰；3—下游围堰；4—上游涡流区；5—纵向涡流区；6—下游涡流区；B—河床宽度；b—束窄后的河床宽度

一般多采用简易的抛石护底措施来保护堰脚及其基础的局部冲刷。关于围堰区护底的范围及抛石尺寸的大小，应通过水工模型试验确定。

解决围堰及其基础的冲刷问题，除了抛石护底或其他措施（如柴排）外，还应对围堰的布置给予足够的重视，力求使水流平顺地进、出束窄河段。通常在围堰的上下游转角处设置导流墙（图2.1.5），以改善束窄河段进出口的水流条件。在大、中型水利水电工程中，纵向围堰一般都考虑作为永久建筑物的隔墩或导流墙的一部分，因此均采用混凝土结构，导流墙实质上是混凝土纵向围堰分别向上、下游的延伸。尽管设置导流墙后，河底最大局部流速有所增加，但混凝土的抗冲能力较高，不至于有发生冲刷破坏的危险。

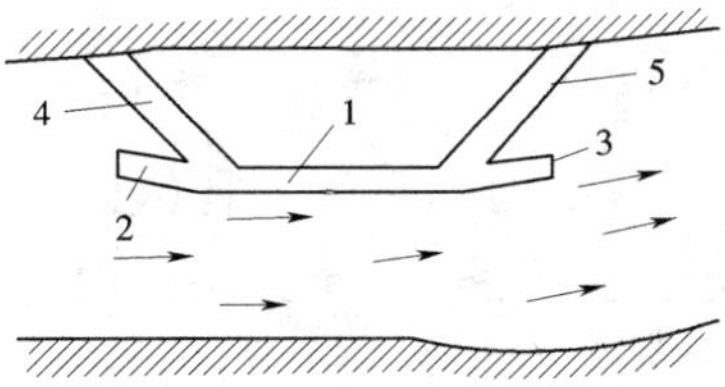

图2.1.5　导流墙和围堰布置图

1—纵向围堰；2—上游导流墙；3—下游导流墙；4—上游横围堰；5—下游横向围堰

2. 围堰的拆除

围堰是临时建筑物，导流任务完成以后，应按设计要求进行拆除，以免影响永久建筑物的施工及运行。例如，在采用分段围堰法导流时，第一期横向围堰的拆除如果不合要求，势必会增加上、下游水位差，从而增加截流工作的难度，增加截流料物的重量及数量。这类经验教训在国内外是不少的，如前苏联的伏尔谢水电站截流时，上下游总水位差是1.88m，其中由于引渠和围堰没有拆除干净，造成的水位差就有1.73m。

如果下游横向围堰拆除不干净，会抬高尾水位，影响水轮机的利用水头，富春江水电站曾受此影响，降低了水轮机出力，造成不应有的损失。

土石围堰相对说来断面较大，因此可在施工期最后一次汛期过后，上游水位下降时，从围堰的背水坡开始分层拆除（图2.1.6）。但必须保证依次拆除后所残留的断面能继续挡水和

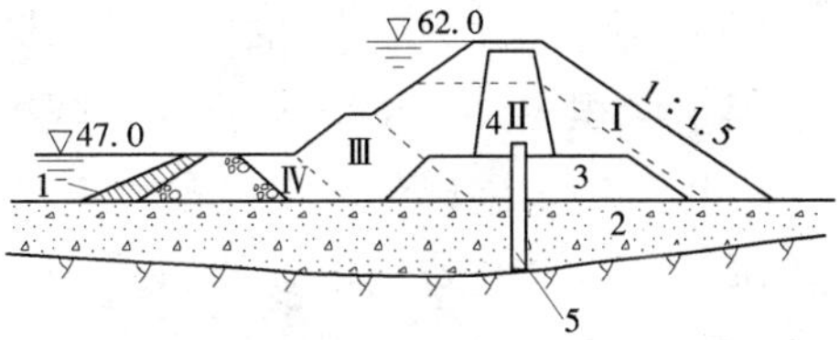

图2.1.6　葛洲坝一期土石围堰的拆除（高程：m）

1—黏土斜墙；2—覆盖层；3—堆渣；4—心墙；5—防渗墙；Ⅰ、Ⅱ、Ⅲ、Ⅳ—拆除顺序

维持稳定，以免发生安全事故，使基坑过早淹没，影响施工。

土石围堰一般可用挖土机或爆破等方法拆除。

草土围堰的拆除比较容易，一般水上部分用人工拆除，水下部分可在堰体挖一缺口，让其过水冲毁或用爆破法炸除。钢板桩格型围堰的拆除，首先要用抓斗或吸石器将填料清除，然后用拔桩机起拔钢板桩。混凝土围堰的拆除，一般只能用爆破法炸除，但应注意，必须使主体建筑物或其他设施不受爆破危害。

1.3 基坑排水

基坑排水包括初期排水和经常性排水两部分。初期排水是指围堰合龙闭气后排除基坑积水为主的排水。经常性排水是指在基坑积水排完后，为保持施工基坑干燥，继续排除基坑内各种渗水、雨水、施工用水等的排水工作。基坑排水设计工作主要包括：排水量计算、抽水设备选择和排水布置。

1.3.1 排水量计算

1. *初期排水*

初期排水包括排除基坑积水、围堰和基坑渗水及降雨径流，其表达式为

$$排水量=基坑积水+渗水+雨水$$

（1）基坑积水。基坑积水是指围堰合龙闭气后积存在基坑内的水量。它包括围堰水下部分饱和水和基坑内覆盖层饱和水，这部分水在基坑水位下降，集流到基坑内均需予以排除。基坑积水表达式为

$$基坑积水=K(基坑积水面积\times基坑平均水深)$$

式中 K——经验系数，与围堰种类、基坑覆盖层情况、排水时间、基坑面积大小等因素有关，一般采用1.5~2.5。

（2）渗水。渗水是指通过各种途径渗到基坑内的水量。它包括围堰渗水、基坑渗水。渗水与围堰内外水位差、围堰防渗形式、基坑处理措施等有直接关系。可用一般教科书中列出的计算方法进行计算求得。

由于初期排水一般较少，围堰内外水位差较小，围堰合龙后亦已闭气处理，所以渗水量是不大的，初步设计阶段有时在有足够资料论证后可不予计算。

（3）雨水。雨水是指在初期排水期间，由于降水在基坑集水面积内产生的径流。

集水面积应设法尽可能减少，减少到只在基坑范围内，这样可节约排水费用。为此，需将基坑范围以外流向基坑的集水面积上产生的雨水（径流）用集水沟渠排至基坑范围以外，这是特别重要的。

2. *经常性排水*

经常性排水包括基坑渗水、雨水、施工中弃水。

围堰渗水，根据围堰形式、围堰工程地质、水文地质条件及围堰最高挡水水位与基坑开挖高程决定的渗流水头计算求得。雨水则按一定时段降雨强度，可选用计算频率值

设计，亦可参用枢纽附近雨量台站实测降水强度进行计算。施工弃水，主要包括基坑冲洗、混凝土施工养护等用水。它与工程规模有关，一般按每次养护 $1m^3$ 混凝土用水 5L、每天养护 8 次估算养护用水量。

3. 基坑过水后的排水

过水围堰在每次基坑过水后的排水主要是排除过水后围堰基坑内存积水，可按设计基坑水位，计算基坑积水量，其他与初期排水相同。

4. 小时排水量计算

为了确定基坑排水的设备和工艺布置，只有一个总排水量是不够的，必须通过计算，用小时排水量来确定抽水设备的规模。在小时排水量计算时，要注意下列几个问题。

（1）在初期排除基坑集水时，一方面要按施工进度安排时间排完；另一方面又要与围堰断面形式相适应。为了在排水时不致因基坑水位下降速度太快而影响围堰的安全，一般土石围堰允许基坑水位下降速度为 1 ~ 2m/d。开始时下降速度要小，视抽水情况检验可以适当加快。同时还要考虑围堰背水坡填料的排水性能。

（2）渗水量按各施工期设计渗透水头计算，按渗多少排多少确定小时排水量。由于渗水量计算影响因素复杂，难以计算准确，一般在计算后均乘以 1.1 ~ 1.2 的安全系数。在基本资料较多、渗透图形较准、且有一定试验验证资料的情况下，安全系数可以小些，反之，从安全角度出发则应选用较大安全系数。

（3）雨水量计算一般均按抽水时段的最大降雨量计算。在深基坑，有时亦考虑用小时降水强度核算，以免基坑遭受淹没。

（4）小时排水量的组合，在不同的时期，组合情况各异。一般初期排水以基坑积水为主，经常性排水除有枯水期与汛期之分外，汛期降雨量与混凝土养护水不要叠加组合，而是将渗水分别与降水和基坑弃水组合，选其大者来确定抽水容量。对于过水围堰过水后的排水只有基坑积水。

经过计算后，可以分别求得初期排水设备数量确定的依据。该项工作是排水设计的基础，要求尽可能准确。

1.3.2 设备选择

排水设备选择主要根据小时排水量及排水扬程来确定。排水扬程包括几何扬程和排水管道、闸阀、弯头等局部和沿程的水头损失。

基坑排水的主要设备是低扬程的离心水泵。在组织基抗排水时，扬程应力求不超过 15 ~ 20m。如果基坑很长（300 ~ 500m 以上），应在下游侧设置一些排水点。为了汇集基坑中的渗水，应设置专门的排水深井，深井前方接集水沟。井内放入几组吸水管。在采用大功率水泵时，集水井的最小深度应不小于 2 ~ 2.5m，井的平面尺寸为 1.5m × 1.5m ~ 2.0m × 2.0m。井的总容积应能保证水泵运行 3 ~ 5min（如果停电时间不超过 3 ~ 5min）。在个别情况下，根据供电的实际情况，也可考虑较长的间歇时间，此时，井的容积也应相应加大。

从地面上排出积水是最经济的。但在软土层中，特别是在有承压地下水时，采用地面排水将使今后的水土建筑物地基土壤受到破坏，变得松散，这是不允许的。因此，地面排水方法可用于岩石、黏土、密实砂黏土或粗砾石层等不致破坏松散的地基中。而在砂土、亚砂土和轻质砂黏土地基中，基坑排水应采用地下方式。

对于砂土围堰，为了减少深基坑内的集水数量，一般都在其地基中设置专门的防渗墙。在苏联，一般采用GBⅡ—500型专用机组修建防渗墙，这种机组可在软土层中开出500mm宽、30m深的沟槽。在下卡马水电站建设中，曾经采用过这种防渗墙以减少通过河床冲积层进入基坑的渗水。该水电站防渗墙长600m、面积10400m^2，向下一直伸入到隔水地层，墙深16～17.5m，宽500mm，防渗墙主要依靠向槽内浇筑膨润土泥浆和投入块状黏土而使其达到稳定。

1.3.3 排水布置

排水布置包括排水站、排水管道、集水沟渠以及集水坑的布置。

1. 排水站布置

初期排水时，排水站的布置根据基坑集水深度大小，可采用固定式排水站和浮动式排水站，一般水泵允许吸程为5m左右，当基坑水深小于5m时，可采用固定式排水站。基坑水深大于5m，一级站不能排完时，需布置多级排水站或浮动式排水站。对于基坑水深较大，浮动式排水站可随基坑水位下降而移动，可避免排水站搬迁，从而能增大排水站的利用和减少设备数量。

排水站布置要注意能排除基坑最低处集水，尽可能缩短排水管道，避免与基坑施工交通等发生干扰，初期与后期要尽可能结合，要布置较好的出水通道。

经常性排水站运用时间较长，应充分利用地形，可分设于基坑上下游地势低洼处，使管道布置最短，避免与基坑开挖、出渣运输以及围堰加高等施工发生干扰，同时应注意使集水沟渠和集水坑的布置有比较合适的场地。根据基坑范围大小，经常性排水站分成几处布置，一般中型工程在围堰基坑上下游应各布置一个站。

过水围堰的排水站，应考虑基坑过水时需拆除排水站和过水后又要恢复的情况。要求排水管道布置在不受过水影响的位置，以便很快恢复排水站的工作。

2. 排水管道布置

基坑排水管道，一般使用胶管、铸铁管和钢管。胶管和钢管由于重量较轻，宜在初期排水时临时设站使用，特别是浮动式排水站使用胶管显得更能适应基坑下降的连续排水条件。铸铁管多在经常性排水时使用，由于使用时间较长，常将其固定在管座上，在布置上要求管道最短、集中，尽可能不受基坑施工交通影响，给维修养护提供有利条件。

3. 集水坑及集水沟渠布置

集水坑对初期排水关系不大，在几天或10多天内即可将基坑存水排除，不需布置固定集水坑。

对于经常性排水，集水坑及集水沟渠的布置是十分重要的。它的任务和作用是汇集基坑范围内的水，以便集中于集水坑内，由排水站排出基坑以外。首先集水坑布置高程要能将基坑大部分水汇集至集水坑内，集水坑高程是排水站设计扬程的依据。其次集水坑要求有一定容积，主要目的是使经常性排水能正常运行，使水泵工作经常处于最优状态。若容积太小，常在一次大雨后，即可能淹没排水站和基坑；若因短期停电或设备临时故障，基坑和排水站则将面临险境。

对于基坑局部低洼沟可用小型水泵排至集水坑内，再由排水站排出。

1.3.4 基坑排水质量标准

（1）在导流工程投资中，基坑排水费所占比重较大，应结合不同防渗措施进行综合分析，使总费用最小。

（2）初期排水总量由围堰闭气后的基坑积水量、抽水过程中围堰及基础渗水量、堰身及基坑覆盖层中的含水量，以及可能的降水量等4部分组成。其中可能的降水量可采用抽水时段的多年日平均降水量计算。初期排水的时间：大型基坑一般可采用5～7d，中型基坑不超过3～5d。具体确定基坑水位下降速度时，还应考虑对不同堰型的影响。

（3）经常性排水应分别计算围堰和基础在设计水头的渗流量、覆盖层中的含水量、排水时降水量及施工弃水量，再据此确定最大抽水强度。其中降水量按抽水时段最大日降水量在当天抽干计算；施工弃水量与降水量不应叠加。基坑渗水量可视围堰型式、防渗方式、堰基情况、地质资料可靠程度、渗流水头等因素适当扩大。

（4）抽水设备应有一定备用和可靠电源。

本章习题

2.1.1 施工导流和施工截流的方式各有哪些？

2.1.2 施工导流标准是什么？

2.1.3 围堰工程的质量控制要点是什么？

2.1.4 基坑排水的质量标准是什么？

第2章 基础处理工程

教学要求：基础处理工程有程序多，施工质量要求高的特点。了解地基处理的要求、施工程序；熟悉基础处理的方法和质量要求；掌握防渗工程和灌浆工程的施工方法及质量要求，根据施工资料能够进行质量评定。

2.1 地基与基础的加固处理

水工建筑物的地基和基础应该满足结构稳定、安全及防渗等的要求，地基处理工程的一般要求是：

（1）地基基础工程施工前，必须具备完备的地质勘察资料及工程附近管线、建筑物、构筑物和其他公共设施的构造情况，必要时应作施工勘察和调查以确保工程质量及临近建筑的安全。必须有工程设计图纸、设计要求及需要达到的标准，检验手段等。

（2）施工单位必须具备相应专业资质，并应建立完善的质量管理体系和质量检验制度。从事地基基础工程检测及见证试验的单位，必须具备省级以上（含省、自治区、直辖市）建设行政主管部门颁发的资质证书和计量行政主管部门颁发的计量认证合格证书。

（3）施工过程中出现异常情况时，应停止施工，由监理或建设单位组织勘察、设计、施工等有关单位共同分析情况，解决问题，消除质量隐患，并应形成文件资料。地基施工结束，宜在一个间歇期后，进行质量验收，间歇期由设计确定。

（4）砂、石子、水泥、钢材、石灰、粉煤灰等原材料的质量、检验项目、批量和检验方法，应符合国家现行标准的规定。

（5）地基加固工程，应在正式施工前进行试验施工，论证设定的施工参数及加固效果。为验证加固效果所进行的载荷试验，其施加载荷应不低于设计载荷的2倍。

（6）对灰土地基、砂和砂石地基、土工合成材料地基、粉煤灰地基、强夯地基、注浆地基、预压地基，其竣工后的结果（地基强度或承载力）必须达到设计要求的标准。检验数量，每单位工程不应少于3点，1000m^2以上工程，每100m^2至少应有1点，3000m^2以上工程，每300m^2至少应有1点。每一独立基础下至少应有1点，基槽每20延米应有1点。

（7）对水泥土搅拌复合地基、高压喷射注浆桩复合地基、砂桩地基、振冲桩复合地基、土和灰土挤密桩复合地基、水泥粉煤灰碎石桩复合地基及夯实水泥土桩复合地基，其承载力检验，数量为总数为0.5%～1%，但不应少于3处。有单桩强度检验要求时，数量为总数为0.5%～1%，但不应少于3根。

（8）除第（6）条、第（7）条外，其他主控项目及一般项目可随意抽查，但第（7）条中的对水泥土搅拌复合地基、高压喷射注浆桩复合地基、振冲桩复合地基、土和灰土挤密桩复合地基、水泥粉煤灰碎石桩复合地基及夯实水泥土桩复合地基至少应抽查20%。

2.1.1 换土地基的质量控制

1. 灰土地基的质量控制

（1）灰土土料、石灰或水泥（当水泥替代灰土中的石灰时）等材料及配合比应符合设计要求，灰土应搅拌均匀。灰土的土料宜用黏土、粉质黏土。严禁采用冻土、膨胀土和盐渍土等活动性较强的土料。

（2）施工过程中应检查分层铺设的厚度、分段施工时上下两层的搭接长度、夯实时加水量、夯压遍数、压实系数。验槽发现有软弱土层或孔穴时，应挖除并用素土或灰土分层填实。最优含水量可通过击实试验确定。分层厚度可参考表2.2.1所示数值。

表2.2.1　灰土最大虚铺厚度

序号	夯实机具	质量（t）	厚度（mm）	备注
1	石夯、木夯	0.04～0.08	200～250	人力送夯，落距400～500mm，每夯搭接半夯
2	轻型夯实机械	—	200～250	蛙式或柴油打夯机
3	压路机	机重6～10	200～300	双轮

（3）施工结束后，应检验灰土地基的承载力。

（4）灰土地基的质量验收标准应符合表2.2.2规定。

表2.2.2　灰土地基质量检验标准

项目	序号	检查项目	允许偏差或允许值		检查方法
			单位	数值	
主控项目	1	地基承载力	设计要求		按规定方法
	2	配合比	设计要求		按拌和时的体积比
	3	压实系数	设计要求		现场实测
一般项目	1	石灰粒径	mm	≤5	筛选法
	2	土料有机质含量	%	≤5	试验室焙烧法
	3	土颗粒粒径	mm	≤5	筛分法
	4	含水量（与要求的最优含水量比较）	%	±2	烘干法
	5	分层厚度偏差（与设计要求比较）	mm	±50	水准仪

2. 砂和砂石地基的质量控制

（1）砂、石等原材料质量、配合比应符合设计要求，砂、石应搅拌均匀。原材料宜用中砂、粗砂、砾砂、碎石（卵石）、石屑。细砂应同时掺入25%～35%碎石或卵石。

（2）施工过程中必须检查分层厚度、分段施工时搭接部分的压实情况、加水量、压实遍数、压实系数。砂和砂石地基每层铺筑厚度及最优含水量可参考表 2.2.3 所示数值。

（3）施工结束后，应检验砂石地基的承载力。砂和砂石地基的质量验收标准应符合表 2.2.4 的规定。

表 2.2.3　砂和砂石地基每层铺筑厚度及最优含水量

序号	压实方法	每层铺筑厚度（mm）	施工时的最优含水量（%）	施工说明	备注
1	平振法	200～250	15～20	用平板式振捣器往复振捣	不宜使用干细砂或含泥量较大的砂所铺筑的砂地基
2	插振法	振捣器插入深度	饱和	（1）用插入式振捣器； （2）插入点间距可根据机械振幅大小决定； （3）不应插至下卧黏性土层； （4）插入振捣完毕后，所留的孔洞，应用砂填实	不宜使用细砂或含泥量较大的砂所铺筑的砂地基
3	水撼法	250	饱和	（1）注水高度应超过每次铺筑面层； （2）用钢叉摇撼捣实插入点间距为 100mm； （3）钢叉分四齿，齿的间距 80mm，长 300mm，木柄长 90mm	
4	夯实法	150～200	8～12	（1）用木夯或机械夯； （2）木夯重 40kg，落距 400～500mm； （3）一夯压半夯全面夯实	
5	碾压法	250～350	8～12	6～12t 压路机往复碾压	适用于大面积施工的砂和砂石地基

注　在地下水位以下的地基其最下层的铺筑厚度可比上表增加 50mm。

表 2.2.4　砂及砂石地基质量检验标准

项目	序号	检查项目	允许偏差或允许值		检查方法
			单位	数值	
主控项目	1	地基承载力	设计要求		按规定方法
	2	配合比	设计要求		检查拌和时的体积比或重量比
	3	压实系数	设计要求		现场实测
一般项目	1	砂石料有机质含量	%	≤5	焙烧法
	2	砂石料含泥量	%	≤5	水洗法
	3	石料粒径	mm	≤100	筛分法
	4	含水量（与最优含水量比较）	%	±2	烘干法
	5	分层厚度（与设计要求比较）	mm	±50	水准仪

3. 土工合成材料地基的质量控制

(1) 施工前应对土工合成材料的物理性能（单位面积的质量、厚度、比重）、强度、延伸率以及土、砂石料等做检验。土工合成材料以 $100m^2$ 为一批，每批应抽查 5%。所用土工合成材料的品种与性能和填料土类，应根据工程特性和地基土条件，通过现场试验确定，垫层材料宜用黏性土、中砂、粗砂、砾砂、碎石等内摩阻力高的材料。如工程要求垫层排水，垫层材料应具有良好的透水性。

(2) 施工过程中应检查清基、回填料铺设厚度及平整度、土工合成材料的铺设方向、接缝搭接长度或缝接状况、土工合成材料与结构的连接状况等。土工合成材料如用缝接法或胶接法连接，应保证主要受力方向的连接强度不低于所采用材料的抗拉强度。

(3) 施工结束后，应进行承载力检验。土工合成材料地基质量检验标准应符合表 2.2.5 的规定。

表 2.2.5　　土工合成材料地基质量检验标准

项目	序号	检查项目	允许偏差或允许值		检查方法
			单位	数值	
主控项目	1	土工合成材料强度	%	≤5	置于夹具上做拉伸试验（结果与设计标准相比）
	2	土工合成材料延伸率	%	≤3	置于夹具上做拉伸试验（结果与设计标准相比）
	3	地基承载力	设计要求		按规定方法
一般项目	1	土工合成材料搭接长度	mm	≥300	用钢尺量
	2	土石料有机质含量	%	≤5	焙烧法
	3	层面平整度	mm	≤100	用 2m 靠尺
	4	每层铺设厚度	mm	±25	水准仪

4. 粉煤灰地基的质量控制

(1) 施工前应检查粉煤灰材料，并对基槽清底状况、地质条件予以检验。粉煤灰材料可用电厂排放的硅铝型低钙粉煤灰。$SiO_2 + Al_2O_3$ 总含量不低于 70%（或 $SiO_2 + Al_2O_3 + Fe_2O_3$ 总含量），烧失量不大于 12%。

(2) 施工过程中应检查铺筑厚度、碾压遍数、施工含水量控制、搭接区碾压程度、压实系数等。粉煤灰填筑的施工参数宜试验后确定。每摊铺一层后，先用履带式机具或轻型压路机初压 1～2 遍，然后用中、重型振动压路机振碾 3～4 遍，速度为 2.0～2.5km/h，再静碾 1～2 遍，车轮碾压痕迹应相互搭接，后轮必须超过两施工段的接缝。

(3) 施工结束后，应检验地基的承载力。粉煤灰地基质量检验标准应符合表 2.2.6 的规定。

2.1.2　强夯和预压地基的质量控制

1. 强夯地基的质量控制

(1) 施工前应检查夯锤重量、尺寸，落距控制手段，排水设施及被夯地基的土质。

表 2.2.6　　粉煤灰地基质量检验标准

项目	序号	检查项目	允许偏差或允许值		检查方法
			单位	数值	
主控项目	1	压实系数	设计要求		现场实测
	2	地基承载力	设计要求		按规定方法
一般项目	1	粉煤灰粒径	mm	0.001 ~ 2.000	过筛
	2	氧化铝及二氧化硅含量	%	≥70	试验室化学分析
	3	烧失量	%	≤12	试验室烧结法
	4	每层铺筑厚度	mm	±50	水准仪
	5	含水量（与最优含水量比较）	%	±2	取样后试验室确定

为避免强夯振动对周边设施的影响，施工前必须对附近建筑物进行调查，必要时采取相应的防振或隔振措施，影响范围约 10 ~ 15m。施工时应由邻近建筑物开始夯击逐渐向远处移动。

（2）施工中应检查落距、夯击遍数、夯点位置、夯击范围。如无经验，宜先试夯取得各类施工参数后再正式施工。对透水性差、含水量高的土层，前后两遍夯击应有一定间歇期，一般 2 ~ 4 周。夯点超出需加固的范围为加固深度的 1/3 ~ 1/2，且不小于 3m。施工时要有排水措施。

（3）施工结束后，检查被夯地基的强度并进行承载力检验。质量检验应在夯后一定的间歇之后进行，一般为两周。强夯地基质量检验标准应符合表 2.2.7 的规定。

表 2.2.7　　强夯地基质量检验标准

项目	序号	检查项目	允许偏差或允许值		检查方法
			单位	数值	
主控项目	1	地基强度	设计要求		按规定方法
	2	地基承载力	设计要求		按规定方法
一般项目	1	夯锤落距	mm	±300	钢索设标志
	2	锤重	kg	±100	称重
	3	夯击遍数及顺序	设计要求		计数法
	4	夯点间距	mm	±500	用钢尺量
	5	夯击范围（超出基础范围距离）	设计要求		用钢尺量
	6	前后两遍间歇时间	设计要求		

2. 预压地基的质量控制

（1）施工前应检查施工监测措施，沉降、孔隙水压力等原始数据，排水设施，砂井（包括袋装砂井）、塑料排水带等位置。软土的固结系数较小，当土层较厚时，达到工作要求的固结度需时较长，为此，对软土预压应设置排水通道，其长度及间距宜通过试压确定。

（2）堆载施工应检查堆载高度、沉降速率、真空预压施工应检查密封膜的密封性能、真空表读数等。堆载预压，必须分级堆载，以确保预压效果并避免坍滑事故。一般每天沉降速率控制在10～15mm，边桩位移速率控制在4～7mm。孔隙水压力增量不超过预压荷载增量60%，以这些参考指标控制堆载速率。真空预压的真空度可一次抽气至最大，当连续5d实测沉降小于每天2mm或固结度≥80%，或符合设计要求时，可停止抽气，降水预压可参考本条。

（3）施工结束后，应检查地基土的强度及要求达到的其他物理力学指标，重要建筑物地基应做承载力检验。一般工程在预压结束后，做十字板剪切强度或标贯、静力触探试验即可，但重要建筑物地基就应做承载力检验。如设计有明确规定应按设计要求进行检验。预压地基和塑料排水带质量检验标准应符合表2.2.8的规定。

表2.2.8　预压地基和塑料排水带质量检验标准

项目	序号	检查项目	允许偏差或允许值		检查方法
			单位	数值	
主控项目	1	预压载荷	%	≤2	水准仪
	2	固结度（与设计要求比）	%	≤2	根据设计要求采用不同的方法
	3	承载力或其他性能指标	设计要求		按规定方法
一般项目	1	沉降速率（与控制值比）	%	±10	水准仪
	2	砂井或塑料排水带位置	mm	±100	用钢尺量
	3	砂井或塑料排水带插入深度	mm	±200	插入时用经纬仪检查
	4	插入塑料排水带时的回带长度	mm	≤500	用钢尺量
	5	塑料排水带或砂井高出砂垫层距离	mm	≥200	用钢尺量
	6	插入塑料排水带的回带根数	%	<5	目测

注　如真空预压，主控项目中预压载荷的检查为真空降低值<2%。

2.1.3　复合地基工程质量控制

1. 振冲地基加固的质量控制

（1）振冲地基加固的质量控制要点。

1）施工前应检查振冲的性能，电流表、电压表的准确度及填料的性能。为确切掌握好填料量、密实电流和留振时间，使各段桩体都符合规定的要求，应通过现场试成桩确定这些施工参数。填料应选择不溶于地下水，或不受侵蚀影响且本身无侵蚀性和性能稳定的硬粒料。对粒径控制的目的，确保振冲效果及效率。粒径过大，在边振边填过程中难以落入孔内；粒径过细小，在孔中沉入速度太慢，不易振密。

2）施工中应检查密度电流、供水压力、供水量、填料量、孔底留振时间、振冲点位置、振冲器施工参数等（施工参数由振冲试验或设计确定）。振冲置换造孔的方法有排孔法，即由一端开始到另一端结束；跳打法，即每排孔施工时隔一孔造一孔，反复进行；帷幕法，即先造外围2～3圈孔，再造内圈孔，此时可隔一圈造一圈或依次向中心区推进。振冲施工必须防止漏孔，因此要做好孔位编号并施工复查工作。

3）施工结束后，应在有代表性的地段做地基强度或地基承载力检验。振冲施工对原土结构造成扰动，强度降低。因此，质量检验应在施工结束后间歇一定时间，对砂土地基间隔2~3周。桩顶部位由于周围约束力小，密实度较难达到要求，检验取样应考虑此因素。对振冲密实法加固的砂土地基，如不加填料，质量检验主要是地基的密实度，宜由设计、施工、监理（或业主方）共同确定位置后，再进行检验。振冲地基质量检验标准应符合表2.2.9的规定。

表2.2.9　　振冲地基质量检验标准

项目类别	序号	检查项目	允许偏差或允许值	检查方法
主控项目	1	填料粒径	设计要求	抽样检查
	2	密实电流（黏性土）（A） 密实电流（砂性土或粉土）（A） （以上为功率30kW振冲器） 密实电流（其他类型振冲器）（A_0）	50~55 40~50 （1.5~2.0）A_0	电流表读数 电流表读数，A_0为空振电流
	3	地基承载力	设计要求	按规定方法
一般项目	1	填料含泥量（%）	<5	抽样检查
	2	振冲器喷水中心与孔径中心偏差（mm）	≤50	钢尺量检查
	3	成孔中心与设计孔位中心偏差（mm）	≤100	钢尺量检查
	4	桩体直径（mm）	≤50	钢尺量检查
	5	孔深（mm）	±200	量钻杆或重锤测

（2）振冲地基加固单元工程的质量评定。

1）单元工程的划分和抽检要求。每一独立建筑物地基或不同要求区的振冲工程为一个单元工程。抽检本单元工程总孔数的20%以上。

2）质量评定标准。检验孔质量标准：在主要检验项目符合质量标准的前提下，一般检查项目也全部符合质量标准的检查孔评为优良孔；一般项目基本符合质量标准的检查孔评为合格孔。单元工程评定标准：本单元工程检查孔全部合格的前提下若优良孔占70%及其以上，即评为优良；若优良孔达不到70%，即评为合格。

2. 水泥土搅拌桩质量控制

（1）施工前应检查水泥及外掺剂的质量、桩位、搅拌机工作性能及各种计量设备完好程度（主要是水泥浆流量计及其他计量装置）。水泥土搅拌桩对水泥压力量要求较高，必须在施工机械上配置流量控制仪表，以保证一定的水泥用量。

（2）施工中应检查机头提升速度、水泥浆或水泥注入量、搅拌桩的长度及标高。水泥土搅拌桩施工过程中，为确保搅拌充分、桩体质量均匀，搅拌机头提速不宜过快，否则会使搅拌桩体局部水泥量不足或水泥不能均匀地拌和在土中，导致桩体强度不一，因此规定了机头提升速度。

（3）施工结束后，应检查桩体强度、桩体直径及地基承载力。

（4）进行强度检验时，对承重水泥土搅拌桩应取90d后的试件；对支护水泥土搅拌桩应取28d后的试件。

（5）水泥土搅拌桩地基质量检验标准应符合表2.2.10的规定。

表 2.2.10　　水泥土搅拌桩地基质量检验标准

项目	序号	检查项目	允许偏差或允许值		检查方法
			单位	数值	
主控项目	1	水泥及外掺剂质量	设计要求		查产品合格证书或抽样送检
	2	水泥用量	参数指标		查看流量计
	3	桩体强度	设计要求		按规定办法
	4	地基承载力	设计要求		按规定办法
一般项目	1	机头提升速度	m/min	≤0.5	量机头上升距离及时间
	2	桩底标高	mm	±200	测机头深度
	3	桩顶标高	mm	+100 -50	水准仪（最上部500mm不计入）
	4	桩位偏差	mm	<50	用钢尺量
	5	桩径	mm	<0.04*D*	用钢尺量，*D*为桩径
	6	垂直度	%	≤1.5	经纬仪
	7	搭接	mm	>200	用钢尺量

注　本表中桩体强度的检查方法，各地有其他成熟的方法，只要可靠都行。如用轻便触探器检查均匀程度、用对比法判断桩身强度等，可参照国家现行行业标准 JGJ 79—2002《建筑地基处理技术规范》。

3. 土和灰土挤密桩复合地基的质量控制

（1）施工前对土及灰土的质量、桩孔放样位置等做检查。施工前应在现场进行成孔、夯填工艺和挤密效果试验，以确定填料厚度、最优含水量、夯击次数及干密度等施工参数质量标准。成孔顺序应先外后内，同排桩应间隔施工。填料含水量如过大，宜预干或预湿处理后再填入。

（2）施工中应对桩孔直径、桩孔深度、夯击次数、填料的含水量等做检查。

（3）施工结束后，应检验成桩的质量及地基承载力。

（4）土和灰土挤密桩地基质量检验标准应符合表 2.2.11 的规定。

表 2.2.11　　土和灰土挤密桩地基质量检验标准

项目	序号	检查项目	允许偏差或允许值		检查方法
			单位	数值	
主控项目	1	桩体及桩间土干密度	设计要求		现场取样检查
	2	桩长	mm	+500	测桩管长度或垂球测孔深
	3	地基承载力	设计要求		按规定方法
	4	桩径	mm	-20	用钢尺量
一般项目	1	土料有机质含量	%	≤5	试验室焙烧法
	2	石灰粒径	mm	≤5	筛选法
	3	桩位偏差	满堂布桩不大于0.04*D* 条基布桩不大于0.25*D*		用钢尺量，*D*为桩径
	4	垂直度	%	≤1.5	用经纬仪测桩管
	5	桩径	mm	-20	用钢尺量

注　桩径允许偏差负值是指个别断面。

4. 水泥粉煤灰碎石桩复合地基的质量控制

（1）水泥、粉煤灰、砂石碎石等原材料应符合设计要求。

（2）施工中应检查桩身混合料的配合比、坍落度和提拔钻杆速度（或提拔套管速度）、成孔深度、混合料灌入量等。提拔钻杆（或套管）的速度必须与泵入混合料的速度相配，否则容易产生缩颈或断桩，而且不同土层中提拔的速度不一样，砂性土、砂质黏土、黏土中提拔的速度为1.2～1.5m/min，在淤泥质土中应当放慢。桩顶标高应高出设计标高0.5m。由沉管方法成孔后时，应注意新施工桩对已成桩的影响，避免挤桩。

（3）施工结束后，应对桩顶标高、桩位、桩体质量、地基承载力以及褥垫层的质量做检查。复合地基检验应在桩体强度符合试验荷载条件时进行，一般宜在施工结束后2～4周后进行。

（4）水泥粉煤灰碎石桩复合地基的质量检验标准应符合表2.2.12的规定。

表2.2.12　　水泥粉煤灰碎石桩复合地基质量检验标准

项目	序号	检查项目	允许偏差或允许值		检查方法
			单位	数值	
主控项目	1	原材料	设计要求		查产品合格证或抽样送检
	2	桩径	mm	-20	用钢尺量或计算填料量
	3	桩身强度	设计要求		查28d试块强度
	4	地基承载力	设计要求		按规定的办法
一般项目	1	桩身完整性	按桩基检测技术规范		按桩基检测技术规范
	2	桩位偏差	满堂布桩不大于0.04D 条基布桩不大于0.25D		用钢尺量，D为桩径
	3	桩垂直度	%	≤1.5	用经纬仪测桩管
	4	桩长	mm	+100	测桩管长度或垂球测孔深
	5	褥垫层夯填度	≤0.9		用钢尺量

注　1. 夯填土指夯实后的褥垫层厚度与虚体厚度的比值。
2. 桩径允许偏差负值是指个别断面。

5. 夯实水泥土桩复合地基的质量控制

（1）水泥及夯实用土料的质量应符合设计要求。

（2）施工中应检查孔位、孔深、孔径、水泥和土的配比、混合料含水量等。

（3）施工结束后，应对桩体质量及复合地基承载力做检验，褥垫层应检查其夯填度。承载力检验一般为单桩的载荷试验，对重要、大型工程应进行复合地基载荷试验。

（4）夯实水泥土桩的质量检验标准应符合表2.2.13的规定。

（5）夯扩桩的质量检验标准可按本节执行。夯扩桩的施工工艺与夯实水泥土桩相似，质量标准参照夯实水泥地桩是合适的。

表 2.2.13　　　　　　**夯实水泥土桩复合地基质量检验标准**

项目	序号	检查项目	允许偏差或允许值		检查方法
			单位	数值	
主控项目	1	桩径	mm	-20	用钢尺量
	2	桩长	mm	+500	测桩孔深度
	3	桩体干密度	设计要求		现场取样检查
	4	地基承载力	设计要求		按规定的方法
一般项目	1	土料有机质含量	%	≤5	焙烧法
	2	含水量（与最优含水量比）	%	±2	烘干法
	3	土料粒径	mm	≤20	筛分法
	4	水泥质量	设计要求		查产品质量合格证书或抽样送检
	5	桩位偏差	满堂布桩不大于 0.04*D* 条基布桩不大于 0.25*D*		用钢尺量，*D* 为桩径
	6	桩孔垂直度	%	≤1.5	用经纬仪测桩管
	7	褥垫层夯填度	≤0.9		用钢尺量

6. 砂桩地基的质量控制

（1）施工前应检查砂料的含泥量及有机质含量、样桩的位置等。

（2）施工中检查每根砂桩的桩体、灌砂量、标高、垂直度。砂桩施工应从外围或两侧向中间进行，成孔宜用振动沉管工艺。

（3）施工结束后，应检查被加固地基的强度或承载力。砂桩施工间歇期为 7d，在间歇期后才能进行质量检验。

（4）砂桩地基的质量检验标准应符合表 2.2.14 的规定。

表 2.2.14　　　　　　**砂桩地基的质量检验标准**

项目	序号	检查项目	允许偏差或允许值		检查方法
			单位	数值	
主控项目	1	灌砂量	%	≤95	实际用砂量与计算体积比
	2	地基强度	设计要求		按规定方法
	3	地基承载力	设计要求		按规定方法
一般项目	1	砂料的含泥量	%	≤3	试验室测定
	2	砂料的有机质含量	%	≤5	焙烧法
	3	桩位	mm	≤50	用钢尺量
	4	砂桩标高	mm	±150	水准仪
	5	垂直度	%	≤1.5	经纬仪检查桩管垂直度

7. 注浆地基的质量控制

（1）施工前应掌握有关技术文件（注浆点位置、浆液配比、注浆施工技术参数、检测要求等）。浆液组成材料的性能符合设计要求，注浆设备应确保正常运转。

为确保注浆加固地基的效果，施工前应进行室内浆液配比试验及现场注浆试验，以确定浆液配方及施工参数。常用浆液类型见表 2.2.15。

表 2.2.15　　　　**常用浆液类型**

浆液		浆液类型
粒状浆液（悬液）	不稳定粒状浆液	水泥浆
		水泥砂浆
	稳定粒状浆液	黏土浆
		水泥黏土浆
化学浆液（溶液）	无机浆液	硅酸盐
	有机浆液	环氧树脂类
		甲基丙烯酸酯类
		丙烯酰胺类
		木质素类
		其他

（2）施工中应经常抽查浆液的配比及主要性能指标，注浆的顺序、注浆过程中的压力控制等。

对化学注浆加固的施工顺序宜按以下规定进行：

1）加固渗透系数相同的土层应自上而下进行。

2）如土的渗透系数随深度而增大，应自下而上进行。

3）如相邻土层的土质不同，应首先加固渗透系数大的土层。

4）检查时，如发现施工顺序与此有异，应及时制止，以确保工程质量。

（3）施工结束后，应检查注浆体强度、承载力等。检查孔数为总量的 2%～5%，不合格率大于或等于 20% 时应进行二次注浆。检验应在注浆后 15d（砂土、黄土）或 60d（黏性土）进行。

（4）注浆地基的质量检验标准应符合表 2.2.16 的规定。

表 2.2.16　　　　**注浆地基质量检验标准**

项目	序号	检查项目		允许偏差或允许值 单位	允许偏差或允许值 数值	检查方法
主控项目	1	原材料检验	水泥	设计要求		查产品合格证书或抽样送检
			注浆用砂：粒径 细度模数 含泥量及有机物含量	mm %	<2.5 <2.0 <3	试验室试验
			注浆用黏土：塑性指数 黏粒含量 含砂量 有机物含量	 % % %	>14 >25 <5 <3	试验室试验
			粉煤灰：细度 烧失量	不粗于同时使用的水泥 %	 <3	试验室试验
			水玻璃：模数	2.5～3.3		抽样送检
			其他化学浆液	设计要求		查产品合格证书或抽样送检
	2	注浆体强度		设计要求		取样检验
	3	地基承载力		设计要求		按规定方法

续表

项　目	序号	检　查　项　目	允许偏差或允许值		检查方法
			单位	数值	
一般项目	1	各种注浆材料称量误差	%	<3	抽查
	2	注浆孔位	mm	±20	用钢尺量
	3	注浆孔深	mm	±100	量测注浆管长度
	4	注浆压力（与设计参数比）	%	±10	检查压力表读数

8. 高压喷射注浆地基的质量控制

（1）施工前应检查水泥、外掺剂等的质量，桩位，压力表、流量表的精度或灵敏度，高压喷射设备的性能等。

高压喷射注浆工艺宜用普遍硅酸盐工艺，强度等级不得低于32.5，水泥用量，压力宜通过试验确定，如无条件可参考表2.2.17。水压比为0.7～1.0较妥，为确保施工质量，施工机具必须配置准确的计量仪表。

表2.2.17　　　　1m桩长喷射桩水泥用量表

桩　径（mm）	桩　长（m）	强度为32.5普硅水泥单位用量（kg/m）		
		单管法	二重管法	三管法
ϕ600	1	200～250	200～250	—
ϕ800	1	300～350	300～350	—
ϕ900	1	350～400（新）	350～400	—
ϕ1000	1	400～450（新）	400～450（新）	700～800
ϕ1200	1	—	500～600（新）	800～900
ϕ1400	1	—	700～800（新）	900～1000

注　“新”系指采用高压水泥浆泵，压力为36～40MPa，流量80～110L/min的新单管法和二重管法。

（2）施工中应检查施工参数（压力、水泥浆量、提升速度、旋转速度等）及施工程序。由于喷射压力较大，容易发生窜浆，影响邻孔的质量，应采用间隔跳打法施工，一般二孔间距大于1.5m。

（3）施工结束后，应检查桩体强度、平均直径、桩身中心位置、桩体质量及承载力等。桩体质量及承载力应在施工结束后28d进行。如不做承载力或强度检验，则间歇期可适当缩短。

（4）高压喷射注浆地基质量检验标准应符合表2.2.18的规定。

2.1.4　桩基础施工质量控制

1. 基础施工的一般要求

（1）桩位的放样允许偏差：群桩20mm；单排桩10mm。

（2）桩基工程的桩位验收，除设计有规定外，应按下述要求进行。

1）当桩顶设计标高与施工现场标高相同时，或桩基施工结束后，有可能对桩位进

表 2.2.18　　　　　　　　　高压喷射注浆地基质量检验标准

项　目	序号	检　查　项　目	允许偏差或允许值		检　查　方　法
			单位	数值	
主控项目	1	水泥及外掺剂质量	符合出厂要求		查产品合格证书或抽样送检
	2	水泥用量	设计要求		查看流量表及水泥浆水灰比
	3	桩体强度或完整性检验	设计要求		按规定方法
	4	地基承载力	设计要求		按规定方法
一般项目	1	钻孔位置	mm	≤50	用钢尺量
	2	钻孔垂直度	%	≤1.5	经纬仪测钻杆或实测
	3	孔深	mm	±200	用钢尺量
	4	注浆压力	按设定参数指标		查看压力表
	5	桩体搭接	mm	>200	用钢尺量
	6	桩体直径	mm	≤50	开挖后用钢尺量
	7	桩身中心允许偏差		≤0.2*D*	开挖后桩顶下500mm处用钢尺量，*D*为桩径

行检查时，桩基工程的验收应在施工结束后进行。

2）当桩顶设计标高低于施工场地标高，送桩后无法对桩位进行检查时，对打入桩可在每根桩桩顶沉至场地标高时，进行中间验收，待全部桩施工结束，承台或底板开挖到设计标高后，再做最终验收。对灌注桩可对护筒位置做中间验收。

桩顶标高低于施工场地标高时，如不做中间验收，在土方开挖后如有桩顶位移发生不易明确责任，究竟是土方开挖不妥，还是本身桩位不准（打入桩施工不慎，会造成挤土，导致桩位位移），加一次中间验收有利于责任区分，引起打桩及土方承包商的重视。

（3）打（压）入桩（预制凝土方桩、先张法预应力管桩、钢桩）的桩位偏差，必须符合表2.2.19的规定。斜桩倾斜度的偏差不得大于倾斜角正切值的15%（倾斜角系桩的纵向中心线与铅垂线间夹角）。

表 2.2.19　　　　　　　预制桩（钢桩）桩位的允许偏差（mm）

序　号	项　　目	允　许　偏　差
1	盖有基础梁的桩： （1）垂直基础梁的中心线； （2）沿基础梁的中心线	100+0.01*H* 150+0.01*H*
2	桩数为1~3根桩基中的桩	100
3	桩数为4~16根桩基中的桩	1/2桩径或边长
4	桩数大于16根桩基中的桩： （1）最外边的桩； （2）中间桩	1/3桩径或边长 1/2桩径或边长

注　*H*为施工现场地面标高与桩顶设计标高的距离。

本表中的数值未计算及由于降水和基坑开挖等造成的位移，但由于打桩顺序不当，造成挤土而影响已入桩的位移，是包括在表列数值中。为此必须在施工中考虑合适的顺序及打桩速率。布桩密集的基础工程应有必要的措施来减少沉桩的挤土影响。

（4）灌注桩的桩位偏差必须符合表 2.2.20 的规定，桩顶标高至少要比设计标高高出 0.5m，桩底清孔质量按不同的成桩工艺有不同的要求，应按本章的各节要求执行。每浇注 $50m^3$ 必须有 1 组试件，小于 $50m^3$ 的桩，每根桩必须有 1 组试件。

表 2.2.20　　灌注桩的平面位置和垂直度的允许偏差

序号	成孔方法		桩径允许偏差（mm）	垂直度允许偏差（%）	桩位允许偏差（mm） 1~3 根、单排桩基垂直于中心线方向和群桩基础的边桩	桩位允许偏差（mm） 条形桩基沿中心线方向和群桩基础的中间桩
1	泥浆护壁	$D\leqslant 1000$mm	±50	<1	$D/6$，且不大于 100	$D/4$，且不大于 150
		$D>1000$mm	±50		$100+0.01H$	$150+0.01H$
2	套管成孔灌注桩	$D\leqslant 500$mm	−20	<1	70	150
		$D>500$mm			100	150
3	干成孔灌注桩		−20	<1	70	150
4	人工挖孔桩	混凝土护壁	+50	<0.5	50	150
		钢套管护壁	+50	<1	100	200

注　1. 桩径允许偏差的负值是指个别断面。
2. 采用复打、反插法施工的桩，其桩径允许偏差不受上表限制。
3. H 为施工现场地面标高与桩顶设计标高的距离，D 为设计桩径。

（5）工程桩应进行承载力检验。对于地基基础设计等级为甲级或地质条件复杂，成桩质量可靠性低的灌注桩，应采用静载荷试验的方法进行检验，检验桩数不应少于总数的 1%，且不应少于 3 根，当总桩数不少于 50 根时，不应少于 2 根。

对重要工程（甲级）应采用静载荷试验本检验桩的垂直承载力。工程的分类按现行国家标准 GB 50007—2002《建筑地基基础设计规范》第 3.0.1 条的规定。关于静载荷试验桩的数量，如果施工区域地质条件单一，当地又有足够的实践经验，数量可根据实际情况，由设计确定。承载力检验不仅是检验施工的质量而且也能检验设计是否达到工程的要求。因此，施工前的试桩如没有破坏又用于实际工程中应可作为验收的依据。非静载荷试验桩的数量，可按国家现行行业标准 JGJ 106—2003《建筑工程基桩检测技术规范》的规定。

（6）桩身质量应进行检验。对设计等级为甲级或地质条件复杂，成桩质量可靠性低的灌注桩，抽检数量不应少于总数的 30%，且不应少于 20 根；其他桩基工程的抽检数量不应少于总数的 20%，且不应少于 10 根；对混凝土预制桩及地下水位以上且终孔后经过核验的灌注桩，检验数量不应少于总桩数的 10%，且不得少于 10 根。每个柱子承台下不得少于 1 根。

桩身质量的检验方法很多，可按国家现行行业标准 JGJ 106—2003《建筑基桩检测技术规范》所规定的方法执行。打入桩制桩的质量容易控制，问题也较易发现，抽查数可较灌注桩少。

（7）对砂、石子、钢材、水泥等原材料的质量、检验项目、批量和检验方法，应符合国家现行标准的规定。

（8）除第（5）、（6）条规定的主控项目外，其他主控项目应全部检查，对一般项目，除已明确规定外，其他可按20%抽查，但混凝土灌注桩应全部检查。

2. 静力压桩

（1）静力压包括锚杆静压桩及其他各种非冲击力沉桩。静力压桩的方法较多，有锚杆静压，液压千斤顶加压、绳索系统加压等，凡非冲击力沉桩均按静力压桩考虑。

（2）施工前应对成品桩（锚杆静压成品桩一般均由工厂制造，运至现场堆放）做外观及强度检验，按桩用焊条或半成品硫磺胶泥应有产品合格证书，或送有关部门检验，压桩用压力表、锚杆规格及质量也应进行检查、硫磺胶泥半成品应每100kg做一组试件（3件）。

用硫磺胶泥接桩，在大城市因污染空气已较少使用，但考虑到有些地区仍在使用，因此规范仍放入硫磺胶泥接桩内容。半成品硫磺胶泥必须在进场后做检验。压桩用压力表必须标定合格方能使用，压桩时的压力数值是判断承载力的依据，也是指导压桩施工的一项重要参数。

（3）压桩过程中应检查压力、桩垂直度、接桩间歇时间、桩的连接质量及压入深度、重要工程应对电焊接桩的接头做10%的探伤检查。对承受反力的结构应加强观测。

施工中检查压力目的在于检查压桩是否下沉。接桩间歇时间对硫磺胶泥必须控制，间歇过短，硫磺胶泥强度未达到，容易被压坏，接头处存在薄弱环节，甚至断桩。浇注硫磺泥时间必须快，慢了硫磺胶泥在容器内结硬，浇注入连接孔内时不易均匀流淌，质量也不易保证。

（4）施工结束后，应做桩的承载力及桩体质量检验。

3. 先张法预应力管桩

（1）施工前应检查进入现场的成品桩，接桩用电焊条等产品质量。先张法预应力管桩均为工厂生产后运到现场施打，工厂生产时的质量检验应由生产的单位负责，但运入工地后，打桩单位有必要对外观尺寸进行检验并检查产品合格证书。

（2）施工过程中应检查桩的贯入情况、桩顶完整状况、电焊接桩质量、桩体垂直度、电焊后的停歇时间。重要工程应对电焊接头做10%的焊缝探头检查。

先张法预应力管桩，强度较高，锤击力性能比一般混凝土预制桩好，抗裂性强。因此，总的锤击数较高，相应的电焊接桩质量要求也高，尤其是电焊后有一定间歇时间，不能焊完即锤击，这样容易使接头损伤。为此，对重要工程的接头应做X光拍片检查。

（3）施工结束后，应做承载力检验及桩体质量检验。

由于锤击次数多，对桩体质量进行检验是有必要的，可检查桩体，是否被打裂，电焊接头是否完整。

4. 混凝土预制桩

（1）桩在现场预制时，应对原材料、钢筋骨架（表2.2.21）、混凝土强度进行检查；采用工厂生产的成品桩时，桩进场后应进行外观及尺寸检查。

表 2.2.21　　预制桩钢盘骨架质量检验标准

项　目	序号	检查项目	允许偏差或允许值（mm）	检　查　方　法
主控项目	1	主筋距桩顶距离	±5	用钢尺量
	2	多节桩锚固钢筋位置	5	用钢尺量
	3	多节桩预埋铁件	±3	用钢尺量
	4	主筋保护层厚度	±5	用钢尺量
一般项目	1	主筋间距	±5	用钢尺量
	2	桩尖中心线	10	用钢尺量
	3	箍筋间距	±20	用钢尺量
	4	桩顶钢筋网片	±10	用钢尺量
	5	多节桩锚固钢筋长度	±10	用钢尺量

混凝土预制桩可在工厂生产，也可在现场支模预制，为此，GB 50202—2002《建筑地基基础工程施工质量验收规范》列出了钢筋骨架的质量检验标准。对工厂的成品桩虽有产品合格证书，但在运输过程中容易碰坏，为此，进场后应再做检查。

（2）施工中应对桩体垂直度、沉桩情况、桩顶完整状况、接桩质量等进行检查，对电焊接桩，重要工程应做10%的焊缝探伤检查。

经常发生接桩时电焊质量较差，从而接头在锤击过程中断开，尤其接头对接的两端面不平整，电焊更不容易保证质量，对重要工程做X光拍片检查是完全必要的。

（3）施工结束后，应对承载力及桩体质量做检验。

（4）对长桩或总锤击数超过500击的锤击桩，应符合桩体强度及28d龄期的两项条件才能锤击。

混凝土桩的龄期，对抗裂性有影响，这是经过长期试验得出的结果，不到龄期的桩就像不足月出生的婴儿，有先天不足的弊端。经长时期锤击或锤击拉应力稍大一些便会产生裂缝。故有强度龄期双控的要求，但对短桩，锤击数又不多，满足强度要求一项应是可行的。有些工程进度较急，桩又不是长桩，可以采用蒸养以求短期内达到强度，即可开始沉桩。

（5）钢筋混凝土预制桩的质量检验标准应符合表2.2.22的规定。

表 2.2.22　　钢筋混凝土预制桩的质量检验标准

项目	序号	检　查　项　目	允许偏差或允许值	检　查　方　法
主控项目	1	桩体质量检验	按基桩检测技术规范	按基桩检测技术规范
	2	桩体偏差	按基桩检测技术规范	用钢尺量
	3	承载力	按基桩检测技术规范	按基桩检测技术规范

续表

项目	序号	检查项目	允许偏差或允许值	检查方法
一般项目	1	砂、石、水泥、钢材等原材料（现场预制时）	符合设计要求	查出厂质保文件或抽样送检
	2	混凝土配合比及强度（现场预制时）	符合设计要求	检查称量及查试块记录
	3	成品桩外形	表面平整，颜色均匀，掉角深度小于 10mm，蜂窝面积小于总面积 0.5%	直观
	4	成品桩裂缝（收缩裂缝或起吊、装运、堆放引起的裂缝）	深度小于 20mm，宽度小于 0.25mm，横向裂缝不超过边长的一半	裂缝测定仪，该项在地下水有侵蚀地区及锤击数超过 500 击的长桩不适用
	5	成品桩尺寸：横截面边长（mm） 桩顶对角线差（mm） 桩尖中心线（mm） 桩身弯曲矢高 桩顶平整度（mm）	±5 <10 <10 <（1/1000）l <2	用钢尺量 用钢尺量 用钢尺量 用钢尺量，l 为桩长 用水平尺量
	6	电焊接桩：焊缝质量	按基桩检测技术规范	秒表测定
		电焊结束扣停歇时间（min）	>1.0	
		上下节平面偏差（mm）	<10	用钢尺量
		节点弯曲矢高	<（1/1000）l	用钢尺量，l 为两节桩长
	7	硫磺胶泥接桩：胶泥浇注时间（min） 浇注后停歇时间（min）	<2 >7	秒表测定 秒表测定
	8	桩顶标高（mm）	±50	水准仪
	9	停锤标准	设计要求	现场实测或查沉桩记录

5. 钢桩

（1）施工前应检查进入现场的成品钢桩，成品桩的质量标准应符合表 2.2.23 的规定。钢桩包括钢管桩、型钢桩等。成品桩也是在工厂生产，应有一套质检标准，但也会因运输堆放造成桩的变形，因此，进场后需再做检验。

（2）施工中应检查钢桩的垂直度、沉入过程、电焊连接质量、电焊后的停歇时间、桩顶锤击后的完整状况、电焊质量除常规检查外，应做 10% 的焊缝探伤检查。钢桩的锤击次性能较混凝土桩好，因而锤击次数要高得多，相应对电焊质量要求较高，故对电焊后的停歇时间，桩顶有否局部损坏均应做检查。

（3）施工结束后应做承载力检验。

（4）钢桩施工质量检验标准应符合以表 2.2.23、表 2.2.24 的规定。

表 2.2.23 **成品钢桩质量检验标准**

项目	序号	检 查 项 目	允许偏差或允许值		检 查 方 法
			单位	数值	
主控项目	1	钢桩外径或断面尺寸：桩端 桩身		±0.5% D ±1D	用钢尺量，D 为外径或边长
	2	矢量		< (1/1000) l	用钢尺量，l 为桩长
一般项目	1	长度	mm	+10	用钢尺量
	2	端部平整度	mm	≤2	用水平尺量
	3	H 型钢桩的方正度			用钢尺量，h、T、T' 见图示
		$h>300$	mm	$T+T'\leq 8$	
		$h<300$	mm	$T+T'\leq 6$	
		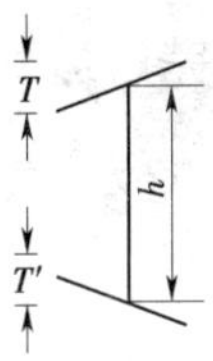			
	4	端部平面与桩中心线的倾斜值	mm	≤2	用水平尺量

表 2.2.24 **钢桩施工质量检验标准**

项 目	序号	检 查 项 目	允许偏差或允许值		检 查 方 法
			单位	数值	
主控项目	1	桩位偏差	见表 2.2.19		用钢尺量
	2	承载力	按基桩检测技术规范		按基桩检测技术规范
一般项目	1	电焊接桩焊缝：			
		(1) 上下节端部错口			
		(外径700mm)	mm	≤3	用钢尺量
		(外径<700mm)	mm	≤2	用钢尺量
		(2) 焊缝咬边深度	mm	≤0.5	焊缝检查仪
		(3) 焊缝加强层高度	mm	2	焊缝检查仪
		(4) 焊缝加强层宽度	mm	2	焊缝检查仪
		(5) 焊缝电焊质量外观	无气孔，无焊瘤，无裂缝		直观
		(6) 焊缝探伤检验	满足设计要求		按设计要求
	2	电焊结束后停歇时间	min	>1.0	按设计要求
	3	节点弯曲矢量		<(1/1000)l	用钢尺量，l 为两节桩长
	4	桩顶标高	mm	±50	水准仪
	5	停锤标准	设计要求		用钢尺量或沉桩记录

6. 混凝土灌注桩

(1) 施工前应对水泥、砂、石子（如现场搅拌）、钢材等原材料进行检查，对施工组织设计中制定的施工顺序、监测手段（包括仪器、方法）也应检查。混凝土灌注桩的质量检验应较其他桩种严格，这是工艺本身要求，再则工程事故也较多，因此，对监测手段要事先落实。

（2）施工中应对成孔清渣、放置钢筋笼、灌注混凝土等进行全过程检查，人工挖孔桩尚应复验孔底持力层土（岩）性。嵌岩桩必须有桩端持力层的岩性报告。

沉渣厚度应在钢筋笼放入后，混凝土浇筑前测定，成孔结束后，放钢筋笼、混凝土导管都会造成土体跌落，增加沉渣厚度，因此，沉渣厚度应是二次清孔后的结果。沉渣厚度的检查目前均用重锤，有些地方用较先进的沉渣仪，这种仪器应预先做标定。人工挖孔桩一般对持力层有要求，而且到孔底察看土性是有条件的。

（3）施工结束后，应检查混凝土强度，并应做桩体质量及承载力的检验。

（4）混凝土灌注桩的质量检验标准应符合表2.2.25、表2.2.26的规定。

灌注桩的钢筋笼有时在现场加工，不是在工厂加工完后运到现场，为此，列出了钢筋笼的质量检验标准。

（5）人工挖孔桩、嵌岩桩的质量检验应按本节执行。

7. 造孔灌注桩单元工程质量评定标准

检验孔质量标准：在主要检验项目符合质量标准的前提下，一般检查项目也全部符合质量标准的检查孔评为优良孔；一般项目基本符合质量标准的检查孔评为合格孔。

表2.2.25　　混凝土灌注桩钢筋笼质量检验标准

项　目	序　号	检查项目	允许偏差或允许值（mm）	检　查　方　法
主控项目	1	主筋间距	±10	用钢尺量
	2	长度	±10	用钢尺量
一般项目	1	钢筋材质检验	设计要求	抽样送检
	2	箍筋间距	±20	用钢尺量
	3	直径	±10	用钢尺量

表2.2.26　　混凝土灌注桩质量检验标准

项目	序号	检　查　项　目	允许偏差或允许值		检　查　方　法
			单位	数值	
主控项目	1	桩位	见表2.2.20		基坑开挖前量护筒，开挖后量桩中心
	2	孔深	mm	+300	只深不浅，用重锤测，或测钻杆、套管长度，嵌岩桩应确保进入设计要求的嵌岩深度
	3	桩体质量检验	按基桩检测技术规范。如钻芯取样，大直径嵌岩桩应钻至桩尖下50mm		按基桩检测技术规范
	4	混凝土强度	设计要求		试件报告或钻芯取样送检
	5	承载力	按基桩检测技术规范		按基桩检测技术规范

项目	序号	检 查 项 目	允许偏差或允许值		检 查 方 法
			单位	数值	
一般项目	1	垂直度	见表 2.2.20		测大管或钻杆，或用超声波探测，干施工时吊垂球
	2	桩径	见表 2.2.20		井径仪或超声波检测，干施工时吊垂球
	3	泥浆比重（黏土或砂性土中）	1.15～1.20		用比重计测，清孔后在距孔底 50cm 处取样
	4	泥浆面标高（高于地下水位）	m	0.5～1.0	目测
	5	沉渣厚度：端承桩 摩擦桩	mm mm	≤50 ≤150	用沉渣仪或重锤测量
	6	混凝土坍落度：水下灌注 干施工	mm mm	160～220 70～100	坍落度仪
	7	钢筋笼安装深度	mm	±100	用钢尺量
	8	混凝土充盈系数	>1		检查每根桩的实际灌注量
	9	桩顶标高	mm	+30 -50	水准仪，需扣除桩顶浮浆层及劣质桩体

单元工程评定标准：在混凝土抗压强度保证率达 80% 及其以上，各灌注桩全部合格的前提下，若优良桩占 70% 及其以上，即评为优良；若优良桩达不到 70%，即评为合格。

2.1.5 地基基础分部工程质量验收

（1）分项工程、分部（子分部）工程质量的验收，均应在施工单位自检合格的基础上进行。施工单位确认自检合格后提出工程验收申请，工程验收时应提供下列技术文件和记录。

1）原材料的质量合格证和质量鉴定文件。

2）半成品如预制桩、钢桩、钢筋笼等产品合格证书。

3）施工记录及隐蔽工程验收文件。

4）检测试验及见证取样文件。

5）其他必须提供的文件或记录。

（2）对隐蔽工程应进行中间验收。

（3）分部（子分部）工程验收应由总监理工程师或建设单位项目负责人组织勘察、设计单位及施工单位的项目负责人、技术质量负责人，共同按设计要求和本规范及其他有关规定进行。

（4）验收工作应按下列规定进行。

1）分项工程的质量验收应分别按主控项目和一般项目验收。

2）隐蔽工程应在施工单位自检合格后，于隐蔽前通知有关人员检查验收，并形成中间验收文件。

3）分部（子分部）工程的验收，应在分项工程通过验收的基础上，对必要的部位进行见证检验。

质量验收的程序与组织应按现行国家标准 GB 50300《建筑工程施工质量验收统一规范》的规定执行。作为合格标准主控项目应全部合格，一般项目合格数应不低于 80%。

（5）主控项目必须符合验收标准规定，发现问题应立即处理直至符合要求，一般项目应有 80% 合格。混凝土试件强度评定不合格或对试件的代表性有怀疑时，应采用钻芯取样，检测结果符合设计要求可按合格验收。

2.2 防渗工程

2.2.1 水泥深层搅拌桩质量控制

深层搅拌技术是在软弱地基非明挖层加固的一种新方法，它是利用深层搅拌机把固化剂（水泥、石灰等材料）喷入软弱层深部，同时施加机械搅拌，使固化剂与软土充分搅和。在水的作用下，固化剂和软土之间产生一系列物理化学反应，改变原来软土的性质，使之硬结成水泥土体或石灰土体。这种水泥土或石灰土具有显著的整体性、水稳定性和一定强度的优质地基。

深层搅拌技术是日本在 20 世纪 60 年代所首创。同时，瑞典也开展了这项技术的研究，并于 20 世纪 70 年代投入工程实践。20 世纪 70 年代后期，我国引进这一技术。首先在上海、广州、天津、武汉、昆明等地的滨海平原、河口三角洲、湖积盆地周围的河海湖相沉积软土中应用，并取得成功。该技术在 1998 年 8 月在淮河流域中运河大堤上施工应用，为我国大规模进行堤坝防渗处理起到了积极的推进作用。

1. 深层搅拌法适用范围

深层搅拌法适用于以下范围。

（1）深层搅拌法主要用于软弱地基的改良，以提高地基的承载力。近年来，又将该法改进应用于一般防渗工程，或用于城市钢筋混凝土防洪墙的基础，既可承载，又能防渗，效果较好。

（2）该方法适用的土层是黏土、砂土、粉质黏土、淤泥、密实度中等以下的砂层，含砾直径小于 5cm 的砂砾石，不受地下水位的影响。

（3）多头深层搅拌桩作为大堤加固的防渗技术，具有振动小、挤土轻微、综合工期短、造价低、抗渗性能好等特点。

2. 深层搅拌法的优越性

（1）不需开槽或造孔，不需泥浆护壁。成墙深度可达 10～14m，最大深度为 18m。

（2）根据需要，成墙厚度可达 100～400mm。只要保证施工要求的搭接长度，墙体厚度能满足防渗要求。

（3）成墙耐久性好，强度高，可避免动物钻洞对墙体的破坏。

（4）适用土层范围广，甚至有土体架空或洞穴的部位，也能成墙，而且汛期也不影响施工。

(5) 工程材料为水泥、石灰和水，取材方便；充分利用原土，节省材料，降低造价。

(6) 对周围环境无污染、无振动、无噪声、无干扰，有利于环境保护。

(7) 施工效率较高，实际平均工效可达 13.2m^2/h，可满足施工要求。

该项技术与同类技术相比，具有材料简单、施工方便、质量可靠、工效高、造价低、使用寿命长、对环境无影响等特点，这是适合我国国情的新技术。

3. 深层搅拌技术的喷射方法

按材料喷射状态，喷射方法可分为湿法和干法两种。湿法以水泥浆为主，或加减水剂和速凝剂；干法以水泥干粉、生石灰干粉等材料为主。干、湿两法各有不同的适应性和利弊。湿法搅拌较均匀，容易复搅，但水泥凝结时间较长；干法搅拌均匀性欠佳，很难全程复搅，但水泥凝结时间较短，在一定范围内提高了桩体的强度。

4. 深层搅拌机的种类

深层搅拌机有单头和多头之分。目前国内在用的深层搅拌机有单头、双头、三头、四头，最多的是衡阳探矿机械厂制造的四头。桩径大多为 200～400mm，施工桩长大多在 10～14m。为了特殊目的，有的厂家已设计生产出 1000～1200mm 大直径桩和小直径(200～300mm) 多头桩机。小直径深层搅拌机一机多头，一次成墙长度为 14m，工效较高，防渗效果和混凝土防渗墙相当。

5. 施工技术要求

(1) 交通。进出场道路与桥梁应能通过 10t 卡车、16t 汽车吊。

(2) 场地。施工场地平整，堤顶宽度不小于 4m。场地内地下无大块石、树根、地下管线等。空中建筑物和高压线横跨施工场地时，其净空距地面不小于 2.0m。

(3) 固化剂。主剂一般用 32.5 级普通硅酸盐水泥或矿渣硅酸盐水泥，水泥掺入量(占天然土质量的百分比) 一般为 8%～12%。

(4) 浆液配制。水泥浆液的配制应严格控制水灰比，一般为 0.45～0.5。水泥必须是新鲜水泥，无受潮结块现象，宜用袋装水泥并抽检。加水混合时，要用专用的定量水容器。水泥浆液必须用砂浆搅拌机搅拌，每次搅拌时间不得小于 3min。

(5) 钻头。钻头直径根据墙身与垂直度的要求，可用 200～600mm。

(6) 桩长。应满足设计要求，桩顶以地面为准。

(7) 搭接长度。根据设计要求而定，应不小于 50mm，随墙深增加应增加搭接长度。

(8) 垂直度。桩机应保持水平，钻杆保持垂直，不得使用弯曲的钻杆。垂直度误差不得大于 0.3%。

(9) 接头处理。沿桩深方向，若施工因故停浆，应及时通知操作人员记录停浆深度。如果在 24h 内恢复输浆，再次喷浆应将桩机搅拌下沉到停浆面以下 0.5m 处。如超过 24h，则应和前一根桩进行对接。待水泥土墙具有一定强度后，先在接头处用工程钻机造孔，然后再灌注水泥浆或用黏土连接处理。

6. 施工工艺流程

采用多头小直径深层搅拌桩机，施工工艺流程如图 2.2.1 所示。

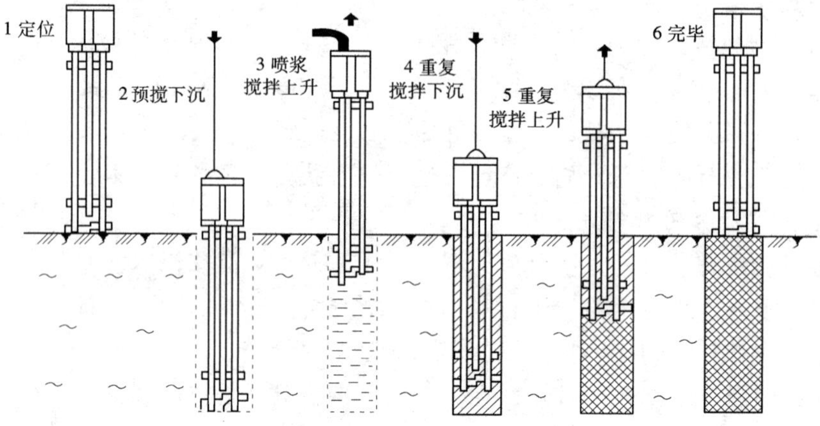

图 2.2.1　深层搅拌法施工工艺流程示意图

（1）定桩位。拉线放样，用标尺定出桩位。

（2）桩机安装。桩机安装就位，保证桩机周正、水平、校正垂直度。桩位对中误差不大于 50mm。

（3）制备水泥浆液。按设计确定的水灰比制备水泥浆液，并记录其质量。

（4）预搅下沉。开启桩机，使钻头沿导向架搅拌切土，下沉到设计深度。一般情况下不宜冲水，当遇到较硬土层下沉太慢时，可适当冲水下沉。

（5）提升喷浆搅拌。搅拌机下沉到设计深度后，开启灰浆泵将水泥浆压入地基中，并且边喷浆、边旋转，使水泥浆和软土充分拌和。同时严格按照设计确定的提升速度，匀速提升搅拌机。升降速度宜控制在 0.6～1.2m/min 范围内。

（6）重复上下搅拌。深层搅拌机提升至设计加固深度顶面标高时，喷浆量应达到设计要求。为使软土和水泥浆液搅拌均匀，可按设计要求复搅若干次。

（7）清洗。向储浆桶中注入适量清水，开启灰浆泵，清洗全部管路中残存的水泥浆，直至冲洗干净。并将黏附在搅拌头上的软土清洗干净。

（8）横移对位，调平。多次重复上述 7 个步骤，使桩与桩相隔形成一道防渗墙。

（9）搅拌桩顶部与上部结构的基础或承台接触部分受力较大，通常可在桩顶 1～1.5m 范围内再增加一次输浆，以提高其强度。

7. 施工质量控制

深层搅拌防渗工程系隐蔽工程，施工质量控制难度大。施工中必须实行全过程控制，提高施工人员质量意识。主要在以下几个方面进行控制。

（1）桩径控制。为保证墙体完整性，确保成墙最小厚度，钻头直径必须满足规定要求。质检人员要经常抽检钻头直径。如钻头直径磨损严重，必须及时更换，保证成墙厚度。

（2）桩距控制。桩距大小关系到成墙最小厚度能否得到保证。为解决这一问题，桩机可采用油压调距的办法，每次水平位移的距离为一定值。

（3）桩体垂直度控制。桩体垂直度直接影响底部桩与桩的搭接质量。一般桩顶部桩位用设计桩距来控制而底部仅能通过桩体垂直度来控制。同时保证墙体不产生渗透破坏，底部厚度不能小于临界值。在施工中必须严格控制垂直度，施工前用水平尺、水准仪校核桩机垂直度，确保垂直度误差控制在0.3%范围内，以保证墙底搭接部分的厚度。

（4）桩长控制。为了提高防渗效果，桩底必须与基岩接触，但桩机钻头不能深入基岩，所以桩长较难控制。在施工中要不断总结经验，注意钻到基岩时的一些特征，从施工参数到桩机各种反应综合判断是否钻到基岩，确保墙体与基岩接触。

8. 质量检验

（1）质量检验项目。

1）施工原始记录。在施工过程中，应全面、准确、及时进行记录，最后汇总分析。发现有不满足要求的，应立即纠正。

2）开挖检验。根据工程设计要求，选取一定数量的桩体进行开挖，检查加固体的外观质量、搭接质量、整体性等。连续灌水48h无渗漏或滴水现象，说明墙体防渗效果好。

3）取样检验。随机选取搅拌桩体，进行钻孔取样。可选取不同地层试样进行室内测试，其项目有：抗压强度、弹性模量、渗透系数与渗透破坏，应满足设计要求。

4）钻孔压水试验。每组试验分桩体、桩体与基岩接触带两段。第一段在桩体内进行压水试验，确定桩体渗透系数和透水率。第二段打穿桩体后进行压水试验，确定桩体与基岩接触带的综合渗透系数。

5）采用标准贯入试验或轻型动力触探方法，检查桩体的均匀性和现场强度。

6）用现场载荷试验法进行工程加固效果检验。如在施工现场就地搅拌水泥土桩，桩的地质条件、成桩工艺和载荷性质都较接近实际情况，其承载能力就能满足设计要求。

7）采用探地雷达检测，可观察到墙体的连续性、完整性和密实性以及疏松土体改善的范围。

8）深层搅拌桩加固地基的工程投入使用后，应定期进行沉降、侧向位移等观测工作，用最直观的方法检验加固效果。

（2）单元工程划分。根据建筑物各分部的地基或同一建筑物地基范围内，不同掺入量或不同深度的情况，一般以20～40根为一个单元工程。

（3）质量检查项目。

1）所用水泥，外加剂等原材料；浆液水灰比和掺入比应符合设计要求。

2）喷浆和搅拌的次数应符合规定要求。

3）灰浆泵的输浆量，灰浆经输浆管到达搅拌机喷浆口的时间和起吊提升速度等施工参数应符合现场工艺试验所确定的参数值。

（4）质量检测内容和标准。水泥深层搅拌桩质量检测内容和标准见表 2. 2. 27。

表 2. 2. 27　　水泥深层搅拌桩质量检测内容和标准

序号	项　　目		允许偏差	检测频率		检测工具和方法
				范　围	点数	
1	桩位偏差		100mm	每根桩	1 次	经纬仪或钢尺
2	桩斜率		1%			用垂线测量钻杆
3△	桩底深度		不小于设计深度			水准仪和钻杆
4	桩顶停浆面高程		±100mm			水准仪和钻杆
5△	单桩喷浆量		<7%			供灰浆记录
6	原材料称量	水泥、掺合料	±2%			查记录
7		水、外加剂	±2%			
8	桩身强度		符合设计要求	不同掺量部位的桩	2%	轻便触探或取样测试

注　1. 参照 JGJ 79—91《建筑地基处理技术规范》、YBS 225—91《软土地基深层搅拌加固法技术规程》制定。
　　2. 标有△为主要检测项目。

（5）质量评定。

1）单根水泥搅拌桩质量评定。单根水泥搅拌桩质量评定按表 2. 2. 28 进行，在基本要求（检查项目）合格的前提下，主要检测项目全部符合上述标准，每桩一般检测项目的测点数中有 70% 及以上的测点符合本标准，其他测点基本符合本标准，且不影响安全使用，即评为合格；在合格的基础上，一般检测项目的测点总数中，有 90% 及以上的测点符合上述标准，即评为优良。

表 2. 2. 28　　单根水泥搅拌桩质量评定表

序号	项　目	质量标准（允许偏差）	检测频率	检测工具和方法
1	孔位允许偏差	50mm	每孔均检查	用钢尺量
2	钻孔的倾斜率	1. 5%		用垂线测量
3△	孔深	不小于设计深度		用测绳量
4△	水泥浆液密度	1. 5 ~ 1. 8g/cm^3		比重计
5	摆喷角度允许偏差	1°		有关水、气、浆的压力和流量、提升速度、旋转速度等技术参数通过实地试验确定
6	喷射时的回浆量	应控制在灌浆量的 10% ~20% 之间		
7△	提升速度	50 ~ 150mm/min		

注　1. 根据 SL 27—91《水闸施工规范》。
　　2. 标有△为主要检测项目。

2）单元工程中水泥搅拌桩质量评定。在单根水泥搅拌桩质量全部合格的基础上，有 70% 及以上的单桩质量为优良的，该单元工程质量评为优良；单桩优良率不足 70% 的，该单元工程质量评为合格。

（6）单元工程质量评定。水泥深层搅拌桩单元工程质量评定可按表 2. 2. 29 进行。在基本要求（检查项目）合格的前提下，主要检测项目的测点全部符合上述标准，各一般检查检测项目中的测点数有70%以上的测点符合上述标准，其余测点基本符合上述标准，且不影响安全使用，防渗效果满足设计要求即评为合格；在合格的基础上，一般检查检测项目的测点总数中有90%及以上的测点符合上述标准，即评为优良。

表2.2.29　　　　水泥深层搅拌桩单元工程质量评定表

<table>
<tr><td colspan="3">单位工程名称</td><td colspan="3"></td><td colspan="3">单位工程编号</td><td colspan="2"></td></tr>
<tr><td colspan="3">分部工程名称</td><td colspan="3"></td><td colspan="3">分部工程编号</td><td colspan="2"></td></tr>
<tr><td colspan="3">单元工程名称</td><td colspan="3"></td><td colspan="3">单元工程编号</td><td colspan="2"></td></tr>
<tr><td>序号</td><td colspan="2">检　查　项　目</td><td colspan="3">质　量　标　准</td><td colspan="4">检　验　结　果</td><td>评定</td></tr>
<tr><td>1</td><td colspan="2">水泥、外加剂</td><td colspan="3">符合规范和设计要求</td><td colspan="4"></td><td></td></tr>
<tr><td>2</td><td colspan="2">浆液水灰比、掺入比</td><td colspan="3">符合设计要求</td><td colspan="4"></td><td></td></tr>
<tr><td>3</td><td colspan="2">输浆量、搅拌与喷浆次数和搅拌时间等施工参数</td><td colspan="3">符合规范和设计要求</td><td colspan="4"></td><td></td></tr>
<tr><td rowspan="2">序号</td><td colspan="2" rowspan="2">检　测　项　目</td><td rowspan="2">允许偏差</td><td rowspan="2">设计值</td><td colspan="5">实　测　值</td><td rowspan="2">合格率（%）</td></tr>
<tr><td>1</td><td>2</td><td>3</td><td>4</td><td>5</td></tr>
<tr><td>1</td><td colspan="2">桩位偏差</td><td>100mm</td><td></td><td></td><td></td><td></td><td></td><td></td><td></td></tr>
<tr><td>2</td><td colspan="2">桩斜率</td><td>1%</td><td></td><td></td><td></td><td></td><td></td><td></td><td></td></tr>
<tr><td>3△</td><td colspan="2">桩底深度</td><td>不小于设计深度</td><td></td><td></td><td></td><td></td><td></td><td></td><td></td></tr>
<tr><td>4</td><td colspan="2">桩顶停浆面高程</td><td>±100mm</td><td></td><td></td><td></td><td></td><td></td><td></td><td></td></tr>
<tr><td>5△</td><td colspan="2">单桩喷浆量</td><td><7%</td><td></td><td></td><td></td><td></td><td></td><td></td><td></td></tr>
<tr><td>6</td><td rowspan="2">原材料称量</td><td>水泥、掺合料</td><td>±2%</td><td></td><td></td><td></td><td></td><td></td><td></td><td></td></tr>
<tr><td>7</td><td>水、外加剂</td><td>±2%</td><td></td><td></td><td></td><td></td><td></td><td></td><td></td></tr>
<tr><td>8△</td><td colspan="2">桩身强度</td><td>符合设计要求</td><td></td><td></td><td></td><td></td><td></td><td></td><td></td></tr>
<tr><td colspan="3" rowspan="2">检测结果</td><td colspan="8">主要项目　　点，其中合格　　点，合格率　　%</td></tr>
<tr><td colspan="8">一般项目　　点，其中合格　　点，合格率　　%</td></tr>
<tr><td colspan="5">施工单位自评意见及质量等级</td><td colspan="6">监理（建设）单位复评意见及质量等级</td></tr>
<tr><td colspan="5">

年　月　日</td><td colspan="6">

年　月　日</td></tr>
<tr><td colspan="2">检测员</td><td colspan="2"></td><td>专职质检员</td><td colspan="3"></td><td colspan="2">监理工程师</td><td></td></tr>
</table>

注　标有△为主要检测项目。

2.2.2　高压喷射防渗体的质量控制

1. 概述

高压喷射灌浆技术（简称高喷灌浆技术）最早是由日本于20世纪60年代末期创造出来的一种全新的施工方法，当时定名为CCP（Chmical Chaming Pile）工法，即单管法。此后，70年代中期，日本又相继开发出JSG（Jumbo Special Grout）工法，即二重管法；CJG（Column Jet Grout）工法，即三重管法。80年代以来，高喷灌浆技术在国外得到迅速发展，尤其是在水利水电工程的防渗方面。新的施工工艺及施工设备的开发应用极大地提高了高喷板墙的整体性和连续性，增强了高喷板墙的防渗性能。

我国是在日本之后，对高喷技术研究开发较早和应用范围较广的国家。铁道部科学研究院于1972年率先开始试验旋喷桩并获得成功，此后该项技术被广泛应用于铁路、市政、建筑工程中的粉沙、淤泥、黏土、黄土等软土地基的加固，取得了显著效果。20世纪80年代初，山东水利科学研究院运用该项技术原理，经过研制改进和多年的实验探索，提出了一整套较为完善的高喷灌浆防渗技术。特别是近年来，为适应众多防渗工程的需要，我国的高喷技术有了很大进展，尤其是在堤坝防渗加固方面更为突出。据不完全统计，目前全国用该项技术处理大、中、小型防渗工程约数百项，构筑防渗板墙约数百万平方米，大都取得了较好的效果。目前我国研制成功的大颗粒地层动水条件下的高喷灌浆和人工堆石体防渗新工艺及淤泥地层高喷灌浆等新技术，均走在了世界前列。

高压喷射灌浆是利用钻机造孔，然后把带有喷头的灌浆管下至土层的预定位置，以高压把浆液或水从喷嘴中喷射出来，形成喷射流冲击破坏土层，土粒从土体上剥落下来后，一部分细小土粒随着浆液冒出地面，其余部分与灌入的浆液混合掺搅，在土体中形成凝结体。其基本原理是利用射流作用切割掺搅地层，改变原地层的结构和组成，同时灌入水泥浆或混合浆形成凝结体，借以达到加固地基和防渗的目的。

（1）高喷灌浆的形式。高喷灌浆的形式目前分为旋喷、摆喷和定喷3种。旋喷喷射时，喷嘴一面提升一面喷射，喷射方向始终固定不变，形成板状凝结体。根据新的水工建筑物防渗工程高喷灌浆技术规范规定，定喷适应于粉土、砂土；摆喷、旋喷适应于粉土、砂土、砾石和卵（碎）石地层。

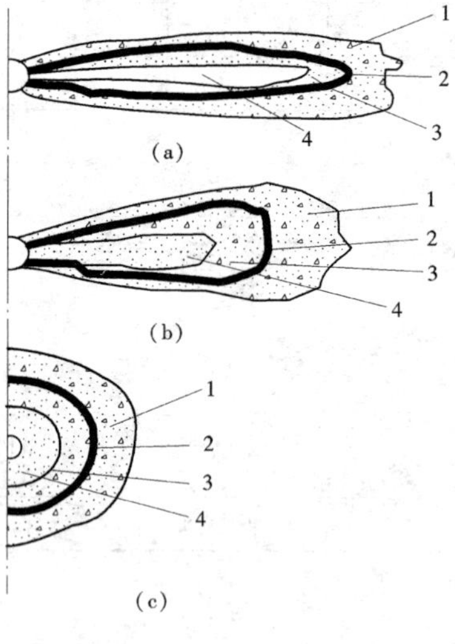

图2.2.2　凝结体结构
（a）定喷；（b）摆喷；（c）旋喷
1—渗透凝结层；2—挤压层；
3—搅拌混合层；4—浆液主体层

定喷是喷射流固定在一个方向喷射，能量集中，自下而上强行切割地层形成一条沟槽，较大颗粒被射流挤压冲击在沟槽周边，沟槽内被浆液或浆液与土中的细颗粒所充填，因而形成质地均匀的板体。旋喷时，喷射流是沿着自下而上和旋转的复合作用切削地层，在切割掺搅、升扬置换、充填挤压、渗透凝结，位移袱裹作用的同时，还有旋转离心力和重力作用，柱状凝结体横断面上土粒是按质量大小排列的，小的在中间，大颗粒多集中在外侧，进而形成了浆液主体层、搅拌混合层、挤压和渗透层（无黏性土），其性能中间与外围有 所差异。摆动喷射的凝结体则介于定喷、旋喷之间，如图2.2.2所示。

（2）高压喷射灌浆方法分类。目前，高压喷射灌浆的基本种类有：单管法、二管法、三管法和多管法等几种方法，它们各有特点，可根据工程要求和土质条件选用。

1）单管法（CCP 法）。单管法是利用高压泥浆泵装置，以 30MPa 左右的压力，把浆液从喷嘴中喷射出去，形成的射流冲击破坏土体，同时借助灌浆管的提升或旋转，使浆液与从土体上崩落下来的土粒混合掺搅，凝固后形成凝结体。它的优点是，水灰比易控制，冒浆浪费少，节约能源等。该工法适用于淤泥、流砂等地层。但由于该工法需要高压泵直接压送浆液，形成凝结体的长度（柱径或延伸长）较小。一般桩径可达 0.5 ~ 0.9m，板墙体延伸可达 1.0 ~ 2.0m。

单管法用于加固软土地基，淤泥地层中的桩间止水，已有建筑物纠偏及地基加固等。

2）二管法（JSG 法）。二管法是利用两个通道的注浆管，通过在底部侧面的同轴双重喷射，同时喷射出高压浆液和空气两种介质射流冲击破坏土体，即以高压泥浆泵等高压发生装置用 30MPa 左右压力将浆液从内喷嘴中高速喷出，并用 0.7 ~ 0.8MPa 的压缩空气，从外喷嘴（气嘴）中喷出。在高压浆液射流和外圈环绕气流的共同作用下，破坏泥土的能量显著增大，与单管法相比，在相同的压力作用下其形成的凝结体长度可增加一倍左右。

二管法用于加固软土地基及粉土、砂土、砾石、卵（碎）石等地层的防渗加固。

3）三管法（法）。三管法是使用分别输送水、气、浆三种介质的三管（铁路、冶金系统多用三重管），在压力达 30 ~ 60MPa 左右的超高压水喷射流的周围，环绕一股 0.7 ~ 0.8MPa 左右的圆筒状气流，利用水汽同轴喷射，冲切土体，再另由泥浆泵注入压力为 0.1 ~ 1.0MPa，50 ~ 80L/min 浆量为的稠浆。浆液多用水泥浆或黏土水泥浆，浆液相对密度可达 1.6 左右。如前所述，当采用不同的喷射形式时，可在土层中形成各种不同形状的凝结体。三管法由于可用高压水泵直接压送清水，机械不易磨损，可使用较高的压力，形成的凝结体长度较二管法大。

三管法又分为老三管法和新三管法。新三管法除了利用高压水冲击切割地层外，还利用约 40MPa 的高压浆液进行充填，所以新三管法又叫二次切割法。它喷射的距离远，所以形成的桩径大。三管法用来加固淤泥地层以外的软土地基，以及各类砂土卵石等地层的防渗加固。

上述高喷灌浆法均为半置换法。

4）多管法（SSS—MAN 法）。先在地面上钻一导孔，然后置入多重管，用逐渐向下运动旋转的超高压射流，切削破坏四周的土体，经高压水冲切下来的土和石，随着泥浆用真空泵从多重管中抽出，如此便在地层中形成一个较大的空间；装在喷嘴附近的超声波传感器可及时测出空间的直径和形状，然后根据需要选用浆液、砂浆、砾石等材料填充，在地层中形成一个大直径的柱状固结体。此法属于用充填材料充填空间的全置换法。

此外，根据喷射介质的不同，高压喷射灌浆又可分为单介质喷射、双介质喷射及多介质喷射等类型。

2. 构筑高压喷射灌浆防渗凝结体的影响因素

如前所述，采用不同的喷射灌浆形式，可形成不同形状的凝结体，在连续不停的提升过程中，旋转喷射可形成圆柱状凝结体，定向喷射可形成薄板状凝结体，摆动喷射可形成亚铃状凝结体，如图2.2.3所示。图中延伸长*A*系指喷射孔中心至凝结体边缘最大长度，有效长度*B*系指喷射孔中心至凝结体均匀连续的长度。

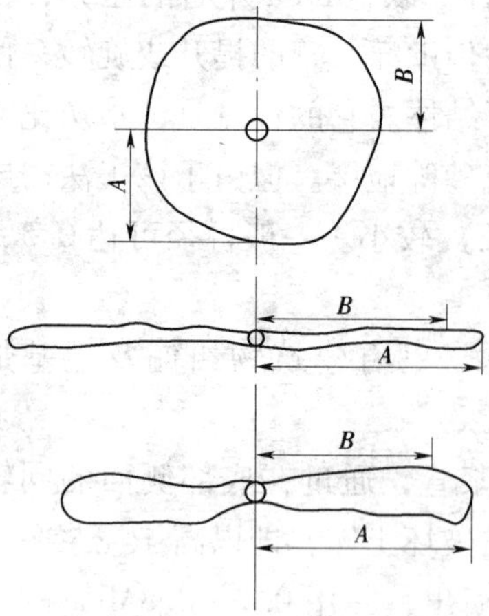

图2.2.3　旋喷、定喷、摆喷凝结体形状

影响凝结体形成的因素很多，如水压水量、浆压浆量、提升及旋、定、摆速度等。为此，应根据不同的工程需要选择适宜的施工工艺参数，以确保施工质量，取得较为理想的工程效果。现分述如下。

（1）水压和水量。水射流的喷射压力和水量对凝结体形成的有效长度关系极大，表2.2.30列出了相同工作条件下，不同水压力和水量形成凝结体的形状和尺寸。增加喷射水量和水压力可增加凝结体的有效长度，但水量大将对浆液起稀释作用，使冒出的浆液增加。为此，应综合考虑选取水量和工作压力适宜的高压泵。此外，凝结体的厚度与喷嘴直径的大小、形状也直接有关。以定喷为例，喷嘴直径大小对定喷形成的板厚影响较大。喷嘴直径大，形成的板厚；喷嘴直径小，形成的板薄。表2.2.31列出定喷时喷嘴直径2mm和3mm形成的板厚范围。

表2.2.30　　　　**不同水压水量形成凝结体**

压力（MPa）	水量（L/min）	喷射形式［延伸长（cm）/有效长（cm）］		
		旋喷	摆喷	定喷
-15.0~20.0	90~120	$\frac{35\sim100}{30\sim90}$	$\frac{60\sim180}{50\sim150}$	$\frac{87\sim280}{75\sim230}$
20.0~30.0	75~100	$\frac{75\sim100}{60\sim120}$	$\frac{130\sim220}{100\sim205}$	$\frac{185\sim380}{150\sim300}$
30.0~40.0	75~100	$\frac{110\sim180}{90\sim150}$	$\frac{190\sim310}{150\sim350}$	$\frac{270\sim450}{220\sim370}$

表2.2.31　　　　**喷嘴直径与板厚的关系**

地层土类	$\frac{板厚}{渗透凝结层厚度}$（cm）	
	水喷嘴2mm	水喷嘴3mm
黏土层	$\frac{4\sim7}{0}$	$\frac{6\sim9}{0}$
砂层	$\frac{6\sim9}{2\sim7}$	$\frac{8\sim12}{2\sim7}$
砂砾层	$\frac{10\sim15}{7\sim50}$	$\frac{12\sim20}{7\sim50}$

喷嘴直径大小对摆动喷射形式的哑铃状凝结体形状影响不大，但喷嘴出口段范围10～20cm出现细径现象，细径大小仍然与喷嘴直径直接有关。

（2）气压和气量。压缩空气形成的气幕，可保护水射束能量不过早扩散，增加喷射切割长度和升扬置换作用，形成的低压区促使浆液沿喷射方向跟进掺混，改变地层的颗粒级配。因此，气压和气量的选择，也影响防渗体的材料组成和有效长度。一般空气压缩机的压力宜保持在0.7～0.8MPa，并连续输气是必要的，输气量可在0.4～0.8m^3/min之间选择。如地层颗粒成分较多、孔较深，输气量易采用较大值，以增强升扬置换作用。

（3）浆量和浆压。在水、气同轴喷射作用下，浆液可喷射充填扩散到水、气喷射的作用范围，浆液压力保持在0.3MPa左右即可，最主要的应保证浆液有足够的稠度和数量，以使水汽稀释浆液以后，仍有一定的稠度。采用的搅浆机及喷射装置应能连续工作，能搅制输送相对密度达到1.6～1.8的黏土水泥混合浆或水泥浆，输浆量不少于60L/min。

（4）提升及旋、定、摆速度。提升速度不仅关系到凝结体的充填均匀性及密实性，而且影响凝结体的有效长度，是确保施工质量的非常重要的因素。大量的工程实践证明，防渗工程采用4～20cm/min的提升速度是适宜的。提升速度过快，则有效长度过短，且影响墙体的密实度，过慢则耗用浆液量太多，具体工程最合适的提升速度应通过现场试验确定。

旋转和摆动也应选择最佳速度，旋转速度一般为5～20r/min，摆动速度一般为10°/s～30°/s。

（5）地层及颗粒粒径。高压喷射灌浆对细颗粒地层是比较适宜的，但对掺有大颗粒地层，只要工艺参数选择适当，仍能形成良好的连续防渗凝结体。其主要原因是，因为水汽喷射使颗粒周围的细颗粒被升扬置换出地面，造成原地层结构的局部松脱，大颗粒在射流作用下，一般会产生位置移动，甚至被掀动，有利于浆液袱裹充填。采用下倾斜喷射较之水平喷射，则更有利于大粒径颗粒被袱裹。

在含有细颗粒地层特别是致密的黏性大的土层中，进行高压喷射灌浆时，水汽喷射过程中将使喷射影响范围内的土层颗粒被切削搅动，形成泥浆，并且在升扬置换作用下冒出地面，其稠度和采用的喷射形式直接有关。冒出浆液的相对密度，定喷较小，摆喷较大，旋喷最大，有时相对密度可高达1.7。为使掺搅范围进入较多的喷射泥浆，应注意先实行水汽喷射，暂不注浆，以升扬置换地层颗粒；然后提升一定高度后，当冒浆相对密度小于某一数值，如1.2时，再将喷射管路下落，实行水汽浆二次喷射，这样形成的凝结体将会获得较高的凝结强度。

3. 高压喷射灌浆防渗板墙质量评定

（1）单元工程划分。按工程实际情况划分，也可按每一台班的防渗板墙施工段为一个单元工程。

（2）基本要求。

1）施工前对高压喷射灌浆防渗板墙的施工，应按设计要求进行现场试验，确定水、气、浆的压力、流量，提升速度、旋转速度，以及孔距等技术参数。

2）灌浆液密度，回浆液密度，水、气、浆的压力和流量，摆喷角度，提升速度和孔距等应符合规定的要求。

3）对施工技术要求的参数要如实准确记录。

4）墙体的质量可采用钻孔取芯等方法检查。

5）各块板墙体之间连接连续，结合良好。

（3）质量检查检测内容和质量标准。高压喷射灌浆防渗板墙质量检查、检测内容和标准见表 2.2.32。

表 2.2.32　　高压喷射灌浆防渗板墙单元工程质量评定表

单位工程名称						单位工程编号			
分部工程名称						分部工程编号			
单元工程名称						单元工程编号			
序号	检查项目	质量标准		检验结果					评定
1	高压喷射灌浆工艺	应符合技术规范要求							
2	施工参数	符合设计要求							
3	施工记录	齐全准确清晰							
4	墙体间结合情况	结合严密、无夹泥层							
序号	检测项目	允许偏差	设计值	实测值					合格率（%）
				1	2	3	4	5	
1	孔位允许偏差	50mm							
2	钻孔的倾斜率	1.5%							
3△	孔深	不小于设计深度							
4△	水泥浆液密度	1.5～1.8g/cm^3							
5	摆喷角度允许偏差	1°							
6	喷射时的回浆量	应控制在灌浆量的10%～20%之间							
7△	提升速度	50～150mm/min							
检测结果	主要项目　　点，其中合格　　点，合格率　　%								
	一般项目　　点，其中合格　　点，合格率　　%								
施工单位自评意见及质量等级					监理（建设）单位复评意见及质量等级				
年　月　日					年　月　日				
检测员		专职质检员				监理工程师			

注　标有△为主要检测项目。

2.2.3 防渗墙垂直铺塑防渗技术质量控制

垂直铺塑防渗技术是针对平原水库围坝和江河堤防存在渗漏和渗透变形问题而研究的一项防渗新技术。该项技术是利用开沟造槽铺塑机，在坝、堤基内开出一定宽度和深度的连续沟槽，同时在沟槽内铺设塑料薄膜和填以设计要求的回填料，经过填料的湿陷固结形成以塑料薄膜为主要幕体材料的复合防渗帷幕。

垂直铺塑防渗技术从1990年胜利油田孤河试验成功以来，经过不断改进完善，逐步形成了土层和砂砾石层中从设计到施工的成套技术。先后在山东、河南、新疆、江苏、湖北等地推广应用，共完成20多项工程，建造防渗帷幕80多万 m^2，均取得良好的防渗效果，消除了堤坝背水坡的管涌、明流等渗透变形和渗漏现象。坝体浸润线大大降低，坝体稳定性得到提高，取得了良好的经济效益和社会效益。

通过实践，说明塑料薄膜具有良好的隔水性和柔韧性。采用垂直铺塑工艺施工，具有连续、均质和适应变形能力强、防渗效果好、操作简单、投资省和工效高等特点。在江河堤防加固中是经济可行的。垂直铺塑开槽机工效取决于其综合机械性能，特别是在砂石泵的性能，有待研究改进。

目前，开槽机开槽能力只能达到18m，其适应范围受到限制，也有待改进提高；塑料薄膜的力学性能较差，容易老化，影响使用寿命。

1. 垂直铺塑防渗技术的优越性

（1）适用于含有一定比例和粒度范围以内的砂砾石层、砂卵石层与黏土层。造槽宽度16~30cm，若浇筑地下连续墙，宽度可达50cm。开槽深度达10~18cm。

（2）开沟造槽、塑膜铺设、沟槽回填融为一体，可同步进行，连续作业。最大限度缩短了空槽时间与空槽长度，施工效率高。

（3）形成的塑膜幕体连续性、整体性好，适用变形能力强，防渗效果好。

（4）该技术操作简便，投资省，适用于防渗深度不大的平原水库围坝、江河堤防等中小型水利水电工程。

2. 施工设备

开槽机按照破土方式可分刮板式、旋转式和往复式3种。刮板式是采用链条驱动刮刀对地层产生剪切刮挤破碎，并由利刀破碎后的砂土带出槽外的开槽方式；往复式是用装有刀片的刀杆往复运动刮挤砂土后形成泥浆，通过反循环原理排出槽外。

现在经常使用的是往复式垂直铺塑开槽机。主要由前车、后车、刀杆、刀杆支承、卷扬机、砂石泵牵引和控制柜组成（图2.2.4）。

砂石泵：当开槽地层的砂层比较厚时，为保持槽壁稳定和槽底清洁，需开动砂石泵抽砂。

泥浆搅拌机：开槽过程中，采用泥浆护壁，必须配置泥浆搅拌机。

3. 施工工艺

垂直铺塑施工工艺包括平整场地、开槽、铺塑和回填。其施工工艺流程分述如下。

（1）平整施工场地，安装设备，并进行调试，保证设备安装满足规定要求。

（2）开槽时采用泥浆护壁，当槽深达到设计深度后，通过提升卷扬机控制刀杆进

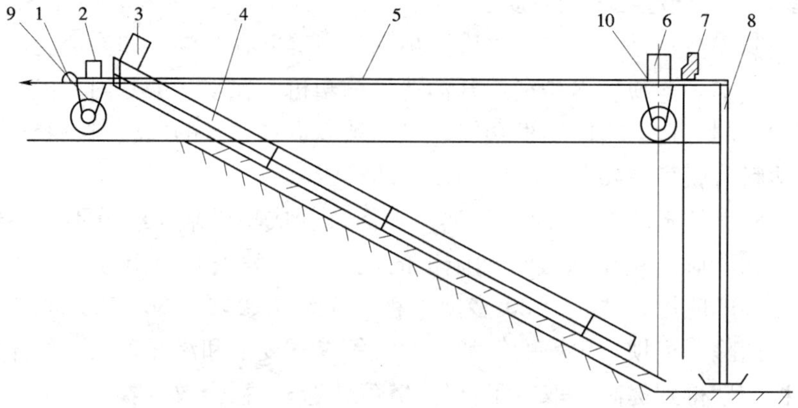

图 2.2.4　往复式开槽机示意图

1—牵引；2—电器控制柜；3—驱动电机；4—刀杆；5—横梁；
6—提升卷扬机；7—砂石泵；8—铺塑装置；9—前车；10—后车

一步下放。

（3）开动牵引卷扬机往前运动，当开槽距离达到一定位置后，开始铺塑。铺塑距离根据地层情况而定。边开槽，边铺塑。

（4）铺塑时，可用开槽机牵引自动铺塑，也可以人工转动模杆进行铺塑。铺塑装置可自由偏摆一定角度，上吊到一定高度，便于处理故障。

（5）塑料薄膜为聚乙烯薄膜，使用寿命可达 80 年。铺塑前，薄膜幅与幅之间的横向连接采用热合机加以连接，热合接缝宽度应大于 5cm 。

（6）铺塑完毕后，进行回填。如砂层较薄，其自然淤积可达槽深 1/3，其余用人工铲土湿陷回填。如砂层较厚，开动砂石泵，其抽砂回填量可以达槽深 ，其余用人工铲土回填。

4. 质量检测项目和标准

（1）单元工程划分。垂直防渗铺膜以 50 ~ 100 延米为一个单元工程。

（2）质量检测项目和标准。垂直铺塑防渗质量检测项目和标准可见表 2.2.33。

（3）单元工程质量评定。垂直防渗铺膜单元工程质量评定可见表 2.2.34。在基本

表 2.2.33　　垂直铺塑防渗质量检测项目和标准表

序号	项　目	质量标准（允许偏差）	检测频率		检测工具和方法
			范围	点数	
1△	厚度	-0.02 ~ +0.08mm	每批抽样	1	千分卡
	密度	不小于设计值的 90%			称量
	纵横向抗拉强度	不小于设计值的 90%			抗拉试验
	接缝抗拉强度	不小于设计值的 90%			抗拉试验
	伸长率	不小于设计值的 90%			伸长率试验
	幅间热熔搭接宽度	不小于 200mm			

续表

<table>
<tr><th rowspan="2">序号</th><th colspan="2" rowspan="2">项　目</th><th rowspan="2">质量标准
（允许偏差）</th><th colspan="2">检测频率</th><th rowspan="2">检测工具和方法</th></tr>
<tr><th>范围</th><th>点数</th></tr>
<tr><td rowspan="2">2△</td><td rowspan="2">前后卷搭接长度</td><td>搭接</td><td>不小于 3m 和 1/3 铺膜深度</td><td rowspan="5">每一单元工程</td><td rowspan="5">1</td><td>卷尺量测</td></tr>
<tr><td>缝合连接</td><td>搭接不小于 200mm 并双道缝合</td><td>卷尺量测</td></tr>
<tr><td>3</td><td colspan="2">纵幅的幅宽</td><td>≥槽深 200mm</td><td>用测绳</td></tr>
<tr><td>4△</td><td colspan="2">成槽的深度</td><td>±100mm</td><td>用测绳和重球</td></tr>
<tr><td>5</td><td colspan="2">成槽的倾斜</td><td>1% H 且≤100mm</td><td></td></tr>
<tr><td></td><td colspan="2">接缝渗透系数</td><td>不大于设计值</td><td colspan="2">按不同地质段测一组并不小于 3 组</td><td>作室内渗透系数试验</td></tr>
</table>

注 1. 参照 SL/T 225—98《水利水电工程土工合成材料应用技术规范》制定。

2. 标有△为主要检测项目。

3. 成槽的深度为 H。

表 2.2.34　　垂直防渗铺膜单元工程质量评定表

<table>
<tr><td colspan="3">单位工程名称</td><td colspan="4"></td><td colspan="3">单位工程编号</td><td></td></tr>
<tr><td colspan="3">分部工程名称</td><td colspan="4"></td><td colspan="3">分部工程编号</td><td></td></tr>
<tr><td colspan="3">单元工程名称</td><td colspan="4"></td><td colspan="3">单元工程编号</td><td></td></tr>
<tr><td>序号</td><td colspan="2">检　查　项　目</td><td colspan="3">质　量　标　准</td><td colspan="4">检　验　结　果</td><td>评定</td></tr>
<tr><td>1</td><td colspan="2">防渗膜物理力学性能</td><td colspan="3">符合设计要求</td><td colspan="4"></td><td></td></tr>
<tr><td>2</td><td colspan="2">铺膜工艺</td><td colspan="3">符合技术规范</td><td colspan="4"></td><td></td></tr>
<tr><td rowspan="2">序号</td><td colspan="2" rowspan="2">检　测　项　目</td><td rowspan="2">允 许 偏 差</td><td rowspan="2">设计值</td><td colspan="5">实　测　值</td><td rowspan="2">合格率（%）</td></tr>
<tr><td>1</td><td>2</td><td>3</td><td>4</td><td>5</td></tr>
<tr><td>1</td><td colspan="2">开槽泥浆密度</td><td>1.15～1.25g/cm^3</td><td></td><td></td><td></td><td></td><td></td><td></td><td></td></tr>
<tr><td>2△</td><td colspan="2">成槽的深度</td><td>±100mm</td><td></td><td></td><td></td><td></td><td></td><td></td><td></td></tr>
<tr><td>3</td><td colspan="2">成槽的倾斜</td><td>1% H 且≤100mm</td><td></td><td></td><td></td><td></td><td></td><td></td><td></td></tr>
<tr><td rowspan="6">4△</td><td rowspan="6">土工膜</td><td>厚度</td><td>−0.02～+0.08mm</td><td></td><td></td><td></td><td></td><td></td><td></td><td></td></tr>
<tr><td>密度</td><td>不小于设计值的 90%</td><td></td><td></td><td></td><td></td><td></td><td></td><td></td></tr>
<tr><td>纵横向抗拉强度</td><td>不小于设计值的 90%</td><td></td><td></td><td></td><td></td><td></td><td></td><td></td></tr>
<tr><td>接缝抗拉强度</td><td>不小于设计值的 90%</td><td></td><td></td><td></td><td></td><td></td><td></td><td></td></tr>
<tr><td>伸长率</td><td>不小于设计值的 90%</td><td></td><td></td><td></td><td></td><td></td><td></td><td></td></tr>
<tr><td>幅间热熔搭线宽度</td><td>≥200mm</td><td></td><td></td><td></td><td></td><td></td><td></td><td></td></tr>
<tr><td>5</td><td colspan="2">纵幅的幅宽</td><td>≥槽深 200mm</td><td></td><td></td><td></td><td></td><td></td><td></td><td></td></tr>
<tr><td>6</td><td colspan="2">接缝渗透系数</td><td>不大于设计值</td><td></td><td></td><td></td><td></td><td></td><td></td><td></td></tr>
<tr><td rowspan="2">7</td><td rowspan="2">前后卷连接</td><td>搭接</td><td>搭接宽度不小于 3m 或铺膜深度的 1/3</td><td></td><td></td><td></td><td></td><td></td><td></td><td></td></tr>
<tr><td>缝接</td><td>缝合缝接宽度不应小于 200mm 并双道缝合</td><td></td><td></td><td></td><td></td><td></td><td></td><td></td></tr>
<tr><td colspan="3" rowspan="2">检测结果</td><td colspan="8">主要项目　　点，其中合格　　点，合格率　　%</td></tr>
<tr><td colspan="8">一般项目　　点，其中合格　　点，合格率　　%</td></tr>
<tr><td colspan="6">施工单位自评意见及质量等级</td><td colspan="5">监理（建设）单位复评意见及质量等级</td></tr>
<tr><td colspan="6">

年　　月　　日</td><td colspan="5">

年　　月　　日</td></tr>
<tr><td colspan="2">检测员</td><td colspan="2"></td><td colspan="2">专职质检员</td><td colspan="2"></td><td colspan="2">监理工程师</td><td></td></tr>
</table>

注　标有△为主要检测项目。

要求（检查项目）合格的前提下，主要检测项目的测点全部符合上述标准，每个一般检测项目的测点数中有70%及以上的测点符合上述标准，其余测点基本符合上述标准，且不影响安全使用，防渗效果满足设计要求即评为合格；在合格的基础上，一般检测项目的测点总数中有90%及以上的测点符合上述标准，即评为优良。

2.2.4 混凝土防渗墙工程质量控制

2.2.4.1 概述

我国防渗墙施工技术的发展始于1958年，在这以前，我国在坝基处理方面对较浅的覆盖层大多采用大开挖后再回填黏土截水墙的办法。对于较深的覆盖层，采用大开挖的办法难以进行，因而采用水平防渗的处理办法，即在上游填筑黏土铺盖，下游坝脚设反滤排水及减压设施，用延长渗径和排水减压的办法控制渗流。这种处理办法虽可以保证坝基的渗流稳定，但局限性较大。

1959年在山东省青岛市月子口水库利用连锁桩柱法在砂砾石地基中首次建成了桩柱式防渗墙。该工程先后共完成直径60cm的桩柱959根，在斜墙土坝的上游坝脚下形成了一道长472m、深20m、有效厚度43cm的混凝土防渗墙。该墙是利用冲击钻机起吊十字钻头冲击钻进、膨润土泥浆固壁、正循环除渣完成的，施工造孔平均工效9.2m/（台·日），折合3.68m^2/（台·日）。

1959年在密云水库防渗墙施工中又摸索出一套槽形孔防渗墙的造孔施工方法，仅用7个月就修建了一道长748.4m、深44m、厚0.8m、面积达1.9万m^2的槽孔式混凝土防渗墙。

该墙造孔进尺3.5万m，浇筑混凝土2万m^3。造孔平均工效3.5m/（台·日），折合2.5m^2/（台·日）。该墙施工要点是，利用ZC型冲击钻机，通过钢丝绳起吊十字钻头进行主孔冲击钻进，副孔劈打，泥浆固壁不循环使用，用大直径抽砂筒接砂斗出渣。这是我国首次建成的大型防渗墙，为水电工程软土地基的防渗处理找到了一种既快又省的施工方法。此后，防渗墙不仅在水电工程中，而且在工业和民用建筑工程中均得到了广泛的应用。

20世纪50年代，防渗墙用于砂砾石地基的垂直防渗处理，效果很好。有代表性的工程除了密云水库白河主坝坝基防渗墙以外，还有毛家村水电站大坝基础防渗墙，该墙最大深度40m，面积7381m^2。当时的毛家村水电站大坝为黏土心墙坝，坝高82.5m，是20世纪50年代全国最高的土坝。该坝坝基为冲积层，最深处达33m，渗透系数最大为5×10^{-2}cm/s，平均为9×10^{-3}cm/s，天然破坏比降0.207～0.28。为了坝基的稳定和防渗，原计划采用灌浆帷幕防渗，后因材料需用量大，工期又长，改为水平铺盖防渗，经半年施工发现此方案技术上不可靠，经研究又改为灌浆帷幕，原计划用9排灌浆孔形成30m厚的灌浆防渗帷幕，但在实施过程中，人力、物力消耗太大，施工速度也满足不了工程进度的要求，最后全部改用防渗墙垂直防渗。防渗墙建成后，通过坝基观测孔实测，当库水位为2226.45m时（坝顶高程2230.5m），坝基渗流量为0.03m^3/s（包括两岸绕坝渗漏），小于设计值0.053m^3/s，防渗效果良好。此后大、中型水电工程的坝（闸）基覆盖层的防渗处理，绝大部分都采用了防渗墙垂直防渗。

由于防渗墙在发展初期就显示了施工简便、速度快、消耗少、防渗效果好的优点，其应用范围继续扩大。1967年，在龚嘴电站，混凝土防渗墙首次用来作为大型土石围堰的防渗设施。该工程上游围堰高35m，覆盖层深达45m，相当于一座土石坝。上、下游围堰修建的防渗墙最大深度52m、厚0.8m、总面积12382m²，是当时我国已建成的防渗墙中深度较大的一座。这一工程的顺利建成为我国水电施工找到了一种多快好省的围堰防渗结构。

20世纪70年代末到80年代初，许多大型水电站相继开工，葛洲坝工程就是在这一时期建成的。该工程的大江围堰也采用了混凝土防渗墙。该墙最大深度47.3m、墙厚0.8m，两道防渗墙墙体总面积74421m²，是当时我国已建成的规模最大的防渗墙。

20世纪80年代前期，开始了有关防渗墙施工机具、工艺、墙体材料、仪器埋设和检测手段的研究，其研究成果有用于造孔的冲击反循环钻机，用于起拔接头套管的液压拔管机，用于修建低水头围堰的新型墙体材料固化灰浆，用于埋设土压力盒的挂布埋设法和水压埋设法，以及用于检测槽孔孔形和孔径的超声波孔形孔径检测仪。

20世纪80年代后期研制出了防渗墙塑性混凝土墙体材料。该种混凝土是强度较低，但比普通混凝土具有更低的弹性模量，从而使墙体更能适应地基变形，而不产生拉应力，为在深基高水头的情况下修建较薄的防渗墙提供了条件。该种材料于1990年首次应用在水口水电站上、下游围堰防渗墙中，效果良好。该工程上游围堰高44.5m，防渗墙最大深度44m，墙厚0.8m，上下游围堰防渗墙体总面积19590m²。墙体建成后经受了两次较大洪水的考验，一次流量为8870m³/s，另一次为10800m³/s。此后不少工程相继采用了塑性混凝土墙体材料，例如1989年修建的册田水库和十三陵抽水蓄能电站尾水围堰防渗墙。特别是1993年建成的小浪底水利枢纽工程上游围堰防渗墙（右岸部分）也采用了塑性混凝土。该防渗墙深73.4m，长239m，墙体面积13832m²，混凝土的抗压强度$R_{28}=3.7$MPa，弹性模量$E=220$MPa，其弹强比（E/R）为59.5。

长江三峡工程二期上、下游围堰防渗墙混凝土抗压强度$R_{28}=4\sim5$MPa，初始弹性模量$E_{28}=500\sim700$MPa，渗透系数$K\leqslant1\times10^{-8}$cm/s。该防渗墙最大深度73.5m，墙厚0.8m、1.0m，上下围堰墙体总面积7.9万m²，上游围堰最大高度82.5m，围堰建成后拦洪库容达20亿m³，相当于一座大型水库的蓄水量。这一防渗墙工程施工期短，施工强度高，月成墙面积高峰时达13000m²。这不仅在我国，而且在国际上也为规模最大的防渗墙工程。20世纪90年代还将现有的CZ—22和CZ—30型钻机改造成为冲击反循环钻机。该种钻机工效比原有钻机提高2～3倍，材料消耗降低1/3，用该钻机已经在小浪底工程和三峡工程中修建了8000m²的防渗墙。

小浪底工程大坝高154m，坝基覆盖层深，采用混凝土防渗墙垂直防渗。该防渗墙深81.9m，墙厚1.2m，墙体混凝土设计强度35MPa，覆盖层结构复杂，含漂卵砾石和粉细砂，给造孔带来了很大困难，被称为小浪底工程的四大难题之一。该工程的技术关键是深覆盖层的墙段接头施工。为此工程建设者们研制成功了早期强度低、后期强度高的防渗墙混凝土材料，从而解决了墙体混凝土强度过高给钻凿接头混凝土带来的困难，顺利建成了目前我国最深的混凝土防渗墙。

20世纪90年代中期，为解决三峡工程大江围堰防渗墙施工强度过高的问题，使用了双轮液压铣槽机，但这一设备在遇到像三峡围堰地基中坚硬的块球体时也难于适应，仍然要换上重型冲击锤并配合钻孔爆破进行钻凿。

近40年来，我国的防渗墙施工技术不断发展，在水利水电工程中深度超过40m的防渗墙总计已完成了44座，总计成墙面积达54.5万m^2。墙体最大的深度为81.9m（小浪底主坝防渗墙），防渗墙试验段已深达101m（冶勒电站），墙体最大的厚度为1.3m（碧口水电站大坝防渗墙），最大的墙体截水面积为7.9万m^2（三峡二期工程上、下游围堰防渗墙），这标志着我国的施工技术水平已能够建造地质情况复杂的特大型防渗墙工程。

2.2.4.2 泥浆材料和制浆工艺

1. 制浆黏土选择原则

（1）造浆能力高、制浆工艺简单。各种黏土的造浆能力见表2.2.35；

（2）运距较短，采运方便，费用低。

（3）黏土料场的储量应为需要量的2~3倍，并少占耕地。

（4）物理化学指标符合要求，能制出性能合格的泥浆。

表2.2.35　　各种黏土的制浆能力

黏土名称	等级	造浆能力（m^3/t）	分散性
钠质膨润土	甲	10~15	高分散
钙质膨润土	乙	7~10	分散
白土、纯干子土、观音土、陶土、高岭土	丙	3.5~8	微
干子土、黄土、红土、胶泥	丁	1~3.5	非分散

注　造浆能力为每吨黏土造出表观黏度15cP的泥浆数量（m^3）。

2. 制浆黏土的质量标准

（1）黏土。优质黏土一般具有亲水性强、膨胀量大、分散性好；黏粒含量大、含砂量小；塑性指数高；pH值高等特点。选择黏土的参考性能指标，见表2.2.36。

表2.2.36　　造浆黏土的性能指标要求

性能		物理性质							造浆性能		
		塑性指数	缩限	吸水量	膨胀率	颗粒组成（mm）			造浆能力		失水量
						>0.1	<0.005	<0.001	浆量	表观黏度	
指标	单位	%	%	%	倍	%	%	%	m^3/L	cP	mL
	数值	>20	<12	>150	>3	<6	>50	>20	>3	15	20~30

续表

性能		矿物成分		主要化学成分					
		优	良	SiO_2	Al_2O_3	Na_2O	CaO	$\frac{SiO_2}{Al_2O_3}$	pH
指标	单位	蒙脱石多于伊里石和高岭石	伊里石高于高岭石	%	%	%	%		
	数值			>50	<30	少量	少量	3~4	>7

注 失水量是用10g风干黏土加入350mL水中制成泥浆后测定的。

使用当地黏土制浆或使用膨润土制浆，可根据工程具体条件，进行技术经济论证。各地黏土的性能指标，往往变化较大，在水利水电工程中一般是加碱处理后使用，必要时采取其他工程措施。

（2）膨润土。膨润土的性能指标一般都能满足固壁性能的要求，而且制浆工艺也比较简便，膨润土的性能指标要求，参见表2.2.37。

表2.2.37　　膨润土性能指标要求

性能		塑性指数	黏粒含量	含砂量	吸水量	膨润度	细度（200目筛余）	胶质率	造浆率	蒙脱石含量	SiO_2/Al_2O_3	Na_2O/CaO	pH
指标	单位	%	%	%	倍		%	%	m^3/L	%			
	数值	<20	>50	≤3	>8	>5	≤2.5	≥60	>8	>70	3~4	>1	>7

3. 泥浆性能指标

泥浆的性能要适应地层的特性，应由试验选定。水利水电工程防渗墙施工，一般多使用当地黏土制浆，其各项指标，参见表2.2.38。

表2.2.38　　造孔泥浆的一般性能指标

地层性质	比重	黏度（s）	含砂量（%）	胶体率（%）	失水量（ml/30min）	稳定性	静切力（mgf/cm^2）		泥饼厚（mm）	pH
							1min	10min		
一般砂砾石地层	1.15~1.20	18~25	≤5	≥96	20~30	≤0.03	20~30	50~100	2~4	7~9
中细砂层	1.20~1.25	25~30	<6	>97	20	0.04	10~25		<2	8~12
水胀性地层	1.15~1.20	18~20	<5	>97	20	0.04	10~25		<3	8~12
坍塌掉块	1.25~1.30	23~25	<5	>97	30	0.04	25~50		<4	8~12
漏失地层	1.15	25~30	<10	>97	30	0.4	30~50		<4	8~12
漂卵石层	1.15~1.20	22~28	<5	>97	30	0.04	30~50		<4	8~12

由于地层的组成是复杂的，一个工程的地基往往是由几种不同性质的地层组成，因此，泥浆性能指标的选择应以主要地层为准。对于次要地层或特殊地层，一般在钻进过程中采取其他措施调整。

若黏土料用机械方法不能搅拌出符合指标要求的泥浆时，则须掺化学剂进行处理。

常见的外加剂参见表2.2.39

表2.2.39 制浆常用的外加剂

化学名称	烧碱 NaOH	磷酸钠 Na_3PO_4	纯碱 Na_2CO_3	碳酸氢钠 $NaHCO_3$	羧甲基纤维素 CMC
掺量（剂量占干土重量的%）	0.15~0.5	0.3~1.0	0.5~1.0	0.75~1.5	0.02~0.1

4. 泥浆制备和回收

（1）制浆系统布置。制浆系统布置原则：

1）在满足施工用浆量的前提下，应认真计算和研究开采方案，少占耕地和尽量减少修建制浆系统的工程量。

2）制浆站、堆放物等布置，要尽量做到充分发挥机械设备的生产能力，要方便操作、利于维修管理。

3）废渣、废水排泄要妥善规划，不能污染场地，阻碍交通。

4）供浆方便，充分利用地形条件，尽量采用自流输浆。

（2）泥浆系统组成。泥浆系统是防渗墙施工的重要设施，由泥浆制浆站、泥浆池、供浆管路和回收净化设施等组成。

（3）泥浆回收。泥浆的回收利用，可以减少原材料消耗、减少泥浆生产强度和减少废浆对环境的污染；但要增加泥浆净化设施。因此，要根据材料来源，造孔、排渣方法，以及现场条件等因素来确定。一般均须考虑泥浆回收重复利用。

1）浆渣分离处理。泥浆在造孔排渣中挟带钻屑及小颗粒卵砾石至地面，为加速钻进度和净化泥浆需把泥浆中的钻屑及小颗粒卵砾石等分离出来。

2）外加剂处理。泥浆在造孔和混凝土浇筑过程中，不仅受到钻屑的污染，而且受到水泥浆中游离钙等物质的污染，使泥浆质量变坏，如只经机械分离处理而达不到原泥浆标准时，则需加外加剂处理。外加剂处理所采用的药剂和掺量，根据污染物质的性质和污染程度通过试验选定。

对回收的泥浆，一般采用的质量指标，参见表2.2.40 。

表2.2.40 泥浆再生处理参考指标

泥浆种类	比 重	黏度（s）	含砂量（%）
黏土浆	<1.25	20~30	<10
膨润土浆	<1.05	20~30	<8

2.2.4.3 槽孔质量控制和检验

分析已建成的多道防渗墙的成墙质量，可以肯定防渗墙的可靠性。但每项工程成墙后均发现程度不同的缺陷和问题，主要原因是由于施工管理和质量控制检验不严格。

1. 孔形验收

孔形验收，一般包括有孔位、孔宽、孔深和孔斜等项。应对主、副孔及两孔之间的孔形进行严格检验。当施工设备没有自动测斜装置时，目前常用的方法是：

（1）沿槽孔校验轴线位置、并定出主、副孔中心。

（2）利用钻机用钢丝绳悬吊钻头，在自重作用下沿钻孔中心测定偏离中心位置，钻头直径等于欲测深度处的墙厚。

（3）从槽孔的一端，每隔一定距离往另一端移动一个测定点，孔口测定位置要固定好，逐点由浅至深测量出不同深度时，钢丝绳在孔口测点偏离钻孔中心的距离和方向，然后按相似三角形原理计算，求得某段底部或全孔底部的孔斜值。习惯换算成孔斜率表示方法，见图 2.2.5。

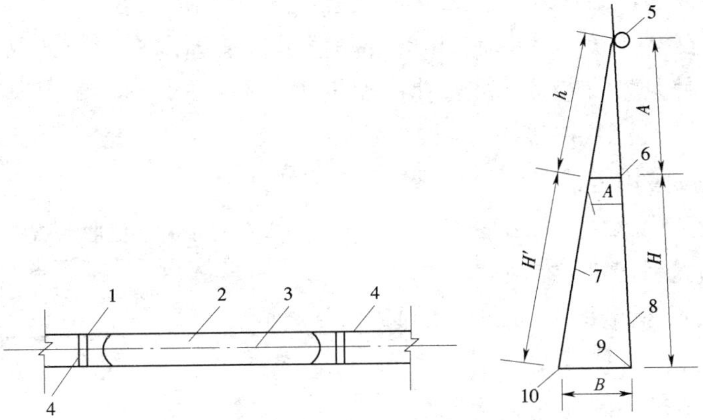

图 2.2.5　悬吊钻头自重侧斜法示意图

1—设置槽口横木梁；2—槽孔；3—槽口设计中心线；4—槽口设计轴线标定点；5—桅杆天轮；6—槽口测量基准点；7—钢丝绳；8—槽孔中心线；9—欲测点的位置；10—钻头中心位置；H—设计孔深；H'—测量深度；h—桅杆高度；A—钢丝绳在槽口测量距离；B—被测定处底部偏斜距离，$B=[(H'+h)/h]A$

孔形检验，需要时特制一个宽度相当于防渗墙设计厚度，长度稍小于槽孔的钢筋笼来进行，把它放入槽内，上、下提起，如能顺利通过，即证明孔形合格。

孔斜验收也可用超声波垂直精度测定装置以测定槽壁形状，利用发射超声波对准欲测孔壁处，并接收抵达孔壁后反射回来的声波，根据各测点发出声音至接收声音的时间差，测定距离，计算出孔斜。此法能掌握各深度处的孔形状态，测定简便，节省劳力，且精度较高，但要注意控制距测定面的测距和孔内泥浆质量。当测距过小和泥浆含砂量或比重较大时，测定误差较大。

2. 清孔验收

清孔是减少墙体沉降，保证墙体质量和整体防渗效果的关键工序。清孔验收的主要目的：检验槽内泥浆质量是否满足清孔规定要求，以保证混凝土浇筑质量；检验槽底泥砂沉积厚度是否小于允许标准，以保证防渗墙与基岩的接触质量。

槽底沉积厚度，一期墙段接头处泥皮状态，因施工方法、地层组成及泥浆质量不同而有很大差异。一般常用的清孔方法是使用钢丝刷钻头紧贴一期槽孔的混凝土接合面，分段上下反复提起，刷掉泥皮，并规定最低限制洗次数，用抽砂筒掏出掉入孔内的泥皮杂质及钻孔时残留于孔底的沉渣，同时补充新鲜泥浆（习惯称“换浆”），直掏到槽底沉积物厚度和槽内泥浆经过检测各项规定指标符合要求为止；也可使用吸砂泵、空气吸泥器方法进行清孔，其换浆效果好、速度快，但要避免在松散地层中塌孔。采用上述方法时，要慎重制定相应的施工管理措施。

检查沉渣厚度和孔内泥浆质量的方法：

（1）槽孔内泥浆的检验。用带有上下活门的取样罐放至取样深度，取出泥浆进行测试。一般测试项目有：泥浆比重、含砂量和黏度等。

（2）槽底泥砂沉积厚度的检验通常使用测针和测锤方法。将测针与测锤放至预测点的同一位置，分别量出放入深度，两者之差即为泥砂沉积厚度。

检验测量要在清孔换浆结束后1h进行。根据目前国内多用当地黏土制浆和沿用的造孔工艺，清孔后泥浆的检验标准：孔内泥浆比重不大于1.3，黏度不大于30s，含砂量不大于12%；孔底沉积厚度不大于100cm。

清孔、验收按常用方法需用台班数，参见表2.2.41。

2.2.4.4 钢筋笼的下设

表2.2.41 清孔、验收台班数参考表

槽孔容积（m^3）	清孔（台班）	验收（台班）
<100	1.0	0.5
100~200	1.5	1.0
200~300	2.0	1.5
300~400	2.5	2.0
>400	3.0	2.5

1. 下设钢筋笼对槽孔质量要求

（1）保证槽孔规定的宽度，孔壁必须平直，不得有孔曲、梅花孔、小墙残体及探头石等。每个槽段的孔底起伏形状在保证嵌入基岩深度要求的前提下，另须提出设计要求，以便制造钢筋笼。

（2）各单孔和接头孔的孔斜率均须在允许的范围内。

（3）必须保证清孔质量。由于下设钢筋笼延长了浇筑混凝土前槽孔内泥浆的沉淀时间，下设钢筋笼时可能刮落槽壁的泥皮，若清孔措施不力，将会使孔底沉积超过要求，降低防渗墙嵌入基岩的工程质量。

2. 钢筋笼制作

钢筋笼按槽孔长度和宽度分块加工。槽孔较深时沿槽孔深度方向分成若干节，每节长度要根据起吊设备条件，搭合焊接时间而定，各节之间，随下设随焊接，直至要求深度。一期槽孔钢筋笼的宽度应空出接头孔的部分，其厚度与钢筋设计保护层厚度有关，一般应小于槽孔宽度20cm。

钢筋笼按设计配筋图制成，要确保钢筋的正确位置、根数和间距，并按规定焊接牢固。钢筋的直径和间距由设计决定。但按一般混凝土配合比设计最小间距不能小于10cm。混凝土浇筑时，为克服水平钢筋阻碍导管上下活动，宜将纵向钢筋设于钢筋笼的里侧，水平钢筋设在外侧。为防止搬运和起吊过程中钢筋笼变形，需布置一些斜拉钢筋和承重钢筋。

制作钢筋笼注意事项：

（1）配筋前，应将钢筋上的铁锈清除干净，各部位的钢筋规格，必须符合设计要求；

（2）按设计要求控制钢筋笼外形尺寸，竖向筋的偏斜不得超过2%；

（3）加工好的钢筋笼要进行编号，标明上游面、下游面和上、下端。应放置在平整的场地上，以免变形；

（4）笼的底部轮廓必须与槽孔基岩面底线吻合；

（5）一个槽孔的钢筋笼，必须在清孔前全部制作完毕。

3. 钢筋笼组装与下设

钢筋笼组装下设前应正确量测主钢筋的长度和接头长度，做出标志。利用钻机或吊车起吊、在孔口焊接加长，逐节随焊随下，直至下完为止。起吊设备能力，应满足起吊联结成整体钢筋笼的重量。

下设钢筋笼注意事项：

（1）在下设前应检查钢筋笼制作质量，经堆放和运输后是否变形，编号是否正确；并认真勘察施工场地，排除干扰。

（2）在下设时须由专人检查是否对准槽孔的中心位置，保证准确、垂直地下入。

（3）接长每节钢筋笼的焊接应集中力量尽快焊好，并保证竖向钢筋的垂直精度。

（4）为减少孔内淤积厚度，若钢筋笼下设时间过久，宜下入风管或浆管至孔底，扰动悬浮岩屑减少孔底淤积。

（5）若钢筋笼下设时受阻严重，不能强行施压，以防钢筋笼变形或槽壁坍塌，应及时研究相应措施。

2.2.4.5 浇筑混凝土

造孔以后，浇筑以前，要做好终孔验收和清孔换浆工作。

终孔验收的项目和要求，如表2.2.42所列。验收合格方准进行清孔换浆。

表2.2.42　终孔验收项目和要求参考表

终孔验收项目	终孔验收要求	终孔验收项目	终孔验收要求
孔位允许偏差	±3cm	二期槽孔搭接孔位中心偏差	≤1/3设计墙厚
孔宽	≥设计墙厚	槽孔水平断面上	没有梅花孔、小墙
孔斜	≤4‰	槽孔嵌入基岩深度	满足设计要求

清孔换浆的目的是要清除回落在孔底的沉碴，换上新鲜泥浆，以保证混凝土和不透水层连接的质量。清孔换浆应该达到的标准是经过1h后，孔底淤积厚度不大于10cm，孔内泥浆比重不大于1.3，黏度不大于30s，含砂量不大于12%。一般要求清孔换浆以后4h内开始浇筑混凝土。如果不能按时浇筑，应采取措施，防止落淤，否则，在浇筑前要重新清孔换浆。

泥浆下浇筑混凝土的主要特点是：

（1）不允许泥浆与混凝土掺混形成泥浆夹层。

（2）确保混凝土与基础以及一期、二期混凝土之间的结合。

（3）连续浇筑，一气呵成。

2.2.4.6 防渗墙的质量检查与评定

1. 质量检查

我国在水利水电混凝土防渗墙施地方面所进行的质量检查主要有以下几个方面：槽孔几何尺寸和位置；基岩岩性和入岩深度；槽段接头；清孔泥浆的质量及孔底淤积厚度；混凝土浇筑时导管的位置以及导管埋深、浇筑速度和浇筑高程；混凝土原材料；浇筑时对混凝土的坍落度、和易性、扩散度的检查以及机口取样的物理力学指标；成墙质量。

基岩岩性及入岩深度的检查，一般在地质资料比较准确的情况下，由泥浆携出的钻渣中即可判断基岩岩性和入岩深度。但当遇有与基岩岩性相同的漂卵砾石时，则常常发生误判，此时需钻取岩芯，才能得到可靠的结果。为了减少基岩面判断的失误，在开工前沿墙轴线多布置一些勘探孔（间距 10 ~ 12m ）是必要的。

墙段接缝的检查主要是针对墙段接缝间是否有夹泥以及判定夹泥的厚度。如果夹泥过厚，在高水头的作用下接缝中的夹泥可能被冲蚀，形成集中渗漏通道，严重时将在墙后产生管涌甚至危及大坝的安全。我国早期（20 世纪 60 年代初）修建的防渗墙，由于采用当地黏土制浆，清孔的手段比较原始，并组对泥浆絮凝的机理缺乏了解，因此墙段接缝夹泥较厚。例如，北京西斋堂水库大坝防渗墙夹泥最厚达 4cm，曾发生过夹泥被冲蚀而引起墙后土体被冲蚀，最后导致坝面坍陷的事故。20 世纪 70 ~ 80 年代随着施工工艺的不断改进，接缝夹泥逐渐变薄。例如 1970 年修建的贵州猫跳河四级窄巷口电站防渗墙的接缝夹泥仅有几毫米，接缝压水试验水压力为 0.6MPa 时，夹泥已被破坏，透水率仅为 0.0043Lu ，相当于渗透系数 $K=3\times10^{-7}$cm/s。20 世纪 90 年代用双反弧钻头施工的三峡纵向围堰防渗墙墙段接缝仅有一层极薄的泥皮，接缝透水率为 0.014Lu ，相当于 $K=9.6\times10^{-7}$cm/s。

一般来说，如果清孔泥浆的密度不大于 1.2g/cm^3（对黏土泥浆），黏度在 25 ~ 55s 之间，含砂量不大于 3%，墙缝将不会产生夹泥。

当泥浆密度较大、含砂量较大、黏度较低而浇筑槽孔较深，混凝土强度又不高时，在长时期的浇筑过程中泥浆中砂粒有可能沉积在混凝土表面，极有可能被裹入混凝土中或被挤向接缝处而形成夹泥层或接缝夹泥。随着对这一问题的认识的不断深化，1995 年修订的规范对清孔泥浆含砂量，由原来的 12% 降低到了 8%。由于过去多用抽筒清孔出渣，泥浆中的细颗粒（粉粒）不易被清除。近年来由于技术的进步和工艺的改进，开始采用泵吸法出渣和用振动筛、旋流器对泥浆进行处理，经过这样处理的泥浆可以把泥浆中粒径大于 75μm 的颗粒全部清除，保证了清孔泥浆的质量，从而也保证了防渗墙混凝土的质量。具体内容详见表 2.2.43。

2. 质量评定

（1）单元工程划分。一般以 10 ~ 20 延米为一个单元工程。

（2）质量评定。混凝土防渗墙（地下连续墙）单元工程质量评定可参见表 2.2.44。

表 2.2.43　　混凝土防渗墙质量检查检测内容和质量标准

序号	项目		质量标准（允许偏差）（mm）	检测频率 范围	检测频率 点数	检测工具和方法
1	槽孔	孔位偏差	±30	每个槽孔	1	用垂线测量计
2△		槽孔孔深偏差	不小于设计孔深			用测绳
3△		孔斜率	小于0.4%			用垂线
4		槽孔宽	满足设计要求			用钢尺
5		接头刷洗	刷子、钻头不带泥屑			观察
6△		孔底淤积	≤100			用绳测量
7	钢筋笼安放		符合设计要求			用尺量
8△	混凝土浇筑	混凝土上升速度	≥2m/h或符合设计要求			用绳测量
9		浇筑最终高度	符合设计要求			拉线和尺量
10△		施工记录图表	齐全、准确、清晰			

注　1. 根据SDJ 249—88《水利水电基本建设工程单元工程质量等级评定标准》。
　　2. 标有△为主要检测项目。

表 2.2.44　　混凝土防渗墙（地下连续墙）单元工程质量评定表

单位工程名称		单位工程编号	
分部工程名称		分部工程编号	
单元工程名称		单元工程编号	

序号	检查项目	质量标准	检验结果	评定
1	成槽、清孔方法	符合规范要求		
2	混凝土抗压强度	符合设计要求		
3	施工记录	齐全、准确、清晰		
4	墙体间结合情况	结合严密、无夹泥层		

序号	检测项目		允许偏差	设计值	实测值 1	2	3	4	5	合格率（%）
1	槽孔	孔位偏差	±30mm							
2△		槽孔孔深偏差	不小于设计孔深							
3△		孔斜率	小于0.4%							
4		槽孔宽	满足设计要求							
5	清孔	接头刷洗	刷子、钻头不带泥屑							
6△		孔底淤积	≤100mm							
7	钢筋笼安放		符合设计要求							
8△	混凝土浇筑	混凝土上升速度	≥2m/h或符合要求							
9		浇筑最终高度	符合设计要求							

检测结果	主要项目　　点，其中合格　　点，合格率　　%
	一般项目　　点，其中合格　　点，合格率　　%

施工单位自评意见及质量等级	监理（建设）单位复评意见及质量等级
年　月　日	年　月　日

检测员		专职质检员		监理工程师	

注　标有△为主要检测项目。

在基本要求（检查项目）合格的前提下，主要检测项目的测点全部符合上述标准，每个一般检查项目的测点数中有70%及以上的测点符合上述标准，其余测点基本符合上述标准，且不影响安全使用，即评为合格；在合格的基础上，一般检查项目的测点总数中有90%及以上的测点符合上述标准，即评为优良。

2.2.5 振动沉模防渗墙施工的质量控制

振动沉模防渗板墙技术，是利用强力振动原理将空腹模板沉入土中，向空腹内注满浆液，边振动边拔模，浆液留于槽孔中形成单块板墙，将单板连接起来，即形成连续的防渗板墙帷幕。

该项新技术主要用于砂、砂性土、黏性土、淤泥质土及砂砾石地层建造混凝土连续防渗墙，造墙深度可达20m左右，厚度8～25cm，最厚可达30cm。其不足之处是对卵石含量高的厚地层沉入困难，不能沉入基岩和大块石中。目前，造墙深度尚不能超过25m。

该项新技术主要特点：

（1）技术先进，质量可靠。建造的墙体垂直连续，无接缝、无纵横向开叉等缺陷；墙面平整，厚度均匀，帷幕完整性良好；可调整浆液配比，使墙体的物理力学性质满足设计要求。

（2）工效高。每日1台套设备可造墙约300～500m^2。

（3）工程造价低。因施工速度快，工程造价便宜，每平方米防渗墙造价较其他混凝土连续墙技术便宜1/3左右。

（4）工艺简单，易于操作。充分利用空腹钢模板的造槽、导向、护槽、灌注、振捣等功能一次连续成墙，易于质量控制。

（5）设备性能稳定，机械化程度高。设备构造、选型组装合理，价格比较便宜，大约仅为国外同类设备费用的1/10～1/8。

2.2.5.1 方案确定

振动沉模防渗板墙工程设计，必须在综合分析各种有关资料的基础上进行，选择方案和指标应符合技术的可行性和经济的合理性。

1. 资料搜集

堤坝垂直防渗墙工程属隐蔽工程，应十分重视资料搜集和设计的准备工作。水文气象、工程地质、水文地质资料应满足相应设计阶段的要求。对特殊地质条件和特殊堤坝段的资料搜集工作更要做细，做到勘探密度满足设计要求，地层岩性分布详实。同时，应注意收集历次堤坝施工的记录资料，历年堤坝位移、变形、渗流等观测成果，堤坝存在隐患的范围、状况、性质，分析其成因和危害程度以及抢险情况等。做到资料全面、详细，以提高工程设计的质量。

2. 防渗墙平面位置的确定

堤身防渗墙一般应布设在堤顶轴线附近，堤坝地基防渗墙则可以布设在迎水面滩地上距坡脚大于3m的地方。遇有障碍物，如高压线、通讯线、地下管涵，以及其他建筑物，防渗墙平面布置要与障碍物保持一定距离，空出的堤段可用高压喷射灌浆工法或其他工法连接。

3. 防渗墙深度的确定

设计防渗墙的深度，要满足渗流稳定的要求，因此应进行渗流计算，或依据经验确定。

（1）当在振动沉模板墙工法可达到的深度内有相对不透水层时，防渗墙下部应插入相对不透水地层，做到全封闭。嵌入相对不透水层的深度可按下式估算

$$\Delta l=\frac{\Delta H}{2[J]}$$

式中 ΔH——作用在防渗墙上的水头差，m；

$[J]$——嵌入土层的接触允许坡降，黏土层取 8～10。

（2）对深厚透水地层，可以做成悬挂式防渗墙。对于较低的堤坝（不大于 10m），防渗墙深入透水地层的深度可按 2.5 倍左右水头确定。

（3）在地基中有承压强透水层，其渗流出逸点和渗透破坏区可能在很远的地方（可达 500m 以上），对这种地层应力求全封闭，消除隐患。

4. 防渗墙渗透系数和抗渗坡降的确定

渗透系数和抗渗坡降取决于墙体材料质量。一般渗透坡降 $J_{max}>500$，渗透系数 $K=1\times10^{-7}$cm/s 为宜。

5. 防渗墙厚度的确定

因为江河水头较低，为节约材料，降低成本，江河堤防的防渗墙均可以做得薄一些，墙的厚度的估算公式为

$$d=K\frac{\Delta H_{max}}{J_{max}}$$

式中 ΔH_{max}——作用在防渗墙上的最大水头差，m；

K——抗渗坡降安全系数，一般取 3～5；

J_{max}——渗透破坏坡降。

6. 防渗墙抗压强度和弹性模量的确定

以防渗为主要目的防渗墙应满足防渗和适应变形的要求，具有较低弹性模量和较大的应变性能。江河堤防的防渗抗压强度一般为 2～4MPa（有特殊要求的例外），弹性模量一般选择（1～4）$\times10^3$MPa，弹强比可小于 500。

7. 防渗墙材料的确定

防渗墙材料的选择应考虑下列因素：防渗墙的物理力学性能；施工机械和工艺过程要求；防渗墙厚度；材料供应条件和价格；施工经验等。

（1）为满足拌和料质量、输送、灌注的要求，拌和料和易性要好，不离析、不沉淀；砂浆浆液初凝时间应不小于 4h，终凝时间应不大于 24h。

（2）砂浆包括：水泥砂浆、水泥黏土砂浆、水泥粉煤灰膨润土砂浆、水泥粉煤灰黏土砂浆，适用于 10～20cm 厚的防渗墙；和易性差时，可加适量外加剂。塑性混凝

土，适用大于20cm厚的防渗墙。

（3）浆液配方应根据设计墙体的物理力学指标要求，进行浆体配方试验，或依据工程经验确定。

（4）根据施工季节不同、防渗和强度的要求不同以及拌和与输送设备不同，浆体可掺加不同的外加剂，主要有泵送剂、减水剂、缓凝剂、防水和防腐剂等。

2.2.5.2 施工工艺

1. 施工工序流程

振动沉模板墙施工工序流程见图2.2.6。

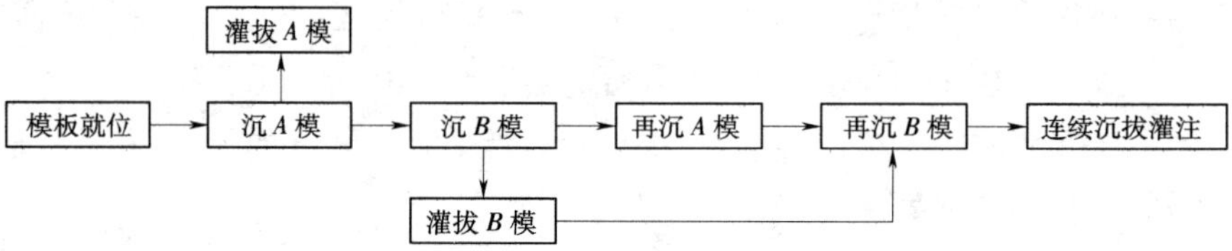

图2.2.6 振动沉模板墙施工工序流程图

2. 施工程序

（1）模板就位。先将桩机调平，使立柱垂直，再将A模板对准孔位，靠振动体系的自重落下，检测调整模板的垂直度达到规程要求。

（2）振动沉模。

1）启动振锤，先将A模板沿施工轴线沉入地层，达到设计深度。A模板为先导模板，有起始、定位、导向作用，故其垂直倾斜度要求小于3‱~5‱。

2）再将B模板沿施工轴线紧靠A模板前沿沉入地层中，达到设计深度。A模板为前接模板，起到延长板墙长度的作用。

（3）灌浆拔模。向A模板腹内灌满浆液，然后边振动、边拔升、边灌注，直至将A模板拔出地面，浆液留于槽孔内，形成密实的单板墙体。

（4）再沉A模。当A模板灌浆拔模至地面后，移至B模板前沿沉模时，B模板也起到定位、导向作用。此时A模板为前接模板，起到加长板墙的作用，A、B两模板的定位、导向作用互换。

重复（1）~（4）工序，连续不断地施工，即可形成一道竖直连续的整体板墙，见图2.2.7。

2.2.5.3 工艺参数

施工工艺参数是保证工程质量的重要因素，在进行施工组织设计时应根据工程要求和地质条件选用适当的确保工程质量的施工工艺参数值。目前，常用工艺参数值见表2.2.45。

2.2.5.4 浆液

1. 浆液材料

主要依据墙体物理力学指标要求确定。一般堤防防渗可采用水泥、粉煤灰、砂、石子、黏土、膨润土及清水等，有时根据工程需要添加减水剂、缓凝剂、防腐剂等。

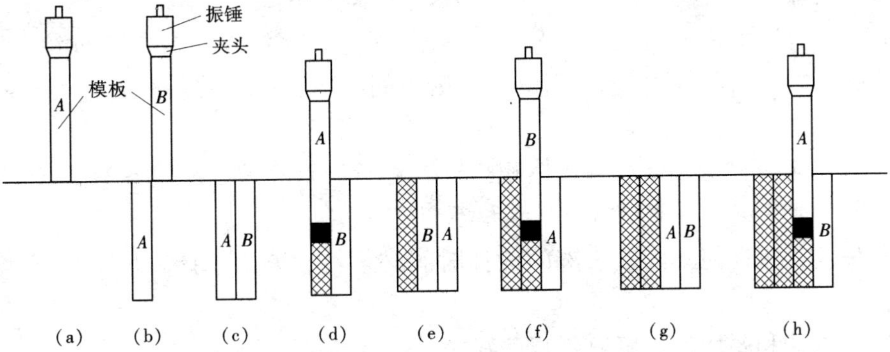

图 2.2.7　施工工序示意图

(a) A 就位；(b) A 沉入，B 就位；(c) B 沉入；(d) A 灌注；
(e) A 沉入；(f) B 灌注；(g) B 沉入；(h) A 灌注

表 2.2.45　　振动沉模板墙施工工艺参数值

分　类	名　称	单　位	参　数　值
振锤	激振力	kN	570
	振频	次/min	1050
模板	宽度	m	0.75 左右
	厚度	cm	10～20
	提速	m/min	143
注浆泵	压力	MPa	>0.8
	流量	L/min	200～500

水泥：一般情况下，采用 32.5 级普通硅酸盐水泥，当有耐酸或其他要求时，可用抗酸水泥或其他特种水泥。水泥应严格防潮和缩短存放时间，不得使用过期变质水泥。水泥必须定期定量出具有法定质量检测单位的试验报告书。

砂：以细砂为宜，有机含量不宜大于 3%，含泥量不应大于 10%。

粉煤灰：应用精选的二级袋装粉煤灰，烧失量不宜大于 8%。防渗墙抗压强度低时，可用三级粉煤灰。

膨润土：对减少析水性、降低渗透系数和弹性模量有明显作用，一般掺量不宜超过水泥用量 30%；以钠质为最好，钙质次之；一般磨细度为 200，筛余量小于 6%，干粉袋装。

水：以无污染的中性水为宜。

2. 浆液配方

根据工程需要和工程条件，选择浆液配方。如水泥浆、水泥砂浆、水泥粉煤灰浆、膨润土砂浆、水泥粉煤灰砂浆、水泥黏土浆、水泥黏土砂浆等。各种浆液的组合与配比应满足防渗工程的抗压强度、弹性模量、渗透系数、抗渗坡降等的设计要求。一般振模防渗板墙工程 28d 性能指标为：渗透系数不大于 1×10^{-6}cm/s；抗压强度 1～15MPa（根据工程需要设计）；抗渗坡降大于500；弹性模量1000MPa左右。

水泥粉煤灰砂浆浆液密度以1.9g/cm^{3}左右为宜；浆液在初凝前不沉淀、不离析。适合泵送的水泥砂浆坍落度大于15cm 。初凝时间不小于4h，终凝时间不大于24h。

3. 浆液配制

（1）配制浆液材料必须称量或体积折算。称量误差水重不超过±2%，自动进水装置必须事先进行率定；其他材料重量误差不超过±5%。

（2）依搅拌机性能不同，浆液的搅拌时间必须符合要求。掺粉煤灰要适当延长拌和时间。

（3）浆液拌和要均匀，浆液要有良好的工作性状。

（4）制浆量要满足一个槽孔的浆量储备，以免拔模时出现断浆现象。

2.2.5.5 质量控制

为确保各个单板之间连接可靠，墙体的物理力学性能指标、几何形状达到设计要求，主要应采取如下措施：

（1）严格控制振板的垂直度。振板铅垂倾斜度不超过3‱～5‱。要求整平场地，用经纬仪调平机座，同时调整桩架立柱保持垂直，以保证振板的垂直度达到控制要求。第一块模板尤应严格控制模板垂直度。

（2）严格掌握两模板间的紧密扣合。为确保单板间连接可靠，防止单板接头处开叉，采用了双模板连续施工工艺，并在模板两侧面设有导向和扣连装置，做到极板相扣，确保了板墙连接的可靠性。

（3）拔板速度不宜过快，要严格控制模板空腹内浆液液面在地面附近，保证浆体有足够充盈量，确保浆液连续灌注到设计墙顶。

（4）严格掌握灌注浆体的配比和均匀性，浆液材料配比可根据墙体的物理力学指标进行调整，以满足设计要求。

（5）利用模板振动，保证了墙体的几何尺寸，增加了密实度和均匀性，大大提高了防渗板墙体的质量。同时使先后槽孔浇筑的浆液初凝前，在振动作用下即相互溶混为一个紧密的整体，从而形成完整、致密、连续的防渗帷幕。

2.2.5.6 工程质量检测

1. 工程材料检验

水泥、粉煤灰、外加剂均由生产厂家分批提供检验报告单。施工方同时分批抽样送交有相应资质的检验单位进行检验并提供检验报告单。砂子由施工单位自检，监理人员监督进料。

2. 浆液检验

制浆时，监理人员、质检员应随时检验材料的配比，每24h用比重秤检测一次浆液比重。施工堤段每200m进行一次浆液试块物理力学指标检验。

3. 墙体检验

施工期内开挖4个探坑，检验墙体的外观质量，同时取样进行板墙体的物理力学性能检验。施工结束后，每500m施工堤段开挖一个探坑，对墙体进行外观质量检测和取样进行物理力学性能检验。

取样时，检测各试样的长度，即该处墙体的厚度。

2.2.5.7 质量保证措施

1. 建立质量保证体系

（1）由专家组和工程部按照施工规程和技术细则对工程质量和施工工艺进行全面监控，及时解决施工中出现的技术和质量问题。

（2）各机组每个班设跟班工程师1名，负责本班工程技术管理和质量管理。

（3）各机组每个班都有跟班质检员，负责该班工程质量检查。

2. 质量控制措施

（1）实行全员全过程质量监控措施。对全体员工和施工的全过程进行严格的质量教育和质量管理。

（2）开工之前组织全体施工人员学习施工组织设计、施工技术细则、设备使用说明、操作规程、岗位职责、安全规定等。

（3）桩机组和输浆组要密切配合，须有彩旗、信号灯、对讲机等联络措施，保证组间联系密切，协调工作；输浆泵记录要完整。

（4）在施工全过程中，实行“岗位责任制”，做到定人、定岗、定责，做到有专人检查监督质量。

（5）严格管理制度。对施工中出现的问题，要及时汇报，及时处理解决，不得拖延、推诿。

（6）建立质量奖惩制度。施工人员质量搞得好的给予表扬和物质奖励；质量搞得差的给予批评教育、扣发工资，直至开除。

（7）实行文明施工。教育全体员工互助友爱、同心同德，做到文明施工，安全施工，把工程搞好。

（8）严格认真按照设计要求施工，不得随意改动，以确保工程质量。

2.2.6 排水工程的质量控制

1. 选择反滤料铺填方法的原则

（1）必须保证反滤层的有效宽度符合设计要求，且“犬牙交错”带宽度不得大于其每层铺土厚度的1.5~2.0倍。

（2）反滤层水平宽度大于3m，可用机械施工；小于2m的填筑应以人工为主。

（3）自卸汽车载重量要与反滤层铺设量或水平宽度相适应。

（4）自卸汽车卸料方向最好与反滤层铺设方向一致，以免反滤料抛散在心墙、斜墙填土面上。

2. 反滤料铺筑宽度的确定

反滤层铺筑宽度与采用的施工方法有关，其尺寸的确定可参考表2.2.46；施工铺筑宽度工程实例见表2.2.47。

表 2.2.46　　反滤层施工铺筑宽度参考资料

施工方法	图　示	铺筑宽度公式
先砂后土法	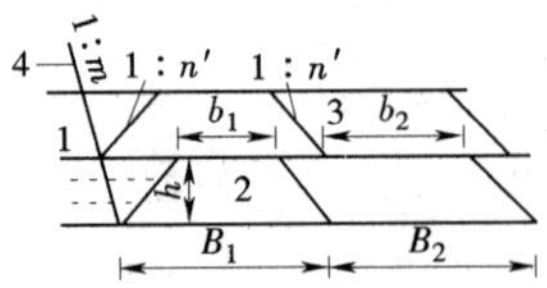	$B_1 = b_1 + 2n'h$; $B_2 = b_2 + (n' - m)\ h$ (n'一般为0.75～1.0)
先土后砂法	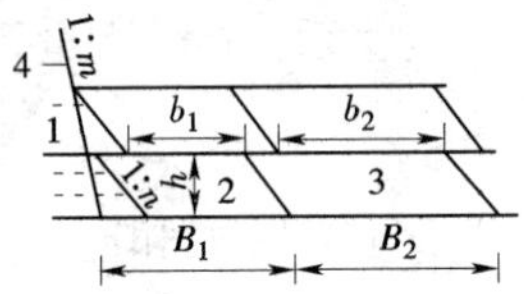	$B_1 = b_1 + (n - m)\ h$; $B_2 = b_2 + (n - m)\ h$ (n 一般为0.5～0.6)
平起法	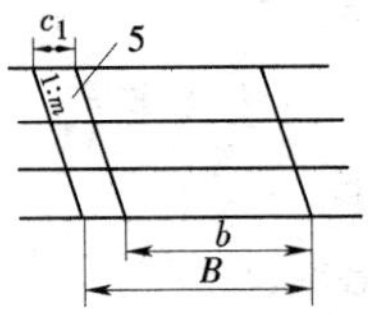	$B = b + c_1$ (c_1 一般为30cm)
图例	1—心墙填土区；2—一级反滤层；3—二级反滤层；4—心墙设计线；5—土砂混合带；m—心墙设计坡比；n、n'—填土填砂自然坡比；c_1—土砂混合（交错）区宽度；b、b_1、b_2—反滤层设计宽度；B、B_1、B_2 反滤层铺筑宽度；h—反滤铺层厚度	

表 2.2.47　　反滤层施工控制宽度实例

坝　名	施工方法	层级及级配 (mm)	设计宽度 (cm)	施工铺筑宽度 (cm)
碧口	先砂后土	一级 d＜40 二级 d＝5～80	60 90	110 150
石头河	先砂后土	上游：一级 d＜5 二级 d＜80 下游：一级 d＜5 二级 d＜80	70（50） 200 100（80） 400	120 200 150 400
升钟	挡板法	一级 d＜5	50	70

注　1. “设计宽度”栏括弧内数字系同种材料上下层之间要求最小连接宽度。
2. 碧口坝反滤层主要采用先砂后土法施工，在采用先砂后土法时施工控制宽度相同。

3. 反滤料实际消耗量

施工实耗反滤料量一般比设计量大，其原因一般有以下两点：

(1) 运料车型与设计宽度不适应，汽车载重量偏大，卸料宽度超过反滤层设计宽度。如图 2.2.8 所示。

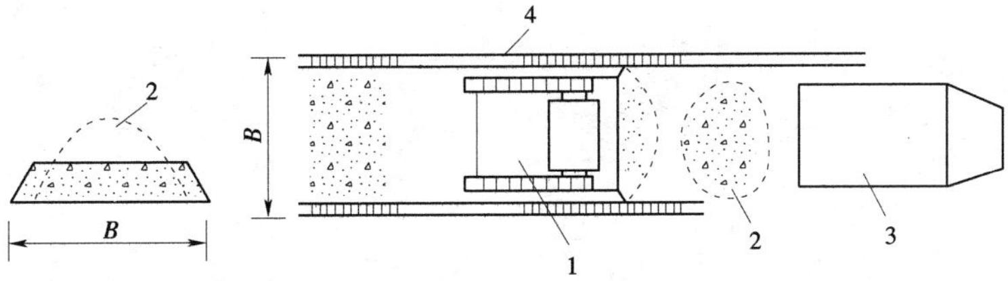

图 2.2.8　铺设反滤层示意图

1—推土机；2—卸料堆；3—自卸汽车；4—心墙设计线；B—反滤层铺筑宽度

（2）为保证反滤层设计宽度，施工宽度比设计有所放宽。先砂后土法增加反滤料量较多，其次为先土后砂法、平起法。

4. 反滤层压实

反滤料压实密度及土砂接缝土料干容重应符合设计要求，施工中应防止土砂混杂。对接缝不合格土料或土砂混杂者要及时进行清理。反滤层压实机具及适用条件见表 2.2.48。

表 2.2.48　　反滤层压实机具及适用条件

压实机具	评　价	适用条件
振动平碾	铺料层厚度大，压实效率高	适用各种施工方法，使用广泛
气胎碾	铺料厚度较薄，土砂可使用同一碾具	土砂平起施工法
机械夯板	铺料厚度大，土砂易混杂，机械行走不便	用于松土厚度较大的先土后砂法
平板振动打夯机	铺料厚度小，压实效率低	设计宽度小，土砂平起法施工

2.2.7　止水工程的质量控制

接缝止水结构是面板堆石坝安全运行的关键问题之一，面板坝接缝包括趾板缝、周边缝、垂直缝（张性和压性缝）、防浪墙体缝、防浪墙底缝以及施工缝（水平缝）等，接缝止水材料包括金属止水片、塑胶止水片、缝面嵌缝材料及保护膜等。

2.2.7.1　接缝止水型式

1. 金属止水片

金属止水片包括紫铜止水片和不锈钢止水片。其中紫铜止水片为常用，铜止水片主要有 F 形、W 形和 V 形 3 种，如图 2.2.9 所示。

橡胶或塑料止水带由厂家直接加工成型。橡胶或塑料止水带一般设置于周边缝和垂直受拉缝中，止水一般要承受周边较大的变形和较高的水压。因此，要精心施工，以确保其防渗效果。对已老化或有缺陷及强度、防渗性能损伤的止水带，不得使用。

2. 现场拼接

金属止水片的拼接方式按其厚度分别可采用折叠咬接、搭接或对缝贴焊，如图

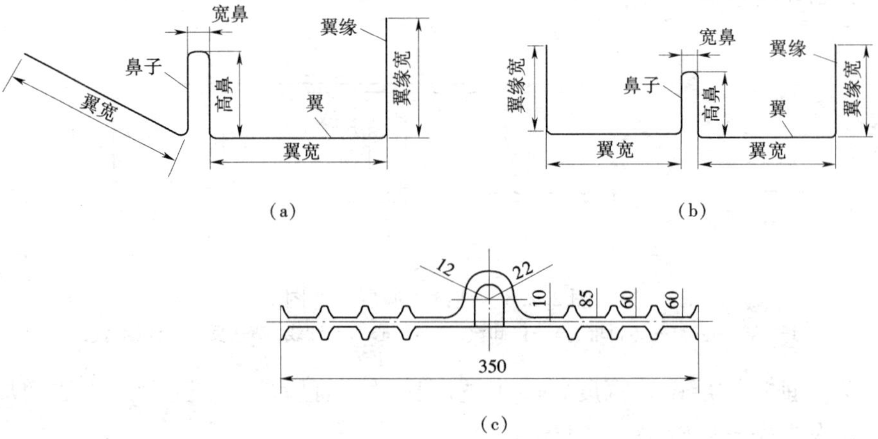

图 2.2.9　止水型式示意图

(a) F 形止水；(b) W 形止水；(c) V 形止水

2.2.10 所示。焊接时可采用气焊或电焊，搭接长度不得小于 20mm，咬接、搭接后必须采用双面焊接。对缝焊接时可采用相同形状的止水片和宽度为 40 ~ 60mm 的贴片，先将两条止水片对缝点焊，然后将贴片中心对准接缝，再将贴片分别焊于两条金属止水片上。

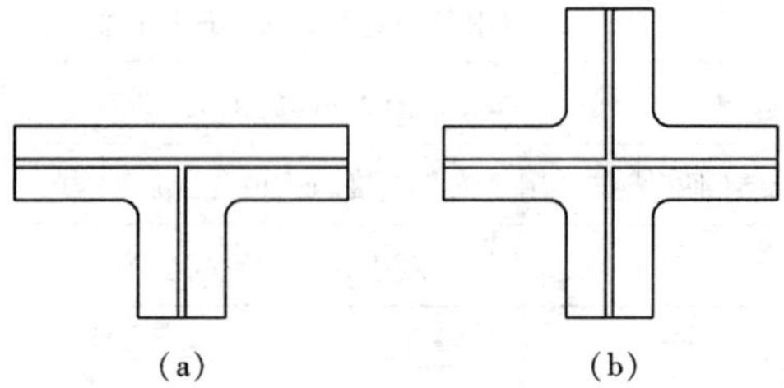

图 2.2.10　整体异型接头示意图

(a) T 形接头；(b) 十字形接头

塑料止水带的接头，一般采用熔接，即用红外线电热器熔化，再施挤压，使其黏接在一起。实施时先将止水带的油污和泥土等清除干净，把两端切割平整对齐，不能有缺口，再将融接器插头接上，接通电源，将止水带的两端对准融接器两侧进行烘烤，使止水带整个断面都熔化（但不能烧焦），立即把两个端头对在一起，并用力挤压直至冷却，熔接处不能烧焦发黄，要密实、无气泡、孔洞等现象。止水带冷却后，用水尽可能地把它弯成尖角，接缝处没有出现开裂的痕迹即为合格，若发现有孔眼，要用焊枪补焊或重新熔接。

橡胶止水带接头采用硫化连接。塑胶止水与金属止水片连接时，宜将塑胶止水带的一侧削平，热压在金属止水片上，趁热铆接；也可在两止水间用柔性密封材料或优质底胶黏结后，再实施铆接或螺栓连接。

2.2.7.2　砂浆垫层的施工

对于周边缝，其止水垫层一般采用嵌铺沥青砂预制块，也可以嵌铺水泥砂浆预制块，然后在其上铺一层橡胶垫片。沥青砂是沥青与砂按比例掺合的混合料，沥青与砂的比例一般为 1∶9。

对于垂直缝，金属止水片的垫层一般采用水泥砂浆，其上再铺橡胶垫片。水泥砂浆条带一般采用人工直接在垫层的保护层上铺筑，表面抹平整。在 5m 长度范围内最大凹凸不大于5mm。

砂浆条带强度达70%后即可铺设塑料垫片。铺设前，先在水泥砂浆垫床上用热沥青刷涂，以便将塑料垫层平整地黏接在水泥砂浆垫床上，铺设时不得有褶曲、空泡和漏涂等现象，塑料垫片的中线与缝的中线重合。

2.2.7.3 止水片的安装与保护

按照设计要求把止水片固定安装与模板止水预留口处，要求安装位置准确，固定牢固。对于滑模施工段，应在滑模就位、调试完毕后，按施工块号长度把焊好的止水片固定于趾板筋上，如图2.2.11所示。

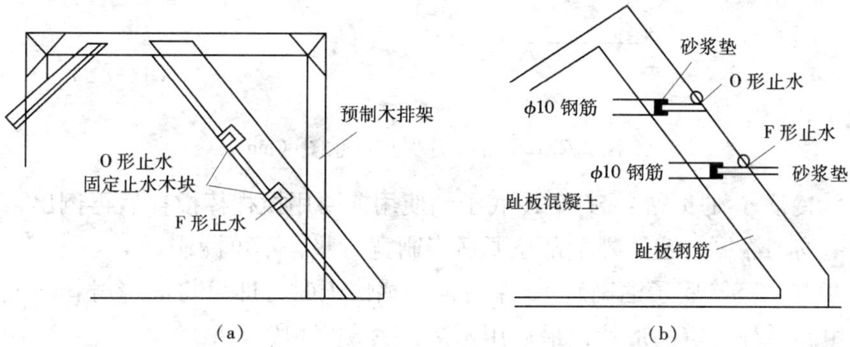

图2.2.11　周边缝止水加固示意图

混凝土浇筑过程中，应设专人对止水进行维护。

面板止水片的安装：待砂浆垫铺筑完成并且强度达到70%以上，即进行止水的安装，加工好的铜止水片摆放到工作面并进行焊接连接，在鼻腔中先填塞橡胶棒和聚苯乙烯泡沫，并用胶带封闭，然后铺橡胶（塑料）垫片，再将连接好的止水片安放就位，紧贴于橡胶（塑料）垫片上，最后在止水片上安装、固定面板侧模。

对于橡胶（塑料）止水带的安装：须将止水带牢固地夹在模板中，止水带中间腔体应安装在接缝处，不允许在空腔体附近钉钉子或凿孔；安装后，应每隔1～1.5m用铅丝将止水带固定在钢筋上（只允许在边缘凿孔）。

当趾板或前期面板混凝土浇筑完成后，其一部分止水片因施工先后安排而暴露在外时间较长，而且该部分止水片受破坏后很难恢复，因此，对该部分止水必须进行严格保护。具体如图2.2.12所示。

2.2.7.4 嵌缝材料的施工

嵌缝材料包括黏性材料和无黏性材料。黏性材料是指一种沥青改性材料；而无黏性材料主要指粉煤灰和粉细砂。

1. 黏性材料的施工

嵌缝材料设在周边缝和张性垂直缝顶部，对为一种沥青改性材料。施工工艺为：

（1）接缝清理。用钢丝刷将预留槽的两边刷干净，再用水冲洗槽内外，除去表面的灰砂，亦可用喷砂法或用高压水冲洗处理，若槽内有平整的缺陷，可用水泥砂浆填平或凿除凸起。接缝清洗干净后，应晾干或采用酒精灯将缝烘干。

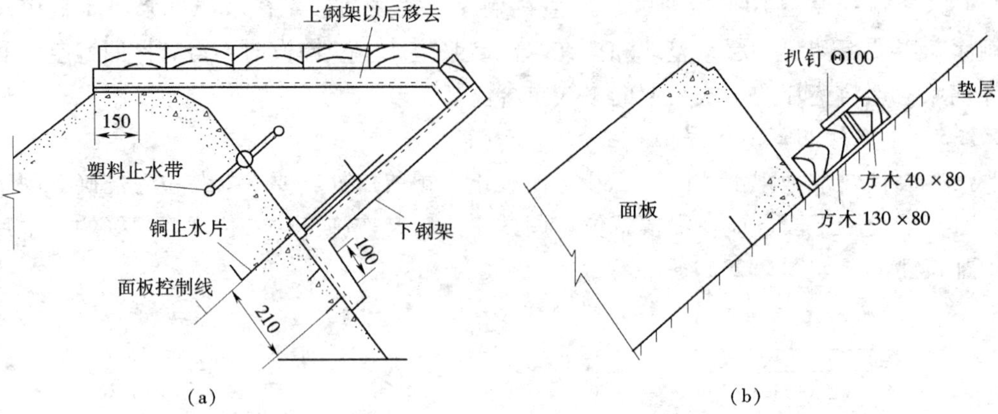

图 2.2.12　止水片保护示意图（mm）

（2）涂冷底子油（黏合剂）。冷底子油使用前要用搅拌棒搅拌后再倒出，用毛刷将槽内、外壁均匀涂刷一遍，外壁部位要适当刷宽一些，不可漏刷。

（3）填缝。待冷底子油刷后 1h 左右，手感快干时，即可将嵌缝材料切成条状压入槽内，并填到设计规定的形状，最后用木锤锤紧，嵌填密实。

（4）密封。嵌缝材料嵌填完毕后，及时盖上平板橡皮或塑料皮，并用冲击电钻钻孔，埋设膨胀螺栓，牢固地固定在混凝土板上。要形成密封空腔，一方面要有相对平整的混凝土面，接缝两侧 50cm 范围内浇筑混凝土时，要在二次压面时抹平，满足施工规范的要求，即用 2m 靠尺检查，不平整度不大于 5mm；另一方面，对表面的盖板要尽量采用有一定厚度的复合盖板，在用螺栓压固时使不平整面有一定的调节余地。

进行塑性止水胶泥嵌缝时还应注意如下几点：

（1）运往工地的材料应存放于干燥的库房内，不得露天存放；嵌缝材料的上方不要放置刚性重物；库房应注意防火。

（2）雨天进行嵌缝施工，应有防雨措施。

（3）嵌缝材料在使用过程中，不得粘上污物。如材料较硬，可用碘钨灯照射或红外线加热器加热烘烤，严禁用明火烘烤，加热过程中应严格控制温度和加热时间，以防材料老化。

2. 无黏性材料的施工

混凝土面板堆石坝周边缝及张拉缝采用嵌填粉煤灰和河砂，外罩土工织物和穿孔镀锌铁皮，并用膨胀螺栓固定，既方便施工，又能取得很好的止水效果。国内多个工程均采用这种方法。

嵌缝施工时要特别注意排除趾板和面板的养护水。

2.2.7.5　止水、伸缩缝工序质量的评定

检查项目及质量标准见表 2.2.49 。

表 2.2.49　　混凝土止水、伸缩缝和排水管安装工序质量评定表

单位工程名称		单元工程量	
分部工程名称		施工单位	
单元工程名称、部位		检验日期	年　月　日

项次	检查项目		质量标准	检验记录
1	伸缩缝制作及安装	涂敷沥青料	混凝土表面洁净干燥,涂刷均匀平整,与混凝土黏结紧密,无气泡及隆起现象	
2		粘贴沥青油毛毡	伸缩缝表面清洁干燥,蜂窝麻面已处理并填平,外露施工铁件割除,铺设厚度均匀平整,搭接紧密	
3		铺设预制油毡板	混凝土表面清洁,蜂窝麻面处理并填平,外露施工铁件割除,铺设厚度均匀平整、牢固,相邻块安装紧密平整无缝	
4		△沥青井、柱安装	电热原件及绝缘材料置放准确牢固,不短路,沥青填塞密实,安装位置准确、稳固,上下层衔接好	

项次	检测项目			设计值	允许偏差（mm）	实测值	合格数（点）	合格率（%）
1	金属、塑料、橡胶止水	金属止水片的几何尺寸	宽		±5			
2			高（牛鼻子）		±2			
			长		±20			
3		△金属止水片的搭接长度			不小于20,双面氧焊			
4		安装偏差	大体积混凝土		±30			
			细部结构		20			
		△插入基岩部分			符合设计要求			
1	坝体排水管安装	拔管排水管	平面位置		≤100			
2			倾斜度		≤4%			
3		多孔性排水管	平面位置		≤100			
4			倾斜度		≤4%			
5		△排水管通畅性			通畅			

评定意见	工序质量等级
主要检查项目全部符合质量标准。一般检查项目检测项目实测点合格率　　%	

施工单位		建设（监理）单位	

注　△为关键检查项目。

2.3 灌浆工程

2.3.1 岩石灌浆工序质量控制

2.3.1.1 灌浆材料的质量控制

灌浆材料主要可分为两类：一类是固体颗粒的灌浆材料，如水泥、黏土、砂等；另一类是化学灌浆浆材，如环氧树脂、聚氨酯、甲凝等。

1. 灌浆用水泥的质量要求

水泥是固粒灌浆材料中的最主要和应用得最广泛的灌浆材料。

水泥的品种很多，灌浆工程所采用水泥的品种应根据灌浆目的、基岩地质条件以及环境水的侵蚀作用等确定，SL 62—1994《水工建筑物水泥灌浆施工技术规范》中规定："一般情况下，应采用普通硅酸盐水泥或硅酸盐大坝水泥。当有耐酸或其他要求时，可采用抗酸水泥或其他类特种水泥"，"使用矿渣硅酸盐水泥或火山灰质硅酸盐水泥灌浆时，应得到设计许可。灌浆浆液水灰比不应稀于 1∶1（质量比）"。

灌浆用水泥应为新鲜水泥，受潮结块的禁止使用。灌浆用水泥应具备的主要条件是强度、细度和耐蚀性。对于强度和细度，技术规范中有明确规定，即："回填灌浆所用的水泥标号不应低于原 325 号，帷幕和固结灌浆所用的水泥标号不应低于 32.5 级。坝体接缝灌浆所用的水泥标号不应低于 42.5 级"，"帷幕灌浆和坝体接缝灌浆，对水泥细度的要求为通过 80μm 方孔筛的筛余量不应大于 5%；当坝体接缝张开度小于 5mm 时，对水泥细度的要求为通过 71μm 方孔筛的筛余量不应大于 2%"。

对小于 0.2mm 宽度的细微裂隙，用一般水泥灌浆是没有显著效果的，这一论点已为实践所证明。这是由于水泥颗粒受到了裂隙宽度限制的缘故。在这种情况下，进行水泥灌浆，则应采用磨细水泥或超细水泥，即将普通水泥通过各种方法研磨成颗粒更细的水泥。磨细水泥的最大粒径 D_{max} 在 35μm 以下，平均粒径 $D50$ 为 6～10μm。超细水泥 D_{max} 在 12μm 以下，$D50$ 为 3～6μm。

2. 灌浆用砂的质量要求

在灌注大裂隙和溶洞时，为了避免浆液扩散流失过大和节省水泥，在浆液中常加入砂，制成水泥砂浆或水泥黏土砂浆。

砂应为质地坚硬的天然砂或人工砂。砂的粒度，也就是砂的粗细程度，对制成的浆液的性能有很大关系。选用砂的粒度主要应根据灌注岩石中裂隙的宽度、空洞的大小、要求浆液的性能、灌注条件以及灌浆目的等而定。一般要求灌浆用的砂的粒径不大于 1.0mm。SL 62—1994《水工建筑物水泥灌浆施工技术规范》中规定："粒径不宜大于 2.5mm，细度模数不宜大于 2.0，SO_3 含量宜小于 1%，含泥量不宜大于 3%，有机物含量不宜大于 3%。"

3. 粉煤灰的质量要求

粉煤灰为在煤粉炉中燃烧煤时从烟道气体中收集到的细颗粒粉末。

依照 DL/T 5055—1996《水工混凝土掺用粉煤灰技术规范》中规定，粉煤灰按其品质分为Ⅰ、Ⅱ、Ⅲ 3 个等级。

灌浆用粉煤灰等级应根据灌浆目的和对浆液的要求而定，一般宜采用Ⅰ级或Ⅱ级。水泥粉煤灰浆中使用的粉煤灰的细度应小于水泥的细度。

4. 黏土和膨润土的质量要求

为了改善浆液性能和节约水泥，在帷幕灌浆，特别是在砂砾石地基帷幕灌浆的浆液中，常常加入黏土。

（1）灌浆黏土的技术性能要求。黏土类型有：高岭黏土、蒙脱黏土、伊利黏土。选择灌浆用的黏土，一般宜注意下述条件：

1）塑性指数大于17。

2）黏粒（粒径小于0.005mm）含量不少于40%~50%。

3）粉粒（粒径为0.005~0.05mm）含量一般不多于45%~50%。

4）含砂量（粒径为0.05~0.25mm）不大于5%。

由于受灌岩层地质条件的不同，对黏土性能指标的要求也应因之而异，在这方面，目前还没有统一的标准。SL 62—94《水工建筑物水泥灌浆施工技术规范》中规定：

塑性指数大于14；黏粒含量大于25%；含砂量小于5%；有机物含量小于3%。

有的文献中提出这样的要求：大于0.1mm的颗粒含量小于6%；小于0.005mm的颗粒含量大于50%。

作为附加剂用的膨润土，颗粒愈细愈好，一般黏粒含量宜在40%以上，塑性指数宜在40以上。

（2）膨润土。膨润土作为水泥浆中的外加剂，可以提高浆液稳定性、触变性、降低析水性。作为水泥黏土浆中的掺合料，不仅可以大大地改善浆液性能，而且因其是干料，配浆工艺也简便多了。在1988年左右，我国在基岩灌浆工程中开始采用稳定浆液，即是在水泥浆液中掺入适量膨润土。

一般灌浆工程配制水泥黏土浆用的黏土，往往可以在工程所在地或其附近找到，但优质的膨润土却不是各处都有的。我国辽宁省黑山县、吉林省九台县和山东省黄县、威县，潍坊等地均制备有膨润土成品材料，细度为74μm，筛余量小于5%，小于0.002mm的黏粒含量在40%以上，液限多为100左右或更大些，塑性指数为30~50，可以散装箱运，也有袋装的，按价出售。使用方便。

灌浆所用膨润土的质量标准可参照石油天然气行业标准SY/T 5060—93《钻进液用膨润土》，将膨润土分为3个级别，一般可采用二级膨润土。

5. 水的质量要求

制浆的用水，其品质符合拌制混凝土用水的要求即可。通常饮用的自来水及清洁不浊且无显著酸性反应的天然水，均可作为制浆用水。

6. 外加剂的质量要求

（1）速凝剂。速凝剂可以加速水泥水化作用的发生，缩短产生水化热时间，增进早期强度。在灌浆工程中，当需要水泥浆早期很快凝结时，可视具体情况，在浆液中掺加一定量的速凝剂。适宜的掺量，应通过试验确定。

在水泥浆中，一般常用的速凝剂有氯化钙、水玻璃（硅酸钠）等。

（2）减水剂。减水剂是一种亲水性表面活性的化学剂，其主要作用是可以改善浆体的流动性和分散性。SL 62—1994《水工建筑物水泥灌浆施工技术规范》中明确规定“拌制细水泥浆和稳定浆液应加入减水剂和采用高速搅拌机。”诸多浆液的室内试验资料和工地施工实践表明，减水剂对改善浆液性能确实起到了很好的作用。近期在灌浆施工中常用的有萘磺酸盐（萘系高效减水剂）和木质素磺酸盐。

萘系高效减水剂常用的有：天津市雍阳减水剂厂生产的NF和UNF减水剂，大连第二有机化工厂生产的NF减水剂；淮南矿务局合成材料厂生产的熊猫牌NF减水剂等。

木质素磺酸盐常用的是本质素磺酸钙，简称木钙。

（3）稳定剂。经常用的是膨润土。根据对浆液要求和需要，有时还常掺入其他一些外加剂。应注意的是所有外加剂凡能溶于水的均应以水溶液状态加入。

2.3.1.2 灌注浆液的质量控制

1. 黏土浆

黏土浆主要是黏性土（黏土、壤土、砂壤土）与水（有时还添外加剂和掺合料等）经过搅拌分散而成的悬浊的混合体浆液。黏土浆在灌浆和防渗墙工程中的应用有3个方面；造孔的泥浆固壁、充填和劈裂灌浆以及黏土防渗墙（泥浆墙）。不同方面的应用对黏性土成分要求也不同。泥浆固壁要求黏土颗粒越多越好，一般用纯黏土和膨润土；灌浆和黏土防渗墙以防渗为目的，用一般黏土（黏粒含量≥30%总干土重），有时壤土（黏粒含量占10%～30%总于土重）也可满足要求。

（1）黏土浆的主要性能指标。泥浆的性能根据不同的用途、不同的地层和不同的施工情况，对其指标有不同的要求，详见表2.2.50。

表2.2.50　泥浆主要性能指标

状态	项　目	单位	泥浆固壁	灌　浆		防渗墙
				劈裂灌浆	充填灌浆	
流动	密度	g/cm^3	1.0～1.2	1.4～1.6	1.4～1.6	1.8～2.3
	黏度	s	18～90	30～60	30～100	60～100
	净切力	Pa	2.0～5.0	—	—	—
	旋转净切力	Pa	1.4～2.0	—	—	—
	失水量	ml	≤20～30	10～30	10～30	≤20
	稳定性	g/cm^3	≤0.03	≤0.15	≤0.15	≤0.15
	胶体率	%	≥96	≥90	≥90	≥90
	含砂量	%	≤1.0～5.0	<30	≤20	>35
	pH值		7～12	8～10	8～10	7～12
凝结	干密度	g/cm^3	—	1.3～1.55	1.2～1.5	1.6～2.1
	抗压强度	MPa	—	>1.0	>0.5	≤2～10
	弹性模量	MPa	—	10^2～10^3	10～10^2	≤10^3～10^4
	压缩系数	MPa^{-1}	—	0.1～0.5	0.5	0.1～0.5
	渗透系数	cm/s	—	≤10^{-7}	≤10^{-6}	≤10^{-8}
	破坏坡降		—	≥500	≥300	≥500

表中列出的泥浆流动状态指标是指新拌制的黏土浆，且是拌和均匀后即作试验取得的指标；固化状态的指标为28d的试验指标。考虑到现场施工条件比试验室条件差，所以在选择灌浆与防渗墙施工材料性能时，应比实验室指标要求高一些，例如抗压强度提高50%以上，渗透系数减少为原来的10%等。

（2）黏土浆的配合比（表2.2.51）。

表2.2.51　　干土配制泥浆每立方米泥浆用量表

泥浆密度（g/cm³）	水土比（以水为1）	水土比（以土为1）	含水量（%）	1m³ 泥浆干料重（10kN）	1m³ 泥浆水重（10kN）
1.20	1：0.357	2.80：1	280	0.316	0.881
1.25	1：0.461	2.17：1	217	0.394	0.856
1.30	1：0.573	1.75：1	175	0.473	0.827
1.35	1：0.692	1.45：1	145	0.551	0.799
1.40	1：0.821	1.22：1	122	0.631	0.769
1.45	1：0.96	1.041：1	104.1	0.710	0.740
1.50	1：1.11	0.90：1	90	0.789	0.711
1.55	1：1.272	0.787：1	78.7	0.867	0.683
1.60	1：1.45	0.69：1	69	0.947	0.653
1.65	1：1.642	0.609：1	60.9	1.025	0.625
1.70	1：1.856	0.539：1	53.9	1.104	0.596
1.75	1：2.09	0.478：1	47.8	1.183	0.567
1.80	1：2.345	0.427：1	42.7	1.260	0.540
1.85	1：2.63	0.38：1	38.0	1.34	0.510
1.90	1：2.96	0.338：1	33.8	1.42	0.480

注　表中黏土土粒密度为2.72g/cm³，表中土重为干重。如采用湿土，应考虑含水量和湿土重。

2. 纯水泥浆

以水泥为主料，用水调剂成浆液或根据需要添加一定量的附加剂的浆液为纯水泥浆，是目前工程中最常用的灌浆材料。纯水泥浆的基本性能要求如下：

（1）配制水泥浆一般按照重量比例配制。水和水泥的配制比例（水灰比、水胶比）变化范围较大，水泥浆的基本性能变化也很大。

（2）水灰比越小，水泥浆的黏度、密度、结石率、抗压强度越大，凝结时间越短；水灰比越大，黏度、密度、结石率、抗压强度越小，凝结时间越长。

（3）一般状态水泥浆的水灰比为0.75～1.5比较适宜。水灰比过小太稠，过大太稀，只有在特殊情况下才应用，例如：基岩灌浆开始用稀浆，孔隙比较大时用稠浆。

（4）纯水泥浆起始水灰比参考表2.2.52。一般采用先灌稀浆，后灌浓浆。岩层灌浆水灰比变化范围较大，土层中灌浆水灰比变化范围较小，一般为2：1～0.5：1。

（5）水泥黏土浆。在水泥中加黏土和水拌制或黏土浆中加水泥配制成水泥黏土浆。黏土掺量视工程实际情况而定，一般黏土掺量占水泥重大于10%，有时黏土掺量是水泥量的3~4倍。水泥黏土浆兼有黏土浆与水泥浆的优点，并且优缺点能得到一定程度的互补。

表2.2.52　纯水泥浆起始水灰比

单位吸水率 L/（min·m·m）	起始水灰比	
	破碎岩石	集中漏水
0.01以下	10:1	6:1
0.01~0.10	8:1	4:1
0.10~0.50	6:1	2:1
0.50~2.0	4:1	1:1
2.0以上	2:1	0.8:1

2.3.2　岩石地基固结灌浆控制要点

固结灌浆是对水工建筑物基础浅层破碎、多裂隙的岩石进行灌浆处理，改善其力学性能，提高岩石弹性模量和抗压强度。它是一种比较常用的基础处理方法，在水利水电工程施工中得到广泛应用。

1. 主要技术要求

（1）固结灌浆孔可采用风钻或其他型钻机造孔，终孔孔径不宜小于38mm，孔位、孔向和孔深均应满足设计要求。

（2）固结灌浆应按环间分序、环向加密的原则进行。环间宜分为2个次序，地质条件不良地段可分为3个次序。

（3）固结灌浆宜采用单孔灌浆的方法，但在注入量较小地段，同一环上的灌浆孔可并联灌浆，孔数宜为2个，孔位宜保持对称。

固结灌浆孔相互串浆时，可采用群孔并联灌注，孔数不宜多于3个，并应控制压力，防止混凝土面或岩石面抬动。

（4）固结灌浆孔基岩段长小于6m时，可全孔一次灌浆。当地质条件不良或有特殊要求时，可分段灌浆。

（5）固结灌浆压力大于3MPa的工程，灌浆孔应分段进行灌浆。灌浆段的划分、灌浆压力的使用以及灌浆工艺的选择，应通过现场灌浆试验确定。固结灌浆浆液比级和变换，可参照帷幕灌浆的规定根据工程具体情况确定。

（6）固结灌浆孔灌浆前的压水试验应在裂隙冲洗后进行，采用单点法。压水试验检查宜在该部位灌浆结束3~7d后进行。检查孔的数量不宜少于灌浆总孔数的5%。孔段合格率应在80%以上，不合格孔段的透水率值不超过设计规定值的50%，且不集中，灌浆质量可认为合格。

（7）岩体弹性波速和静弹性模量测试，应分别在该部位灌浆结束14d和28d后进行。其孔位的布置、测试仪器的确定、测试方法、合格批标以及工程合格标准，均应按照设计规定执行。

（8）灌浆孔灌浆和检查孔检查结束后，应排除孔内积水和污物，采用压力灌浆法或机械压浆法进行封孔，并将孔口抹平。

（9）钻孔相互串浆时，可采用群孔并联灌注，孔数不宜多于3个。应控制压力，防止混凝土面或岩石面抬动。

（10）固结灌浆孔应采用压力水进行裂隙冲洗，直至回水清净时止。冲洗压力可为灌浆压力的80%，该值若大于1MPa时，采用1MPa。

地质条件复杂、多孔串通以及设计对裂隙冲洗有特殊要求时，冲洗方法宜通过现场灌浆试验或由设计确定。

2. 固结灌浆效果检查

大坝基础固结灌浆完成后，应当进行灌浆质量和固结效果的检查，经检查不符合要求的地段，根据实地情况，认为有必要时，需加密钻孔，补行灌浆。固结灌浆效果检查，一般应以岩石力学性能的改进程度或所达到的数值为主要标志，渗透性单位吸水量仅可作为间接指标，起辅助性的检查作用，采用后一方法检查，比较简单、易行，所以在一般工程上采用较多。检查的方法，常用的有下列几种：

（1）整理、分析灌浆资料，验证灌浆效果。

1）计算出各次序灌浆孔的单位吸水量和单位注入量的平均值，由其逐序的减少程度，评断灌浆效果。

2）依照不同的灌浆次序，绘制出单位吸水量频率曲线及频率累计曲线、单位注入量频率曲线及频率累计曲线，由其变化情况，评断灌浆效果。

（2）钻设检查孔检查。在单位注入量大的地段或认为灌浆质量有疑问的地段，应钻设检查孔，进行压水试验和灌浆以检查固结灌浆的效果。检查孔的数目，一般可按灌浆孔数的5%～10%来控制。

1）做压水试验的压水检查工作宜在该部位灌浆结束不少于3d后进行。压水试验多选用一个压力阶段，其压力值多与该段同一高程的灌浆压力相同。深孔固结灌浆检查孔压水试验的压力值，可根据工程实际情况确定，当单位吸水量小于规定数值时，认为合格。

SDJ 210—83《水工建筑物水泥灌浆施工技术规范》中规定：固结灌浆检查孔的孔段合格率应在80%以上，其余孔段的指标值，亦不应超过设计规定值的50%（如设计值为0.03，则不应超过0.045），即可认为合格。

2）单位注入量检查孔压水试验完毕后，本孔还需进行灌浆，以其单位注入量值的大小也作为检查固结灌浆的一个标志。有些工程规定：检查孔的单位吸水量和单位注入量均需小于某一规定数值，固结灌浆才被认为是合格。例如某一工程作这样的规定：检查孔的单位吸水量和单位注入量均分别小于0.03L/（min·m·m）和25kg/m时，该区的固结灌浆才算合格。

（3）测定弹性模量或弹性波速。鉴定坝基岩石经固结灌浆后其物理力学性能和改进程度，常利用弹性模量（或弹性波速）来表示。用弹性模量检查，宜在该部位灌浆结束不少于14d后进行。弹性模量（简称弹模，用E表示）测试方法有静力弹性模量（简称静弹模，用E_s、表示）和动力弹性模量（简称动弹模，用Ed表示）两种。静弹模测试比较复杂，且所测得的数据代表岩体的范围也很小，而动弹模测试方法比较简便，速度快，且能反映出深部岩层及较大范围的岩体的弹性模量，故在固结灌浆效果检查中常被广泛采用。

弹性波速也能间接反映出岩石的物理力学性能，所以有些工程就直接用它来表示岩石经固结灌浆后的效果。

（4）钻孔取岩芯、开挖竖井或平洞检查。除上述各项试验检查方法外，还可利用检查孔所采取的岩芯，观察水泥结石充填及胶结情况。根据需要，对岩芯也可进行必要的物理力学性能试验。

在大坝基础深部有危及坝基安全的软弱破碎带，经灌浆处理后，为确定灌浆效果，必要时，也可开挖井洞或钻设大口径钻孔，人员下去，进行实地直观检查。同时，在井、洞内还可做岩石力学性能试验，如测定岩石的弹性模量等。

3. *岩石地基固结灌浆单元工程质量评定*

（1）各孔质量评定标准。在主要检验项目符合质量标准的前提下，一般检查项目也全部符合质量标准的检查孔评为优良孔；一般项目基本符合质量标准的检查孔评为合格孔。见表2.2.53。

（2）单元工程效果检查。测量岩体波速和静弹性模量，分别在灌浆结束14d、28d后进行，岩体波速和静弹性模量符合设计规定。

压水试验：检查孔数量不少于灌浆总孔数5%，压水试验在灌浆结束3～7d后进行，检查孔段合格率不小于80%，不合格孔段透水率不大于1.5 $q_{设}$（$q_{设}$为设计透水率）为合格。

（3）单元工程评定标准。本单元工程灌浆效果检查符合要求的前提下，灌浆孔全部合格，且优良孔占70%及其以上，即评为优良；若优良孔达不到70%，即评为合格。

2.3.3 岩石地基帷幕灌浆质量控制

1. *岩石地基帷幕灌浆的一般规定*

（1）蓄水前应完成蓄水初期最低库水位以下的帷幕灌浆及其质量检查和验收工作。蓄水后，帷幕灌浆应在库水位低于孔口高程时施工。

（2）同一地段的基岩灌浆必须按先固结灌浆后帷幕灌浆的顺序进行。

（3）帷幕灌浆必须按分序加密的原则进行。

由三排孔组成的帷幕，应先进行边排孔的灌浆，然后进行中排孔的灌浆。边排孔宜分为三序施工，中排孔可分为二序或三序施工。

由两排孔组成的帷幕，宜先进行下游排孔的灌浆，然后进行上游排孔的灌浆。每排孔宜分为三序施工。

单排帷幕灌浆孔应分为三序施工。

（4）帷幕灌浆采用自上而下分段灌浆法时，一个坝段或一个单元工程内，后序排上的第一序孔宜在前序排上最后次序孔在岩石中均灌完15m后再开始钻进。

同一排上相邻的两个次序孔之间，以及后序排上第一次序孔与其相应部位前序排上最后次序孔之间，在岩石中钻孔灌浆的间隔高差不得小于15m。

（5）帷幕后的主排水孔和扬压力观测孔必须在相应部位帷幕灌浆检查合格后，方可开始钻进。

表 2.2.53　　岩石地基固结灌浆单元工程质量标准

1	钻孔	孔序	应符合设计要求
2		孔位	应符合设计要求
3		△孔深	不得小于设计孔深
4	灌浆	灌浆分段和段长	应符合设计要求
5		钻孔冲洗	应符合设计要求
6		灌前进行压水试验的孔数和压水试验	孔数不少于总孔数的5%，压水试验应符合设计要求
7		△灌浆压力	应符合设计要求
8		△浆液变换和结束标准	应符合设计要求
9		有无中断及其影响质量程度	应无中断或虽有中断，但经检查分析，尚不影响灌浆质量
10		△抬动变形	抬动值不应超过设计规定
11		封孔	应符合规范或设计要求
12		△灌浆记录	齐全、清晰、准确

注　标△者为主要检查项目

（6）施工中不得在帷幕线上进行可能导致不良后果的灌浆试验。

2. 帷幕灌浆钻孔的质量控制

（1）帷幕灌浆孔宜采用回转式钻机和金刚石钻头或硬质合金钻头钻进；固结灌浆孔可采用各式合宜的钻机和钻头钻进。

（2）帷幕灌浆钻孔位置与设计位置的偏差不得大于10cm。因故变更孔位时，应征得设计同意。实际孔位应有记录；孔深应符合设计规定。

（3）帷幕灌浆孔宜选用较小的孔径，钻孔孔壁应平直完整。

（4）帷幕灌浆钻孔必须保证孔向准确。钻机安装必须平正稳固；钻孔宜埋设孔口管；钻机立轴和孔口管的方向必须与设计孔向一致；钻进应采用较长的粗径钻具并适当地控制钻进压力。

（5）帷幕灌浆孔应进行孔斜测量，发现偏斜超过要求应及时纠正或采取补救措施。

（6）垂直的或顶角小于5°的帷幕灌浆孔，其孔底的偏差值不得大于表2.2.54中的规定。

表 2.2.54　　钻孔孔底最大允许偏差值

孔深（m）	20	30	40	50	60
最大允许偏差值（m）	0.25	0.50	0.80	1.15	1.50

孔深大于60m时，孔底最大允许偏差值应根据工程实际情况并考虑帷幕的排数具体确定，一般不宜大于孔距。

（7）顶角大于5°的斜孔，孔底最大允许偏差值可根据实际情况按表2.2.54中规定适当放宽，方位角偏差值不宜大于5°。

（8）钻孔偏差不符合（6）和（7）条规定时，应结合该部位灌浆资料和质量检查情况进行全面分析，如确认对帷幕灌浆质量有影响时，应采取补救措施。

（9）钻灌浆孔时应对岩层、岩性以及孔内各种情况进行详细记录。

（10）钻孔遇有洞穴、塌孔或掉块难以钻进时，可先进行灌浆处理，而后继续钻进。如发现集中漏水，应查明漏水部位、漏水量和漏水原因，经处理后，再行钻进。

（11）钻进结束等待灌浆或灌浆结束等待钻进时，孔口均应堵盖，妥加保护。

3. 钻孔冲洗、裂隙冲洗和压水试验要求

（1）灌浆孔（段）在灌浆前应进行钻孔冲洗，孔内沉积厚度不得超过20cm。

（2）帷幕灌浆孔（段）在灌浆前宜采用压力水进行裂隙冲洗，直至回水清净时止。冲洗压力可为灌浆压力的80%，该值若大于1MPa时，采用1MPa。

（3）在岩溶、断层、大裂隙等地质条件复杂地区，帷幕灌浆孔（段）是否需要进行裂隙冲洗以及如何冲洗，应通过现场灌浆试验或由设计确定。

（4）无地下水位资料时，一个单元工程内帷幕灌浆开始前，可以利用先导孔测定一次地下水位，作为该单元内的代表。稳定标准为：每5min测读一次孔内水位，当水位下降速度连续两次均小于5cm/min时，可认为稳定，以最后的观测值作为地下水位值。

（5）帷幕灌浆采用自上而下分段灌浆法时，先导孔应自上而下分段进行压水试验，各次序灌浆孔的各灌浆段在灌浆前宜进行简易压水。

压水试验应在裂隙冲洗后进行，采用五点法或单点法。

简易压水可在裂隙冲洗后或结合裂隙冲洗进行。压力可为灌浆压力的80%，该值若大于1MPa时，采用1MPa。压水20min，每5min测读一次压入流量，取最后的流量值作为计算流量，其成果仍以透水率表示。

（6）帷幕灌浆采用自下而上分段灌浆法时，先导孔仍应自上而下分段进行压水试验。各次序灌浆孔在灌浆前全孔应进行一次钻孔冲洗和裂隙冲洗。除孔底段外，各灌浆段在灌浆前可不进行裂隙冲洗和简易压水。

（7）在岩溶泥质充填物和遇水性能易恶化的岩层中，灌浆前可不进行裂隙冲洗和简易压水，也宜少做或不做压水试验。

4. 灌浆方法和灌浆方式

（1）灌浆孔的基岩段长小于6m时，可采用全孔一次灌浆法；大于6m时，可采用自上而下分段灌浆法、自下而上分段灌浆法、综合灌浆法或孔口封闭灌浆法。

（2）基岩灌浆方式有循环式和纯压式两种。帷幕灌浆应优先采用循环式，射浆管距孔底不得大于50cm；浅孔固结灌浆可采用纯压式。

（3）帷幕灌浆段长度宜采用5～6m，特殊情况下可适当缩减或加长，但不得大于10m。

（4）进行帷幕灌浆时，坝体混凝土和基岩的接触段应先行单独灌浆并应待凝，接触段在岩石中的长度不得大于2m。

（5）采用自上而下分段灌浆法时：

1）灌浆塞应塞在已灌段段底以上0.5m处，以防漏灌。

2）孔口无涌水的孔段，灌浆结束后可不待凝。但在断层、破碎带等地质条件复杂地区则宜待凝，待凝时间应根据地质条件和工程要求确定。

（6）采用自下而上分段灌浆法时，灌浆段的长度因故超过10m，对该段宜采取补救措施。

（7）帷幕灌浆孔各灌浆段，不论透水率大小均应按技术要求进行灌浆。

5. *灌浆压力和浆液变换*

（1）灌浆压力宜通过灌浆试验确定，也可通过公式计算或根据经验先行拟定，而后在灌浆施工过程中调整确定。

（2）采用循环式灌浆，压力表应安装在孔口回浆管路上；采用纯压式灌浆，压力表应安装在孔口进浆管路上。压力读数宜读压力表指针摆动的中值，当灌浆压力为5MPa或大于5MPa时，也可读峰值。压力表指针摆动范围应小于灌浆压力的20%，摆动幅度宜做记录。

（3）灌浆应尽快达到设计压力，但注入率大时应分级升压。

（4）灌浆浆液的浓度应由稀到浓，逐级变换。帷幕灌浆浆液水灰比可采用5：1、3：1、2：1、1：1、0.8：1、0.6：1、0.5：1等7个比级。开灌水灰比可采用5：1。

（5）帷幕灌浆浆液变换：

1）当灌浆压力保持不变，注入率持续减少时，或当注入率不变而压力持续升高时，不得改变水灰比。

2）当某一比级浆液的注入量已达300L以上或灌注时间已达1h，而灌浆压力和注入率均无改变或改变不显著时，应改浓一级。

3）当注入率大于30L/min时，可根据具体情况越级变浓。

（6）灌浆过程中，灌浆压力或注入率突然改变较大时，应立即查明原因，采取相应的措施处理。

（7）灌注细水泥浆液，可采用水灰比为2：1、1：1、0.6：1，或1：1、0.8：1、0.6：1三个比级。

（8）灌注稳定浆液、混合浆液、膏状浆液，比级宜少，其配比和变换方法应通过室内浆材试验和现场灌浆试验确定。

（9）灌浆过程中应定时测记浆液密度，必要时应测记浆液温度。灌注稳定浆液时还应测记浆液黏度。

6. *灌浆结束标准和封孔方法*

（1）帷幕灌浆采用自上而下分段灌浆法时，在规定的压力下，当注入率不大于0.4L/min时，继续灌注60min；或不大于1L/min时，继续灌注90min，灌浆可以结束。

采用自下而上分段灌浆法时，继续灌注的时间可相应地减少为30min和60min，灌浆可以结束。

（2）帷幕灌浆采用自上而下分段灌浆法时，灌浆孔封孔应采用“分段压力灌浆封孔法”；采用自下而上分段灌浆时，应采用“置换和压力灌浆封孔法”或“压力灌浆封孔法”。

7. 孔口封闭灌浆法

（1）孔口封闭灌浆法适用于最大灌浆压力大于3MPa的帷幕灌浆工程，小于3MPa的帷幕灌浆工程可参照应用。

（2）钻孔孔径宜为ϕ60mm左右。

（3）孔口管必须镶铸牢实，埋入岩石深度随使用的最大灌浆压力而定。最大灌浆压力为5MPa时，埋入深度不宜小于2m。

（4）孔口封闭器应具有以下性能：在灌浆过程中，灌浆管可在孔口封闭器中心部位灵活地转动和升降，且不漏浆。

（5）灌浆必须采用循环式自上而下分段灌浆方法。各灌浆段灌浆时必须下入灌浆管，管口距段底不得大于50cm。

（6）灌浆管的外径与钻孔孔径之差不宜大于20mm，若用钻杆作为灌浆管，应采用平接头连接。

（7）孔口管段以下的3～5个灌浆段，段长宜短，压力递增宜快，段长和相应的灌浆压力应通过现场灌浆试验确定。再往下的各灌浆段段长宜为5m，灌浆压力可提高到设计的最大灌浆压力。

（8）灌浆宜尽快达到设计压力。但在灌浆过程中必须注意控制压力，压力与注入率必须相适应，在5～6MPa灌浆压力下，注入率宜小于10L/min。

（9）灌浆浆液比级和变换可按本节灌浆压力和浆液变换部分（4）、（5）条执行。

（10）灌浆过程中应经常转动和上下活动灌浆管，回浆管宜有15L/min以上的回浆量，以防灌浆管在孔内被水泥浆凝住。

（11）灌浆应同时满足下述两个条件后，方可结束：

1）在设计压力下，注入率不大于1L/min时，延续灌注时间不少于90min。

2）灌浆全过程中，在设计压力下的灌浆时间不少于120min。

（12）每段灌浆结束后可不待凝。

（13）帷幕灌浆孔封孔应采用“置换和压力灌浆封孔法”。

8. 特殊情况处理

（1）灌浆过程中，发现冒浆、漏浆，应根据具体情况采用嵌缝、表面封堵、低压、浓浆、限流、限量、间歇灌浆等方法进行处理。

（2）帷幕灌浆过程中发生串浆时，如串浆孔具备灌浆条件，可以同时进行灌浆。应一泵灌一孔。否则应将串浆孔用塞塞住，持灌浆孔灌浆结束后。串浆孔并行扫孔、冲洗，而后继续钻进和灌浆。

（3）灌浆工作必须连续进行，若因故中断，可按照下述原则进行处理：

1）应及早恢复灌浆。否则应立即冲洗钻孔，而后恢复灌浆。若无法冲洗或冲洗无效，则应进行扫孔，而后恢复灌浆。

2）恢复灌浆时，应使用开灌比级的水泥浆进行灌注。如注入率与中断前的相近，即可改用中断前比级的水泥浆继续灌注；如注入率较中断前的减少较多，则浆液应逐级加浓继续灌注。

3）恢复灌浆后，如注入率较中断前的减少很多，且在短时间内停止吸浆，应采取补救措施。

（4）孔口有涌水的灌浆孔段，在灌浆前应测记涌水压力和涌水量，根据涌水情况，可选用下列措施综合处理：

1）自上而下分段灌浆。

2）短的段长。

3）高的灌浆压力。

4）浓浆结束。

5）屏浆。

6）闭浆。

7）纯压式灌浆。

8）速凝浆液。

9）待凝。

10）压力灌浆封孔。

（5）灌浆段注入量大，灌浆难以结束时，可选用下列措施处理：

1）低压、浓浆、限流、限量、间歇灌浆。

2）浆液中掺加速凝剂。

3）灌注稳定浆液或混合浆液。

该段经处理后仍应扫孔，重新依照技术要求进行灌浆，直至结束。灌浆过程中如回浆变浓，宜换用相同水灰比的新浆进行灌注；若效果不明显，延续灌注 30min，即可停止灌注。

（6）在岩溶地区的溶洞灌浆，应先查明溶洞的充填类型和规模，而后采取相应的措施处理。

1）溶洞内无充填物时。根据溶洞的大小，可采用泵入高流态混凝土、投入碎石再灌注水泥砂浆、灌注混合浆液等措施。待凝后，扫孔，再灌水泥浆。

2）溶洞内有充填物时，根据充填物类型、性能以及充填程度，可采用高压灌浆、高压喷射灌浆等措施。

9. 帷幕灌浆工程质量检查

（1）帷幕灌浆质量检查应以检查孔压水试验成果为主，结合对竣工资料和测试成果的分析，综合评定。

（2）帷幕灌浆检查孔应在下述部位布置。

1）帷幕中心线上；

2）岩石破碎、断层、大孔隙等地质条件复杂的部位；

3）注入量大的孔段附近；

4）钻孔偏斜过大、灌浆情况不正常以及经分析资料认为对帷幕灌浆质量有影响的部位。

（3）帷幕灌浆检查孔的数量宜为灌浆孔总数的 10% 。一个坝段或一个单元工程内，至少应布置一个检查孔。

（4）帷幕灌浆检查孔压水试验应在该部位灌浆结束14d后进行。

（5）帷幕灌浆检查孔应自上而下分段卡塞进行压水试验，试验采用五点法或单点法。

（6）帷幕灌浆检查孔压水试验结束后，按技术要求进行灌浆和封孔。

（7）帷幕灌浆检查孔应采取岩芯，计算获得率并加以描述。

（8）帷幕灌浆质量压水试验检查，坝体混凝土与基岩接触段及其下一段的合格率应为100%；再以下的各段的合格率应在90%以上，不合格段的透水率值不超过设计规定值的100%，且不集中，灌浆质量可认为合格。否则应由建设单位会同设计、施工单位商定处理方案。

（9）对帷幕灌浆孔的封孔质量宜进行抽样检查。

10. *岩石地基帷幕灌浆单元工程质量评定*（表2.2.55）

表2.2.55　　岩石地基帷幕灌浆单元工程质量评定标准

1	钻孔	孔序	应符合设计要求
2	钻孔	孔位	允许偏差±10cm
3	钻孔	△孔深	不得小于设计孔深
4	钻孔	偏斜率	应符合规范或设计要求
5	灌浆	灌浆段长	应符合设计要求
6	灌浆	钻孔冲洗	应符合设计要求
7	灌浆	先导孔灌前压水试验或灌浆孔灌前简易压水	应符合规范或设计要求
8	灌浆	△灌浆压力	应符合设计要求
9	灌浆	△浆液变换和结束标准	应符合规范或设计要求
10	灌浆	灌浆管或射浆管管口距灌浆段底距离	≤50cm
11	灌浆	有无中断及其影响质量程度	应无中断或虽有中断，但经“检查分析尚不影响灌浆质量”
12	灌浆	封孔	应符合规范或设计要求
13	灌浆	△灌浆记录	齐全、清晰、准确

注　标△者为主要检查项目。

2.3.4 堤坝劈裂灌浆工程质量控制

劈裂灌浆是运用坝体应力分布规律，用一定的灌浆压力，将坝体沿坝轴线方向劈裂，同时灌注合适的泥浆，形成铅直连续的防渗帷幕，堵塞与劈裂缝连通的洞穴、裂缝或切断软弱层，以提高坝体的防渗能力；同时，通过浆坝互压和湿陷使坝体内部应力得到调整，提高坝体变形稳定性。

当坝体质量普遍不好，坝体外部有裂缝、塌陷、浸润线和出逸点过高，坝后坡出现大面积湿润，坝体有明显渗漏或坝体内部有较多隐患时，可用劈裂灌浆处理。劈裂灌浆技术主要适合于处理存在压实质量差、有裂缝、洞穴、水平夹砂层等隐患的堤坝及结构性较强的粉细砂及土砂夹层透水地基。但对于粗砂及砂砾石坝基，因其土层结构性差，形不成连续劈裂，就不适合用劈裂灌浆技术处理。

浆体帷幕的厚度（指泥浆固结硬化以后的厚度），主要从防渗和坝体的变形稳定来考虑，在此不再详细叙述。对于中小型水库也可以不经过计算，按经验确定泥浆的厚度。对疏松坝体，固结后浆体厚度控制在30cm左右；对质量较好的土坝，固结后浆体帷幕厚度可控制在15cm左右。

1. 浆液的选择

在坝体灌浆中，选用合适的泥浆，是保证灌浆质量的重要条件，不同的浆液直接影响泥浆的固结速率和所形成浆体帷幕的防渗效果。坝体劈裂灌浆对泥浆的一般要求是：可灌性好，稳定性高，析水固结快，形成浆体防渗性能强，变形模量与坝体土相近。但是这些指标相互之间往往是矛盾的，所以在选择浆液时，应统一考虑泥浆各种性能的相互关系，不能过分地强调某一方面。通过试验来选择一种适宜的材料。

（1）浆液密度。浆液的密度，指单位体积内浆液的质量，用 g/cm^3 表示。

在坝体灌浆中，一般采用泥浆的密度为 $1.3 \sim 1.6g/cm^3$。

（2）水与固体颗粒比例。浆液中固体颗粒所占比例多少是反映浆液稠度的指标。如果是纯黏土泥浆，反映稠度指标的就是土水比。

在坝体灌浆中，一般需用的土水比为0.3～1.45。

（3）浆液的流动性指标。浆液的流动性一般用黏度表示。浆液的黏度是指泥浆胶体悬浊液阻碍其相对流动的一种特性。

在坝体灌浆中，泥浆的黏度一般要控制在20～100s之间，其值的选用与裂缝的宽度、渗漏通道的大小、灌浆压力等因素有关。

（4）浆液的稳定性。泥浆的稳定性是衡量泥浆中土颗粒沉降速度的一个指标，沉降速度慢，表示泥浆的稳定性好，反之，则不好。泥浆的稳定性取决于泥浆的浓度和制浆土料的颗粒大小、矿物成分、分散程度等因素。

对坝体劈裂式灌浆，泥浆的稳定性在 $0.05 \sim 0.1g/cm^3$ 之间是适宜的。

（5）泥浆的含砂量。泥浆含砂量是表示泥浆中含砂多少的一个指标，表示的方法是将泥浆与水以1：9的比例稀释后，用砂占泥浆体积的百分数来表示。在灌浆施工现场要经常对泥浆含砂量进行测试，以了解是否符合灌浆设计的要求。

（6）泥浆的失水量。泥浆失水量是表示在一定的压力作用下泥浆能分泌出的水量，以毫升（mL）计。泥浆的失水性与制浆土料的性质、泥浆的密度、外界压力、坝体土料的性质以及是否使用外加剂等因素有关。泥浆失水量的大小会影响到坝体灌浆的质量和效果。

（7）泥浆的静切力。由于泥浆的结构性，要使其流动需加外力，当它大于泥浆内部的摩擦阻力时，泥浆由静止转化为流动，在单位面积所克服的摩擦阻力被称为静切力。其大小用泥浆的初切力（泥浆静置1min的极限静切力）和终切力（泥浆静置10min的极限静切力）之差来表示，静切力用 τ 表示（单位为dPa，1dPa = 0.1Pa）。

泥浆静切力的大小与制浆土料的性质、黏土颗粒的分散程度、泥浆密度的大小、结构性的强弱及所用外加剂的性质等因素有关。

泥浆的静切力在坝体灌浆中有重要的意义，如选择泥浆泵的大小，输浆橡皮管的直径及其承受压力的程度，铺设管路的长短，灌浆孔布置的疏密，采用泥浆密度的大小等都要根据泥浆静切力的大小去设计。

（8）泥浆的胶体率。泥浆的胶体率是指泥浆在静止时，将水分分离到泥浆表面上来的能力。泥浆静置24h，沉淀后的泥浆体积与原泥浆体积之比，称为泥浆的胶体率，以百分比（%）表示。分离出来水的体积与原泥浆体积之比，称为泥浆的沉淀率或自由析水率，也以百分比（%）表示。

2. 灌浆工艺

劈裂灌浆一般采用孔底注浆全孔灌注法。孔底注浆全孔灌注是劈裂灌浆提高质量和保证坝体安全的重要技术措施。灌浆机以一定的压力将浆液压入注浆管，浆液从管底流出，顺注浆管壁外侧向上流动。

在坝顶钻孔周围应设阻浆塞，浆液受到阻挡后，灌浆压力增高，当浆液压力大于坝体内某些土区的小主应力加单轴抗拉强度时，该土区即沿小主应力作用面劈开。

理论计算和实践都证明，坝体内约1/2坝高处的小主应力最小，因此浆液首先在1/2坝高附近劈裂坝体，然后劈裂缝向坝体上部、下部及沿坝轴线方向发展。劈裂灌浆工艺要求如下：

（1）设阻浆塞或下护壁套管。灌浆前在钻孔上部设一定长度的阻浆塞或有些情况下用3～5m的护壁套管，可以防止孔口塌落，减少孔口冒浆，更重要的是使泥浆在坝体内处于封闭状态，推迟或防止坝顶表面劈裂，因而可以施加较大的灌浆压力，使浆液在坝体内劈开裂缝，达到“内劈外不劈”的目的。阻浆塞的长度可根据具体情况计算确定，也可采用1.5m的经验数据。

（2）压力控制。灌浆压力一般系指孔口压力表读数。在施工中，应设专人观测记录孔口压力，如果灌浆压力超过了设计压力，则应及时采取控制措施，如打开灌浆泵上或孔口设置的回浆阀门，减少输浆量，以维持设计压力。

（3）灌浆量控制。在堤坝灌浆时常遇到单孔吃浆量很大的情况，这不仅影响坝体安全，也影响坝体回弹，影响泥浆在坝体内排水固结等，在施工中应控制每次灌浆量，并采用多次复灌的方法。单孔灌浆量可以根据帷幕厚度、孔距、复灌次数等计算，也可采用实验或经验数值，采用每次单孔灌浆量在0.5m^3/m左右。实灌中，不能按平均灌浆量控制，第一序孔灌浆量应占总灌浆量的60%以上。对于单孔吃浆量很大的钻孔，单孔灌浆量大的原因多是因坝体疏松质量很差引起的，有时也是由坝体内的漏水通道引起的，除应限制每次灌浆量，延长灌浆期外，每孔总的灌浆量不应限制。

（4）复灌间隔时间控制。复灌间隔时间主要由浆体的固结情况来确定，一般应待上一次灌入的浆液固结度达到90%以上，再进行复灌。复灌间隔时间，应以理论计算或以经验数字确定，初灌和前两次复灌一般以5d左右为宜，随着复灌次数增加，坝体内浆体厚度也增加，排水固结时间延长，复灌间隔时间也应随之延长。

（5）位移量控制。在劈裂灌浆施工中，为了保证坝体安全，增加坝体回弹比，提高灌浆效果，应通过控制单孔每次灌浆量、增加复灌次数，控制坝体位移量。在灌浆时，坝肩位移最明显，一般应控制位移在1~2cm/次范围内。

（6）裂缝控制。劈裂灌浆施工中，应尽量做到“内劈外不劈”，一般采用下护壁套管或加阻浆塞的办法处理。但如果坝体质量太差，或经数次复灌后坝顶仍将出现裂缝，此时应暂时停灌，待坝体回弹后再进行复灌；或当发现坝顶被劈开细小裂缝后，即停灌做阻浆盖，并控制灌浆压力，从而达到控制裂缝的目的。

（7）弯曲坝段的灌浆工艺。为了在弯曲坝段获得沿坝轴线连续的浆体防渗帷幕，必须采取特别的灌浆工艺，一般有如下两种：

1）随机钻灌法，即钻一孔灌一孔，孔距较小。当灌浆孔口出现细小裂缝，并开始偏离坝轴线时则停灌。然后在偏离坝轴线较近处的轴线上钻孔灌浆，使其劈裂重新回到坝轴线的位置，这样循序渐进钻灌，引伸裂缝发展，最终沿坝轴线方向形成竖直连续的浆体防渗帷幕。坝轴线曲率越大，钻孔应越密。

2）一次成孔轮灌法，在弯曲坝段轴线上，将设计灌浆孔连续钻完，然后逐孔轮流灌浆。单孔每次灌浆量要少，力争在短时间内循环一遍。发现孔口有小裂缝时就停灌，改灌另孔。当每个钻孔都形成小的裂缝，而且互相交接，灌浆量才可以互相增加，直至灌完。若弯曲坝段不太长，钻孔不多，还可同时灌浆，亦能获得较理想的效果。

不论采取上述哪一种灌浆方法，当坝顶沿坝轴线出现贯通的细小裂缝后，要及时做阻浆盖，一般应控制坝顶表面再次劈裂。弯曲坝段的钻孔越密，最后形成的浆体防渗帷幕就越接近坝轴线，连续性越好。

（8）岸坡坝段的灌浆工艺。土坝岸坡段的应力条件较复杂，岸坡段的小主应力面不一定沿坝轴线分布，有的可能与坝轴线斜交，有的可能垂直于坝轴线，因此有其特殊的灌浆工艺。

1）首先调整小主应力面。在缝顶做阻浆盖，缝内打孔灌注1.4~1.6g/cm³的浓浆，采用较大的灌浆压力（100~200kPa左右），使坝体土在高压泥浆作用下，充分地横向劈裂、挤压、湿陷，最后实现应力再分配，充分补充纵向小主应力不足，恢复3个主应力方向的正常秩序。

2）岸坡段出现斜缝时，先对斜缝进行充填灌浆处理，灌浆压力采用50kPa左右。

3）沿坝轴线布孔，孔距5m，不分序，由坝肩向河槽段推进，灌浆压力采用50~100kPa，最后形成沿坝轴线的连续的浆体帷幕。

3. 终灌标准和封孔

（1）终灌标准。劈裂灌浆的终灌标准为，当开启灌浆泵后几分钟时间，坝顶表面裂缝即冒浆，这时在无压情况下反复轮灌，坝顶连续3次冒浆，缝内浆面基本不下降，即可终灌。

（2）封孔。

1）劈裂式灌浆多用稠泥浆封孔。灌浆结束后，把孔内清水抽出，填入较大稠度的泥浆（密度大于1.6g/cm³），静置一周左右，再次抽出清水注入泥浆，直至浆面与坝顶齐平，最后用干土封口并压实。

2）用混合土封孔。混合土由石子、砂、黏土水泥浆等组成。混合土性能较好，与孔壁结合较好。

4. 灌浆效果检查与验收标准

(1) 效果检查。灌浆结束后，需对灌浆的效果进行检查，以确定坝体隐患是否消除，帷幕是否形成，是否达到了除险加固的目的。

检查的内容：泥浆在坝体内的充填情况，灌浆施工的记录资料，坝体内外质量的改善情况等。

检查时间：一般定在坝内灌浆基本结束后的低水位期。

检查方法：现场勘察、分析原形观测资料、注水检查、探井检查等。

(2) 验收标准。如能满足下述标准，则可认为坝体灌浆已达目的，可予以验收。

1) 下游坝坡的潮湿、渗水和沼泽化的现象消失，坝坡变得干燥了。

2) 下游的总渗流量明显比灌浆前减少。

3) 坝体的浸润线出逸点已降至设计高程以下。

4) 坝体的变形基本稳定，灌浆后各测点之间的差异沉降甚小，不足以产生新的变形破坏。

5) 坝体内凡通过浆脉的裂缝、洞穴和渗漏通道均被浆体填满，且浆体中没有夹砂，并与坝体结合牢固，没有裂隙。

6) 在灌浆影响到的范围内，坝体的干密度增大，渗透系数减少，坝的整体强度、抗渗能力增加。

2.3.5 砂砾石地基灌浆质量控制

砂砾石地基空隙率大、透水性强，要进行防渗处理方可作为水工建筑物的地基。由于砂砾石是由颗粒材料组成的，对灌浆效果影响大，孔壁容易坍塌，在灌浆中需要了解和掌握其可灌性、灌浆材料及灌浆方法。

可灌性是指砂砾石地基能接受灌浆材料灌入程度的一种特性。影响可灌性的主要因素有地基的颗粒级配、灌浆材料的细度、灌浆压力和施工工艺等。

一般采用水泥黏土混合灌浆。要求帷幕幕体的渗透系数降到 1/1 000 ~ 1/100000cm/s 以下，28d 结石强度达到 0.4 ~ 0.5MPa。

浆液配比视帷幕设计要求而定，常用配比为水泥：黏土 = 1：(2 ~ 4)（重量比）。浆液稠度为水：干料 = (1 ~ 6)：1。

水泥黏土浆的稳定性和可灌性优于水泥浆，固结速度和强度优于黏土。但由于固结较慢，强度低，抗渗抗冲能力差，多用于低水头临时建筑的地基防渗。为了提高固结强度，加快黏结速度，可采用化学灌浆。

1. 灌浆结束条件

灌浆结束条件有两种，第一种是灌浆直至不吸浆或最终吸浆量小于一定值时即结束灌浆。一般最终吸浆量控制在 1 ~ 2L/min，然后继续灌注 30min 即可结束。此条件适用于渗透性较好和多排孔内的中排孔灌浆。第二种是不论压力大小，只要灌入孔段内的干料量已累计达到规定的限量时，即结束灌浆。

当帷幕由多排孔组成，如果砂砾石层吸浆量大时，则其边排孔多采用限量灌注，中间排孔原则上仍应灌至不吸浆或吸浆量小于一定值，即第一种结束条件。

干料限量的多少，在一定帷幕结构下，决定于砂砾石层的孔隙率，浆液的填充率和要求的浆液扩散范围。一般地质条件下，孔距为3m的灌浆孔，其干料控制量多为3～5t/m。

2. 防止地表抬动措施

在灌浆时，如压力过大，常易产生一定量的地面抬动变形。防止或减少地表抬动的措施主要有以下几条：

（1）在靠近砂砾石层表面的灌浆段灌纯水泥浆，较快地造成坚固抗压的盖重层。

（2）增加表层灌浆孔密度，可增加上部地层的密实性。

（3）在砂砾石层上铺设一定厚度的黏土或混凝土盖板。

（4）先填筑部分坝体材料，如先铺一定厚度土粒或浇筑一定厚度的混凝土。

3. 灌浆效果检查

在灌浆过程中，应随时注意所发生的问题，分析灌浆资料。竣工后则专门进行质量检查和效果检验。

（1）检查方法。检查时，一定要保证灌入的浆液凝结具有一定强度后，才能实施。

1）整理、分析灌浆资料，检查单位注入量与灌浆次序的关系。正常的规律应该是单位注入量随着灌浆次序的增加而逐渐减小；中排孔的单位注入量应较边排孔小。灌浆完成后，应及时整理资料，可参照基岩灌浆资料整理方法。

2）钻孔检查。在帷幕范围内钻检查孔，数量一般为总灌浆孔数的3%～5%，孔深不小于帷幕深度。检查孔分段钻进，逐段做渗透试验，并取样了解砂砾石的被结石充填胶结情况。

3）通过观测检查。一是实地察看渗漏情况，二是利用地下水动态观测资料进行渗流分析，检验帷幕的效果。

（2）检查的标准。帷幕灌浆效果检查的标准主要有两个：一是帷幕范围内的渗透系数；二是坝基帷幕后渗透压力数值。

大坝砂砾石层基础防渗帷幕的渗透系数一般根据各工程的具体条件而定，除有特殊要求外，一般认为幕体内的渗透系数能降低到10^{-3}～10^{-5}cm/s，即算达到了防渗标准。

帷幕后渗透压力的允许值，也是根据各工程的条件而定，帷幕完成后，测定幕后渗透压力值，如小于设计规定值，即视为合格。

本章习题

2.2.1 常见地基加固处理方法的质量控制要点是什么？

2.2.2 灌浆工程的质量控制要点有哪些？不同地基的控制质量要点和标准是什么？

2.2.3 防渗工程的质量控制与评定的方法。

2.2.4 水泥深层搅拌桩质量控制与评定的方法是什么？

2.2.5 高压喷射防渗体的质量控制与评定的方法是什么?

2.2.6 防渗墙垂直铺塑防渗技术质量控制与评定的方法是什么?

2.2.7 如何控制混凝土防渗墙工程的质量?

2.2.8 如何控制振动沉模防渗墙施工的质量?

2.2.9 灌浆中灌注浆液的质量如何控制?固结灌浆质量控制的要点是什么?单元工程质量如何评定?

2.2.10 什么是堤坝劈裂灌浆?其工程质量标准是什么?应如何进行控制?

第3章 土石方开挖工程

教学要求：土石方工程具有施工量大、作业环境复杂等特点，要求熟悉土方、石方开挖的特点、规定、施工程序、方法；掌握土方、石方开挖的质量标准。能够使用相关的仪器设备获取现场施工数据，进行质量监控。

3.1 施工测量标准

3.1.1 控制测量与施工放样

1. 控制测量

（1）工程的首级控制基准点一般由业主单位向承建单位提供。质检员要对上述基准点成果进行复核，并将复核结果以书面形式向监理机构报告，如有异议，由监理机构转报项目法人进行核实，经检查确认无误后，由业主单位（或监理单位）书面形式通知承建单位才能启用该成果。

（2）应根据施工需要加密控制点，并应在施测前7d将作业方案报监理机构审批，施测结束后，将外业记录、“控制点成果及精度分析资料”报监理审核。该成果必须经监理机构批准后才能正式启用。

（3）承建单位应负责保护并经常检查已接收的和自行建立的控制点，一经发现有位移或破坏，及时报告监理工程师，在监理工程师及业主指示下采取必要的措施予以保护或重建。若施工需要拆除个别控制点，承建单位应提出申请，报监理机构和业主批准。

2. 施工放样

（1）对各工程部位的施工放样，应严格按合同文件及施工测量规范执行，确保放样精度满足设计要求。

（2）关键部位的放样措施必须经质检员审核报监理审批。如基础开挖开口线、坝轴线、混凝土工程基础轮廓点等放样，监理员将进行内、外业检查和复核。

（3）每块混凝土浇筑前，必须进行模板的形体尺寸检查，并将校模资料整理上报监理审查，内容包括：测站、后视、实测值与设计值比较差异量等。

3.1.2 施工测量的质量管理与控制标准

1. 施工测量的质量管理

（1）应建立健全的测量工作质量保证体系，完善内部测量质量检查程序和制度，确保产品质量。

（2）在工程项目开工之前，质量管理员对提供的测量成果，必须全面熟悉、复核，发现问题应及时与业主联系。

（3）在各项测量工作开始前，质量管理员必须完成对报送的施工测量作业措施的审核。

（4）编报的测量作业措施应包括以下内容。

1）项目概述。

2）执行规范及依据。

3）施工测量主要精度指标。

4）重要部位施工放样方案。

5）原始地形图及断面施测方案。

6）施工期变形观测措施。

7）竣工资料编制。

8）测量质量保证措施。

9）配备的测量人员资质情况、仪器设备配置及检定情况。

（5）对于首级控制网点复核测量、重要断面测量、重要部位的放样等，质检员采取旁站监督，或进行抽查复测。

（6）质检员根据合同文件及工程的实际情况，及时提出竣工测量的具体要求。对上报监理单位的竣工地形图、竣工断面等进行审核。

（7）质检员应做好工作日记、工作总结，以及测量资料、文件的归档工作。

2. 施工测量的控制标准

（1）施工测量资料应整理齐全，主要内容包括。

1）根据施工图纸和施工控制网点，测量定线并按实际地形测放开口轮廓位置的资料；在施工过程中测放、检查开挖断面及高程的资料。

2）测绘（或收集）的开挖前的原始地面线、覆盖层资料，开挖后的竣工建基面等纵、横断面及地形图。

3）测绘的基础开挖施工场地布置图及各阶段开挖面貌图。

4）单项工程各阶段和竣工后的土石方量资料。

5）有关基础处理的测量资料。

（2）开口轮廓位置和开挖断面的放样应保证开挖规格，其精度应符合表2.3.1的要求。

表2.3.1　　放样精度限差表

项　目	分　类	
	覆盖层	岩石
平面（cm）	50	20
高程（cm）	25	10

（3）断面测量应符合下列规定。

1）断面测量应平行主体建筑物轴线设置断面基线，基线两端点应埋标桩。正交于基线的各断面桩间距应根据地形和基础轮廓确定，一般为10～15cm。混凝土建筑物基础的断面应布设各坝段的中线、分线上；弧线段应设立以圆弧中心为准的正交弧线断面，其断面间距的确定除服从基础设计轮廓外，一般应均分圆心角。

2）断面间距用钢卷尺实量，实量各间距总和与断面基线总长（L）的差值应控制在L/500以内。

3）断面测量需设转点时，其距离可用钢卷尺或皮卷尺实量。若用视距观测，必须进行往测、返测，其校差应不大于L/200。

4）开挖中间过程的断面测量，可用经纬仪测量断面桩高程。但在岩基竣工断面测量时必须以五等水准测定断面桩高程。

（4）基础开挖完成以后，应及时测绘最终开挖地形图以及与设计施工详图同位置、同比例的纵横剖面图。竣工地形图及纵横剖面图的规格应符合下列要求。

1）原始地面（覆盖层和岩基面）地形图比例，一般为1：(200～1000)。

2）用于计算工程量（覆盖层和岩基面）的横断面图，纵向比例一般为1：(100～200)，横向比例一般为1：(200～500)。

3）竣工基础横断面图纵横比例一般为1：(100～200)。

4）竣工建基面地形图比例一般为1：200，等高距可根据坡度和岩基起伏状况选用0.2m、0.5m或1.0m，也可仅测绘平面高程图。

3.2 土方开挖

在水利水电工程施工中，明挖主要是建筑物基础、导流渠道、溢洪道和引航道(枢纽工程具有通航功能时)、地下建筑物的进、出口等部位的露天开挖，为开挖工程的主体。明挖的施工部署也关系着工程全局，极为重要。依据工程地形特征，明挖的施工部署大体可考虑分为两种类型：一是工程规模大而开挖场面宽广，地形相对平坦，适宜于大型机械化施工，可以达到较高的强度，如葛洲坝工程和长江三峡工程；二是工程规模虽不很大，但工程处于高山峡谷之中，不利于机械作业，只能依靠提高施工技术，才能克服困难，顺利完成。

3.2.1 土方明挖施工特点及发展

1. 水利水电工程土方明挖的施工特点

（1）工程量大、部位集中、工期紧。

（2）开挖深度大，形成的高边坡施工难度大。

（3）露天作业受气候和水文条件的影响较大，而事前又难以确定。

（4）工程地质复杂多变，开挖揭示的地质情况常和设计依据的地质条件不符，有较大变化时，就要修正设计，影响到工程进度。

（5）为了加快工程进度，在施工部署中，常采取边浇混凝土、边开挖的方法，施工干扰大。

（6）水工建筑物基础开挖，轮廓复杂，对基岩开挖的要求十分严格，施工技术要求高，制约开挖进度。

土方明挖是水利水电工程建筑物施工的先行工序，需按期为下一工序提供施工部位，明挖能否按计划完成，直接关系到工程的总进度。由于上述特点的存在，尤其是一些非工程因素，土方明挖虽无太多复杂的施工技术，但实施起来并非轻而易举，是整个工程中控制施工进度的重要项目之一。

2. 土方明挖在我国的发展

土方明挖随着我国水电建设的发展而发展，现已达到了较高的水平，主要表现在以下几个方面。

（1）土方明挖的工程规模。随着大型水电站的不断兴建，规模逐步增大，在统计的48座大型水电站中，开挖量在300万m^3以上的有30座，在500万m^3以上的有20座，1000万m^3以上的有5座，其中最大的为长江三峡工程，土石方开挖量逾12100万m^3，超过巴西的伊泰普水电站，居当前世界首位。

（2）高陡边坡开挖。近年来开工兴建的大型水电站明挖的高陡边坡较多，100m以上的特高边坡有10座，最高达220m，尤为突出的长江三峡工程永久船闸闸室两侧的直立坡高60m左右，中间保留有岩石隔墩，开挖要求极为严格，使本已技术复杂、难度大的高陡边坡开挖更为困难，表明我国高陡边坡开挖施工技术达到了较高的水平。随着我国水电建设进一步向水力资料丰富的西南高山峡谷地区发展，对高陡边坡开挖技术将提出更高的要求。

（3）开挖强度已超过国外水平。为了缩短建设工期，早日发挥工程效益，在开挖施工这个环节上，需要探索的目标是提高开挖效率、加快开挖进度。随着我国水电建设速度的加快，明挖施工由20世纪50年代以人力为主的低效率，逐步向机械化施工的高效率发展，特别在进入20世纪80年代以后发展尤为迅速，年开挖最高强度由建国初期的102万m^3提高到1259万m^3（葛洲坝工程），现在长江三峡工程又达到4400万m^3；单项工程月开挖最高强度由63.6万m^3（葛洲坝工程大江电厂）提高到101万m^3（三峡导流明渠）和152万m^3（三峡永久船闸）超过当时的世界水平。

3.2.2 土方明挖工程施工方法与质量控制

1. 土方明挖的施工方法

土方明挖工程依据施工对象和施工方法的特点，可以分为建筑物基础开挖、渠道开挖和河道疏浚。

水利水电工程建筑物主要是坝、闸、船闸、电站等。其基础开挖的共同特点是要符合建筑物要求的形态，对开挖边界线外保留的土体不允许破坏其天然结构。

土方开挖一般不需爆破，可用机械直接开挖。基础开挖从地形特征上可分为河床开挖和岸坡开挖。河床开挖的特点是地形较平坦、施工比较方便，但往往是施工时间短、强度较大；岸坡开挖，特别是山区高坝的岸坡，其开挖高度大，施工条件差，技术复杂，一般多在施工的前期开挖。

闸、坝的土质地基开挖，一般应自上而下全断面一次挖完。在开挖中，应特别注意排水设施，还必须审慎地注意地基的不均匀沉陷。开挖程序应结合排水考虑。

2. 土方明挖的质量控制

（1）开挖应遵循自上而下的原则。

（2）开挖轮廓应满足下列要求。

1）符合施工详图所示的开口线、坡度和高程的要求。

2）如某些部位按施工详图开挖后，不能满足稳定、强度、抗渗要求，或设计要求有变更时，必须按监理、业主、设计商定的要求继续开挖到位。

3）最终开挖超、欠挖值满足规范要求，坡度不得陡于设计坡度。

（3）对于在外界环境作用下极易风化、软化和冻裂的软弱基面，若其上建筑物暂时未能施工覆盖时，应按设计文件和合同技术要求进行保护。

（4）边坡开挖完成后应及时进行保护。对于高边坡或可能失稳的边坡应按合同或设计文件规定进行边坡稳定检测，以便及时判断边坡的稳定情况和采取必要的加固措施。

3.3 石方开挖

3.3.1 石方开挖的一般规定

（1）一般情况下，岩石基础开挖应自上而下进行，当岸坡和河床底部同时施工时，应确保安全；否则，必须先进行岸坡开挖。未经安全技术论证和监理工程师批准，不得采用自下而上或造成岩体倒悬的开挖方式。

（2）为保证基础岩体不受开挖区爆破的破坏，应按留足保护层的方式进行开挖，在有条件的情况下，则应先采取预裂防震，再进行开挖区的松动爆破。当开挖深度较大时。可分层开挖。分层厚度可根据爆破方式、挖掘机械的性能等因素确定。

（3）基础开挖中，对设计开口线外坡面、岸坡和坑槽开挖壁面等，若有不安全的因素，均必须进行处理，并采取相应的防护措施。随着开挖高层下降，对坡（壁）面应及时测量检查，防止欠挖。避免在形成高边坡后再进行坡面处理。

（4）遇有不良的地质条件时，为了防止因爆破造成过大震裂或滑坡等，对爆破孔的深度和最大一段起爆药量，应根据具体条件由施工、地质和设计单位共同研究，另行确定，实施之前必须报监理工程师审批。

（5）实际开挖轮廓应符合设计要求。对软弱岩石，其最大误差应由设计和施工单位共同议定；对坚硬或中等坚硬的岩石，其最大的误差应符合下列规定：

1）平面高程一般不大于0.2m。

2）边坡规格依开挖高度而异：8m以内时，一般应不大于0.2m；8~15m时，一般应不大于0.3m；16~30m时，一般应不大于0.5m。

（6）爆破施工前，应根据爆破对周围岩体的破坏范围及水工建筑物对基础的要求，确定垂直向和水平向保护层的厚度。

爆破破坏范围应根据地质条件、爆破方式和规模以及药卷直径诸因素，至少用两种方法通过现场对比试验综合分析确定。若不具备对比试验条件时，爆破破坏范围可参照

表 2.3.2 确定。

表 2.3.2　　保护层厚度与药卷直径的倍数关系

保护层名称	软弱岩石	中等坚硬岩石	坚硬岩石
垂直保护层	—	30	25
地表水平保护层	200 ~ 100		
底部水平保护层	150 ~ 75		

（7）保护层的开挖是控制基础质量的关键，其垂直向保护层的开挖爆破，应符合下列要求。

1）用大孔径、大直径药卷爆破留下的较厚保护层，距建基面 1.5m 以上部分仍可采用中（小）孔径及相应直径的药卷进行梯段毫秒爆破。

2）对于中（小）直径药卷爆破剩下的保护层厚度，仍应不小于规定的相应药卷直径的倍数，并不得小于 1.5m。

3）紧靠建基面 1.5m。以上的一层，采用手风钻钻孔，仍可用毫秒分段起爆，其最大一段起爆药量应不大于 300kg。

（8）建基面上 1.5m 以内的垂直向保护层，其钻孔爆破应遵守下列规定：

1）采用手风钻逐层钻孔（打斜孔）装药，火花起爆，其药卷直径不得大于 32mm（散装炸药加工的药卷直径，不得大于 36mm）。

2）最后一层炮孔孔底高层的确定：对于坚硬、完整岩基，可以钻至建基面终孔，但孔深不得超过 50cm；对于软弱、破碎岩基则应留足 20 ~ 30cm 的撬挖层。

（9）预裂缝可一次爆破到设计高程。预裂爆破可采用连续装药或间隔装药结构。爆破后，地表缝宽一般不宜少于 1cm；预裂面不平整度不宜大于 15cm；孔壁表层不应产生严重的爆破裂缝。

（10）廊道、截水墙的基础和齿槽等开挖，应做专题爆破设计。尤其对基础防渗、抗滑稳定起控制作用的沟槽，更应慎重地确定其爆破参数。

一般情况下，应先在两侧设计坡面进行预裂，尔后按留足垂直保护层进行中部爆破；若无条件采用预交爆破时，则应按留足两侧水平保护层和底部垂直保护层的方式，先进行中部爆破，而后进行光面爆破，沟槽中部的爆破应符合下列要求：

1）根据留足保护层后的剩余中部槽体尺寸决定爆破方式（梯段或拉槽）。

2）当能采用梯段爆破时，可参照规范 SL 47—94《水工建筑物岩石基础开挖工程施工技术规范》第 3.5.3 条和 3.5.4 条规定，但最大一段起爆药量应不大于 500kg，邻近设计建基面和设计边坡时，不得大于 300kg。

3）当只能采用拉槽爆破时，可用小孔径钻孔、延长药包毫秒爆破，最大一段起爆药量应不大于 200kg。

4）当留足保护层后，其剩余中部槽体尺寸不能满足梯段或拉槽爆破时，则应参照 SL 47—94《水工建筑物岩石基础开挖工程施工技术规范》第 3.6.3 条规定控制。当不采用预裂爆破和光面爆破的方式进行开挖时，则应用孔深不超过 1.0m 的电炮拉槽，尔后采用火花起爆逐步扩大。

(11) 在建筑物及其新浇混凝土附近进行爆破时，必须遵守下列规定。

1) 根据建筑物对基础的不同要求以及混凝土不同的龄期，通过模拟破坏试验确定保护对象允许的质点振动速度值（即破坏标准）。若不能进行试验时，被保护对象的允许质点振动速度值，可参照类似工程实例确定。

2) 再通过实地试验寻求本工程爆破振动衰减规律，即利用不同药量、测距与相应各测点的质点振动资料应用 SL 47—94《水工建筑物岩石基础开挖工程施工技术规范》附录三中第 1 项的关系式求得。

3) 采用本工程关系式和被保护对象所允许的质点振速值，规定相应的安全距离和允许装药量，并参照 SL 47—94《水工建筑物岩石基础开挖工程施工技术规范》附录三附表 3.1 的格式列出。其中，近距离火炮爆破用火花起爆所求得的关系式计算。

4) 若无条件执行上述规定时，则应参照 SL 47—94《水工建筑物岩石基础开挖工程施工技术规范》附录中规定执行。

(12) 在邻近建筑物的地段（10m 以内）进行爆破时，必须根据被保护对象的允许质点振动速度值，按本工程实测的振动衰减规律严格控制浅孔火花起爆的最小装药量。当装药量控制到最小程度仍不能满足要求时，应采取打防震孔或其他防震措施。

(13) 不得在灌浆完毕地段及其附近进行爆破，如因特殊情况需要爆破时，必须经监理总工程师和设计单位同意，方可进行少数量的浅孔火花爆破，并应对灌浆区进行爆前爆后的对比检查；必要时，还须进行一定范围的补灌。

3.3.2 石方开挖过程中的质量控制

1. 预留保护层

水工建筑物岩石基础开挖，在爆破过程中，不允许爆破振动对保留基岩产生破坏，出现大量爆破裂隙或使原有的构造裂隙面扩展而张开，损害岩体的完整性。因此，在进行爆破开挖时，为控制开挖质量，必须采取切实可靠的控制措施。对于底部建基面，均用预留保护层的方法，即根据基岩地质特性、开挖爆破方式和爆破参数，在水平建基面上预留相应的安全厚度，使上部大规模爆破的振动，对建基面不产生破坏。大量试验资料表明，保护层的厚度与上部爆破药包直径有关，由于每一工程基岩的岩性不同，保护层厚度应经过现场爆破试验合理地确定。葛洲坝一期工程实测爆破对基岩影响深度的成果见表 2.3.3。

通过实测爆破，确定保护层厚度为 40 倍药包直径。在基岩实际开挖中，一般采取的爆破孔径为 170 ~ 150mm，使用的约包直径为 90mm，考虑不耦合装药的减震作用，预留的保护层厚度为 3m。为了便于现场施工人员根据实际情况掌握，同时规定距建基面 2m 以上可用大于 55mm 药卷爆破；距离建基面 1.5m 以上可用大于 32mm 药卷爆破。若无条件试验，可采用工程类比法确定。

据不完全统计，我国水电工程基岩开挖不同岩性和不同钻爆方式预留保护层厚度一般为 1.5 ~ 2.7m，个别为 0.5m 和 3.5m。但无论保护层预留的厚度如何，毕竟它在开挖中增加了一道工序，不利于加快开挖进度。多年来，从施工技术上一直在探索取消预留保护层。

表 2.3.3　　　　　　　葛洲坝一期 T 程实测爆破对基岩影响深度

爆破方式	岩性	炮孔深度（m）	炮孔直径（mm）	药包直径（mm）	炮孔底部以下夹层情况（药包底部）			爆破影响深度（m）	爆破影响深度（为药包直径的倍数）
					夹层厚度（mm）	距夹层盘距离（m）	距夹层下盘距离（m）		
梯段爆破潜孔钻梯段	黏土质粉	6.2	170	150	0.74	2.74	3.48	3.48	23
毫秒爆破潜孔钻梯段	砂岩及砂岩	6.2	170	130	1.38	1.91	3.29	2.56	21
毫秒爆破轮胎钻陶		6.5	170	13	0.40	2.58	2.98	3.8	30
槽爆破	砂岩		65	56		2.76		1.76	31.4
手风钻电炮	黏土质粉砂岩及砂岩	1 ~ 1.5	50	32				1.2 ~ 1.35	37.5 ~ 42
手风钻火炮		1 ~ 2		32				0.13 ~ 0.45	4 ~ 14

2. *保护层开挖*

分层开挖保护层为基岩开挖的最后一层，其开挖方式直接关系到基岩开挖的质量。我国多年来一直采用分层开挖的方法。当保护层厚度大于 1.5m 情况下，距离建基面 15m 以上为第一层，用小孔径（药包直径不大于 40mm）梯段毫秒爆破；距离建基面 1.5m。以下至 0.5 ~ 0.7m（视地质条件而定）为第二层，药包直径不大于 32mm，单孔起爆；剩余的厚度为第三层。若岩体比较破碎，留下 0.2m 用人工撬除。

保护层分层开挖，虽能保证基岩的开挖质量，但限制了机械开挖效率的发挥，不能适应日益发展的机械化施工。为了改变这种状况，早在 20 世纪 70 年代就开始研究保护层一次开挖的方法，先后在葛洲坝、东江、万安、东风、铜街子、隔河岩等水电工程中进行了大量的现场试验。试验成果表明，在确保基岩质量的前提下，保护层可以一次挖除。东江和东风水电站拱埂坝基开挖全面采用预裂爆破技术，建基面半孔率均在 900 以上，开挖面平整，爆破影响轻微，效果良好。其他如五强溪、大朝山工程等的坝基开挖都采取了预裂爆破技术并取得好的效果。长江三峡一期工程右岸混凝土纵向围堰基岩开挖时，针对以往工艺上存在的难点，又进一步做了大规模的生产性试验，取得成功，已在三峡工程其他部位开挖中推广应用。

3. *边坡开挖*

边坡开挖的质量控制，主要有以下 3 点：

（1）坡面平整，准确控制设计轮廓面。

（2）保护边坡岩体不受爆破振动的破坏，导致边坡崩塌滑落。

（3）尽可能减少爆破对边坡保留岩体的破坏影响，不产生较大、较多的爆破裂隙。

永久边坡可充分利用岩体的自身强度，必要时再加以支护，以保证边坡的长期稳定；建筑物边坡基础只要稍加清理即可达到质量要求。目前，控制岩石边坡开挖质量的方法在尽可能减小爆破单响药量的同时有预裂爆破技术和光面爆破技术两种。

4. *特殊部位附近的爆破*

（1）新浇混凝土附近爆破。在大型水电工程中，为了加快施工进度，当部分基岩开挖完成后就开始浇筑建筑物混凝土，形成了边开挖、边浇混凝土的格局，常有在新浇混凝土附近进行开挖爆破的情形。当混凝土龄期不足28d时，其自身的强度低，与基岩接触面黏结强度更低，极易受到爆破的破坏，必须保证新浇混凝土的安全。

爆破振动能观测的物理量有质点位移、质点振动速度及加速度等。国内外普遍采用质点振动速度作为爆破振动安全控制标准，但爆破对混凝土的振动影响极其复杂，除了不同的爆破条件外，对不同强度等级、不同龄期、不同结构的混凝土所受的影响也不同。从混凝土所受振动影响的部位看，一是混凝土与基岩的结合面是否被震开；二是混凝土本身是否受到损害。鉴于上述的复杂性，施工技术规范虽有规定，仍应通过现场爆破试验确定安全质点振动速度作为控制标准。如铜街子工程经过现场试验制定了对C20混凝土的质点振动速度控制标准，见表2.3.4。也可按规范规定和设计要求执行，如三峡临时船闸施工中对新浇混凝土规定的质点振动速度见表2.3.5。

表2.3.4　　铜街子混凝土质点振动速度控制标准

C20混凝土龄期（d）	1	3	7	28	38
控制质点振动速度（cm/s）	1.0	2.5	5.0	10.0	15.0

表2.3.5　　三峡临时船闸混凝土质点振动速度控制标准

C20混凝土龄期（d）			7～28	28～38
规范规定的质点振动速度（cm/s）	1.5～2	2～5	5～7	
设计规定的质点振动速度（cm/s）	1.5～2	2～3	3～5	5～8

（2）灌浆区附近爆破。基岩灌浆系隐蔽工程，充填在岩石裂隙内的水泥结石，一旦遭到破坏，几乎没有有效的处理方法。考虑到爆破对地基的破坏作用，在已完成灌浆和正在灌浆的地区，规范规定附近30m以内，不得进行爆破作业。如果进行爆破作业，必须通过试验证明可行。

铜街子工程为解决这一技术问题，经过现场试验确定以质点振动速度1.5cm/s。作为正在灌浆区的爆破控制标准，个别情况允许不大于2cm/s。葛洲坝工程对一期、二期工程接界处已灌浆部位，以1.2cm/s作业爆破安全质点振动速度，经爆破后检查，廊道已灌帷幕未遭到损害。

（3）新锚喷支护区附近爆破。从限制边坡岩体变形发展，避免滑塌，保证施工安全和施工进度的要求，锚喷支护开挖爆破对锚固设施影响的理论研究和试验研究难度很大。在李家峡工程的岩体开挖和锚固中，进行了大规模、系统的现场近区岩体和锚固设施爆破动力响应测试试验，提出边坡开挖应采用预裂爆破，锚固设施施工距预裂面的最近距离为3m距预裂面5m以内爆破区单响药量应控制在30kg以内。铜街子工程经现场试验确定在锚头处质点振动速度控制在3cm/s以内，个别情况不大于4cm/s。

（4）其他情况。除上述常见的情况外，还有一些特殊情况下需要保护的工程。如长江三峡工程一期土石围堰基础，坐落在厚约4～6m新淤积的粉细砂层上（最厚达

18m），且有黏土质砂（水库淤积）呈不连续透镜体夹于其中，又大多位于水下，不可能全部清除。

因此，除局部挖除外，设计上采取了围封、盖重、截断渗流和设置反滤层等措施，将其保留在堰基内。粉细砂粒径细小，颗粒级配不均匀系数小，属于不良级配均匀土，在地震烈度为7度时，具有产生液化的可能性。

1）导流明渠内开挖，不允许直接在饱和粉细砂内进行爆破。此种爆破会产生类似于流体中的爆破效应，具有振动大、衰减慢的特点，有可能引起邻近范围内局部的粉细砂液化。

2）在开挖岩石时对爆破进行控制，以堰脚附近产生的质点振动速度为准，饱和砂基础控制在3.5～5cm/s以内，非饱和砂和石渣料控制在5～6cm/s以内。

根据特殊部位对爆破的不同要求，安全质点振动速度确定后，可用经验公式计算出相应的控制爆破药量。若药量不能减至控制标准，可增加减震措施，如打防震孔，开挖沟槽和形成预裂缝等办法。

3.3.3 石方开挖质量检查处理

（1）开挖后的建筑物基础轮廓不应有反坡（结构本身许可者除外）；若出现反坡时，均应处理成顺坡。

对于陡坎，应将其顶部削成钝角或圆滑状。若石质坚硬，撬挖确有困难时，经监理工程师同意，可用密集浅孔装微量炸药爆除，或采取结构处理措施。

（2）建基面应整修平整。在坝基斜坡或陡崖部分的混凝土坝体伸缩缝下的岩基，应严格按设计规定进行整修。

（3）建基面如有风化、破碎，或含有有害矿物的岩脉，软弱夹层和断层破碎带以及裂隙发育和具有水平裂隙等，均应用人工或风镐挖到设计要求的深度。如情况有变化时，经监理工程师同意，可使用单孔小炮爆破，撬挖后应根据设计要求进行处理。

（4）建基面附有的方解石薄脉、黄锈（氧化铁）、氧化锰、碳酸钙和黏土等，经设计、地质人员鉴定，认为影响基岩与混凝土的结合时，都应清除。

（5）建基面经锤击检查受爆破影响震松的岩石，必须清除干净。如块体过大时，经监理工程师同意，可用单孔小炮炸除。

（6）在外界介质作用下破坏很快（风化及冻裂）的软弱基础建基面，当上部建筑物施工覆盖来不及时，应根据室外试验结果和当地条件所制定的专门技术措施进行处理。

（7）在建基面上发现地下水时，应及时采取措施进行处理，避免新浇混凝土受到损害。

3.3.4 爆破工程质量标准

1. 预裂爆破和光面爆破

（1）预裂爆破和光面爆破的效果，还应符合以下要求。

1）在开挖轮廓面上，残留炮孔痕迹应均匀分布。残留炮孔痕迹保存率，对节理裂隙不发育的岩体，应达到80%以上：对节理裂隙较发育和发育的岩体，应达到50%～80%；对节理裂隙极发育的岩体，应达到10%～50%。

2）相邻两炮孔间岩面的不平整度，不应大于15cm，炮孔壁不应有明显的爆破裂隙。

（2）对主要水工建筑物的设计建基面进行预裂爆破时，预裂范围应超出梯段爆破区，其超出尺寸及预裂缝的宽度，应由爆破设计确定。

（3）预裂炮孔和梯段炮孔岩在同一爆破网络中起爆，预裂炮孔先于相邻梯段炮孔起爆的时间，不得小于75～100ms。

2. 梯段爆破

（1）梯段爆破的效果，应符合下述要求。

1）爆破石渣的块度和爆堆，应能适合挖掘机械作业。爆破石渣如需利用，其块度或级配还应符合有关要求。

2）爆破对紧邻爆区岩体的破坏范围小，爆区底部炮孔很少。

3）爆破地震效应和空气冲击波（或噪音）小，爆破飞石少。

（2）紧邻设计边坡的一排梯段炮孔，其孔距、排距和每孔装药量，应较其他梯段炮孔的小。

（3）若采用预留岩体保护层开挖方法，其上部的梯段炮孔不得穿入保护层。

（4）梯段爆破的最大一段起爆药量，不得大于500kg；邻近设计建基面和设计边坡时，不得大于300kg。

在建筑物或防护目标附近，最大一段起爆药量，应由爆破设计规定。

3. 紧邻水平建基面的爆破

（1）紧邻水平建基面爆破效果，除其开挖偏差应符合基本的规定外，还不应使水平建基面岩体产生大量爆破裂隙，以及使节理裂隙面、层面等弱面明显恶化，并损害岩体的完整性。

（2）紧邻水平建基面的岩体保护层厚度，应由爆破试验确定，若无条件进行试验，才可采用工程类比法确定。

（3）对岩体保护层进行分层爆破，必须遵守下述规定。

第一层：炮孔不得穿入距水平建基面1.5m的范围；炮孔装药直径不应大于400mm；应采用梯段爆破方法。

第二层：对节理裂隙不发育、较发育、发育和坚硬的岩体，炮孔不得穿入距水平建基面0.5m的范围；对节理裂隙极发育和软弱的岩体，炮孔不得穿入距水平基面0.7m的范围。炮孔与水平建基面的夹角不应大于60°，炮孔装药直径不应大于32mm。应采用单孔起爆方法。

第三层：对节理裂隙不发育、较发育、发育和坚硬、中等坚硬的岩体，炮孔不得穿过水平建基面；对节理裂隙极发育和软弱的岩体，炮孔不得穿入距水平建基面0.2m的范围，剩余0.2m厚的岩体应进行撬挖。炮孔角度、装药直径和起爆方法，均同第二层的规定。

（4）必须在通过试验证明可行并经主管部门批准后，才可在紧邻水平建基面采用有或无岩体保护层的一次爆破法。

1）保护层的一次爆破法应符合下述原则。①应采用梯段爆破方法；②炮孔不得穿过水平建基面；③炮孔底应设置用柔性材料充填或由空气充任的垫层段。

2）无保护层的一次爆破法应符合下述原则：①水平建基面开挖，应采用预裂爆破方法：②基础岩石开挖，应采用梯段爆破方法；③梯段炮孔底与水平预裂面应有一定距离。

4. 特殊部位附近的爆破

（1）如需在新浇筑大体积混凝土附近进行爆破，必须遵守下述规定。

新浇筑大体积混凝土基础面上的质点振动速度，不得大于安全值。安全质点振动速度应由爆破试验确定，若难以获得试验成果，可执行规范附录中的规定。

钻孔爆破施工中，可按规范附录中的经验公式进行预报和控制。

若装药量控制到爆破的最低需用量，新浇筑大体积混凝土基础面的质点振动速度仍大于安全值，应采取有效减震措施，或暂停爆破作业。

（2）如需在新灌浆区、新预应力锚固区、新喷锚（或喷浆）支护区等部位附近进行爆破，必须通过试验证明可行，并经主管部门批准。

3.4 疏浚工程

3.4.1 疏浚工程的内容

疏浚工程是利用机械设备进行水下开挖，达到行洪、通航、引水、排涝、清污及扩大蓄水容量、改善生态环境等目的的一种施工作业，其内容涉及到以下方面。

（1）挖深、拓宽、清理水道，以提高河道的行洪能力或改善河道的通航条件。

（2）新的水道、港池、排灌沟渠、跨河、过海管道沟槽的开挖。

（3）码头、船闸、船坞、堤坝等水工建筑物基槽的开挖或地基软弱土层的消除。

（4）清除湖泊、水库、排灌沟渠内淤积的泥沙。

（5）水底矿藏覆盖层、水域内受污染底泥的清除。

疏浚工程的分类见表2.3.6。

表2.3.6　　疏浚与吹填工程分类

名　称	分类	含　　义
疏浚工程	基建性	为提高防洪标准、航道等级或为新辟水道、港口、码头等而进行的具有新建、扩建、改建性质的疏浚
	维护性	为保持或恢复某一水域原有的尺度而进行的经常性的或周期性的疏浚
	临时性	为清除突发性的某一水域的淤塞面而进行的具有临时性质的疏浚，如处理滑坡、崩岩等造成的水道堵塞
	环保性	为清除湖泊、河道内沉淀的污物以及受污染的底泥。达到减轻水质污染、改善生态环境等目的而进行的具有环保性质疏浚

续表

名　称	分类	含　　义
吹填工程	基建性	为加固修复堤防、建设造地、建筑物边侧回填等目的而进行的带有基建性质的吹填。这是工程对吹填土的质量、吹填区的高程与平整度一般都有明确和较高的要求。
	弃土性	充分利用混凝土疏浚弃土，提高工程的综合效益。将疏浚土吹填到一些荒废的山洞、沼泽、洼地，从而使这些土地得到充分利用。弃土性吹填由于受到疏浚弃土质量与数量的限制，吹填质量的要求较低

3.4.2　疏浚工程施工基本程序

疏浚工程施工的基本程序如图 2.3.1 所示。

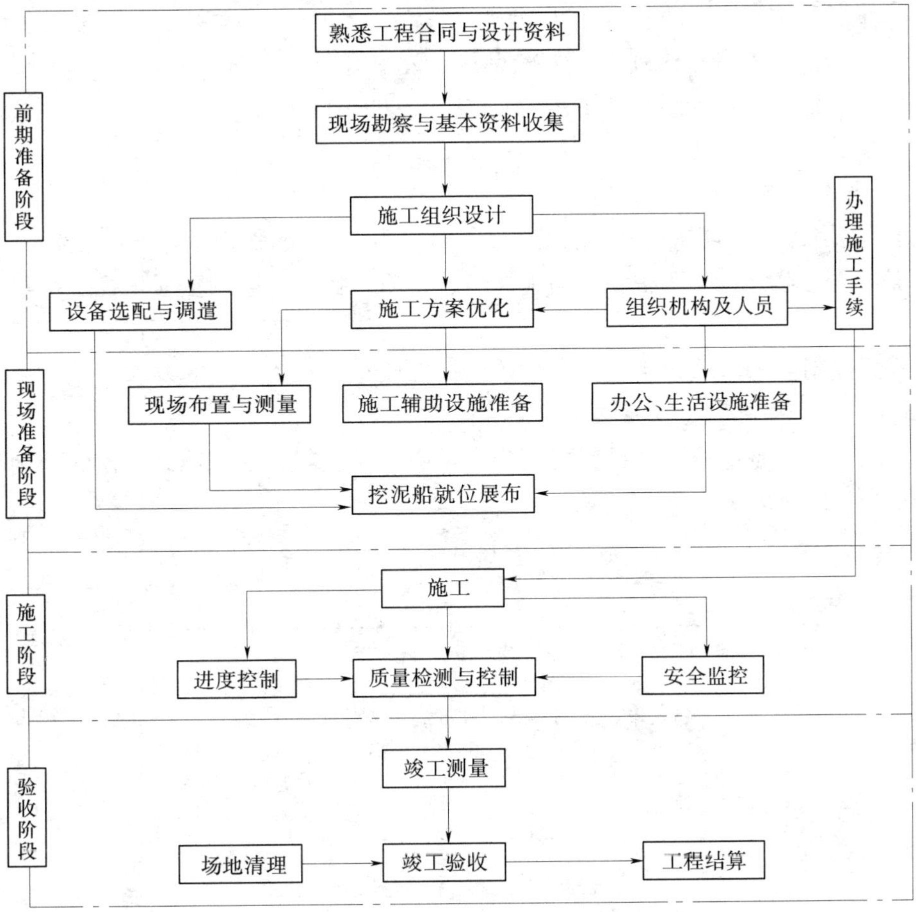

图 2.3.1　疏浚工程施工基本程序

3.4.3　疏浚工程质量控制

3.4.3.1　质量控制标准

疏浚工程施工质量应按设计要求进行控制，设计未作规定的应按 SL 17—90《疏浚工程施工技术规范》要求执行。

1. 横断面

（1）断面中线偏移不得大于 1. 0m。

（2）断面开挖宽度和深度应符合设计要求，断面每边允许超宽值和测点允许超深值应符合表 2. 3. 4、表 2. 3. 5 的规定。

（3）水下断面边坡岸台阶形开挖时，超欠比应控制在 1 ~1. 5。

（4）疏浚工程原则上不允许欠挖，局部欠挖如超出下列规定时，应进行返工处理。

1）欠挖厚度小于设计水深的 5%，且不大于 30cm。

2）横向浅埂长度小于设计底宽的 5%，且不大于 2m。

3）浅埂长度小于 2. 5m。

2. 纵断面

（1）纵断面测点间距不应大于 100m。

（2）纵断面上不得有连续两个欠挖点，且欠挖值不得大于 30cm。

（3）纵断面各测点连线形成的坡降应与水流方向一致。

（4）纵断面上各测点超深值应符合表 2. 3. 3 的规定。

3. 4. 3. 2　质量检测方法

对于宽阔水域（如水库、湖泊、沿海港池）开挖、清淤工程的质量控制一般根据工程施工合同要求分为断面法和平均水深法进行质量控制。断面法质量控制可根据开挖分条按照纵横断面质量控制标准进行控制；平均水深法一般采用测深仪按一定点距和行距进行检测控制。平均水深法各测点的质量标准应符合表 2. 3. 3 的要求。

3. 4. 3. 3　疏浚工程质量控制方法

疏浚工程施工质量按控制目标可划分为：中心线控制、挖宽控制、挖深控制和边坡控制等 4 个方面见表 2. 3. 7。

表 2. 3. 7　　疏浚工程施工质量按控制目标划分

控制项目		控制方法	方法要点	适用范围
中心线控制	设立中心导标	设立标杆	（1）中心导标必须连续设置，且不少于 3 个； （2）前后两标志之间距离一般为 1 ~2 倍的船长； （3）岸上标志顶部留有 1. 5m 以上高差； （4）标杆顶部应悬挂鲜艳颜色的小旗帜，夜间施工时标志上应安装灯光显示装置，旗帜与灯光颜色应与邻组标志有所区别	岸标：中小河道，河道开挖中心线离岸小于 100m；水上标杆：水深少于 2. 5m
		设立撑杆	（1）中心线导标必须连续设置且不少于 3 个； （2）前后两标志之间距离一般在 1 ~2 倍的船长	水域宽阔，开挖中心线离岸大于 100m，且水深不大于 10m
	船舶定位	导标指示法	（1）根据已设定的中心线与开挖起始标初步定位； （2）以测量仪器测定船位并精确定位	能见度较好时
		GPS 定位法	以 GPS 定位	沿海地区较宽阔水域；环保疏浚工程

续表

控制项目		控制方法	方 法 要 点	适 用 范 围
中心线控制	船位校正	导标对中法	日常生产时班组作业人员要定时（一般早、晚各一次）对标	能见度较好时
		测量仪器校对法	用测量仪器定期或不定期校正检验	能见度较好时
		GPS 校对法	以 GPS 测量校对	通用
挖宽控制		罗经仪控制法	以罗经仪显示角度结合挖泥机具下放深度控制	（1）挖泥船配有罗经仪； （2）挖泥船已严格对中
		标志控制法	（1）边线导标必须连续设置，前后两标志之间距离一般不超过 1 倍的船长，质量要求较高时要加密； （2）放样标志必须鲜艳醒目、牢固，发现丢失或移位时应及时补测、补设； （3）班组作业人员应熟悉地形和测量放样标志，在控制好开挖中心线的同时根据当时的流速、流向、风力、风向、土质等因素正确掌握横移速度，尤其在接近开挖边线时应控制移动速度、严格按放样标志开挖； （4）要准确控制条与条之间的搭接向，防止漏挖形成浅埂	（1）挖泥船未配罗经仪； （2）标志较易设置且不易被破坏移位
挖深控制		设立水尺及水文通报站	（1）水尺可采用木质或钢质材料制作； （2）水尺应设置在邻近施工区且便于观测、水流平稳。波浪影响小和不易被破坏的位置，必要时应加设保护桩避浪设施； （3）水尺零点拟与开挖底高层一致； （4）水尺读数应准确、清晰，读数视角不大于 45°； （5）水面横向比降大于 1/1000 时，须施工河段两侧分别设立，施工点水位与测量点水位应按水尺读数进行内插； （6）当现场水尺设立有困难时可设立水文通报站，水文通报站与施工区瞬时相一致，否则进行校正；对于沿海受潮汐影响地区的水位通报还应考虑涨落潮的影响	通用
		挖深指示仪校正	挖泥船的挖深指示仪类型较多，常用的有机械式、电磁感应式、压力感应式等几种。各种仪器经过一段时间的使用都会因磨损、老化而出现一定程度的误差，因此开工前应对挖泥船的挖深指示仪进行校正。防止因指示仪的误差造成过多超深或浅挖	通用
		正确控制开挖机具的升降	挖泥船操作人员应熟悉并及时掌握施工区水位（包括潮汐）变化情况，并根据水面纵横比降、波浪及船位情况对水仪读数进行修正，严格按水仪变化适时调整挖泥机具下放深度。并按照“坚决不欠、尽量少超”的原则进行挖深控制	通用
		开挖深度检测	由于疏浚工程是机械水下作业，各种原因造成的浅挖、漏挖和河淤难以直接观察到。在施工过程中及时进行检测，以防大面积的返工。一般每 24h 检测一次，并加以记录，一旦发现浅挖、漏挖现象，立即进行处理，确保工程质量	通用

续表

控制项目	控制方法	方法要点	适用范围
边坡控制	矩形单层开挖法	（1）严格按开挖边线标志或罗经角度进行横向控制； （2）严格按水位控制挖泥机具下放深度	（1）上层较薄； （2）边坡开挖质量要求一般
	台阶形多层开挖法	（1）严格按开挖边线标志或罗经角度进行横向控制； （2）严格按水位控制挖泥机机具下放深度； （3）分层厚度应控制在1.0m以内； （4）超欠比以1.5为宜	（1）土层厚小于一次可切泥厚度； （2）边坡开挖质量要求高
	理坡法	对于配有断面剖面监视仪的挖泥船，可在充分考虑各种影响因素基础上准确设定开挖剖面线，并认真按剖面轨迹开挖。一次形成设计边坡；对于无剖面监视仪的挖泥船可采用以下方法进行控制：①沿设计边坡底部边线设立起边坡标志杆，标杆间距不宜过大；②在充分考虑水流、风浪等影响因素的情况下认真计算出船舶横摆速度和开挖机具提升速度的关系；③当挖泥船横摆到起坡标志杆时，按照横摆速度和开挖机具提升速度的关系边横摆边提升开挖机具，按设计要求形成边坡	边坡开挖质量要求较高的工程

3.4.3.4 疏浚工程的质量控制要点

1. 挖槽宽度控制

（1）挖泥船操作人员必须严格按照测量人员设置的开挖标志进行定位和施工，并应经常校核和调整船位。

（2）操作人员必须熟悉施工，了解开挖标志的精确度，掌握船舶横移速度和摆动惯性，选择合理的对标位置和挖宽。

（3）操作人员对开挖标志有疑问或发现有错误时，应及时向施工技术人员或测量人员反映，由测量人员进行复核或校正。

（4）挖槽断面边坡宜按阶梯形开挖，开挖时掌握下超上欠，尽量做到超欠平衡。最大允许及计算超宽值见表2.3.8。

2. 挖槽深度控制

（1）施工前应正确记录测量人员所设置的水位标尺读数，并严格按照水位标尺进行挖槽深度控制。

（2）施工前应检查、校正挖泥船上的挖深指示尺，使绞刀或泥斗最低点至水面的垂直距离与挖深指示尺读数一致。

挖深指示尺的零点可定在挖泥船的正常吃水线上，当水线变化时，应及时计算出挖深改正值，以便调整绞刀头和泥斗的下放深度。

（3）对挖槽已挖部分要经常进行水深测量，发现欠挖超过允许值时，及时退船处理。

（4）单项疏浚工程完工，施工单位应对挖槽全面进行水深测量，对欠挖处应加密

表 2.3.8　　　　　　　　　　　　　最大允许及计算超宽值

挖泥船类型	机具规格		最大允许及计算超宽（每边 m）
绞吸式	绞刀直径（m）	>2	1.5
		1.5~2	1.0
		<1.5	0.5
链斗式	斗容量（m^3）	≥0.5	1.5
		<0.5	1.0
铲斗式	斗容量（m^3）	≥2	1.5
		<2	1.0
抓斗式	斗容量（m^3）	≥4	1.5
		2~4	1.0
		<2	0.5

探测。

（5）单项工程验收时，未达到设计深度的欠挖点，应小于施测点总数的10%，并在满足下列各条规定时可不进行返工处理：

1）欠挖值小于设计水深的5%，不大于30cm。

2）横向浅埂长度小于挖槽设计底宽的5%，不大于2m。

3）纵向浅埂长度小于2.5m。

最大允许及计算超深值见表2.3.9。

表 2.3.9　　　　　　　　　　　　　最大允许及计算超深值

挖泥船类型	机具规格		最大允许超深（m）	计算超深（m）
绞吸式	绞刀直径（m）	>2	0.6	0.4
		1.5~2	0.5	0.3
		<1.5	0.4	0.3
链斗式	斗容量（m^3）	≥0.5	0.4	0.3
		<0.5	0.3	0.2
铲斗式	斗容量（m^3）	≥2	0.5	0.3
		<2	0.4	0.3
抓斗式	斗容量（m^3）	>4	0.8	0.5
		2~4	0.6	0.4
		<2	0.4	0.3

3.5　喷锚支护

3.5.1　锚杆参数及布置

（1）锚杆参数应根据施工条件，通过工程类比或试验确定。一般可参照下列规定选取：

1）系统锚杆，锚入深度1.5～3.5m，其间距为锚入深度的1/2，但不得大于1.5m；单根锚杆锚固力不低于5t；局部布置的锚杆，须锚入稳定岩体，其深度和间距，根据实际情况而定。

2）大于5m的深孔锚杆和预应力锚索，应结合永久支护做出专门设计。

3）锚杆直径一般为16～25mm。

（2）锚杆布置应与岩体主要结构面成较大的角度。当结构面不明显时，可与周边轮廓线垂直。

（3）为防止掉块，锚杆间可用钢筋、型钢或金属网联结。其网格尺寸宜为（5cm×5cm）～（8cm×8cm）。

3.5.2 金属网敷设

敷设金属网（或钢筋网）时，应按下列规定控制质量：

（1）金属网应随岩面敷设，其间隙不小于3cm。

（2）喷混凝土的金属网格尺寸为（20cm×20cm）～（30cm×30cm）。钢筋直径宜为4～10mm。

（3）金属网与锚杆联结应牢固。

3.5.3 锚杆的质量检查

（1）楔缝式锚杆安装后24h应再次紧固，并定期检查其工作状态。

（2）锚杆锚固力可采用抽样检查，抽样率不得少于1%。其平均值不得低于设计值，任意一组试件的平均值不得低于设计值90%。

（3）施工中，应对其孔位、孔向、孔径、孔深、洗孔质量、浆液性能及灌入密度等分项进行检查。

（4）砂浆锚杆的安设应符合下列质量要求。

1）砂浆。①砂子宜用中细砂，最大粒径不大于3mm；②水泥宜选用标号大于原325号普通硅酸盐水泥；③水泥和砂之重量比宜为1：1～1：2，水灰比宜为0.38～0.45。

2）安设工艺。①钻孔布置应符合设计要求，孔位误差大于20mm，孔深误差不大于5mm；②注浆前，应用高压风、水冲洗干净；③砂浆应拌和均匀，随拌随用；④应用注浆器注浆，浆液应填塞饱满；⑤安设后应避免碰撞。

3）喷混凝土的材料及性能应符合下列质量要求：①强度等级不低于C20。②宜选用不低于42.5级的普通硅酸盐水泥。③选用中、粗砂，小石粒径为5～15mm。骨料的其他要求，应按SDJ 207—82《水工混凝土施工规范》的有关规定执行。④速凝剂初凝时间不大于5min，终凝时间不大于10min。⑤配合比可按下列经验数值确定：水泥和砂石重量比宜为1：4～1：4.5；砂率为45%～55%；水灰比为0.4～0.5；速凝剂掺量为水泥用量的2%～4%。

4）喷射混凝土的工艺要求。①喷射前，应将岩面冲洗干净，软弱破碎岩石应将表面清扫干净；②喷射作业，应分区段进行，长度一般不超过6m，喷射顺序应自下而上；③后一次喷射，应在前一次混凝土终凝后进行，若终凝后1h以上再次喷射，应用风水清洗混凝土表面；④一次喷射厚度：边墙4~6cm，拱部2~4cm；⑤喷射2~4h后，应洒水养护，一般养护7~14d；⑥混凝土喷射后至下一循环放炮时间，应通过实验确定，一般不少于4h，放炮后应对混凝土进行检查，如出现裂纹，应调整放炮间隔时间或爆破参数；⑦正常情况下的回弹量，拱部为20%~30%；边墙为10%~20%。

5）喷混凝土的质量标准应按下列要求控制：①喷混凝土表面应平整，不应出现夹层、砂包、脱空、蜂窝、露筋等缺陷。如出现上述情况，应采取补救措施；②结构接缝、墙角、洞形或洞轴急变等部位，喷层应有良好的搭接；③不存在贯穿性裂缝；④出现过的渗水点已作了妥善处理；⑤强度：每喷$50m^3$混凝土，应取一组试件，当材料或配合比改变时，应增取一组，每组三个试块，取样要均匀；平均抗压强度不低于设计标号，任意一组试件的平均值不得低于设计标号的85%；宜采用切割法取样；喷射厚度应满足设计要求。

本章习题

2.3.1 土石方施工测量管理的主要内容有哪些？控制的标准有哪些？

2.3.2 土方明挖质量控制的措施主要有哪些？

2.3.3 土石方爆破的质量控制标准有哪些？

2.3.4 喷锚支护施工质量控制标准有哪些？

2.3.5 疏浚工程质量控制标准与措施有哪些？

第4章　土石方填筑工程

教学要求：水利水电工程的土石方填筑主要包括土石坝施工、面板堆石坝施工的土石方填筑。要求熟悉土石料及料场规划、施工机械的配置、土石坝填筑的施工方法；掌握土方、石方填筑质量标准和质量控制要点。

4.1　土方填筑

在水利水电工程中，土石方填筑工程主要包括土石坝施工、面板堆石坝填筑和堤防填筑。本章中根据填筑材料的不同将填筑工程分为土方填筑和石方填筑，重点介绍了土石坝施工和面板堆石坝施工的质量控制要点，堤防填筑将在第7章中介绍。

4.1.1　土石料场的规划

1. 时间上的规划

时间规划是要根据施工强度和坝体填筑部位的变化，选择料场使用时机和填料数量。随着季节及坝前蓄水情况的变化，料场的工作条件也在变化。在用料规划上应力求做到上坝强度高时用近料场，低时用较远的料场，使运输任务比较均衡。对近料和上游易淹的料场应先用，远料和下游不易淹的料场后用；含水量高的料场旱季用，含水量低的料场雨季用。在料场使用规划中，还应保留一部分近料场供合龙段填筑和拦洪渡汛高峰强度时使用。

2. 空间上的规划

所谓空间规划，是指对料场位置、高程的恰当选择，合理布置。土石料的上坝运距应尽可能短。高程上有利于重车下坡，减少运输机械功率的消耗。近料场不应因取料影响坝的防渗稳定和上坝运输；也不应使道路坡度过陡引起运输事故。坝的上下游、左右岸最好都选有料场，这样有利于上下游左右岸同时供料，减少施工干扰，保证坝体均衡上升。用料时原则上应低料低用，高料高用，当高料场储量有富裕时，亦可高料低用。同时，料场的位置应有利于布置开采设备、交通及排水通畅。对石料场尚应考虑与重要建筑物、构筑物、机械设备等保持足够的防爆、防震安全距离。

3. 质与量的规划

料场质与量的规划，是指质量要满足设计要求，数量要满足填筑要求。在选择和规划使用料场时，应对料场的地质成因、产状、埋深、储量以及各种物理力学指标进行全面勘探和试验。勘探精度应随设计深度加深而提高。在施工组织设计中，进行用料规划，不仅应使料场的总储量满足坝体总方量的要求，而且应满足施工各个阶段最大上坝强度的要求。

4. 料场规划的基本要求

料场规划应考虑充分利用永久和临时建筑物基础开挖的渣料。应增加必要的施工技术组织措施，确保渣料的充分利用。

料场规划还应对主要料场和备用料场分别加以考虑。前者要求质好、量大、运距近，且有利于常年开采；后者通常在淹没区外，当前者被淹没或因库区水位抬高，土料过湿或其他原因中断使用时，则用备用料场保证坝体填筑不至中断。

在规划料场实际可开采总量时，应考虑料场查堪的精度、料场天然密度与坝体压实密度的差异，以及开挖运输、坝面清理、返工削坡等损失。实际可开采总量与坝体填筑量之比一般为：土料2.0～2.5；砂砾料1.5～2.0；水下砂砾料2.0～3.0；石料1.5～2.0；反滤料应根据筛后有效方量确定，一般不宜小于3.0。另外，料场选择还应与施工总体布置结合考虑，应根据运输方式、强度来研究运输线路的规划和装料面的布置。整个场地规划还应排水通畅，全面考虑出料、堆料、弃料的位置，力求避免干扰以加快采运速度。

4.1.2 土石坝施工机械的配置

1. 挖运机械的类型

土石方工程的开挖机械主要是挖掘机；挖运组合机械主要有推土机和铲运机；装运结合的机械则有装载机。

运输机械有循环式和连续式两种：

(1) 循环式运输机械常用有轨机车和汽车。一般工程自卸汽车的吨位是10～35t，汽车吨位大小应根据需要并结合道路桥梁条件来考虑。

(2) 连续运输机械最常用的是带式运输机。根据有无行使装置，分为移动式和固定式两种。前者多用于短程运输和散体材料的装卸堆存，后者多用于长距离运输。

2. 施工机械的配置方法

土石坝工程的施工，一般有多种方案可供选择。在拟定施工方案时。应首先选用基本工作的主要设备。即按照施工条件、工程进度和工作面的参数选择主要机械，然后根据主要机械的生产能力和性能选用配套机械。选择施工机械时，可参考类似工程的施工经验和有关机械手册。常用土方施工机械的经济运距如下。

(1) 履带式推土机的推运距离为15～30m时，可获得最大的生产率。推运的经济运距一般为30～50m，大型推土机的推运距离不宜超过100m。

(2) 轮胎装载机用来挖掘和特殊情况下作短距离运输时，其运距一般不超过100～150m；履带式装载机不超过100m。

(3) 牵引式铲运机的经济运距一般为300m。自行式铲运机的经济运距与道路坡度大小、机械性能有关，一般为200～300m。

(4) 自卸汽车在运距方面的适应性较强。

4.1.3 土石坝填筑的施工碾压试验

1. 压实机械

压实机械分为静压碾压、振动碾压、夯击3种基本类型。其中静压碾压设备有羊角碾、气胎碾等；夯击设备有夯板等。

静压碾压的作用是静压力，其大小不随作用时间而变化，如图2.4.1（a）所示。

夯击的作用力为瞬时动力，有瞬时脉冲作用，其大小随时间和落高而变化，如图2.4.1（b）所示。

振动的作用力为周期性的重复动力，其大小随时间呈周期性变化，振动周期的长短，随振动频率的大小而变化。振动碾压与静压碾压相比，具有重量轻，体积小，碾压遍数少，深度大，效率高的优点，如图2.4.1（c）所示。

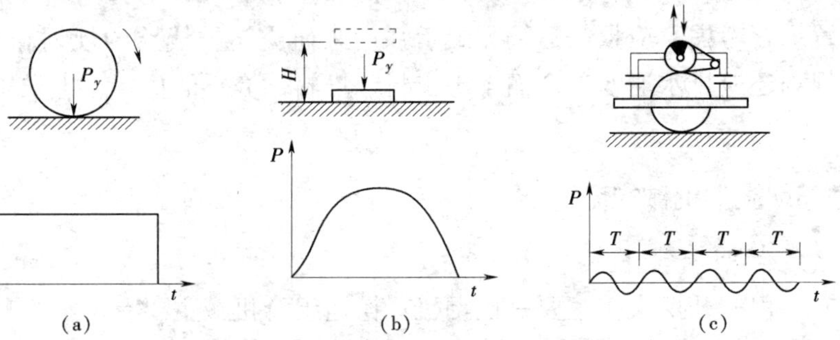

图2.4.1 土料压实作用外力作用示意图

（a）碾压；（b）夯击；（c）振动

2. 土料填筑标准

（1）黏性土的填筑标准。含砾和不含砾的黏性土的填筑标准应以实压度和最优含水率作为设计控制指标。设计最大感密度应以击实最大干密度乘以压实度求得。

1级、2级坝和高坝的压实度应为98%～100%，3级中低坝及3级以下的中坝压实度应为96%～98%。设计地震烈度为8度、9度的地区，宜取上述规定的大值。

（2）非黏性土的填筑标准。砂砾石和砂的填筑标准应以相对密度为设计控制指标。砂砾石的相对密度不应低于0.75，砂的相对密度不应低于0.7，反滤料宜为0.7。

3. 压实参数的确定

（1）土料填筑压实参数主要包括碾压机具的重量、含水量、碾压遍数及铺土厚度等，对于振动碾还应包括振动频率及行走速率等。

（2）黏性土料压实含水量可取 $W_1 = W_p + 2\%$，$W_2 = W_p$，$W_3 = W_p - 2\%$ 3种进行试验。W_p 为土料塑限。

（3）选取试验铺土厚度和碾压遍数，并测定相应的含水量和干密度，作出对应的关系曲线（图2.4.2）。再按铺土厚度、压实遍数和最优含水量、最大干密度进行整理并绘制相应的曲线（图2.4.3），根据设计干密度从曲线上分别查出不同铺土厚度所对应的压实遍数和对应的最有含水量。最后在分别计算单位压实遍数的压实厚度进行比较，以单位压实遍数的压实厚度最大者为最经济、合理。

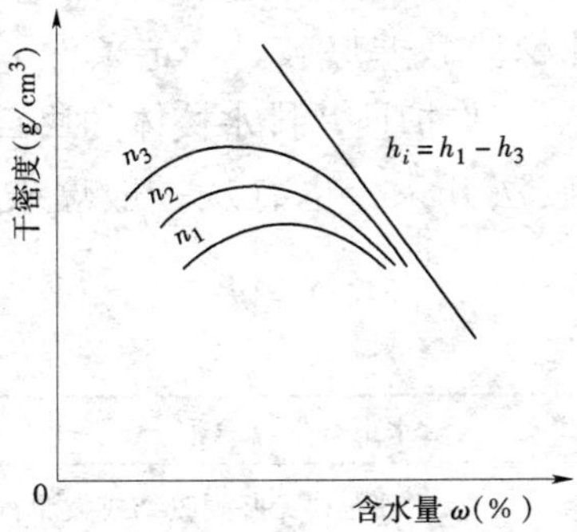

图 2.4.2　不同铺土厚度、不同压实遍数土料含水量和干密度的关系曲线

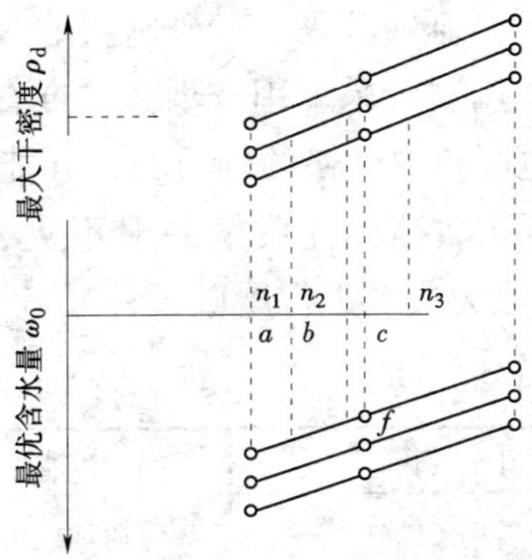

图 2.4.3　铺土厚度、压实遍数、最优含水量、最大干密度的关系曲线

（4）对非黏性土料的试验，只需作铺土厚度、压实遍数和干密度的关系曲线，据此便可得到与不同铺土厚度对应的压实遍数，根据试验结果选择现场施工的压数参数。

4.1.4　土石坝填筑的施工方法

1. 土石坝施工内容

根据施工方法的不同，土石坝分为干填碾压（碾压式）、水中填土、水力冲填和定向爆破修筑等类型。其中，碾压式土石坝最为普遍。

碾压土石坝的施工作业，包括准备作业、基本作业、辅助作业和附加作业。

（1）准备作业。包括“四通一平”（通车、通水、通电、通信、平整场地），修建生产生活福利、行政办公用房以及排水清基等项工作。

（2）基本作业。包括料场土石料开采，挖、装、运、卸以及坝面作业等。

（3）辅助作业。辅助作业时保证准备及基本作业顺利进行，创造良好工作条件的作业，包括清除施工场地及料场的覆盖，从上坝土料中提出超径石块、杂物，坝面排水、层间刨毛和加水等。

（4）附加作业。附加作业是保证坝体长期安全运行的防护及修整工作。包括坝坡修整，铺砌护面块石及铺植草皮等。

2. 坝料开采

（1）土料开采。土料开采主要分为立面开采及平面开采，其施工特点及适用条件见表 2.4.1。

表 2.4.1　　　　土料开采方式比较

开采方式	立面开采	平　面　开　采
料场条件	土层较厚、料层分布不均	地形平坦，适应薄层开挖
含水率	损失小	损失大，适用于有降低含水率要求的土料
冬季施工	土温散失小	土温易散失，不宜在负温下施工
雨季施工	不利因素影响小	不利因素影响大
适用机械	正铲、反铲、装载机	推土机、铲运机或推土机配合装载机

（2）砂砾料开采。砂砾料（含反滤料）开采施工特点及适用条件见表2.4.2。

（3）石料开采。用作坝体的堆石料多采用深孔梯段微差爆破。一定条件下，用洞室爆破也可获取合格的堆石料，并能加快施工进度。用作护坡及排水棱体的块石料，块体尺寸要求较高，且数量一般不大，多用浅孔爆破法开采，也有从一般爆破堆石料（侧重获取大块料进行爆破设计）筛分取得。

表2.4.2　　砂砾料开采方式比较

开采方式	水上开采	水下开采（含混合开采）
料场条件	阶地或水上砂砾料	水下砂粒料无坚硬胶结或大漂石
适用机械	正铲、反铲、推土机	采砂船、索铲、反铲
冬季施工	不影响	若结冰厚，不宜施工
雨季施工	一般不影响	要有安全措施，汛期一般停产

3. 坝面作业的基本要求

根据施工方法、施工条件及土石料性质的不同，坝面作业施工程序包括铺料、整平、洒水、压实（对于黏性土料采用平碾，压实后尚须刨毛以保证层间结合的质量）、质检等工序。为了不使各工序之间相互干扰，可按流水作业进行组织。

4. 铺料与整平

（1）铺料宜平行坝轴线进行，铺土厚度要均匀，超径不合格的料块应打碎，杂物应剔除。进入防渗体内铺料，自卸汽车卸料宜用进占法倒退铺土，使汽车始终在松土上行驶，避免在压实土层上开行，造成超压，引起剪力破坏。汽车穿越反滤层进入防渗体，容易将反滤料带入防渗体内，造成防渗土料与反滤料混杂，影响坝体质量。

（2）按设计厚度铺料整平是保证压实质量的关键。一般采用带式运输机或自卸汽车上坝卸料，采用推土机或平土机散料平土。

（3）黏性土料含水量偏低，主要应在料场加水，若需在坝面加水，应力求“少、勤、匀”，以保证压实效果。对非黏性土料，为防止运输过程脱水过量，加水工作主要在坝面进行。石渣料和砂砾料压实前应充分加水，确保压实质量。

（4）对于汽车上坝或光面压实机具压实的土层，应刨毛处理，以利层间结合。通常刨毛深度3～5cm，可用推土机改装的刨毛机刨毛，工效高、质量好。

5. 碾压

碾压方式主要取决于碾压机械的开行方式。碾压机械的开行方式通常有：进退错距法和圈转套压法两种（图2.4.4）。

（1）进退错距法操作简便，碾压、铺土和质检等工序协调，便于分段流水作业，压实质量容易保证，用这种开行方式，为避免漏压，可在碾压带的两侧先往复压够遍数后，在进行错距碾压。错距宽度b(m)按下式计算

$$b = B/n$$

式中　B——碾滚净宽，m；

n——设计碾压遍数。

（2）圈转套压法要求开行的工作面较大，适合于多碾滚组合碾压。其优点是生产效率较高，但碾压中转弯套压交接处重压过多，易超压。当转弯半径小时，容易引起土层扭曲，产生剪力破坏，在转弯的四角容易漏压，质量难以保证。

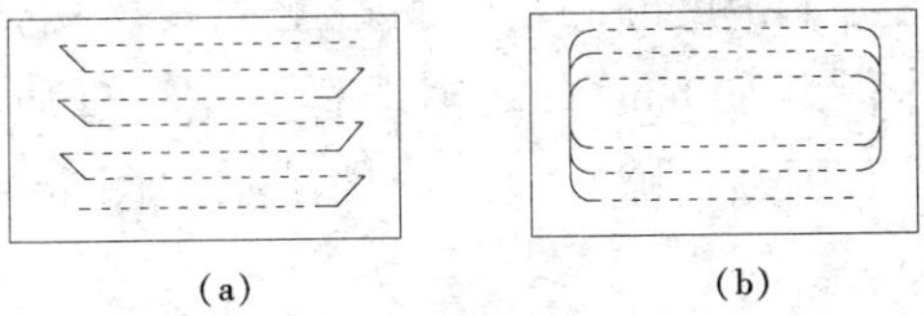

图 2.4.4　碾压机械开行方式

（a）进退错距法；（b）圈转套压法

6. 接头处理

（1）在坝体填筑中，层与层之间分段接头应错开一定距离，同时分段条带应与坝轴线平行布置，各分段之间不应形成过大的高差。接坡坡比一般缓于 1∶3。

（2）坝体填筑中，为了保护黏土心墙或黏土斜墙不致长时间暴露在大气中遭受影响，一般都采用土、砂平起的施工方法。土、砂平起填筑采用两种施工方法：一种是先土后砂法，即先填土料后填砂砾反滤层，另一种是先砂后土法，即先填砂砾反滤层后填土料。

（3）对于坝身于混凝土结构物（如涵管、刺墙等）的连接，靠近混凝土结构物部位不能采用大型机械压实时，可采用小型机械夯或人工夯实。填土碾压时，要注意混凝土结构物两侧均衡填料压实，以避免对其产生过大的侧向压力，影响其安全。

4.1.5　土石坝施工的质量控制要点

施工质量检查和控制是土石坝安全的重要保证，它贯穿于土石坝施工的各个环节和施工全过程。土石坝施工质量控制主要包括料场的质量检查和控制、坝面的质量检查和控制。

1. 料场的质量检查和控制

对土料场应经常检查所取土料的土质情况、土块大小、杂质含量和含水量等。其中含水量的检查和控制尤为重要。简单的办法是“手检”，即手握土料能成团，手指撮可成碎块，则含水量合适。更精确可靠的方法是含水量测定仪测定，含水量测定仪使用快捷方便，测试结果直接从 LCD 读取，即插即读。

若土料的含水量偏高，一方面应改善料场的排水条件和采取防雨措施；另一方面需将含水量偏高的土料进行翻晒处理，或采取轮换掌子面的办法，使土料含水量降低到规定范围再开挖。如以上方法仍难满足要求，可以来用机械烘干法烘干。

当土料含水量偏低时，对于黏性土料可用洒水车在坝面喷洒加水，避免运输时从料场至坝上的水量损失。

当土料含水量不均匀时，考虑堆筑“土牛（大土堆）”，使含水量均匀后再外运。

对石料场应经常检查石质、风化程度、石料级配大小及形状等是否满足上坝要求。如发现不合要求，应查明原因，及时处理。

2. 坝面的质量检查和控制

在坝面作业中，应对铺土厚度、土块大小、含水量，压实后的干密度等进行检查，并提出质量控制措施。对黏性土，含水量的检测是关键，可用含水量测定仪测定。干密度的测定，黏性土一般可用体积为200～500cm^3的环刀取样测定；砂可用体积为500cm^3的环刀取样测定；砾质土、砂砾料、反滤料用灌水法或灌砂法测定；堆石因其空隙大，一般用灌水法测定。当砂砾料因缺乏细料而架空时，也用灌水法测定。

根据地形、地质、坝料特性等因素，在施工特征部位和防渗体中，选定一些固定取样断面。沿坝高5～10m，取代表性试样（总数不宜少于30个）进行室内物理力学性能试验，作为核对设计及工程管理之根据。此外，还须对坝面、坝基、削坡、坝肩接合部、与刚性建筑物连接处以及各种土料过渡带进行检查。对土层层间结合处是否出现光面和剪力破坏应引起足够重视，认真检查。对施工中发现的可疑问题，如上坝土料的土质和含水量不合要求、漏压或碾压遍数不够、超压或碾压遍数过多、铺土厚度不均匀及坑洼部位等应进行重点抽查，不合格者返工。

对于反滤层、过渡层、坝壳等非黏性土的填筑，主要应控制压实参数。在填筑排水反滤层过程中，每层在25m×25m的面积内取样1～2个；对条形反滤层，每隔50m设一取样断面，每个取样断面每层取样不得少于4个，均匀分布在断面的不同部位，且层间取样位置应彼此对应。对于反滤层铺填的厚度、是否混有杂物、填料的质量及颗粒级配等应全面检查。通过颗粒分析，查明反滤层的层间系数（D_{50}/d_{50}）和每层的颗粒不均匀系数（d_{60}/d_{10}）是否符合设计要求。如不符要求，应重新筛选，重新铺填。

土坝的堆石棱体与堆石体的质量检查大体相同。主要应检查上坝石料的质量、风化程度、石块的重量、尺寸、形状，堆筑过程有无离析架空现象发生等。对于堆石的级配、孔隙率大小，应分层分段取样，检查是否符合规范要求。随坝体的填筑应分层埋没沉降管，对施工过程中坝体的沉陷进行定期观测，并作出沉陷随时间的变化过程线。

对于坝体填料的质里检查记录，应及时整理，分别编号存档，编制数据库。既作为施工过程全面质量管理的依据，也作为坝体运行后进行长期观测和事故分析的佐证。

4.2 石方填筑

4.2.1 面板堆石坝坝体材料分区

面板推石坝上游面有薄层面板，面板可以是刚性钢筋混凝土的，也可以是柔性沥青混凝土的。坝身主要是堆石结构。良好的堆石材料，尽量减少堆石体的变形，为面板正常工作创造条件，是坝体安全运行的基础。

4.2.1.1 堆石材料质量要求

（1）为保证堆石体的坚固、稳定，主要部位石料的抗压强度不应低于78MPa，当抗压强度只有49～59MPa时，只能布置在坝体的次要部位。

（2）石料硬度不应低于莫式硬度表中的第三级，其韧性不应低于2kg·m/m^2。

（3）石料的天然密度不应低于2.2t/m³，石料的密度越大，堆石体的稳定性越好。

（4）石料应具有抗风化能力，其软化系数水上不低于0.8，水下不应低于0.85。

（5）堆石体碾压后应有较大的密实度和内摩擦角，且具有一定的渗透能力。

4.2.1.2 堆石坝坝体分区

堆石体的边坡取决于填筑石料的特性与荷载大小，对于优质石料，坝坡一般在1∶1.3左右。坝体部位不同，受力状况不同，对填筑材料的要求也不同，所以应对坝体进行分区。堆石坝坝体分区基本定型，主要有垫层区、过渡区、主堆石区、下游堆石区（次堆石料区）等，如图2.4.5所示。

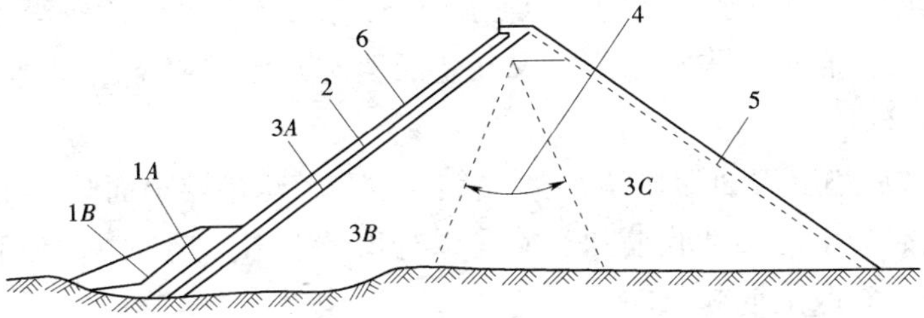

图2.4.5 堆石坝坝体分区

1A—上游铺盖区；1B—重压区；2—垫层区；3A—过渡区；3B—土堆石区；3C—下游堆石区；4—主堆石区和下游堆石区的可变界限；5—下游护坡；6—混凝土面板

1. 垫层区

（1）垫层区的主要作用在于为面板提供平整、密实的基础，将面板承受的水压力均匀传递给主堆石体。要求压实后具有低压缩性、高抗剪强度、内部渗透稳定，渗透系数为10^{-3}cm/s左右，以及具有良好的施工特性的材料。

（2）垫层区料要求采用级配良好、石质新鲜的碎石。

2. 过渡区

（1）过渡区位于垫层区和主堆石区之间，其主要作用是保护垫层区在高水头作用下不产生破坏。

（2）过渡区料粒径、级配应符合垫层料与主堆石料间的反滤要求。

3. 主堆石区

（1）主堆石区是坝体维持稳定的主体，其石质好坏、密度、沉降量大小，直接影响面板的安危。

（2）主堆石区料要求石质坚硬，级配良好。

4. 下游堆石区

（1）下游堆石区起保护堆石体及下游边坡稳定作用。

（2）下游堆石区料要求采用较大石料填筑，允许有少量分散的风化岩。

4.2.2 堆石体填筑的施工质量控制

堆石坝填筑质量控制关键是要对填筑工艺和压实参数进行有效控制。

4.2.2.1 填筑工艺

（1）堆石体填筑可采用自卸汽车后退法或进占法卸料，推土机摊平。后退法的优点是汽车可在压平的坝面上行驶，减轻轮胎磨损；缺点是推土机摊平工作量大，且影响施工进度。进占法卸料，虽然料物稍有分离，但对坝料质量无明显影响，并且显著减轻了推土机的摊平工作量，使堆石填筑速度加快。

（2）垫层料的摊铺多用后退法，以减轻物料的分离。当压实层厚度大时，可采用混合法卸料，即先用后退法卸料呈分散堆状，再用进占法卸料铺平，以减轻物料的分离。垫层料粒径较粗，又处于倾斜部位，通常采用斜坡振动碾压实。

（3）压实过程中，有时表层块石有失稳现象。为改善碾压质量，采用了斜坡碾压与砂浆固坡相结合的施工方法。

1）斜坡碾压与水泥砂浆固坡的优点是施工工艺和施工机械设备简单，既解决了斜坡碾压中垫层表层块石振动失稳下滚，又在垫层上游面形成一坚固稳定的表面，可满足临时挡水防渗要求。

2）碾压砂浆在垫层表面形成坚固的“结石层”，具有较小而均匀的压缩性和吸水性，对克服面板混凝土的塑性收缩和裂缝发生有积极作用。这种方法使固坡速度大为加快，对防洪抗汛、争取工期效果明显。

4.2.2.2 堆石体的压实参数和质量控制

1. 堆石体的压实参数

面板堆石坝堆石体的压实参数（碾重、铺层厚和碾压遍数等）应通过碾压试验确定。

2. 堆石体施工质量控制

（1）通常堆石压实的质量指标，用压实密度换算的孔隙率 n 来表示，现场堆石密实度的监测主要采取试坑法，为提高检验质量，取样深度应等于填筑层厚度；试坑呈圆柱形；坑壁若有大的凹陷和空隙，应用黏土砂浆堵塞，以消除因塑料膜架空而使密实度加大的误差；试坑直径与材料的最大粒径比应符合有关试验规程的规定。

（2）垫层料（包括周边反滤料）需作颗分、密度、渗透性及内部渗透稳定性检查，检查稳定性的颗分取样部位为界面处。过渡料作颗分、密度、渗透性及过渡性检查，检查过渡性的取样部位为界面处。主、副堆石作颗分、密度、渗透性检查等。

（3）垫层料、反滤料级配控制的重点是控制加工产品的级配。

（4）过渡料主要是通过在施工时清除界面上超径石来保证对垫层料的过渡性。在垫层料填筑前，对过渡料区的界面作肉眼检查。过渡料的密度比较高，其渗透系数比较大，一般只作简易的测定。颗分的检查主要是供记录用的。

（5）主堆石的渗透性很大，亦只作简易检查，级配的检查是供档案记录用的。密度值要作出定时的统计，如达不到设计规定值，要制定解决的办法，采取相应的措施保证达到规定要求。进行质量控制，要及时计算由水管式沉降仪测定的沉降值换算的堆石压缩模量值，以更直接了解堆石的质量。

（6）下游堆石的情况与主堆石相似，但对密度的要求相对较低。

4.2.3 面板的施工方法

4.2.3.1 混凝土面板的施工

混凝土面板是面板堆石坝的主要防渗结构，厚度薄、面积大，在满足抗渗性和耐久性的条件下，要求具有一定柔性，以适应堆石体的变形。面板的施工主要包括混凝土面板的分块、垂直缝砂浆条铺设、钢筋架立、面板混凝土浇筑、面板养护等作业内容。

1. 混凝土面板的分块

面板纵缝的间距决定了面板的宽度，由于面板通常采用滑模连续浇筑，因此，面板的宽度决定了混凝土浇筑能力，也决定了钢模的尺寸及其提升设备的能力。面板通常有宽窄块之分。应根据坝体变形及施工条件进行面板分缝分块。垂直缝的间距可为12~18m。

2. 垂直缝砂浆条铺设

垂直缝砂浆条一般宽50cm，是控制面板体型的关键。砂浆由坝顶通过运料小车到达工作面，根据设定的坝面拉线进行施工，一般采用人工抹平，其平整度要求较高。砂浆强度等级与面板混凝土相同。砂浆铺设完成后，再在其上铺设止水，架立侧模。

3. 钢筋架立

钢筋的施工方法一般采用人工在坝面上安装，加工好的钢筋从坝顶通过运料台车到达工作面，先安装架立筋，再用人工绑扎钢筋。

(1) 面板宜采用单层双向钢筋，钢筋宜置于面板截面中部，每向配筋率为0.3%~0.4%，水平向配筋率可少于竖向配筋率。

(2) 在拉应力区或岸边周边缝及附近可适当配置增强钢筋。高坝在临近周边缝的垂直缝两侧宜适当布置抵抗积压的构造钢筋，但不应影响止水安装及其附近混凝土振捣质量。

(3) 计算钢筋面积应以面板混凝土的设计厚度为准。

4. 面板混凝土浇筑

(1) 通常面板混凝土采用滑模浇筑。滑模由坝顶卷扬机牵引，在滑升过程中，对出模的混凝土表面要及时进行抹光处理，及时进行保护和养护。

(2) 混凝土由混凝土搅拌车运输，溜槽输送混凝土入仓。12m宽滑模用两条溜槽入仓，16m的采用三条，通过人工移动溜槽尾节进行均匀布料。

(3) 施工中应控制入槽混凝土的坍落度在3~6cm，振捣器应在滑模前50cm处进行振捣。

(4) 起始板的浇筑通过滑模的转动、平移（平行侧移）或先转动后平移等方式完成。转动由开动坝顶的一台卷扬机来完成，平移由坝顶两台卷扬机和侧向手动葫芦共同完成。

5. 面板养护

养护是避免发生裂缝的重要措施。面板的养护包括保温、保湿两项内容。一般采用草袋保温，喷水保湿，并要求连续养护。面板混凝土宜在低温季节浇筑，混凝土入仓温度应加以控制，并加强混凝土面板表面的保湿和保温养护，直到蓄水为止，或至少 90d。

4.2.3.2 沥青混凝土面板的施工

沥青混凝土施工过程中温度控制十分严格。必须根据材料的性质、配比、不同地区、不同季节，通过试验确定不同温度的控制标准。沥青混凝土防渗体施工过程中，各道工序的温度有一定的控制范围。

沥青在泵送、拌和、喷射、浇筑和压实过程中对其运动黏度值应加以控制。沥青的运动黏度值，与温度存在一定的关系，因此，控制沥青的运动黏度的过程，也是控制温度的过程，二者应协调一致。

沥青混凝土面板的施工特点在于铺填及压实层薄，通常板厚 10 ~ 30cm，施工压实层仅 5 ~ 10cm，且铺填及压实均在坡面上进行。沥青混凝土的铺填和压实多采用机械化流水作业施工。沥青混凝土热料由汽车或装有料罐的平车经堆石体上的工作平台运至坝顶门式绞车前，由门式绞车的工作臂杆吊运料罐卸料入给料车的料斗内。给料车供料，铺料宽度一般为 3 ~ 4m。特制的斜坡振动碾压机械，在门式绞车的牵引下，尾随铺料车将铺好的沥青混凝土压实。采用这些机械施工的最大坡长达 150m。当坡长超过范围时，须将堆石体分成两期或者多期进行，每期堆石体顶部均留出 20 ~ 30m 的工作平台宽度。机械化施工，每天可铺填压实 300 ~ 500t 沥青混凝土。

4.2.3.3 接缝止水施工

接缝止水结构是面板堆石坝安全运行的关键问题之一，面板坝接缝包括趾板缝、周边缝、垂直缝（张性和压性缝）、防浪墙体缝、防浪墙底缝以及施工缝（水平缝）等，接缝止水材料包括金属止水片、塑料止水带、缝面嵌缝材料及保护膜等。

本章习题

2.4.1 土石坝施工有哪些质量控制要点？

2.4.2 面板堆石坝施工有哪些质量控制要点？

第5章 模板工程和钢筋工程

教学要求：熟悉模板的材料要求；掌握模板安装、拆除和维修等施工关键工序的质量标准、质量检查要点和质量控制要点；熟悉特殊模板的质量控制内容；熟悉钢筋的材料要求；掌握钢筋加工、接头及安装等施工关键工序的质量标准、质量检查要点和控制要点。

5.1 模板工程

5.1.1 模板材料及其支架的要求

1. 一般要求

（1）保证混凝土结构和构件各部分设计形状、尺寸和相互位置正确。

（2）具有足够的强度、刚度和稳定性，能可靠地承受有关标准规定的各项施工荷载，并保证变形在允许范围内。

（3）面板板面平整、光洁，拼缝密合、不漏浆。

（4）安装和拆卸方便、安全，一般能够多次使用。尽量做到标准化、系列化，有利于混凝土工程的机械化施工。

（5）模板选用应与混凝土结构和构件的特征、施工条件和浇筑方法相适应。大面积的平面支模宜选用大模板；当浇筑层厚度不超过3m时，宜选用悬臂大模板。

（6）组合钢模板、大模板、滑动模板等模板的设计、制作和施工应符合 GBJ 214—1989《组合钢模板技术规范》、JGJ 20—1984《大模板多层住宅结构设计与施工规程》、GBJ 113—1987《液压滑动模板施工技术规范》和 SL 32—1992《水工建筑物滑动模板施工技术规范》的相应规定。

（7）对模板采用的材料及制作、安装等工序均应进行质量检查。模板制作前，应由材料供货商提供材质方面的证明资料，确认是否满足设计要求，不合格的材料不得使用。模板制作完成后（包括外购的模板及委托模板公司加工制作的模板），需对其加工制作的误差进行检测。其中，钢模台车、针梁模板、悬臂模板、滑动模板、自升模板等，均需要进行预拼装，特别是重复用于第二个工程项目时更是如此，这有利于对模板进行调整和校正，合格后方可运至现场安装。模板安装就位，并固定牢靠后，其实测资料（有轨滑模，应提供滑轨的测量资料），应由质检部门及监理工程师检查验收，合格后才能进行混凝土浇筑。

2. 模板材料选择要求

（1）模板的材料宜选用钢材、胶合板、塑料等，模板支架的材料宜选用钢材等，尽量少用木材。

（2）模板材料的质量应符合现行的国家标准和行业标准的规定。

1）当采用钢材时，宜采用 Q235 钢材，其质量应符合 GB 700—1988《碳素结构钢》的有关规定。

2）当采用木材时，应符合 GBJ 5—1988《木结构设计规范》中的承重结构选材标准。

3）当采用胶合板时，其质量应符合现行有效标准的有关规定。

4）当采用竹编胶合板时，其质量应符合 GB/T 13123—2003《竹编胶合板》的有关规定。

（3）木材种类可根据各地区实际情况选用，材质不宜低于Ⅲ等材。腐朽、严重扭曲、有蛀孔等缺陷的木材以及脆性木材和容易变形的木材均不得使用。木材应提前备料，干燥后使用，含水率宜为18% ~23%。水下施工用的木材，含水率宜为23% ~ 45%。

木材主要用于做模板的面板、模板带、支撑杆件和立柱等。在混凝土施工过程中，将承受各种荷载产生的顺纹的拉应力、受压和挤压应力、弯应力和剪应力、弯曲剪应力及横纹挤压应力。因此，在施工项目的所在地采购的木材，首先应达到Ⅲ等材以上的标准，腐朽、严重扭曲、有蛀孔等缺陷、脆性和容易变形的木材不应使用。

由于木材的干缩性大，而且木材在干和湿情况下承受应力的特性有差异，木材应经过烘干和风干处理，达到规范提出的湿度要求。用木材加工制作的模板、支撑桁架等，从制作、运输、现场安装直到混凝土浇筑前，需要一段时间，在此期间，木模板或桁架，经过风吹日晒，会干缩变形，产生大的缝隙，体形、平整度、受力状况都会改变。用其浇筑混凝土时，就会出现漏浆、模板下沉等现象，无法保证混凝土建筑物的设计尺寸和外观质量。

（4）保温模板的保温材料应不影响混凝土外露表面的平整度。

5.1.2 模板制作安装的质量控制

1. 模板制作

（1）模板制作的允许偏差，应符合模板设计规定，不得超过表 2.5.1 的规定。

表 2.5.1　　模板制作的允许偏差

偏差项目		允许偏差（mm）
木模	小型模板：长和宽	±2
	大型模板（长、宽大于3m）：长和宽	±3
	大型模板对角线	±3
	模板面平整度： 相邻两板面高差； 局部不平（用2m 直尺检查）	 0.5 3
	面板缝隙	1

续表

偏差项目		允许偏差（mm）
钢模、复合模板及胶木（竹）模板	小型模板：长和宽	±2
	大型模板（长、宽大于2m）：长和宽	±3
	大型模板对角线	±3
	模板面局部不平（用2m直尺检查）	2
	连接配件的孔眼位置	±1

注 1. 异型模板（蜗壳、尾水管等）、永久性模板、滑动模板、移置模板、装饰混凝土模板等特种模板，其制作的允许偏差按有关规定和要求执行。
2. 定型组合钢模板制作的允许偏差按有关标准执行。
3. 表中木模是指在面板上不敷盖隔层的木模板。用于混凝土非外露面的木模和被用来制作复合模板的木模的制作偏差可比表中的允许偏差适当放宽。
4. 复合模板是指在木模面板上敷盖隔层的模板。

（2）钢模板面板及活动部分应涂防锈油脂，但面板所涂防锈油脂不得影响混凝土表面颜色。其他部分应涂防锈漆。木面板宜贴镀锌铁皮或其他隔层。

（3）当混凝土的外露表面采用木模板时，宜做成复合模板。

模板制作的精度低，不符合规范要求，到现场安装后，同样也达不到模板设计文件所规定的指标。因此，应严格将模板制作的偏差控制在允许误差范围内。随着模板制作材料和工艺的不断进步，以及混凝土外观质量的要求越来越高，今后，对模板制作的允许偏差的要求将会越来越严格。

2. 模板的安装与维护

（1）模板安装前，必须按设计图纸测量放样，重要结构应多设控制点，以利检查校正。

（2）模板安装过程中，必须经常保持足够的临时固定设施，以防倾覆。

（3）支架必须支承在坚实的地基或老混凝土上，并应有足够的支承面积。斜撑应防止滑动。竖向模板和支架的支承部分，当安装在基土上时应加设垫板，且基土必须坚实并有排水措施。对湿陷性黄土必须有防水措施；对冻胀性土必须有防冻融措施。

（4）现浇钢筋混凝土梁、板，当跨度不小于4m时，模板应起拱；当设计无具体要求时，起拱高度宜为全跨长度的1/1000～3/1000。

（5）模板的钢拉杆不应弯曲。伸出混凝土外露面的拉杆宜采用端部可拆卸的结构型式。拉杆与锚环的连接必须牢固。预埋在下层混凝土中的锚定件（螺栓、钢筋环等），在承受荷载时，必须有足够的锚固强度。

（6）模板与混凝土的接触面，以及各块模板接缝处，必须平整、密合，以保证混凝土表面的平整度和混凝土的密实性。

（7）建筑物分层施工时，应逐层校正下层偏差，模板下端不应有错台。

（8）模板的面板应涂脱模剂，但应避免脱模剂污染或侵蚀钢筋和混凝土。

（9）模板安装的允许偏差，应根据结构物的安全、运行条件、经济和美观等要求确定。

1）一般大体积混凝土模板安装的允许偏差，应符合表2.5.2的规定。

表 2.5.2　　一般大体积混凝土模板安装的允许偏差　　单位：mm

<table>
<tr><td colspan="3" rowspan="2">偏　差　项　目</td><td colspan="2">混凝土结构的部位</td></tr>
<tr><td>外露表面</td><td>隐蔽内面</td></tr>
<tr><td rowspan="2">模板平整度</td><td colspan="2">相邻两面板错台</td><td>2</td><td>5</td></tr>
<tr><td colspan="2">局部不平（用2m直尺检查）</td><td>5</td><td>10</td></tr>
<tr><td colspan="3">板面缝隙</td><td>2</td><td>2</td></tr>
<tr><td colspan="2" rowspan="2">结构物边线与设计边线</td><td>外模板</td><td>0
-10</td><td rowspan="2">15</td></tr>
<tr><td>内模板</td><td>+10
0</td></tr>
<tr><td colspan="3">结构物水平截面内部尺寸</td><td colspan="2">±20</td></tr>
<tr><td colspan="3">承重模板标高</td><td colspan="2">+5
0</td></tr>
<tr><td rowspan="2">预留孔洞</td><td colspan="2">中心线位置</td><td colspan="2">5</td></tr>
<tr><td colspan="2">截面内部尺寸</td><td colspan="2">+10
0</td></tr>
</table>

注　1. 外露表面、隐蔽内面系指相应模板的混凝土结构表面最终所处的位置。

2. 高速水流区、流态复杂部位、机电设备安装部位的模板，除参照上表要求外，还必须符合有关专项设计的要求。

2）大体积混凝土以外的一般现浇结构模板安装的允许偏差，应符合表 2.5.3 的规定。

表 2.5.3　　一般现浇结构模板安装的允许偏差

<table>
<tr><td colspan="2">偏　差　项　目</td><td>允　许　偏　差
（mm）</td></tr>
<tr><td colspan="2">轴 线 位 置</td><td>5</td></tr>
<tr><td colspan="2">底模上表面标高</td><td>+5
0</td></tr>
<tr><td rowspan="2">截面内部尺寸</td><td>基础</td><td>±10</td></tr>
<tr><td>柱、梁、墙</td><td>+4
-5</td></tr>
<tr><td>层高垂直</td><td>全高不大于5m
全高大于5m</td><td>6
8</td></tr>
<tr><td colspan="2">相邻两面板高差
表面局部不平（用2m 直尺检查）</td><td>2
5</td></tr>
</table>

3）预制构件模板安装的允许偏差，应符合表 2.5.4 的规定。

4）永久性模板、滑动模板、移置模板、装饰混凝土模板等特种模板，其模板安装的允许偏差，按结构设计要求和模板设计要求执行。

表 2.5.4　　　　　　　　　　　　　　预制构件模板安装的允许偏差

偏差项目		允许偏差(mm)
长度	板、梁	±5
	薄腹梁、桁架	±10
	柱	0 -10
	墙板	0 -5
宽度	板、墙板	0 -5
	梁、薄腹梁、桁架、柱	+2 -5
高度	板	+2 -3
	墙板	0 -5
	梁、薄腹梁、桁架、柱	+2 -5
板的对角线差 拼板表面高低差 板的表面平整(2m 长度上) 墙板的对角线差		7 1 3 5
侧向弯曲	梁、柱、板 墙板、薄腹梁、桁架	L/1000 且不大于 15 L/500 且不大于 15

注　L 为构件长度，mm。

(10) 钢承重骨架的模板，必须按设计位置可靠地固定在承重骨架上，以防止在运输及浇筑时错位。承重骨架安装前，宜先作试吊及承载试验。

(11) 模板上严禁堆放超过设计荷载的材料及设备。混凝土浇筑时，必须按模板设计荷载控制浇筑顺序、浇筑速度及施工荷载。应及时清除模板上的杂物。

(12) 混凝土浇筑过程中，必须安排专人负责经常检查、调整模板的形状及位置，使其与设计线的偏差不超过模板安装允许偏差绝对值的 1.5 倍，并每班做好记录。对承重模板，必须加强检查、维护；对重要部位的承重模板，还必须由有经验的人员进行监测。模板如有变形、位移，应立即采取措施，必要时停止混凝土浇筑。

(13) 混凝土浇筑过程中，应随时监视混凝土下料情况，不得过于靠近模板下料直接冲击模板；混凝土罐等机具不得撞击模板。

模板安装中偏差的控制，除首先保证模板的制作精度满足规范要求外，控制好模板支承杆件和支承系统的精度十分重要。譬如用来做模板连接的横、竖围檩等杆件是否平直；加固成弧形的杆件是否符合设计的线型；桁架加工拼装后的尺寸是否满足模板设计要求等。尤其是重复使用的模板和支撑杆系，在使用前应逐一进行挑选和修整，严重损坏和变形的，不应再使用，这样，模板组合安装就位后的偏差就会大大减少。

特殊部位的模板，如尾水管、叉管、渐变段等体形复杂的异型模板，制作完成后，应在加工厂内进行预拼装，调整并检测合格后，再运至现场安装，不但能保证安装精度，而且可以减少在现场校正的难度和工作量，还可以缩短安装时间。

模板支撑和加固必须牢靠，以确保混凝土浇筑过程中，模板不发生位移，这不仅是控制现浇混凝土建筑物体形尺寸必须做到的，也为下一层模板安装的准确度创造了良好的条件，是保证模板安装精度的一个不可忽视的技术措施。

5.1.3 模板拆除与维修的质量控制

1. 现浇结构的模板拆除

现浇结构的模板拆除时的混凝土强度，应符合设计要求；当设计无具体要求时，应符合下列规定。

（1）侧模：混凝土强度能保证其表面和棱角不因拆除模板而受损坏。

（2）底模：混凝土强度应符合表 2.5.5 的规定。

表 2.5.5　　现浇结构拆模时所需混凝土强度

结构类型	结构跨度（m）	按设计的混凝土强度标准值的百分率计（%）
板	≤2 >2，≤8 >8	50 75 100
梁、拱、壳	≤8 >8	75 100
悬臂构件	≤2 >2	75 100

注　本标准中“设计的混凝土强度标准值”系指与设计混凝土强度等级相应的混凝土立方体抗压强度标准值。

（3）经计算及试验复核，混凝土结构的实际强度已能承受自重及其他实际荷载时，可提前拆模。拆模时，应根据锚固情况，分批拆除锚固连接件，防止大片模板坠落。拆模应使用专门工具，以减少混凝土及模板的损坏。

2. 预制构件模板拆除

预制构件模板拆除时的混凝土强度，应符合设计要求；当设计无具体要求时，应符合下列规定。

（1）侧模：在混凝土强度能保证构件不变形、棱角完整时，方可拆除。

（2）芯模或预留孔洞的内模，在混凝土强度能保证构件和孔洞表面不发生坍陷和裂缝后，方可拆除。

（3）底模：当构件跨度不大于 4m 时，在混凝土强度符合设计的混凝土强度标准值的50%的要求后，方可拆除；当构件跨度大于4m时，在混凝土强度符合设计的混凝土强度标准值的75%的要求后，方可拆除。

3. 后张法预应力混凝土结构构件模板的拆除

后张法预应力混凝土结构构件模板的拆除，除应符合第1条或第2条的规定外，侧模应在预应力张拉前拆除，底模应在结构构件建立预应力后拆除。

4. 模板、支架及配件的清理、维修

拆下的模板、支架及配件应及时清理、维修。暂时不用的模板应分类堆存，妥善保管；钢模应做好防锈，设仓库存放。大型模板堆放时，应垫平放稳，并适当加固，以免翘曲变形。

5.1.4 特殊模板质量控制

特殊模板包括永久性模板、滑动模板、移置模板及装饰混凝土模板等。特殊模板除应遵守本节有关规定外，同时应符合普通模板的有关规定。

1. 永久性模板

（1）当永久性模板构成永久结构的一部分时，应商得设计部门的同意。

（2）当混凝土重力式竖向模板被用作永久性模板时，可参考下列指标选定。

1）面板厚度大于0.2m。

2）单位面积的重量：G=每块模板自重/面板面积，$G \geqslant 1.0t/m^2$。

3）稳定特性值X（即混凝土模板的重心到前趾的水平距离）：X=自重产生的稳定力矩/每块模板自重，$X \geqslant 0.4m$。

4）抗倾覆及抗滑安全系数均应大于1.2。

（3）制作和安装混凝土、钢筋混凝土及预应力钢筋混凝土模板，应制定专门的技术措施和工艺操作规程。一般包括下列内容。

1）控制外形尺寸及埋件位置的措施。

2）长构件分段预制后的拼装方法。

3）较长大构件的运输、吊装方式、吊点位置，起吊应力及稳定性的验算。

4）安装时校正位置的措施（控制表面的平整度，避免被永久结构的钢筋、埋件干扰）。

5）混凝土的分层分块、浇筑顺序、施工荷载的施加顺序等。

6）当柔性模板被用作永久性模板时，必须张紧。

2. 滑动模板

（1）滑模在结构上应有足够的强度、刚度和稳定性。每段模板沿滑动方向的长度，必须与平均滑动速度和混凝土脱模时间相适应，一般为1～1.5m。滑模的支承构件及提升（拖动）设备应能保证模板结构均衡滑动，导向构件应能保证模板准确地按设计方向滑动。提升（拖动）设备一般采用液压设备，也可以采用卷扬机或其他类型的设备。当采用液压设备时，必须做到密封、不漏油，以避免污染钢筋和混凝土。

（2）滑模施工时，其滑动速度必须与混凝土的早期强度增长速度相适应。要求混凝土在脱模时不坍落、不拉裂。模板沿竖直方向滑升时，混凝土的脱模强度应控制在

0.2～0.4MPa。模板沿倾斜或水平方向滑动时，混凝土的脱模强度应经过计算和试验确定。混凝土的浇筑强度必须满足滑动速度的要求。

（3）滑模施工还必须执行 GBJ 113—1987《液压滑动模板施工技术规范》及 SL 32—1992《水工建筑物滑动模板施工技术规范》的有关规定。

（4）混凝土面板堆石坝面板滑模，应执行 SL 49—1994《混凝土面板堆石坝施工规范》的有关规定。

3. 移置模板

（1）隧洞衬砌应优先选用模板台车。圆形断面的隧洞衬砌应优先选用针梁模板等全断面模板台车。精度要求高的高耸结构物可选用滑框倒模、爬升（顶升）模板等。

（2）移置模板在结构上应有足够的强度、刚度和稳定性，应有灵活、可靠的调节机构和移动机构，以保证混凝土成型准确，施工安全、方便。移动设备可采用液压设备、卷扬机等。

（3）移置模板采用的液压设备，必须达到密封、不漏油，以避免污染钢筋和混凝土。

（4）模板台车必须有可靠的导向装置（例如轨道、针梁等），其安装允许偏差应与相应的模板安装允许偏差相同。

（5）采用模板台车进行隧洞混凝土衬砌，顶拱混凝土浇筑应采用封拱器。

（6）拆除模板台车时，应符合下列要求。

1）直立面混凝土的强度不得小于0.8MPa。

2）当围岩稳定、坚硬时，在拆模时混凝土能承受自重，并且表面和棱角不被损坏。洞径不大于10m 的隧洞顶拱混凝土强度可按照达到5.0MPa 控制；洞径大于10m 的隧洞顶拱混凝土需要达到的强度，应经过专门论证。

3）当隧洞混凝土衬砌结构承受围岩压力时，应经过计算和试验，确定混凝土需要达到的强度。

（7）滑框倒模施工应遵守以下规定。

1）模板须根据建筑物形体专门进行设计。模板面板宜采用钢材，模板面板沿滑动方向的总长度宜大于1.5m，单块模板重量宜小于20kg。模板制作标准应符合 GBJ 214—1989《组合钢模板技术规范》的有关要求。

2）当模板在垂直于滑升方向上受力不平衡时，必须在模板构架外侧设置可靠的导向装置，其制作、安装的偏差应与混凝土浇筑块体的允许偏差相适应。

3）模板平台滑升过程中，需采用专门检测设备进行滑升垂直度和水平度的监测。一般每浇筑2m 进行一次混凝土块体形体的检测，如果形体偏差大于设计允许值或其他有关规定时，应立即停滑，待采取纠正措施后，才能恢复施工。

4）混凝土的脱模强度不得小于0.4MPa。脱模操作架必须安全、可靠，并便于施工人员倒模操作。拆除的单块模板必须立即清理面板表面，并涂刷脱模剂。变形的单块模板必须更换。

4. 装饰混凝土模板

（1）在进行装饰混凝土模板的设计和施工时，应特别注意面板材料的选择、结合处的密封、隐蔽缝及止水的设置。

（2）装饰混凝土模板应采用大型整体模板，有足够的强度和刚度。应拼缝严密，有足够的密封性，不漏浆。拼缝方向、拼缝之间的距离均应一致。面板表面应清洁，不含油质及其他可能影响混凝土表面颜色的物质。

（3）装饰混凝土模板安装前，必须有模板安装详图，将开孔、施工缝、伸缩缝等项目详细标注在模板安装图上。

（4）装饰混凝土模板应精心设计，以保证达到混凝土成型要求。缝或转弯处的连接应进行专门设计，以使其达到严密和密封。

（5）装饰混凝土模板安装时，模板接缝应对称。在需要设置施工缝处，应在模板上固定平整的板条，以使成型表面的接缝平直清晰。

（6）装饰混凝土模板表面应涂脱模剂或敷设隔层，以便顺利拆模，但脱模剂或隔层不得污染或侵蚀钢筋和混凝土。

（7）装饰混凝土模板伸出混凝土外的拉杆必须采用端部可拆卸的结构型式。拆除拉杆留下的孔洞应采用砂浆封填。

（8）装饰混凝土模板制作、安装的允许偏差按混凝土结构成型后允许偏差进行控制。

（9）装饰混凝土模板拆除时应特别注意，确保混凝土表面不遭受任何损坏，为此须制定专门的拆模措施。

5. 模板工序质量评定

（1）检测数量要求。按水平线（或垂直线）布置检测点。总监测点数量：模板面积在 100m^2 以内，不少于 20 个，模板面积在 100m^2 以上，不少于 30 个。

（2）工序质量监测评定标准。在主要检查项目符合质量标准的前提下，一般检查项目基本符合质量标准，检测总点数中有 70% 及其以上符合质量标准，即评为合格。一般检查项目符合质量标准，检测总点数中有 90% 及其以上符合质量标准，即评为优良。

5.2 钢筋工程

5.2.1 水工混凝土钢筋材料的质量要求

1. 一般规定

（1）用于水工混凝土结构的钢筋材料应符合 GB/ T 701—1997《低碳钢热轧圆盘条》、GB 1499. 2—2007《钢筋混凝土用热轧带肋钢筋》、GB 13013—1991《钢筋混凝土用热轧光圆钢筋》、GB 13014—1991《钢筋混凝土用余热处理钢筋》、GB 13788—2000《冷轧带肋钢筋》和冷拉Ⅰ级钢筋的规定要求。

（2）用于水工混凝土的低碳热轧圆盘条钢筋只限于 Q235 牌号；冷轧带肋钢筋只限于 LL550 级冷轧带肋钢筋（$d=4\sim12$mm）牌号；冷拉钢筋只限于Ⅰ级（$d\leqslant12$mm）

钢筋。

（3）水工混凝土结构所采用的钢筋，除应符合现行国家标准的规定外，其种类、钢号、直径等还应符合 DL/ T 5057—1996《水工混凝土结构设计规范》及有关设计文件的要求。混凝土用钢筋的主要机械性能及化学成分符合有关规定。

（4）钢筋应有出厂证明书或实验报告单。使用前，仍应作拉力、冷弯试验。需要焊接的钢筋尚应作好焊接工艺试验。

2. 钢筋的检验

（1）对不同厂家、不同规格的钢筋应分批按国家对钢筋检验的现行规定进行检验，检验合格的钢筋方可用于加工。检验时以 60t 同一炉（批）号、同一规格尺寸的钢筋为一批（质量不足 60t 时仍按一批计），随意选取两根经外部质量检查和直径测量合格的钢筋各截取一个抗拉试件和一个冷弯试件进行检验，采取的试件应有代表性，不得在同一根钢筋上取两根或两根以上同用途试件。

（2）钢筋的机械性能检验应遵循以下规定。

1）钢筋取样时，钢筋端部要先截去 500mm 再取试样，每组试样要分别标记，不得混淆。

2）在拉力检验项目中，应包括屈服点、抗拉强度和伸长率 3 个指标。如有一个指标不符合规定，即认为拉力检验项目不合格。

3）冷弯试件弯曲后，不得有裂纹、剥落或断裂。

4）钢筋的检验，如果有任何一个检验项目的任何一个试件不符合规定的数值时，则应另取两倍数量的试件，对不合格项目进行第二次检验，如果第二次检验中还有试件不合格，则该批钢筋为不合格。

5）钢号不明的钢筋，经试验合格后方可加工使用，但不能在承重结构的重要部位上使用。检验时抽取的试件不得少于 6 组，且检验的项目均应满足规定数值。

3. 钢筋的储存

（1）运入加工现场的钢筋，必须具有出厂质量证明书或试验报告单，每捆（盘）钢筋均应挂上标牌，标牌上应注有厂标、钢号、产品批号、规格、尺寸等项目，在运输和储存时不得损坏和遗失这些标牌。

（2）到货的钢筋应根据原附质量证明书或试验证明单按不同等级、牌号、规格及生产厂家分批验收检查每批钢筋的外观质量，查看锈蚀程度及有无裂缝、结疤、麻坑、气泡、砸碰伤痕等，并应测量钢筋的直径。不符合质量要求的不得使用，或经研究同意后可降级使用。

（3）验收后的钢筋，应按不同等级、牌号、规格及生产厂家分批、分别堆放，不得混杂，且宜立牌以资识别。钢筋应设专人管理，建立严格的管理制度。

（4）钢筋宜堆放在料棚内，如条件不具备时，应选择地势较高、无积水、无杂草、且高于地面 200mm 的地方放置，堆放高度应以最下层钢筋不变形为宜，必要时应加遮盖。

（5）钢筋不得和酸、盐、油等物品存放在一起，堆放地点应远离有害气体，以防钢筋诱蚀或污染。

4. 钢筋的代换

（1）应加强钢筋材料供应的计划性和适时性，尽量避免施工过程中的钢筋代换。

（2）若以另一种钢号或直径的钢筋代替设计文件中规定的钢筋时，应遵守以下规定：

1）应按钢筋承载力设计值相等的原则进行，钢筋代换后应满足 DL/ T 5057—1996《水工混凝土结构设计规范》中所规定的钢筋间距、锚固长度、最小钢筋直径等构造要求。

2）以高一级钢筋代换低一级钢筋时，宜采用改变钢筋直径的方法而不宜采用改变钢筋根数的方法来减少钢筋截面积。

3）用同钢号某直径钢筋代替另一种直径的钢筋时，其直径变化范围不宜超过4mm，变更后钢筋总截面面积与设计文件规定的截面面积之比不得小于98% 或大于103%。

4）设计主筋采取同钢号的钢筋代换时，应保持间距不变，可以用直径比设计钢筋直径大一级和小一级的两种型号钢筋间隔配置代换。

5. 其他要求

（1）使用进口钢筋时，其机械性能应满足规定的性能指标。

（2）水工混凝土结构的非预应力混凝土中，不宜采用冷拉Ⅱ级以上的钢筋。

（3）在基岩或已浇混凝土面上钻孔安装的锚筋，宜采用带肋钢筋做成砂浆锚筋。锚筋特指通过钻孔在基岩面或混凝土面上安装并使用砂浆固定的钢筋，以区别于混凝土浇筑时埋设的插筋及岩石（围岩）支护用的锚杆。

5.2.2 钢筋加工的质量控制

1. 调直和清污除锈

（1）钢筋的表面应洁净，使用前应将表面油渍、漆污、锈皮、鳞锈等清除干净，但对钢筋表面的水锈和色锈可不做专门处理。在钢筋清污除锈过程中或除诱后，当发现钢筋表面有严重锈蚀、麻坑、斑点等现象时，应经鉴定后视损伤情况确定降级使用或剔除不用。

（2）钢筋应平直，无局部弯折，钢筋中心线同直线的偏差不应超过其全长的1%。成盘的钢筋或弯曲的钢筋应调直后才允许使用。所调直的钢筋不得出现死弯，否则应剔除不用。钢筋调直后如发现钢筋有劈裂现象，应作为废品处理，并应鉴定该批钢筋质量。钢筋在调直机上调直后，其表面不得有明显的伤痕。

（3）钢筋的调直宜采用机械调直和冷拉方法调直。对于少量粗钢筋，当不具备机械调直和冷拉调直条件时，可采用人工调直。如采用冷拉方法调直，则其调直冷拉伸长率不宜大于1%。对于Ⅰ级钢筋，为了能在冷拉调直的同时除去锈皮，可适当加大冷拉率，但冷拉率不得大于2%。

钢筋伸长值的测量起点，以卷扬机或千斤顶拉紧钢筋（约为冷拉控制应力的1%）为准。

（4）钢筋的除锈方法宜采用除锈机、风砂枪等机械除锈，当钢筋数量较少时，可采用人工除锈。除锈后的钢筋不宜长期存放，应尽快使用。

2. 钢筋的端头及接头加工

（1）钢筋的端头加工应符合下列规定。

1）光圆钢筋的端头应符合设计要求，如设计未作规定时，所有受拉光圆钢筋的末端应做180°的半圆弯钩，弯钩的内直径不得小于2.5d。当手工弯钩时，可带3d的平直部分（图2.5.1）。

2）Ⅱ级及其以上钢筋的端头，当设计要求弯转90°时，其最小弯转内直径应满足下列要求：①钢筋直径小于16mm时，最小弯转内直径为5d；②钢筋直径大于等于16mm时，最小弯转内直径为7d（图2.5.2）；③锚筋的加工必须保证端部无弯折，杆身顺直。

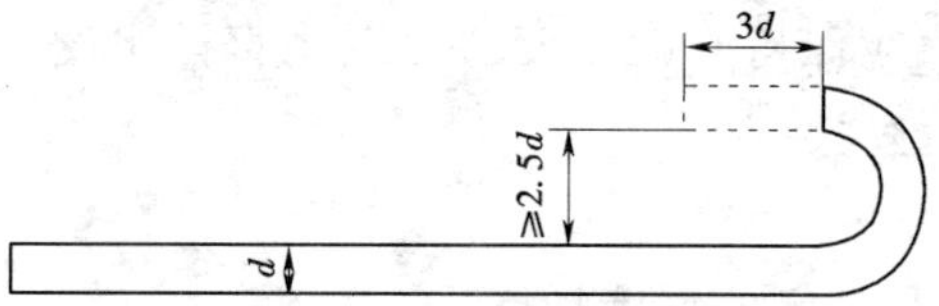

图2.5.1　Ⅰ级光圆钢筋的弯钩示意图

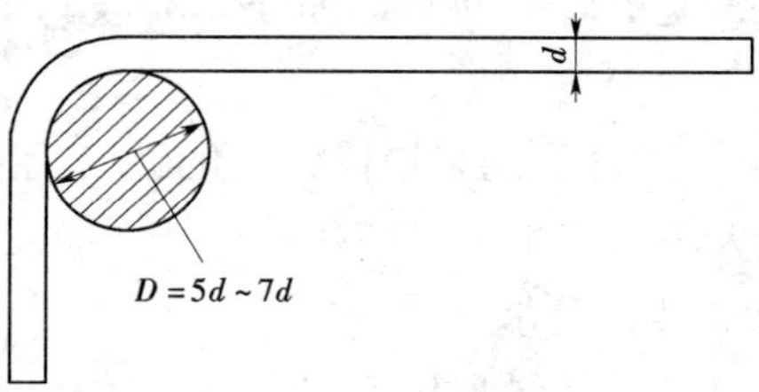

图2.5.2　Ⅱ级钢筋弯转90°示意图

（2）钢筋接头加工应符合下列规定。

1）钢筋接头加工应按所采用的钢筋接头方式要求进行。

2）钢筋端部在加工后有弯曲时，应予矫直或割除（绑扎接头除外），端部轴线偏移不得大于0.1d，并不得大于2mm。端头面应整齐，并与轴线垂直。

（3）钢筋接头的切割方式应符合下列规定。

1）采用绑扎接头、帮条焊、单面（或双面）搭接焊的接头宜用机械切断机切割，当加工量小或不具备机械切割条件时可选用其他方式切割。

2）采用电渣压力焊的接头，不宜采用切断机切割，应采用砂轮锯或气焊切割。

3）采用冷挤压连接和螺纹连接的机械连接钢筋端头宜采用砂轮锯或钢锯片切割，不得采用电气焊切割。如切割后钢筋端头有毛边、弯折或纵肋尺寸过大者，应用砂轮机修磨。冷挤压接头不得打磨钢筋横肋。

4）采用熔槽焊、窄间隙焊和气压焊连接的钢筋端头宜选用砂轮锯切割，当能够保证钢筋端头切面与轴线垂直和一定的端头断面尺寸时也可选用其他方式。

5）其他新型接头的切割按工艺要求进行。

（4）钢筋锥（直）螺纹连接的螺纹加工。

1）钢筋锥（直）螺纹的接头加工应经过镦粗后套丝。套丝后的接头断面不得小于原钢筋直径。

2）钢筋接头的锥（直）螺纹加工应在工厂内进行。

3）加工的钢筋锥螺纹丝头的锥度、牙形、螺距等必须与连接套的锥度、牙形、螺距一致；直螺纹的长度、牙形、螺距等必须与连接套的长度、牙形、螺距相一致，并经过配套的量规检测合格。螺纹丝扣长度应满足相应钢筋的要求，误差不超过规定值。检测量规由接头设计厂家提供，加工螺纹丝扣长度及误差值由厂家确定。

4）加工钢筋锥（直）螺纹时，应采用水溶性切削润滑液，当气温低于0℃时，应掺入15% ~20%的亚硝酸钠，不得用机油润滑或不加润滑液套丝。

5）钢筋的锥直螺纹加工后遵照规定逐个检查钢筋锥（直）螺纹加工的外观质量。

6）经自检合格的钢筋锥（直）螺纹，每种规格的加工批随机抽检10%，且不少于10个，并遵照规定填写钢筋锥（直）螺纹加工检验记录，如有一个丝头不合格，即应对该加工批全数检查，不合格丝头应重新加工经再次检验合格后方可使用。

7）已检验合格的螺纹应加以保护，钢筋螺纹头应戴上保护帽，对锥螺纹连接的钢筋螺纹头一端也可按接头规定的力矩值拧紧连接套。

（5）钢筋机械连接件（套筒）应符合下列规定。

钢筋机械连接件应由专业生产厂家设计并经型式检验认定后生产供应，并应有出厂质检证明。所有连接件的尺寸及材质、强度等均应满足JGJ 108—1996《带肋钢筋套筒挤压连接技术规程》、JGJ 109—1996《钢筋锥螺纹接头技术规程》和JG/ T 3057—1999《镦粗直螺纹钢筋接头》的有关规定。

3. 钢筋的弯折加工

（1）光圆钢筋（Ⅰ级钢筋），弯折90°以上，带肋钢筋（Ⅱ级钢筋以上）弯转90°，其最小弯转内直径应满足本节第2条的要求。

（2）对寒冷及严寒地区，当环境温度低于－20℃时，不应对低合金钢筋进行冷弯加工，以避免在钢筋起弯点强化，造成脆断。

（3）弯起钢筋处的圆弧内半径宜大于12.5d（图2.5.3）。

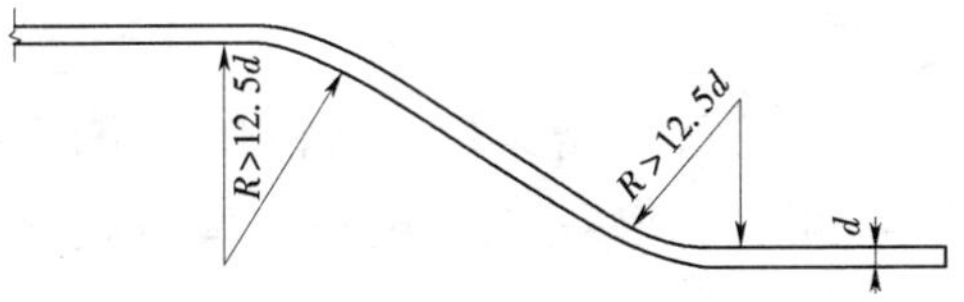

图2.5.3　弯起钢筋弯折处圆弧内半径示意图

表2.5.6　光圆箍筋的弯钩末端平直部分长度　　单位：mm

箍筋直径	受力钢筋直径	
	≤25	28 ~40
5 ~10	75	90
≥12	90	105

（4）箍筋的加工应按设计要求的型式进行，当设计没有具体要求时，可使用光圆钢筋制成的箍筋，其末端应有弯钩，对大型梁、柱，当箍筋直径d不小于12mm时，弯钩宜做成如图2.5.4所示的形状，以便于安装，弯钩长度见表2.5.6。采用小直径Ⅱ级钢筋制作箍筋时，其末端应有90°弯头，箍筋弯后平直部分长度不宜小于3倍主筋的直径。

图2.5.4　箍筋型式示意图

4. 钢筋加工的允许偏差

（1）钢筋的加工应按照钢筋下料表要求的型式尺寸进行。加工后的允许偏差不得超过表2.5.7规定的数值。

表 2.5.7 钢筋加工的允许偏差表

项 次	偏 差 名 称		允许偏差值
1	受力钢筋及锚筋全长净尺寸的偏差（mm）		±10
2	箍筋各部分长度的偏差（mm）		±5
3	钢筋弯起点位置的偏差（mm）	厂房构件	±20
		大体积混凝土	±30
4	钢筋转角的偏差（°）		±3
5	圆弧钢筋径向偏差（mm）	大体积	±25
		薄壁结构	±10

（2）弯曲钢筋加工后应无翘曲不平现象。

（3）钢筋机械连接接头的加工允许偏差，按照接头连接件技术规定检验。

5. 成品钢筋的存放

（1）经检验合格的成品钢筋应尽快运往工地安装使用，不宜长期存放。冷拉调直的钢筋和已除锈的钢筋须注意防锈。

（2）成品钢筋的存放须按使用工程部位、名称、编号、加工时间挂牌存放，不同号的钢筋成品不宜堆放在一起，防止混号和造成成品钢筋变形。

（3）成品钢筋的存放应按当地气候情况采取有效的防锈措施，若存放过程中发生成品钢筋变形或锈蚀，应矫正除锈后重新鉴定，确定处理办法。

（4）锥（直）螺纹连接的钢筋端部螺纹保护帽在存放及运输装卸过程中不得取下。

5.2.3 钢筋的接头的质量控制

5.2.3.1 一般要求

（1）钢筋接头宜采用下列方式。

1）在加工厂中有闪光对头焊接、手工电弧焊（搭接焊、帮条焊、熔槽焊、窄间隙焊等）和机械连接（带肋钢筋套筒冷挤压接头、镦粗锥螺纹接头、镦粗直螺纹接头）等，钢筋的交叉连接采用接触点焊（不宜采用手工电弧焊）。

2）在现场施工中有绑扎搭接、手工电弧焊（搭接焊、帮条焊、熔槽焊、窄间隙焊）、气压焊、竖向钢筋接触电渣焊和机械连接（带肋钢筋套筒冷挤压接头、镦粗锥螺纹接头、镦粗直螺纹接头）等。

（2）钢筋接头宜采用焊接接头或机械连接接头，当采用绑扎接头时，应满足以下要求。

1）受拉钢筋直径不大于22mm，或受压钢筋直径不大于32mm。

2）其他钢筋直径不大于25mm。

当钢筋直径大于25mm，采用焊接和机械连接确实有困难时，也可采用绑扎搭接，但要从严控制。

（3）当设计有专门要求时，钢筋接头应按设计要求进行。

（4）不同直径的钢筋接头形式选择，在满足第（2）条的情况下可按以下方法进行：

1）直径不大于28mm的热轧钢筋接头，可采用手工电弧搭接焊和闪光对焊焊接（工厂接头）；直径大于28mm的热轧钢筋接头，可采用熔槽焊、窄间隙焊或帮条焊连接。当不具备施工条件时，也可采用搭接焊。

2）直径为20～40mm的钢筋接头宜采用接触电渣焊（竖向）和气压焊连接，但当直径大于28mm时，应谨慎使用。可焊性差的钢筋接头不宜采用接触电渣焊和气压焊连接。

3）直径在16～40mm范围内的Ⅱ、Ⅲ级钢筋接头，可采用机械连接。采用套筒挤压连接时，所连接的钢筋端部应事先做好伸入套筒长度的标记；采用直螺纹连接时，应注意使相连两钢筋的螺纹旋入套筒的长度相等。

（5）采用机械连接的钢筋接头的性能指标应达到A级标准，经论证确认后，方可采用B、C级接头。

1）A级：接头的抗拉强度达到或超过母材抗拉强度标准值，并具有高延性及反复拉压性能。

2）B级：接头的抗拉强度达到或超过母材屈服强度标准值的1.35倍，并具有一定的延性及反复拉压性能。

3）C级：接头仅能承受压力。

（6）当施工条件受限制，或经专门论证后，钢筋连接形式可以根据现场条件确定。

5.2.3.2 接头的技术要求和质量控制

1. 手工电弧搭接焊、帮条焊

（1）对于直径不小于10mm的热轧钢筋，其接头采用搭接、帮条电弧焊时（图2.5.5～图2.5.8），应符合下列要求。

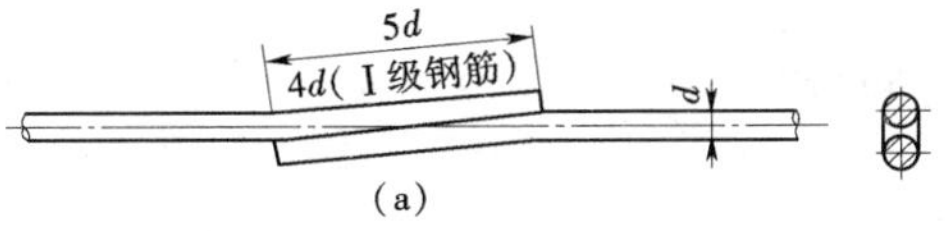

图2.5.5 搭接焊

（a）搭接焊双面焊缝；（b）搭接焊单面焊缝

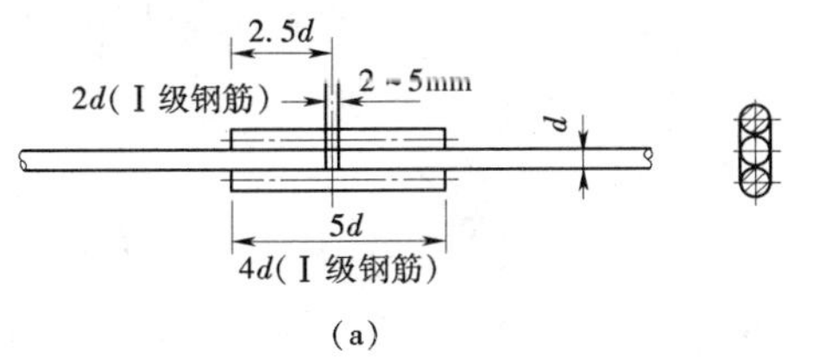

图2.5.6 帮条焊

（a）帮条焊双面焊缝；（b）帮条焊单面焊缝

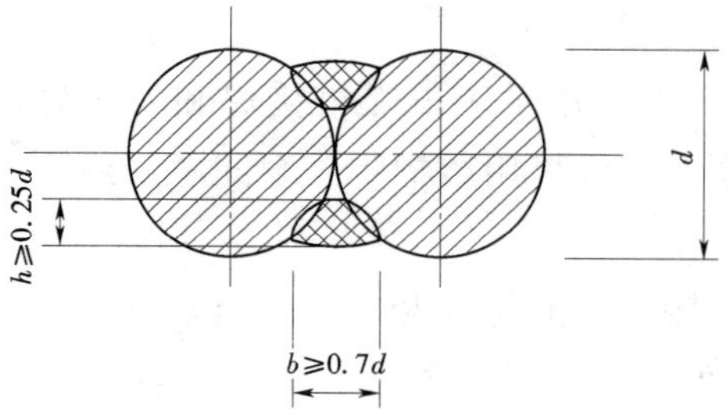

图 2.5.7　搭接焊和帮条焊

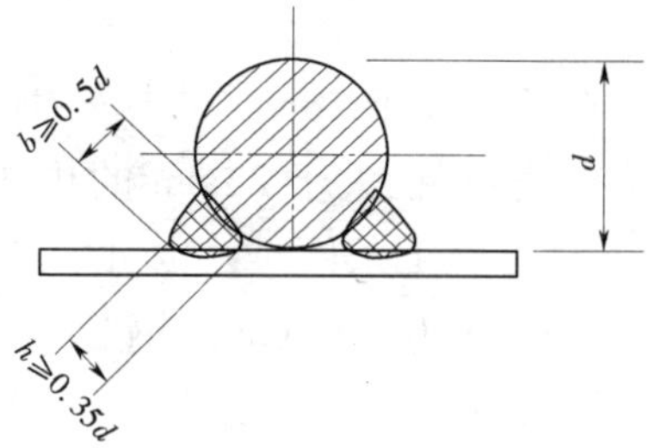

图 2.5.8　钢筋与钢板焊接

1）焊接接头当设计有要求时应采用双面焊缝，无特殊要求时可采用单面焊缝。对于Ⅰ级钢筋的搭接焊或帮条焊的焊缝总长度应不小于 $8d$；对于Ⅱ、Ⅲ级钢筋，其搭接焊或帮条焊的焊缝总长度应不小于 $10d$，帮条焊时接头两边的焊缝长度应相等。

2）帮条的总截面面积应符合下列要求：当主筋为Ⅰ级钢筋时，不应小于主筋截面面积的 1.2 倍；当主筋为Ⅱ、Ⅲ级钢筋时，不应小于主筋截面面积的 1.5 倍。为了便于施焊和使帮条与主筋的中心线在同一平面上，帮条宜采用与主筋同钢号、同直径的钢筋制成，如帮条与主筋级别不同时，应按设计强度进行换算。帮条的长度应满足相应的焊缝要求。

3）搭接焊接头的两根搭接钢筋的轴线宜位于同一直线上。

4）对于搭接焊接，其焊缝高度应为被焊接钢筋直径的 0.25 倍，且不小于 4mm；焊缝的宽度应为被焊接钢筋直径的 0.7 倍，且不小于 10mm。当钢筋和钢板焊接时焊缝高度应为被焊接钢筋直径的 0.35 倍，且不小于 6mm；焊缝宽度应为被焊接钢筋直径的 0.5 倍，且不小于 8mm。

（2）对直径小于 10mm 的钢筋需焊接时，其焊缝高度、宽度应根据试验确定。

2. 手工电弧熔槽焊

（1）熔槽焊宜用于直径大于 25mm、的钢筋现场连接，焊接时应加角钢作垫板模，接头形式如图 2.5.9 所示。

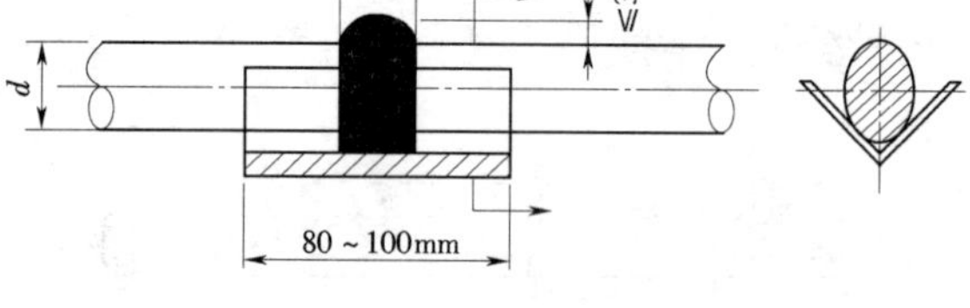

图 2.5.9　熔槽焊

（2）角钢尺寸和焊接工艺应符合下列要求。

1）角钢边长宜为 40～60mm。

2）从接缝处垫板引弧后应连续施焊，并应使钢筋端部熔合，防止未焊透、有气孔或夹渣。

3）可停焊清渣一次，焊平后，再进行焊接余高的焊接，其高度应不大于 3mm。

4）钢筋与角钢垫板之间，应加焊侧面焊缝 1～3 层，焊缝应饱满。

5）焊缝表面不应有缺陷及削弱现象，在接头处钢筋中心线位移不大于钢筋直径的 0.1 倍。

3. 手工电弧窄间隙焊

（1）用于钢筋窄间隙焊接的焊条，Ⅰ级钢筋可用酸性焊条，Ⅱ、Ⅲ级钢筋可采用低氢型碱性焊条。使用低氢型碱性焊条时，必须按使用说明书的要求进行烘焙。

（2）钢筋被焊端部300mm长度内应平直，如有弯曲，必须矫直或切除，以便进行焊接模具安装。

（3）窄间隙焊模具采用紫铜制作，焊接时模具宜按所焊钢筋直径配套选用，若钢筋直径比模具尺寸小时，不应小于一个钢筋级差。安装焊接模具和钢筋时，应严格控制间隙大小，并使两钢筋的焊接部位处于同轴位置，模具应夹紧钢筋（图2.5.10）。

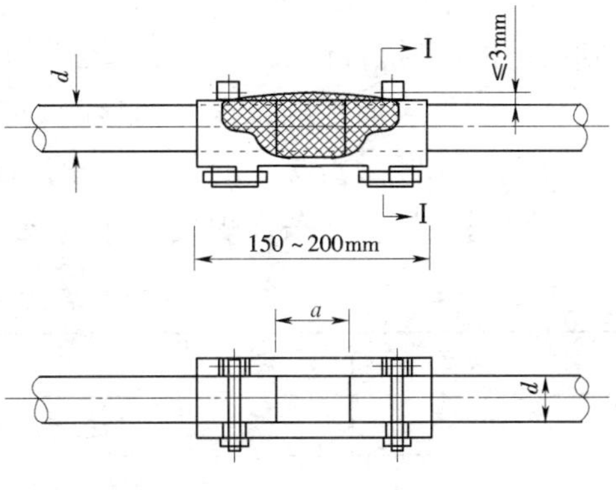

图2.5.10　窄间隙焊

（4）在工程开工或每批钢筋开焊前，应进行现场条件下的焊接性能实验，以确定合适的焊接工艺和参数。焊接参数可按表2.5.8选择。

表2.5.8　水平钢筋窄间隙焊的焊接参数

钢筋直径（mm）	端头间隙 a（mm）	焊条直径（mm）	焊接电流（A）	钢筋直径（mm）	端头间隙 a（mm）	焊条直径（mm）	焊接电流（A）
20	11～13	3.2	100～110	32	12～14	4.0	150～160
22	11～13	3.2	100～110	36	13～15	5.0	210～220
25	12～14	4.0	150～160	40	13～15	5.0	210～220
28	12～14	4.0	150～160				

（5）水平钢筋窄间隙焊的接头，在去掉模具后应进行全部外观检查。外观检查要求：接头处焊缝饱满，不得有深度大于0.5mm的咬边，接头处的轴线偏移不得大于0.1倍钢筋直径，且不得大于2mm，接头处的弯折不得大于40。外观检查不合格的接头，应切除0.3倍钢筋直径的热影响区后重焊或采取补强措施。

4. 手工电弧焊的其他规定

（1）手工电弧焊用焊条，应按设计规定采用。在设计未作规定时，可按表2.5.9选用。焊条必须由正规厂家生产，并有出厂合格证，型号明确，使用时不得混淆。

表2.5.9　电弧焊接使用的焊条

项　次	钢筋级别	焊接型式		
		搭接焊、帮条焊	熔槽焊	窄间隙焊
1	Ⅰ级钢筋	E4313	E4316	E4316 E4315
2	Ⅱ级钢筋	E5003 E5016	E5003	E5016 E5015
3	Ⅲ级钢筋	E5003 E5016	E5503	E6016 E6015

注　低氢型焊条在使用前必须烘干。新拆包的低氢型焊条宜在一班时间内用完，否则应重新烘干。

（2）在雨、雪天焊接钢筋时，应有防雨、雪措施。接头焊接后应避免立即接触雪、水。在 -15℃以下施焊时，应采取专门措施保温防风，低于 -20℃时不宜施焊。

（3）所有手工电弧焊的钢筋接头焊接后都应进行外观检查，必要时，应从成品中抽取试件，做抗拉试验。电弧焊接头的外观检查，应符合下列要求。

1）焊缝表面平顺，没有明显的咬边、凹陷、气孔和裂缝。

2）用小锤敲击接头时，应发出清脆声。

3）搭接焊和帮条焊焊接尺寸偏差及缺陷的允许值见表 2.5.10。

表 2.5.10　搭接焊和帮条焊焊接尺寸偏差及缺陷的允许值

项　次	偏差及缺陷名称		允许偏差及缺陷
1	帮条对焊接接头中心的纵向偏移		0.50d
2	接头处钢筋轴线的曲折		4°
3	焊缝高度		-0.05d
4	焊缝宽度		-0.10d
5	焊缝长度		-0.50d
6	咬边深度		0.05d 并不大于 1mm
7	焊缝表面上的	在两倍 d 的长度上的数量	2 个
	气孔和夹渣	气孔、夹渣的直径	3mm

5. 竖向钢筋接触电渣焊

（1）接触电渣焊焊接前，应先将钢筋端部 100mm 范围内清除干净，夹具钳口应夹紧钢筋，并使其轴线在一直线上，两钢筋端部间隙宜为 5～10mm。宜采用铁丝圈引燃法及 431 号焊剂进行焊接（图 2.5.11）。

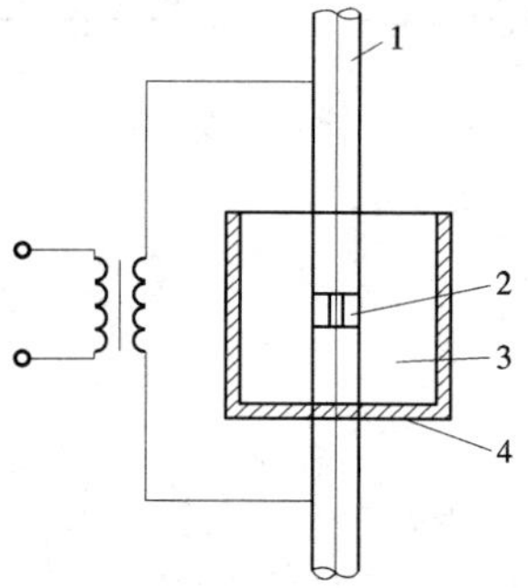

图 2.5.11　钢筋接触电渣焊（铁丝圈引燃法）
1—钢筋；2—铁丝圈；3—焊剂；4—焊剂盒

（2）进行接触电渣焊之前，应采用同型号、同直径的钢筋和相同的焊接参数，制作 5 个抗拉试件。在试验结果符合要求后，才能按确定的焊接参数施焊。焊接参数可按表 2.5.11 选用。

（3）钢筋接触电渣焊的接头，应全部进行外观检查。外观检查的要求为：接头四周铁浆饱满均匀，没有缝隙，被焊钢筋的轴线应一致，其最大的偏移不得超过 0.1 倍钢筋直径，且不得大于 2mm。外观检查不合格者应断开重焊。当对焊接质量有怀疑时，应视实际情况抽样进行拉力试验。

6. 绑扎接头

（1）钢筋采用绑扎搭接接头时，钢筋的接头搭接长度按受拉钢筋最小锚固长度控制（表 2.5.12）。

（2）受拉区域内的光圆钢筋绑扎接头的末端应做弯钩。螺纹钢筋的绑扎接头末端可不做弯钩。

表 2.5.11　　　　　　　　　　接触电渣焊接的焊接参数

钢筋直径（mm）	焊接电流（A）		外电网保证电压（V）	渣池电压（V）	手压力（kN）	通电时间（s）
	起弧	稳弧				
20	800	400～500	380～400	25～45	0.20～0.30	18～20
25	900	500～600	380～400	25～50	0.30～0.35	20～25
32	1400	700～900	380～420	25～60	0.35～0.40	25～30
36	1600	900～1100	380～420	25～60	0.35～0.40	30～35

注　1. 顶压的时间，以钢筋下移稳定后 0.5min 为宜。夹具拆除时间，一般以下压完成后约 2min 为宜。

2. 必须保证外电压稳定在 380V 以上，否则应架设专线。

表 2.5.12　　　　　　　　　　钢筋绑扎接头最小搭接长度

项次	钢筋类型		混凝土强度等级									
			C15		C20		C25		C30、C 35		≥C40	
			受拉	受压	受拉	受压	受拉	受压	受拉	受压	受拉	受压
1	Ⅰ级钢筋		$50d$	$35d$	$40d$	$25d$	$30d$	$20d$	$25d$	$20d$	$25d$	$20d$
2	月牙纹	Ⅱ级钢筋	$60d$	$45d$	$50d$	$35d$	$40d$	$30d$	$40d$	$25d$	$30d$	$20d$
		Ⅲ级钢筋	—	—	$55d$	$40d$	$50d$	$35d$	$40d$	$30d$	$35d$	$25d$
3	冷轧带肋钢筋		—	—	$50d$	$35d$	$40d$	$30d$	$35d$	$25d$	$30d$	$20d$

注　1. 月牙纹钢筋直径 $d>25$mm 时，最小搭接长度应按表中数值增加 $5d$。

2. 表中Ⅰ级光圆钢筋的最小锚固长度值不包括端部弯钩长度，当受压钢筋为Ⅰ级钢筋，末端又无弯钩时，其搭接长度不应小于 $30d$。

3. 如在施工中分不清受压区或受拉区时，搭接长度按受拉区处理。

7. 闪光对焊

（1）采用不同直径的钢筋进行闪光对焊时，直径相差以一级为宜，且不大于 4mm。采用闪光对焊时，钢筋端头如有弯曲，应予以矫直或切除。

（2）对不同类别、不同直径的钢筋，在施焊前均应按实际焊接条件试焊 2 个冷弯试件及 2 个拉伸试件，根据对试件接头外观质量检验结果，以及冷弯和拉伸试验验证焊接参数。在试焊质量合格和焊接参数选定后，可成批焊接。

（3）全部闪光对焊的接头，均应进行外观检查并应符合下列要求。

1）钢筋表面没有裂纹和明显的烧伤。

2）接头如有弯折，其角度不得大于 40°。

3）接头轴线如有偏心，其偏移不得大于钢筋直径的 0.1 倍，并不得大于 2mm。

4）外观检查不合格的接头，应剔出重焊。

（4）当对焊接质量有怀疑，或在焊接过程中发现异常时，应根据实际情况随机抽样，进行冷弯及拉伸试验。

（5）闪光对焊接头的拉伸试验成果均应大于该级钢筋的抗拉强度，且断裂在焊缝及热影响区以外为合格。冷弯试验按表 2.5.13 的规定进行。冷弯试验时，焊接点应位于弯曲的中点，试件经冷弯后，其接头处（包括热影响区）外侧不出现横向裂纹为合格。

表 2.5.13　　钢筋闪光对焊接头的冷弯指标

钢筋级别	冷弯芯棒直径	弯曲角度（°）
Ⅰ级钢筋	$2d$	90
Ⅱ级钢筋	$4d$	90
Ⅲ级钢筋	$5d$	90

注　1. 钢筋直径 $d>25$mm 时，弯心直径应增加一个 d。
　　2. 冷弯试验，允许将接头弯曲内侧镦粗部分（毛刺）适当修平，以利向内弯曲。

8. 气压焊接

（1）钢筋端面应切平，并应与钢筋轴线相垂直，钢筋端部若有弯折或扭曲，应矫直或切除。钢筋端部 $2d$ 范围内应清除干净，端头经打磨，露出金属光泽，不得有氧化现象。

（2）钢筋安装后应加压顶紧，局部缝隙不得大于 3mm。

（3）气压焊接作业要求如下。

1）应根据钢筋直径和焊接设备等具体条件选用等压法、二次加压法或三次加压法焊接工艺。

2）焊接过程中，对钢筋施加的轴向压力，按均匀作用在钢筋横截面面积上计，应为 30～40MPa。

3）钢筋气压焊的开始阶段宜采用碳化火焰，对准接缝处集中加热，并使其内焰包住缝隙，防止钢筋端面产生氧化，在确认缝隙完全密合后，应改用中性火焰，以压焊面为中心，在两侧各 1 倍钢筋直径长度范围内往复宽幅加热。

4）钢筋端面的合适加热温度应为 1150～1250℃，钢筋镦粗区表面的加热温度应稍高于该温度。

（4）气压焊接头验收按以下规定进行：

1）全部接头应进行外观检查，检查项目和质量要求如下：①偏心量 e 不得大于钢筋直径的 0.15 倍，同时不得大于 4mm。当不同直径的钢筋相焊时，按较小的钢筋直径计。当焊接后的偏心量 e 超过此限值时应切除重焊；②两钢筋轴线弯折角不得大于 40，当超过此限值时应重新加热矫正；③镦粗直径 d_m 不应小于钢筋直径的 1.4 倍。当小于此限值时应重新加热镦粗；④长度 L_d 应不小于钢筋直径的 1.2 倍，且凸起部分平缓圆滑，当小于此限值时，应重新加热锻长；⑤压焊面偏移量 e_d 不得大于钢筋直径的 0.2 倍（图 2.5.12）；⑥接头不得有环向裂纹，若发现有裂纹，应切除重焊；⑦镦粗区表面不得有严重烧伤。

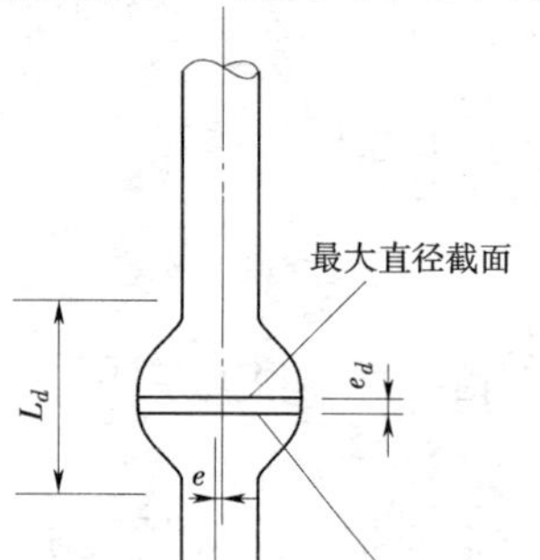

图 2.5.12　气压焊接头示意图

2）机械性能检查项目和质量要求如下：①机械性能检查以 300 个接头为一批，不足 300 个接头仍按一批计。从每批接头中随机切取 3 个接头做拉伸试验，根据工程需要，也可另取3个接头作弯曲试验。②接头拉伸试验件的抗拉强度不得低于规定的指标值，并呈塑性断裂。若有一个试件不符合要求时，应切取6个接头进行复验，若仍有一个接头不符合要求，则该批接头为不合格。③接头弯曲试验要求如下：接头弯曲试件长度不小于表2.5.14规定的数值；接头弯曲试验时的弯曲内直径应符合表2.5.15的规定；进行弯曲试验的试件受压面凸起部分应去除，与钢筋外表面平齐，压焊面应处在弯曲中心点，弯至90°时试件在压焊面不得发生破断；弯曲试验若有一个试件不符合要求，应切取6个接头进行复检，若复检仍有1个试件不符合要求，则该批接头为不合格。

表2.5.14　　气压焊弯曲试件长度　　单位：mm

钢筋直径	16	18	20	22	25	28	32	36	40
试件长度	250	270	280	290	310	360	390	420	450

9. 机械连接

(1) 采用钢筋机械连接时，应由厂家提交有效的型式检验报告。

(2) 钢筋连接工程开始前及施工过程中，应对每批进场钢筋进行接头工艺检验，工艺检验应符合下列要求。

表2.5.15　　气压焊弯曲内直径

钢筋等级	弯心直径	
	$d \leqslant 25$mm	$d > 25$mm
Ⅰ级钢筋	$2d$	$3d$
Ⅱ级钢筋	$4d$	$5d$

1) 每种规格钢筋的接头试件不应少于3根。

2) 对接头试件的钢筋母材应进行抗拉强度试验。

3) 3根接头试件的抗拉强度符合要求，对于A级接头，试件抗拉强度应不小于0.9倍钢筋母材的实际抗拉强度。计算实际抗拉强度时，应采用钢筋的实际横截面面积。

(3) 现场检验应进行外观质量检查和单向拉伸试验。设计有特殊要求时按设计要求项目进行检验。机械连接接头检验按验收批进行，采用同一批材料的同等级、同型式、同规格接头，以500个为一个验收批进行检验与验收，不足500个仍作为一个验收批计。

(4) 带肋钢筋套筒连接接头外观质量检查应满足以下要求。

1) 外型尺寸：挤压后套筒长度应为原套筒长度的1.10～1.15倍或压痕处套筒的外径波动范围为原套筒外径的0.8～0.9倍。

2) 挤压接头的压痕道数应符合型式检验确定的道数。

3) 接头处弯折不得大于400。

4) 挤压后的套筒不得有裂纹。

5) 检查数量：每一验收批中应随机抽取10%的挤压接头进行外观质量检查，如外观质量不合格数少于抽检数的10%，则该批挤压接头外观质量评为合格。当不合格数超过抽检数的10%时，应对该批挤压接头逐个进行复检，并采取补救措施；对外观不合格的挤压接头，应从中抽取6个试件做抗拉强度试验，若有1个试件的抗拉强度低于规定值，则该批外观不合格的挤压接头应进行处理，并记录存档。

（5）直螺纹接头外观质量检查应满足以下要求。

1）接头拼接时用管钳扳手拧紧，使两个丝头在套筒中央位置相互顶紧。

2）拼接完成后，套筒每端不得有一扣以上的完整丝扣外露，加长型接头的外露丝扣不受限制，但应有明显标记，以检查进入套筒的丝头长度是否满足要求。

3）检查数量：每一验收批中应随机抽取10%的接头进行外观检查，抽检的接头应全部合格，如有一个接头不合格，则该验收批的接头应逐个检查，对查出的不合格接头应进行补强。

（6）锥螺纹接头外观质量及拧紧力矩检查应满足以下要求。

1）连接套筒应与钢筋的规格一致，接头丝扣无完整外露。

2）接头拧紧力矩值应符合表2.5.16的规定，不得超拧，拧紧后的接头应做上标记。检测用的力矩扳手应为专用扳手。

表2.5.16　　接头拧紧力矩值

钢筋直径（mm）	16	18	20	22	25～28	32	36～40
拧紧力矩值（N·m）	118	145	177	216	275	314	343

3）钢筋锥螺纹接头，每一验收批中应随机抽取10%的接头进行外观检查，并用专用的力矩扳手检验接头的拧紧值。抽检的接头应全部合格，如果有一个接头不合格，则该验收批接头应逐个检查，对不合格接头应进行补强。

（7）在每一验收批中随机截取3个试件做单向拉伸试验，当3个试件单向拉伸试验结果均符合强度的要求时，该验收批为合格，如有一个试件的强度不符合要求，应再取6个试件进行复验，复验中如仍有一个试件试验结果不符合要求，则该验收批为不合格。

（8）钢筋的机械连接接头在施工时均应有现场连接施工记录，以便质量验收时查验。

5.2.3.3　接头的分布要求

（1）钢筋接头应分散布置。配置在同一截面内的下述受力钢筋，其接头的截面面积占受力钢筋总截面面积的百分率，应符合下列规定。

1）闪光对焊、熔槽焊、电渣压力焊、气压焊、窄间隙焊接头在受弯构件的受拉区，不宜超过50%；在受压区不受限制。

2）绑扎接头，在构件的受拉区中不宜超过25%；在受压区不宜超过50%。

3）机械连接接头，其接头分布应按设计文件规定执行，当没有要求时，在受拉区不宜超过50%；在受压区或装配式构件中钢筋受力较小部位，A级接头不受限制。

4）焊接与绑扎接头距离钢筋弯头起点不得小于$10d$，也不应位于最大弯距处。

5）若两根相邻的钢筋接头中距在500mm以内或两绑扎接头的中距在绑扎搭接长度

以内，均作为同一截面处理。

（2）钢筋的接头分布在受拉区和受压区要求不同，当施工中分辩不清受拉区或受压区时，其接头的分布应按受拉区处理。

（3）机械连接接头宜避开有抗震要求的框架梁端和柱端的箍筋加密区；当无法避开时，必须采用 A 级接头，且接头数不得超过此截面钢筋根数的 75% 。

5.2.4 钢筋的安装的质量控制

1. 钢筋安装的偏差要求

（1）钢筋安装的位置、间距、保护层及各部分钢筋的大小尺寸，均应符合设计文件的规定。

（2）钢筋安装的偏差不得超过表 2.5.17 的规定。

表 2.5.17　　钢筋安装的允许偏差

项　次	偏　差　名　称		允 许 偏 差
1	钢筋长度方向的偏差		±1/2 净保护层厚
2	同一排受力钢筋间距的局部偏差	（1）柱及梁中	±0.5d
		（2）板及墙中	±0.1 倍间距
3	同一排中分布箍筋间距的偏差		±0.1 倍间距
4	双排钢筋、其排与排间距的局部偏差		±0.1 倍间距
5	梁与柱中钢筋间距的偏差		0.1 倍箍筋间距
6	保护层厚度的局部偏差		±1/4 净保护层厚

2. 钢筋的绑扎要求

（1）现场焊接或绑扎的钢筋网，其钢筋交叉点的连接按 50% 的间隔绑扎，但钢筋直径小于 25mm 时，楼板和墙体的外围层钢筋网交叉点应逐点绑扎。设计有规定时应按设计规定进行。

（2）板内双向受力钢筋网，应将钢筋全部交叉点绑扎。梁与柱的钢筋，其主筋与箍筋的交叉点，在拐角处应全部绑扎，其中间部分可间隔绑扎。

（3）钢筋安装中交叉点的绑扎，对于Ⅰ、Ⅱ级直径不小于 16mm 的钢筋，在不损伤钢筋截面的情况下，可采用手工电弧焊来代替绑扎，但应采用细焊条、小电流进行焊接，焊后钢筋不应有明显的咬边出现。

（4）柱中箍筋的弯钩，应设置在柱角处，且须按垂直方向交错布置。除特殊情况外，所有箍筋应与主筋垂直。若箍筋端头加工为弯钩时，安装好的箍筋应将弯钩处点焊牢固。

（5）钢筋绑扎用铁丝宜按表 2.5.18 选择。

表 2.5.18　　钢筋绑扎用铁丝规格选择

钢筋直径（mm）	12 以下	14～25	28～40
钢丝规格号	22	20	18

3. 保护层

（1）钢筋安装时应保证混凝土净保护层厚度满足 DL/ T 5057—1996《水工混凝土结构设计规范》或设计文件规定的要求；对于梁、次梁、柱等的交叉部位，混凝土净保护层宜大于 10mm。

（2）在钢筋与模板之间应设置强度不低于该部位混凝土强度的垫块，以保证混凝土保护层的厚度。垫块应相互错开，分散布置，多排钢筋之间，应用短钢筋支撑以保证位置准确。

4. 架立筋

（1）钢筋安装前应设架立筋，架立筋宜选用直径大于等于 22mm 的钢筋。架立筋安装后，应有足够的刚度和稳定性。

（2）钢筋网若采用场外绑扎和焊接预制后整体吊装时，其架立筋应专门设计，受力钢筋可作为架立筋的一部分。必要时，也可采用轻型型钢等作为钢筋的支撑骨架。预制的绑扎和焊接钢筋网及钢筋骨架应有足够的强度和刚度，保证在运输和吊装过程中不变形、不开焊和不松脱。

5. 锚筋安装

（1）锚筋安装宜优先选用先注浆后插锚筋的方法进行，钻孔直径应比锚筋直径大 15mm 以上；当采用先插锚筋后注浆的方法安装时，钻孔直径宜比锚筋直径大 40mm，同时应保证灌浆的饱满。锚筋安装前孔内的岩粉和积水应清理干净。

（2）注浆宜采用注浆器具，注浆前应用水或稀水泥浆润滑注浆器具管路。砂浆用砂应经过筛选，其砂粒直径不得大于 2. 5mm，砂浆等级按设计要求配制。也可采用水泥卷或其他锚固剂代替注水泥砂浆的方法，先将定量的水泥卷或其他锚固剂填入锚筋孔，再将锚筋打入。

（3）打入锚筋后，若孔口砂浆不饱满，应采用同强度等级砂浆补填饱满。锚筋安装后，在锚固材料凝固过程中不得敲击、碰撞，必要时应在孔口采取固定措施。

（4）锚筋钻孔的间排距位置偏差应控制在 100mm 以内，孔深偏差不宜大于 50mm。

（5）锚筋抗拔拉力试验以 100 根锚筋为一批，不足 100 根按一批计，每批抽检 3 根为一组，重要部位适当增加抽检数量。每组试验的抗拔拉力平均值应大于设计值，且任一根抽检锚筋的抗拔拉力值应不低于设计锚固力的 90% 。

6. 安装后的监护

（1）钢筋架设完毕，应按照设计文件和规范的规定进行检查验收，并做记录。验收后的钢筋，如长期暴露，应在混凝土浇筑之前，按上述规定重新检查，验收合格后方能浇筑混凝土。

（2）安装好的钢筋、锚筋以及外露的钢筋，由于长期暴露而生锈时，应进行现场除锈。对于锈蚀严重的钢筋（钢筋截面积缩小 2% 以上时）应予以更换。

（3）在混凝土浇筑施工中。应经常检查钢筋架立位置，如发现变动应及时校正，严禁擅自移动或割除钢筋。

5.2.5 混凝土钢筋工序质量评定

1. 检测数量要求

先进行宏观检查，没有发现明显不合格处，即可进行抽样检查，对梁、板、柱等小型构件总检查数不少于30个，其余总检查数不少于35个。

2. 工序监测质量标准

在主要检查项目符合质量标准的前提下，一般检查项目基本符合质量标准，检测总点数中有70%及其以上符合质量标准，即评为合格。一般检查项目符合质量标准，检测总点数中有90%及其以上符合质量标准，即评为优良。

本章习题

2.5.1 模板材料有哪些要求？

2.5.2 模板制作安装的质量标准是什么？

2.5.3 钢筋加工中的质量控制标准与措施有哪些？

2.5.4 钢筋安装过程中的质量控制标准与措施有哪些？

第6章　混凝土工程

教学要求：熟悉混凝土的材料要求；掌握混凝土制备、运输、浇筑和养护等各阶段的质量标准、质量检查要点和质量控制要点。

6.1　混凝土原材料

6.1.1　水泥

（1）水泥品质应符合现行的国家标准及有关部颁标准的规定。每一个工程所用水泥品种以1~2种为宜，并应固定供应厂家。有条件时优先选择散装水泥。

（2）选择水泥品种应符合下列原则。

1）水位变化区外部混凝土、溢流面和经常受水流冲刷部位的混凝土及有抗冻要求的混凝土，宜选用中热硅酸盐水泥或硅酸盐水泥，也可选用普通硅酸盐水泥。

2）内部混凝土、水下混凝土和基础混凝土，宜选用中热硅酸盐水泥，也可选用低热矿渣硅酸盐水泥、矿渣硅酸盐水泥、火山灰质硅酸盐水泥、粉煤灰硅酸盐水泥、普通硅酸盐水泥和低热微膨胀水泥。

3）环境水对混凝土有硫酸盐侵蚀性时，应选择抗硫酸盐硅酸盐水泥。

（3）选用的水泥强度等级应与混凝土设计强度等级相适应。水位变化区、溢流面及经常受水流冲刷部位、抗冻要求较高的部位，宜使用较高强度等级的水泥。

（4）选用的水泥必须符合现行国家标准的规定。并可根据工程的特殊需要对水泥的化学成分、矿物组成和细度等提出专门要求。

（5）运至工地的每一批水泥，应有生产厂的出厂合格证和品质试验报告，使用单位应进行验收检验（按每200~400t同厂家、同品种、同强度等级的水泥为一取样单位，如不足200t也作为一取样单位），必要时应进行复检。

（6）水泥的运输、保管及使用，应遵守下列规定。

1）优先使用散装水泥。

2）运到工地的水泥，应按标明的品种、强度等级、生产厂家和出厂批号，分别储存到有明显标志的储罐或仓库中，不得混装。

3）水泥在运输和储存过程中应防水防潮，已受潮结块的水泥应经处理并检验合格方可使用。罐储水泥宜一个月倒罐一次。

4）水泥仓库应有排水、通风措施，保持干燥。堆放袋装水泥时，应设防潮层，距地面、边墙至少30cm，堆放高度不得超过15袋，并留出运输通道。

5）散装水泥运至工地的入罐温度不宜高于65℃。

6）先出厂的水泥应先用。袋装水泥储运时间超过3个月，散装水泥超过6个月，使用前应重新检验。

7）应避免水泥的散失浪费，注意环境保护。

6.1.2 骨料

1. 骨料选择的原则

（1）使用的骨料应根据优质、经济、就地取材的原则进行选择。可选用天然骨料、人工骨料，或两者互相补充。选用人工骨料时，有条件的地方宜选用石灰岩质的料源。

（2）骨料料源在品质、数量发生变化时，应按现行建筑材料勘察规程进行详细的补充勘察和碱活性成分含量试验。未经专门论证，不得使用碱活性骨料。

（3）应根据粗细骨料需要总量、分期需要量进行技术经济比较，制定合理的开采规划和使用平衡计划，尽量减少弃料。覆盖层剥离应有专门弃渣场地并采取必要的防护和恢复环境措施，避免产生水土流失。

（4）骨料加工的工艺流程、设备选型应合理可靠，生产能力和料仓储量应保证混凝土施工需要。

（5）根据实际需要和条件，可将细骨料分成粗细两级，分别堆存，在混凝土拌和时按一定比例掺配使用。

2. 成品骨料的堆存和运输要求

（1）堆存场地应有良好的排水设施，必要时应设遮阳防雨棚。

（2）各级骨料仓之间应设置隔墙等有效措施，严禁混料，并应避免泥土和其他杂物混入骨料中。

（3）应尽量减少转运次数。卸料时，粒径大于40mm骨料的自由落差大于3m时，应设置缓降设施。

（4）储料仓除有足够的容积外，还应维持不小于6m的堆料厚度。细骨料仓的数量和容积应满足细骨料脱水的要求。

（5）在粗骨料成品堆场取料时，同一级料应注意在料堆不同部位同时取料。

3. 细骨料（人工砂、天然砂）的品质要求

（1）细骨料应质地坚硬、清洁、级配良好；人工砂的细度模数宜在2.4～2.8范围内，天然砂的细度模数宜在2.2～3.0范围内。使用山砂、粗砂、特细砂应经过试验论证。

（2）细骨料在开采过程中应定期或按一定开采数量进行碱活性检验，有潜在危害时，应采取相应措施，并经专门试验论证。

（3）细骨料的含水率应保持稳定，人工砂饱和面干的含水率不宜超过6%，必要时应采取加速脱水措施。

（4）细骨料的其他品质要求应符合表2.6.1的规定。

表 2.6.1 细骨料的品质要求

项目		指标		备注
		天然砂	人工砂	
石粉含量（%）		—	6~18	
含泥量（%）	≥C_{90}30 和有抗冻要求的	≤3	—	
	≤C_{90}30	≤5		
泥块含量		不允许	不允许	
坚固性（%）	有抗冻要求的混凝土	≤8	≤8	
	无抗冻要求的混凝土	≤10	≤10	
表观密度（kg/m^3）		≥2500	≥2500	
硫化物及硫酸盐含量（%）		≤1	≤1	折算成 SO_3，按重量计
有机质含量		浅于标准色	不允许	
云母含量（%）		≤2	≤2	
轻物质含量（%）		≤1	—	

4. 粗骨料（碎石、卵石）的品质要求

（1）粗骨料的最大粒径：不应超过钢筋净间距的2/3、构件断面最小边长的1/4、素混凝土板厚的1/2。对少筋或无筋混凝土结构，应选用较大的粗骨料粒径。

（2）施工中，宜将粗骨料按粒径分成下列几种粒径组合：

1）当最大粒径为40mm时，分成 D_{20}、D_{40} 两级；

2）当最大粒径为80mm时，分成 D_{20}、D_{40}、D_{80} 三级；

3）当最大粒径为150（120）mm时，分成 D_{20}、D_{40}、D_{80}、D_{150}（D_{120}）四级。

（3）应严格控制各级骨料的超、逊径含量。以原孔筛检验，其控制标准：超径小于5%，逊径小于10%。当以超、逊径筛检验时，其控制标准：超径为零，逊径小于20%。

（4）采用连续级配或间断级配，应由试验确定。

（5）各级骨料应避免分离。D_{150}、D_{80}、D_{40} 和 D_{20} 分别用中径（115mm、60mm、30mm和10mm）方孔筛检测的筛余量应在40%～70%范围内。

（6）如使用含有活性骨料、黄锈和钙质结核等粗骨料，必须进行专门试验论证。

（7）粗骨料表面应洁净，如有裹粉、裹泥或被污染等应清除。

（8）碎石和卵石的压碎指标值宜采用表2.6.2的规定。

表 2.6.2 粗骨料的压碎指标值

骨料类别		不同混凝土强度等级的压碎指标值（%）	
		C_{90}55～C_{90}40	≤C_{90}35
碎石	水成岩	≤10	≤16
	变质岩或深成的火成岩	≤12	≤20
	火成岩	≤13	≤30
卵石		≤12	≤16

（9）粗骨料的其他品质要求应符合表 2.6.3 的规定。

（10）取样与检验方法按 DL/T 5150—2001《水工混凝土试验规程》和有关标准执行。

表 2.6.3　　粗骨料的品质要求

项　　目		指　标	备　注
含泥量（%）	D_{20}、D_{40}粒径级	≤1	
	D_{80}、D_{150}（D_{120}）粒径级	≤0.5	
泥块含量		不允许	
坚固性（%）	有抗冻要求的混凝土	≤5	
	无抗冻要求的混凝土	≤12	
表观密度（kg/m^3）		≥2550	
硫化物及硫酸盐含量（%）		≤0.5	折算成 SO_3，按重量计
有机质含量		浅于标准色	如深于标准色，应进行混凝土强度对比试验，抗压强度比不应低于 0.95
吸水率（%）		≤2.5	
针片状颗粒含量（%）		≤15	经试验论证，可以放宽至 25%

6.1.3　水

（1）凡符合国家标准的饮用水，均可用于拌和与养护混凝土。未经处理的工业污水和生活污水不得用于拌和与养护混凝土。

（2）地表水、地下水和其他类型水在首次用于拌和与养护混凝土时，须按现行的有关标准，经检验合格方可使用。检验项目和标准应符合以下要求。

1）待检验水与标准饮用水试验所得的水泥初凝时间差及终凝时间差均不得大于 30min。

2）待检验水配制水泥砂浆 28d 抗压强度不得低于用标准饮用水拌和的砂浆抗压强度的 90%。

3）拌和与养护混凝土用水的 pH 值和水中的不溶物、可溶物、氯化物、硫酸盐的含量应符合表 2.6.4 的规定。

表 2.6.4　　拌和与养护混凝土用水的指标要求

项　目	钢筋混凝土	素混凝土	项　目	钢筋混凝土	素混凝土
pH 值	>4	>4	氯化物（以 Cl 计）（mg/L）	<1200	<3500
不溶物（%）	<2000	<5000	硫酸盐（以 SO_4^{2-} 计）（mg/L）	<2700	<2700
可溶物（%）	<5000	<10000			

6.1.4　其他材料

1. 掺合料

（1）水工混凝土中应掺入适量的掺合料。其品种有粉煤灰、凝灰岩粉、矿渣微粉、硅粉、粒化电炉磷渣、氧化镁等。掺用的品种和掺量应根据工程的技术要求、掺合料品质和资源条件，通过试验论证确定。

（2）掺合料的品质应符合现行的国家和有关行业标准。

（3）粉煤灰掺合料宜选用I级或II级粉煤灰。

（4）掺合料每批产品出厂时应有产品合格证，主要内容包括：厂名、等级、出厂日期、批号、数量及品质检验结果等。

（5）使用单位对进场使用的掺合料应进行验收检验。粉煤灰等掺合料以连续供应200t为一批（不足200t按一批计），硅粉以连续供应200t为一批（不足200t按一批计），氧化镁以60t为一批（不足200t按一批计）。掺合料的品质检验按现行国家和有关行业标准进行。

（6）掺合料应储存在专用仓库或储罐内，在运输和储存过程中应注意防潮，不得混入杂物，并应有防尘措施。

2. 外加剂

（1）水工混凝土中必须掺加适量的外加剂。

（2）常用的外加剂有：普通减水剂、高效减水剂、缓凝高效减水剂、缓凝减水剂、引气减水剂、缓凝剂、高温缓凝剂、引气剂、泵送剂等。根据特殊需要，也可掺用其他性质的外加剂。外加剂品质必须符合现行的国家和有关行业标准。

（3）外加剂选择应根据混凝土性能要求、施工需要、并结合工程选定的混凝土原材料进行适应性试验，经可靠性论证和技术经济比较后，选择合适的外加剂种类和掺量。一个工程掺用同种类外加剂的品种宜选用1～2种，并由专门生产厂家供应。

（4）有抗冻性要求的混凝土应掺用引气剂。混凝土的含气量应根据混凝土的抗冻等级和骨料最大粒径等，通过试验确定。表2.6.5的规定供参考。

表2.6.5　　掺引气剂型外加剂混凝土的含气量

骨料最大粒径（mm）		20	40	80	150（120）
含气量（%）	≥F200混凝土	5.5	5.0	4.5	4.0
	≤F150混凝土	4.5	4.0	3.5	3.0

注　F50混凝土掺用与否，根据试验确定。

（5）外加剂应配成水溶液使用。配制溶液时应称量准确，并搅拌均匀。根据工程需要，外加剂可复合使用，但必须通过试验论证。有要求时，应分别配制使用。

（6）外加剂每批产品出厂时应有检验报告和合格证。使用单位应进行验收检验。

（7）外加剂的分批以掺量划分。掺量大于或等于1%的外加剂以100t为一批，掺量小于1%的外加剂以50t为一批，掺量小于0.01%的外加剂以1～2t为一批，一批进场的外加剂不足一个批号数量的，应视为一批进行检验。

（8）外加剂的检验按现行的国家和行业标准进行。

（9）外加剂应存放在专用仓库或固定的场所妥善保管，不同品种外加剂应有标记，分别储存。粉状外加剂在运输和储存过程中应注意防水防潮。当外加剂储存时间过长，对其品质有怀疑时，必须进行试验认定。

6.2 混凝土制备

6.2.1 混凝土配合比选定

为满足混凝土设计强度、耐久性、抗渗性等要求和施工和易性需要，应进行混凝土施工配合比优选试验。混凝土施工配合比选择应经综合分析比较，合理地降低水泥用量。主体工程混凝土配合比应经审查选定。

1. 混凝土配制强度

（1）混凝土配制强度按下式计算

$$f_{cu,o} = f_{cu,k} + t\sigma$$

式中 $f_{cu,o}$——混凝土的配制强度，MPa；

$f_{cu,k}$——混凝土设计龄期的强度标准值，MPa；

t——概率度系数，依据保证率 P 选定；

σ——混凝土强度标准差，MPa 。

（2）混凝土强度标准差（σ）按以下规定确定。

1）当没有近期的同品种混凝土强度资料时，可参照表 2.6.6 取用。

表 2.6.6　　标准差 σ 值

混凝土强度标准值	$C_{90}15$	$C_{90}20 \sim C_{90}25$	$C_{90}30 \sim C_{90}35$	$C_{90}40 \sim C_{90}45$	$\leqslant C_{90}50$
σ（90d）	3.5	4.0	4.5	5.0	5.5

2）根据前 1 个月（或 3 个月）相同强度等级、配合比的混凝土强度资料，混凝土强度标准差。按下式计算

$$\sigma = \sqrt{\frac{\sum_{i-1}^{n} f_{cu,i}^2 - nm_{fcu}^2}{n-1}}$$

式中 $f_{cu,i}$——第 i 组的试件强度，MPa；

m_{fcu}——n 组试件的强度平均值，MPa；

n——试件组数，n 值应大于 30。

σ 的下限取值：对小于和等于 $C_{90}25$ 级混凝土，计算得到的 σ 小于 2.5MPa 时，σ 取 2.5MPa；对大于和等于 $C_{90}30$ 级混凝土，计算得到的 σ 小于 3.0MPa 时，σ 取 3.0MPa。施工过程中，应根据施工时段强度的统计结果，调整 σ 值，进行动态控制。

2. 混凝土设计强度标准值

按设计龄期提出的混凝土强度标准，以按标准方法制作养护的边长为 150mm 立方体试件的抗压强度值确定，用 MPa 表示。

3. 大体积内部混凝土的胶凝材料用量

不宜低于 140kg/m³。水泥熟料含量不宜低于 70kg/m³。

4. 混凝土的水胶比（或水灰比）

根据设计对混凝土性能的要求，应通过试验确定，并不应超过表 2.6.7 的规定。

表 2.6.7　　水胶比最大允许值

部　　位	严寒地区	寒冷地区	温和地区
上、下游水位以上（坝体外部）	0.50	0.55	0.60
上、下游水位变化区（坝体外部）	0.45	0.50	0.55
上、下游最低水位以下（坝体外部）	0.50	0.55	0.60
基础	0.50	0.55	0.60
内部	0.60	0.65	0.65
受水流冲刷部位	0.45	0.50	0.50

注　在有环境水侵蚀情况下，水位变化区外部及水下混凝土最大允许水胶比（或水灰比）应减小 0.05。

5. 粗骨料级配及砂率的选择

应根据混凝土的性能要求、施工和易性及最小单位用水量并结合骨料生产的平衡等要求，通过试验进行综合分析确定。

6. 混凝土的坍落度

应根据建筑物的结构断面、钢筋含量、运输距离、浇筑方法、运输方式、振捣能力和气候等条件决定，在选定配合比时应综合考虑，并宜采用较小的坍落度。混凝土在浇筑地点的坍落度，可参照表 2.6.8 选用。

表 2.6.8　　混凝土在浇筑地点的坍落度

混凝土类别	坍落度（cm）	混凝土类别	坍落度（cm）
素混凝土或少筋混凝土	1～4	配筋率超过 1% 的钢筋混凝土	5～9
配筋率不超过 1% 的钢筋混凝土	3～6		

注　有温度控制要求或高、低温季节浇筑混凝土时，其坍落度可根据实际情况酌量增减。

7. 混凝土中的总含碱量

混凝土使用有碱活性反应的骨料时，配合比选择应严格控制混凝土中的总含碱量，以保证混凝土的耐久性。

混凝土配合比设计方法和混凝土试验按 SD 105—1982《水工混凝土试验规程》的规定进行。抗冻性能以快冻法试验确定。

8. 混凝土拌和物的质量控制

（1）混凝土施工配合比必须通过试验，满足设计技术指标和施工要求，并经审批后方可使用。混凝土施工配料单必须经校核后签发，并严格按签发的混凝土施工配料单进行配料，严禁擅自更改。

（2）混凝土拌和楼（站）的计量器具应定期（每月不少于 1 次）校验校正，在必要时随时抽验。每班称量前，应对称量设备进行零点校验。

（3）在混凝土拌和生产中，应定期对混凝土拌和物的均匀性、拌和时间和称量衡器的精度进行检验，如发现问题应立即处理。

（4）在混凝土拌和生产中，应对各种原材料的配料称量进行检查并记录，每8h不应少于2次。

（5）混凝土组成材料计量按混凝土材料称量的允许误差表控制。

（6）混凝土拌和时间，每4h应检测1次。

（7）混凝土拌和物应拌和均匀，其检测方法应按GB/T 9142《混凝土搅拌机》和DL/T 5150—2001《水工混凝土试验规程》进行。

（8）混凝土坍落度每4h应检测1～2次。其允许误差应符合表2.6.9的规定。

表2.6.9　　坍落度允许误差　　单位：mm

坍落度	允许偏差	坍落度	允许偏差	坍落度	允许偏差
≤4	±1	4～10	±2	>10	±3

（9）引气混凝土的含气量，每4h应检测1次。含气量允许的偏差范围为±1.0%。

（10）混凝土拌和物温度、气温和原材料温度，每4h应检测1次。

（11）混凝土拌和物的水胶比（或水灰比）在必要时按GB/T 50080—2002《普通混凝土拌和物性能试验方法》和DL/T 5150—2001《水工混凝土试验规程》进行检测。

（12）混凝土拌和物质量标准见表2.6.10。

表2.6.10　　混凝土拌和物质量标准

项次	项目	质量标准（%）	
		优良	合格
1	△原材料称量偏差符合要求的频率	≥90	≥70
2	砂子含水量小于6%的频率	≥90	≥70
3	△拌和时间符合规定的频率	100	100
4	混凝土坍落度符合要求的频率	≥80	≥70
5	△混凝土水灰比符合设计要求的频率	≥90	≥80
6	混凝土出机口温度符合设计要求的频率	≥80（高1～2℃）	≥70（高2～3℃）

注　标△者为主要检查（检测）项目。

9. 混凝土浇筑工序质量评定

凡主要检查项目全部符合优良质量标准，一般检查项目符合优良或合格质量标准，即评为优良。凡主要检查项目全部符合合格质量标准，一般检查项目基本符合合格质量标准，即评为合格。

6.2.2　拌和

（1）拌和设备投入混凝土生产前，应按经批准的混凝土施工配合比进行最佳投料顺序和拌和时间的试验。

（2）混凝土拌和必须按照试验部门签发并经审核的混凝土配料单进行配料，严禁擅自更改。

（3）混凝土组成材料的配料量均以重量计。称量的允许误差，不应超过表2.6.11的规定。

表2.6.11　　混凝土材料称量的允许误差

材料名称	称量允许误差（%）	材料名称	称量允许误差（%）
水泥、掺合料、水、冰、外加剂溶液	±1	骨料	±2

（4）混凝土拌和时间应通过试验确定。表2.6.12中所列最少拌和时间，可参考使用。

（5）每台班开始拌和前，应检查拌和机叶片的磨损情况。在混凝土拌和过程中，应定时检测骨料含水量，必要时应加密测量。

（6）混凝土掺合料在现场宜用干掺法，且应保证拌和均匀。

（7）外加剂溶液中的水量，应在拌和用水量中扣除。

（8）二次筛分后的粗骨料，其超逊径应控制在要求范围内。

（9）混凝土拌和物出现下列情况之一者，按不合格料处理。

1）错用配料单已无法补救，不能满足质量要求。

2）混凝土配料时，任意一种材料计量失控或漏配，不符合质量要求。

3）拌和不均匀或夹带生料。

4）出机口混凝土坍落度超过最大允许值。

表2.6.12　　混凝土最少拌和时间

拌和机容量Q（m^3）	最大骨料粒径（mm）	最少拌和时间（s）	
		自落式拌和机	强制式拌和机
$0.8 \leq Q \leq 1$	80	90	60
$1 < Q \leq 3$	150	120	75
$Q > 3$	150	150	90

注　1. 入机拌和量应在拌和机额定容量的110%以内。

2. 加冰混凝土的拌和时间应延长30s（强制式15s），出机的混凝土拌和物中不应有冰块。

6.3　混凝土运输

混凝土拌和物运输的基本要求是：不产生离析现象；保证混凝土浇筑时具有设计规定的坍落度；在混凝土初凝时间之前能有充分时间进行浇筑和捣实；保证混凝土浇筑能连续进行。具体要求如下：

（1）选择混凝土运输设备及运输能力，应与拌和、浇筑能力、仓面具体情况相适应。

（2）所用的运输设备，应使混凝土在运输过程中不致发生分离、漏浆、严重泌水、过多温度回升和坍落度损失。

（3）同时运输两种以上强度等级、级配或其他特性不同的混凝土时，应设置明显的区分标志。

（4）混凝土在运输过程中，应尽量缩短运输时间及减少转运次数。掺普通减水剂的混凝土运输时间不宜超过表2.6.13的规定。因故停歇过久，混凝土已初凝或已失去塑性时，应作废料处理。严禁在运输途中和卸料时加水。

（5）在高温或低温条件下，混凝土运输工具应设置遮盖或保温设施，以避免天气、气温等因素影响混凝土质量。

表2.6.13 混凝土运输时间

运输时段的平均气温（℃）	混凝土运输时间（min）
20～30	45
10～20	60
5～10	90

（6）混凝土的自由下落高度不宜大于1.5m。超过时，应采取缓降或其他措施，以防止骨料分离。

（7）用汽车、翻斗车、侧卸车、料罐车、搅拌车及其他专用车辆运送混凝土时，应遵守下列规定。

1）运输混凝土的汽车应为专用；运输道路应保持平整。

2）装载混凝土的厚度不应小于40cm，车箱应平滑密闭不漏浆。

3）每次卸料，应将所载混凝土卸净，并应适时清洗车箱（料罐）。

4）汽车运输混凝土直接入仓时，必须有确保混凝土施工质量的措施。

（8）用门式、塔式、缆式起重机以及其他吊车配吊罐运输混凝土时，应遵守下列规定。

1）起重设备的吊钩、钢丝绳、机电系统配套设施、吊罐的吊耳及吊罐放料口等，应定期进行检查维修，保证设备完好。

2）吊罐不得漏浆，并应经常清洗。

3）起重设备运转时，应注意与周围施工设备保持一定距离和高度。

（9）用各类皮带机（包括塔带机、胎带机等）运输混凝土时，应遵守下列规定。

1）混凝土运输中应避免砂浆损失；必要时适当增加配合比的砂率。

2）当输送混凝土的最大骨料粒径大于80mm时，应进行适应性试验，满足混凝土质量要求。

3）皮带机卸料处应设置挡板、卸料导管和刮板。

4）皮带机布料应均匀，堆料高度应小于1m。

5）应有冲洗设施及时清洗皮带上黏附的水泥砂浆，并应防止冲洗水流入仓内。

6）露天皮带机上宜搭设盖棚，以免混凝土受日照、风、雨等影响；低温季节施工时，应有适当的保温措施。

（10）用溜筒、溜管、溜槽、负压（真空）溜槽运输混凝土时，应遵守下列规定。

1）溜筒（管、槽）内壁应光滑，开始浇筑前应用砂浆润滑筒（管、槽）内壁；当用水润滑时应将水引出仓外，仓面必须有排水措施。

2）使用溜筒（管、槽）应经过试验论证，确定溜筒（管、槽）高度与合适的混凝土坍落度。

3）溜筒（管、槽）宜平顺，每节之间应连接牢固，应有防脱落保护措施。

4）运输和卸料过程中，应避免混凝土分离，严禁向溜筒（管、槽）内加水。

5）当运输结束或溜筒（管、槽）堵塞经处理后，应及时清洗，且应防止清洗水进入新浇混凝土仓内。

6.4 混凝土浇筑

6.4.1 一般情况

（1）建筑物地基必须经验收合格后，方可进行混凝土浇筑仓面准备工作。

（2）岩基上的松动岩块及杂物、泥土均应清除。岩基面应冲洗干净并排净积水；如有承压水，必须采取可靠的处理措施。清洗后的岩基在浇筑混凝土前应保持洁净和湿润。

（3）软基或容易风化的岩基，应做好下列工作。

1）在软基上准备仓面时，应避免破坏或扰动原状土壤。如有扰动，必须处理。

2）非黏性土壤地基，如湿度不够，应至少浸湿15cm深，使其湿度与最优强度时的湿度相符。

3）当地基为湿陷性黄土时，应采取专门的处理措施。

4）在混凝土覆盖前，应做好基础保护。

（4）浇筑混凝土前，应详细检查有关准备工作，包括地基处理（或缝面处理）情况，混凝土浇筑的准备工作，模板、钢筋、预埋件等是否符合设计要求，并应做好记录。

（5）基岩面和新老混凝土施工缝面在浇筑第一层混凝土前，可铺水泥砂浆、小级配混凝土或同强度等级的富砂浆混凝土，保证新混凝土与基岩或新老混凝土施工缝面结合良好。

（6）混凝土的浇筑，可采用平铺法或台阶法施工。应按一定厚度、次序、方向，分层进行，且浇筑层面平整。台阶法施工的台阶宽度不应小于2m。在压力钢管、竖井、孔道、廊道等周边及顶板浇筑混凝土时，混凝土应对称均匀上升。

（7）混凝土浇筑坯层厚度，应根据拌和能力、运输能力、浇筑速度、气温及振捣能力等因素确定，一般为30～50cm。根据振捣设备类型确定浇筑坯层的允许最大厚度可参照表2.6.14规定；如采用低塑性混凝土及大型强力振捣设备时，其浇筑坯层厚度应根据试验确定。

（8）入仓的混凝土应及时平仓振捣，不得堆积。仓内若有粗骨料堆叠时，应均匀地分布至砂浆较多处，但不得用水泥砂浆覆盖，以免造成蜂窝。在倾斜面上浇筑混凝土时，应从低处开始，浇筑面应水平，在倾斜面处收仓面应与倾斜面垂直。

表 2.6.14　　　　混凝土浇筑坯层的允许最大厚度

振捣设备类别		浇筑坯层允许最大厚度
插入式	振捣机	振捣棒（头）长度的 1.0 倍
	电动或风动振捣器	振捣棒（头）长度的 0.8 倍
	软轴式振捣器	振捣棒（头）长度的 1.25 倍
平板式	无筋或单层钢筋结构中	250mm
	双层钢筋结构中	200mm

（9）混凝土浇筑的振捣应遵守下列规定。

1）混凝土浇筑应先平仓后振捣，严禁以振捣代替平仓。振捣时间以混凝土粗骨料不再显著下沉，并开始泛浆为准，应避免欠振或过振。

2）振捣设备的振捣能力应与浇筑机械和仓位客观条件相适应，使用塔带机浇筑的大仓位，宜配置振捣机振捣。使用振捣机时，应遵守下列规定：①振捣棒组应垂直插入混凝土中，振捣完应慢慢拔出；②移动振捣棒组，应按规定间距相接；③振捣第一层混凝土时，振捣棒组应距硬化混凝土面 5cm。振捣上层混凝土时，振捣棒头应插入下层混凝土 5～10cm；④振捣作业时，振捣棒头离模板的距离应不小于振捣棒的有效作用半径的 1/2。

3）采用手持式振捣器时应遵守下列规定：①振捣器插入混凝土的间距，应根据试验确定并不超过振捣器有效半径的 1.5 倍；②振捣器宜垂直按顺序插入混凝土。如略有倾斜，则倾斜方向应保持一致，以免漏振；③振捣时，应将振捣器插入下层混凝土 5cm 左右；④严禁振捣器直接碰撞模板、钢筋及预埋件；⑤在预埋件特别是止水片、止浆片周围，应细心振捣，必要时辅以人工捣固密实；⑥浇筑块第一层、卸料接触带和台阶边坡的混凝土应加强振捣。

（10）混凝土浇筑过程中，严禁在仓内加水；混凝土和易性较差时，必须采取加强振捣等措施；仓内的泌水必须及时排除；应避免外来水进入仓内，严禁在模板上开孔赶水，带走灰浆；应随时清除黏附在模板、钢筋和预埋件表面的砂浆；应有专人做好模板维护，防止模板位移、变形。

（11）混凝土浇筑应保持连续性。

1）混凝土浇筑允许间歇时间应通过试验确定。掺普通减水剂混凝土的允许间歇时间可参照表 2.6.15。如因故超过允许间歇时间，但混凝土能重塑者，可继续浇筑。

表 2.6.15　　　　混凝土的允许间歇时间

混凝土浇筑时的气温（℃）	允许间歇时间（min）	
	中热硅酸盐水泥、硅酸盐水泥、普通硅酸盐水泥	低热矿渣硅酸盐水泥、矿渣硅酸盐水泥、火山灰质硅酸盐水泥
20～30	90	120
10～20	135	180
5～10	195	—

2）如局部初凝，但未超过允许面积，则在初凝部位铺水泥砂浆或小级配混凝土后可继续浇筑。

（12）浇筑仓面出现下列情况之一时，应停止浇筑。

1）混凝土初凝并超过允许面积。

2）混凝土平均浇筑温度超过允许偏差值，并在1h内无法调整至允许温度范围内。

（13）浇筑仓面混凝土料出现下列情况之一时，应予挖除。

1）出现下列各款情况之一的为不合格料：①错用配料单已无法补救，不能满足质量要求；②混凝土配料时，任意一种材料计量失控或漏配，不符合质量要求；③拌和不均匀或夹带生料。

2）下到高等级混凝土浇筑部位的低等级混凝土料。

3）不能保证混凝土振捣密实或对建筑物带来不利影响的级配错误的混凝土料。

4）长时间不凝固超过规定时间的混凝土料。

（14）混凝土施工缝处理，应遵守下列规定。

1）混凝土收仓面应浇筑平整，在其抗压强度尚未到达2.5MPa前，不得进行下道工序的仓面准备工作。

2）混凝土施工缝面应无乳皮，微露粗砂。

3）毛面处理宜采用25～50MPa高压水冲毛机，也可采用低压水、风砂枪、刷毛机及人工凿毛等方法。毛面处理的开始时间由试验确定。采取喷洒专用处理剂时，应通过试验后实施。

（15）结构物混凝土达到设计顶面时，应使其平整，其高程必须符合设计要求。

6.4.2 雨季施工

（1）雨季施工应做好下列工作。

1）砂石料仓的排水设施应畅通无阻。

2）运输工具应有防雨及防滑措施。

3）浇筑仓面应有防雨措施并备有不透水覆盖材料。

4）增加骨料含水率测定次数，及时调整拌和用水量。

（2）中雨以上的雨天不得新开混凝土浇筑仓面，有抗冲耐磨和有抹面要求的混凝土不得在雨天施工。

（3）在小雨天气进行浇筑时，应采取下列措施。

1）适当减少混凝土拌和用水量和出机口混凝土的坍落度，必要时应适当缩小混凝土的水胶比。

2）加强仓内排水和防止周围雨水流入仓内。

3）做好新浇筑混凝土面尤其是接头部位的保护工作。

（4）在浇筑过程中，遇大雨、暴雨，应立即停止进料，已入仓混凝土应振捣密实后遮盖。雨后必须先排除仓内积水，对受雨水冲刷的部位应立即处理，如混凝土还能重塑，应加铺接缝混凝土后继续浇筑，否则应按施工缝处理。

（5）及时了解天气预报，加强施工区气象观测，合理安排施工。

6.5 混凝土养护

6.5.1 养护的基本要求

（1）混凝土浇筑完毕后，应及时晒水养护，保持混凝土表面湿润。

（2）混凝土表面养护的要求。

1）混凝土浇筑完毕后，养护前宜避免太阳光暴晒。

2）塑性混凝土应在浇筑完毕后6～18h内开始洒水养护，低塑性混凝土宜在浇筑完毕后立即喷雾养护，并及早开始洒水养护。

3）混凝土应连续养护，养护期内始终使混凝土表面保持湿润。

（3）混凝土养护时间，不宜少于28d，有特殊要求的部位宜适当延长养护时间。

（4）混凝土养护应有专人负责，并应做好养护记录。

6.5.2 养护的温度控制

1. 一般规定

1）混凝土浇筑的纵横缝设置、分层厚度及浇筑间歇时间等，应符合设计规定。

2）为了防止混凝土裂缝，必须从结构设计、原材料选择、配合比设计、施工安排、施工质量、混凝土温度控制、养护和表面保护等方面采取综合措施。混凝土应避免块体长时间间歇和块体早期过水，基础部位必须从严控制。经试验论证后，可使用微膨胀型水泥。

3）为提高有抗裂要求工程部位混凝土的抗裂能力，混凝土的质量除应满足强度保证率的要求外，施工质量均匀性应达到良好以上标准。

4）设计龄期大于28d的混凝土，选择混凝土施工配合比时，应考虑早期抗裂能力要求。

5）应控制混凝土的出机口温度及运输、浇筑过程中的温度回升。混凝土允许浇筑温度应符合设计规定。设计文件未规定允许浇筑温度时，可根据允许最高温度计算允许浇筑温度。混凝土浇筑温度不宜大于28℃。应采取综合措施，使混凝土最高温度控制在设计允许范围内。

6）施工过程中，坝块宜均匀上升，相邻坝块的高差不宜超过10～12m。如因施工特殊需要，应论证并经批准后可适当放宽。

2. 温度控制措施

（1）降低混凝土浇筑温度。

1）降低料仓骨料温度，宜采取下列措施：成品料仓骨料的堆高不宜低于6m，并应有足够的储备；通过廊道取料；搭盖凉棚，喷洒水雾降温（砂子除外）等。

2）粗骨料预冷可采用风冷、浸水、喷洒冷水等措施。采用水冷法时，应有脱水措施，使骨料含水量保持稳定。采用风冷法时，应采取措施防止骨料（尤其是小石）冻仓。

3）为防止温度回升，骨料从预冷仓到拌和楼，应采取隔热、保温措施。

4）混凝土拌和时，可采用冷水、加冰等降温措施。加冰时，宜用片冰或冰屑，并适当延长拌和时间。

5）在高温季节施工时，应根据具体情况，采取下列措施，减少混凝土的温度回升：缩短混凝土运输及等待卸料时间，入仓后及时进行平仓振捣，加快覆盖速度，缩短混凝土的暴露时间；混凝土运输工具有隔热遮阳措施；采用喷雾等方法降低仓面气温；混凝土浇筑宜安排在早晚、夜间及利用阴天进行；当浇筑块尺寸较大时，可采用台阶式浇筑法，浇筑块分层厚度小于1.5m；混凝土平仓振捣后，采用隔热材料及时覆盖。

6）基础部位混凝土，应在有利季节进行浇筑。如需在高温季节浇筑，必须经过论证，并采取有效的温度控制措施，经批准后进行。

（2）降低混凝土的水化热温升。

1）在满足混凝土各项设计指标的前提下，应采用水化热低的水泥，优化配合比设计，采取综合措施，减少混凝土的单位水泥用量。

2）基础混凝土和老混凝土约束部位浇筑层厚以1～2m为宜，上下层浇筑间歇时间宜为5～10d。若在浇筑层中埋设冷却水管，分层厚度可采用3m，层间间歇时间可适当延长。在高温季节，可采用表面流水养护混凝土，有利于表面散热。

3）采用冷却水管进行初期冷却，通水时间由计算确定，一般为15～20d。混凝土温度与水温之差，不宜超过25℃，管中水的流速以0.6m/s为宜。水流方向应每24h调换1次，每天降温不宜超过1℃。

（3）降低坝体内外温差。为降低坝体内外温差，防止或减少表面裂缝，应在低温季节前，将坝体温度降至设计要求的温度。如采用坝体中期通水冷却，通水冷却时间由计算确定，一般为2个月左右。通水水温与混凝土内部温度之差，不应超过20℃，日降温速度不超过1℃。

（4）表面保护。

1）在低温季节和气温骤降季节，混凝土应进行早期表面保护。

2）在气温变幅较大的季节，长期暴露的基础混凝土及其他重要部位混凝土，必须加以保护。寒冷地区的老混凝土，其表面保护措施和时间可根据具体情况确定。

3）模板拆除时间应根据混凝土强度及混凝土的内外温差确定，并应避免在夜间或气温骤降时拆模。在气温较低季节，当预计拆模后有气温骤降，应推迟拆模时间；如必须拆模，应在拆模的同时采取保护措施。

4）混凝土侧面保护，应结合模板类型、材料性能等综合考虑，必要时采用模板内贴保温材料或混凝土预制模板。

5）混凝土表面保护层材料及其厚度，应根据不同部位、结构的混凝土内外温度和气候条件，经计算、试验选择确定。

6）已浇好的底板、护坦、闸墩等薄板（壁）建筑物，其顶（侧）面宜保护到过水前。对于宽缝重力坝、支墩坝、空腹坝的空腔，在进入低温、气温骤降频繁的季节前，宜将空腔封闭并进行表面保护。

7）隧洞、竖井、调压井、廊道、尾水管、泄水孔及其他孔洞的进出口在进入低温季节前应封闭。浇筑块的棱角和突出部分应加强保护。

8）28d 龄期内的混凝土，应在气温骤降前进行表面保护。浇筑面顶面保护至气温骤降结束或上层混凝土开始浇筑前。

（5）特殊部位的温度控制措施。

1）对岩基深度超过 3m 的塘、槽回填混凝土，应采用分层浇筑或通水冷却等温控措施，控制混凝土最高温度，将回填混凝土温度降低到设计要求的温度后，再继续浇筑上部混凝土。

2）预留槽必须在两侧老混凝土温度达到设计规定后，才能回填混凝土。回填混凝土应在有利季节进行或采用低温混凝土施工。

3）并缝块浇筑前，其下部混凝土温度应达到设计要求。并缝块混凝土浇筑，除应严格控制浇筑温度外，可采用薄层、短间歇均匀上升的施工方法，并应安排在有利季节进行。必要时，采用初期通水冷却或其他措施。

4）自然冷却不能达到坝体的接缝灌浆温度要求时，应在混凝土浇筑时埋设冷却水管进行后期冷却。

5）孔洞封堵的混凝土宜采用综合温控措施，以满足设计要求。

3. 温度测量

（1）在混凝土施工过程中，应至少每 4h 测量一次混凝土原材料的温度、机口混凝土温度以及坝体冷却水的温度和气温，并做好记录。

（2）混凝土浇筑温度的测量，每 $100m^2$ 仓面面积应不少于一个测点，每一浇筑层应不少于 3 个测点。测点应均匀分布在浇筑层面上。

（3）浇筑块内部的温度观测，除按设计规定进行外，可根据混凝土温度控制的需要，补充理设仪器进行观测。

6.5.3 低温季节施工

1. 一般规定

（1）日平均气温连续 5d 稳定在 5℃以下或最低气温连续 5d 稳定在 -3℃以下时，按低温季节施工。

（2）低温季节施工，必须编制专项施工组织设计和技术措施，以保证浇筑的混凝土满足设计要求。

（3）混凝土早期允许受冻临界强度应满足下列要求：大体积混凝土不应低于 7.0MPa（或成熟度不低于 1800℃·h）；非大体积混凝土和钢筋混凝土不应低于设计强度的 85 %。

（4）低温季节，尤其在严寒和寒冷地区，施工部位不宜分散。已浇筑的有保温要求的混凝土，在进入低温季节之前，应采取保温措施。

（5）进入低温季节，施工前应先准备好加热、保温和防冻材料（包括早强、防冻外加剂），并应有防火措施。

2. 施工准备

（1）原材料的储存、加热、输送和混凝土的拌和、运输、浇筑仓面，均应根据气候条件通过热工计算，选择适宜的保温措施。

（2）骨料宜在进入低温季节前筛洗完毕。成品料应有足够的储备和堆高，并要有防止冰雪和冻结的措施。

（3）低温季节混凝土拌和宜先加热水。当日平均气温稳定在－5℃以下时，宜加热骨料。骨料加热方法，宜采用蒸汽排管法，粗骨料可以直接用蒸汽加热，但不得影响混凝土的水灰比。骨料不需加热时，应注意不能结冰，也不应混入冰雪。

（4）拌和混凝土之前，应用热水或蒸汽冲洗拌和机，并将积水排除。

（5）在岩基或老混凝土上浇筑混凝土前，应检测其温度，如为负温，应加热至正温，加热深度不小于10cm或以浇筑仓面边角（最冷处）表面测温为正温（大于0℃）为准，经检验合格后方可浇筑混凝土。

（6）仓面清理宜采用热风枪或机械方法，不宜用水枪或风水枪。

（7）在软基上浇筑第一层基础混凝土时，基土不能受冻。

3. 施工方法、保温措施

（1）低温季节混凝土的施工方法宜符合下列要求：在温和地区宜采用蓄热法，风沙大的地区应采取防风设施。在严寒和寒冷地区预计日平均气温－10℃以上时，宜采用蓄热法；预计日平均气温－15～－10℃时可采用综合蓄热法或暖棚法；对风沙大，不宜搭设暖棚的仓面，可采用覆盖保温被下布置供暖设备的办法；对特别严寒地区（最热月与最冷月平均温度差大于42℃），在进入低温季节施工时要认真研究确定施工方法。除工程特殊需要，日平均气温－20℃以下不宜施工。

（2）混凝土的浇筑温度应符合设计要求，但温和地区不宜低于3℃；严寒和寒冷地区采用蓄热法不应低于5℃，采用暖棚法不应低于3℃。

（3）当采用蒸汽加热或电热法施工时，应进行专门的设计。

（4）温和地区和寒冷地区采用蓄热法施工，应遵守下列规定：保温模板应严密，保温层应搭接牢靠，尤其在孔洞和接头处，应保证施工质量。有孔洞和迎风面的部位，应增设挡风保温设施；浇筑完毕后应立即覆盖保温；使用不易吸潮的保温材料。

（5）外挂保温层必须牢固地固定在模板上。模板内贴保温层表面应平整，并有可靠措施保证在拆模后能固定在混凝土表面。

（6）混凝土拌和时间应比常温季节适当延长，具体通过试验确定。已加热的骨料和混凝土，应尽量缩短运距，减少倒运次数。

（7）在施工过程中，应注意控制并及时调节混凝土的机口温度，尽量减少波动，保持浇筑温度均匀。控制方法以调节拌和水温为宜。提高混凝土拌和物温度的方法：首先应考虑加热拌和用水；当加热拌和用水尚不能满足浇筑温度要求时，要加热骨料。水泥不得直接加热。

（8）拌和用水加热超过60℃时，应改变加料顺序，将骨料与水先拌和，再加入水泥，以免假凝。

（9）混凝土浇筑完毕后，外露表面应及时保温。新老混凝土接合处和边角应加强保温，保温层厚度应是其他面保温层厚度的2倍，保温层搭接长度不应小于30cm 。

（10）在低温季节浇筑的混凝土，拆除模板必须遵守下列规定：非承重模板拆除时，混凝土强度必须大于允许受冻的临界强度或成熟度值；承重模板拆除应经计算确定。拆模时间及折模后的保护，应满足温控防裂要求，并遵守内外温差不大于20℃或2～3d内混凝土表面温降不超过6℃。

（11）混凝土质量检查除按规定成型试件检测外，还可采取无损检测手段或用成熟度法随时检查混凝土早期强度。

4. 温度观测

（1）施工期间，温度观测规定如下：外界气温宜采用自动测温仪器，若人工测温每天应测量4次。暖棚内气温每4h测1次，以距混凝土面50cm的温度为准，测四边角和中心温度的平均数为暖棚内气温值。水、外加剂及骨料的温度每1h测1次。测量水、外加剂溶液和砂的温度，温度传感器或温度计插入深度不小于10cm，测量粗骨料温度，插入深度不小于10cm并大于骨料粒径1.5倍，周围要用细粒径充填。用点温计测量，应自15cm以下取样测量。混凝土的机口温度、运输过程中温度损失及浇筑温度，根据需要测量或每2h测量1次。温度传感器或温度计插入深度不小于10cm。已浇混凝土块体内部温度，可用电阻式温度计或热电偶等仪器观测或埋设测温孔（孔深应大于15cm，孔内灌满液体介质），用温度传感器或玻璃温度计测量。

（2）大体积混凝土浇筑后3d内应加密观测变化：外部混凝土每天应观测最高、最低温度；内部混凝土8h观测1次。其后宜12h观测1次。

（3）气温骤降和寒潮期间，应增加温度观测次数。

6.6 混凝土质量评定

6.6.1 单元工程综合质量评定

混凝土单元工程按混凝土仓号划分，每一仓号为一个单元工程，排架柱梁系按一次检查验收的范围，若干个柱梁为一个单元工程。

在混凝土强度满足设计要求的前提下，模板、钢筋、止水伸缩缝、混凝土浇筑（包括外形尺寸）等4道工序的质量全部符合上述合格标准，且混凝土外观质量也达到合格标准，即工序质量全部合格，则评为合格；在上述4道工序的质量全部合格的基础上，钢筋、混凝土浇筑（包括外形尺寸）两道工序质量和混凝土外观质量均达到优良标准，优良工序达50%及其以上，则评为优良。

评定工作是在施工单位填写，监理复核的工序质量评定表的基础上进行的，单元工程质量等级由建设单位、监理单位复核评定。

6.6.2 构件安装工程质量评定

1. 单元工程划分

混凝土预制构件可按一组或一套划为一个单元工程，对于大型构件，可以每件作为一个单元工程。

2. 基本要求

（1）构件移运时的混凝土强度，必须符合设计要求。如设计无规定时，不得低于设计强度的70%。

（2）吊装时，构件起吊方法、安装位置应符合设计要求，吊装后的构件，不应出现扭曲、损坏现象，吊装结束后，要及时检查。构件与底座、构件与构件的连接应符合设计要求。

3. 混凝土预制构件制作安装质量评定

（1）混凝土预制构件制作质量标准（表2.6.16）。

（2）水工建筑物常用预制钢筋混凝土构件安装质量标准（表2.6.17）。

表2.6.16　　水工建筑物常用预制钢筋混凝土构件制作质量标准表

检测项目			允许偏差（mm）
模板安装		相邻两板面高差	2
		局部不平（用2m直尺检查）	3
		板面缝隙	1
		预留孔、洞位置	10
		梁、桁架拱度	3
钢筋焊接与安装		帮条对焊接接头中心的纵向偏移	0.5d
		两根钢筋的轴向曲折	4°
	焊接	高度	-0.05d
		长度	-0.5d
		宽度	-0.1d
		咬边深度	-0.05d，且<1
		表面气孔夹渣，在2d长度上气孔夹渣直径	不多于2个<3
		同一排受力钢筋间距的局部偏差： 柱及梁 板及墙	 ±0.5d ±0.1间距
		同一排分布钢筋间距的偏差	±0.1间距
		双排钢筋的排间距局部偏差	±0.1间距
		箍筋间距偏差	±0.1箍筋距
		保护层厚度	±1/4净保护层厚
		钢筋起重点位移	20
		钢筋骨架： 高度 长度	 ±5 ±10
		双排钢筋的排间距局部偏差	±0.1排距
		箍筋间距偏差	±0.1箍筋距
		保护层厚度	±1/4净保护层厚
		钢筋起重点位移	20
		钢筋骨架：高度 长度	±5 ±10

续表

检测项目		允许偏差（mm）
外形尺寸	埋入建筑物内部的，预制廊道、井筒、小构件等	±10（长、宽）
外形尺寸	埋入建筑物内部的电梯井、垂线井、风道、预制模	±5（长、宽）
外形尺寸	板、梁柱等装配式构	±3（长、宽）
中心线偏差	埋入建筑物内部的预制廊道、井筒、小构件等	±10
中心线偏差	埋入建筑物内部的电梯井、垂线井、风道、预制模板	±5
中心线偏差	板、梁、柱等装配式构件	±3
顶底部平整度	埋入建筑物内部的预制廊道、井筒、小构件等	±10
顶底部平整度	埋入建筑物内部的电梯井、垂线井、风道、预制模板	±5
顶底部平整度	板、梁柱等装配式构件	±5
预埋件纵、横中心线位移		±3
起吊环、钩中心线位移		±10

表 2.6.17　　水工建筑物常用预制钢筋混凝土构件安装质量标准

序号	项目			允许偏差（mm）	检测频率 范围	检测频率 点数	检测工具和方法
1△	杯形基础	中心线和轴线的位移		±10	抽查50%但不少于3件	2	用经纬仪测量
2	杯形基础	杯底安装标高		-10~0	抽查50%但不少于3件	2	用水准仪测量
3△	柱	中心线和轴线的位移		±5	抽查50%但不少于3件	2	用垂线钢尺量
4	柱	垂直度	柱高10m以下	10	抽查50%但不少于3件	1	用经纬仪或垂线钢尺量
5	柱	垂直度	柱高10m及以上	20	抽查50%但不少于3件	1	用经纬仪或垂线钢尺量
6	柱	牛腿上表面和柱顶标高		±8	抽查50%但不少于3件	1	用水准仪测量
7△	吊车梁	中心线和轴线的位移		±5	抽查50%但不少于3件	1	用经纬仪钢尺测量
8	吊车梁	梁顶面标高		-5~+10	抽查50%但不少于3件	2	用水准仪测量
9△	屋架	下弦中心线和轴线的位移		±5	抽查50%但不少于3件	2	用经纬仪钢尺测量
10	屋架	垂直度	桁架、拱型屋架	1/250屋架高	抽查50%但不少于3件	1	用垂线钢尺量
11	屋架	垂直度	簿腹梁	5	抽查50%但不少于3件	1	用垂线钢尺量
12	板	相邻板的表面平整度		3	抽查50%但不少于3件	2	用2m靠尺加塞规量

注　1. 依据SDJ 249—88《水利水电基本建设工程单元工程质量等级评定标准》。

2. 标有△为主要检测项目。

4. 单元工程质量评定

在基本要求（检查项目）合格的前提下，主要检测项目的测点全部符合上述标准，每个一般检测项目的测点数中，有70%及以上的测点符合上述标准，其余测点基本符合上述标准，且不影响安全、使用，即评为合格；在合格的基础上，一般检测项目的测点总数中，有90%及以上的测点符合上述标准，即评为优良；或者实测点合格率在70%~90%之间，但预制构件制造质量优良，本单元工程仍可评为优良。

本章习题

2.6.1　如何控制水工混凝土材料的质量？拌和物运输、浇注、养护都有哪些要求？

2.6.2　混凝土强度质量控制的措施有哪些？如何进行评定？

2.6.3　碾压混凝土质量检查的内容有哪些？质量控制的要点有哪些？

第7章　渠道与堤防工程

教学要求：了解渠道与堤防工程的基本施工工艺；掌握渠道工程开挖、填筑、衬砌的质量控制要点和质量评定；掌握渠道机械化衬砌的质量控制要点；掌握堤防工程填筑、防渗处理以及穿堤建筑物与堤防连接的施工质量要求和质量评定。

7.1　渠道工程

7.1.1　概述

7.1.1.1　渠道施工内容及其特点

渠道施工包括渠道开挖、渠道填筑和渠道衬砌。

渠道施工的特点是工程量大，施工路线长，场地分散，但工种单一，技术要求低。

7.1.1.2　渠道的渗透损失及防渗措施

渠道的水量损失，主要是渗透，其次是蒸发。在灌溉渠道中，有时渗透损失可达渠道流量的50%～60%。这不仅造成水量的消耗，还会引起地下水位的升高，以至促使附近农田盐碱化。

渠道的渗透流量随时间的增长而逐渐减少，一方面因为渗透使土壤细颗粒移动，细颗粒填充了土壤中的孔隙；另一方面水流中的悬移质和溶解盐进入渠床的土壤中，渠床周边形成透水性小的铺盖。

一般防止渗透的方法有两种：一种是提高渠床土壤的不透水性；另一种是衬砌渠床。

1. 提高渠床不透水性的方法

（1）淤填法。除上述细颗粒靠渗透填充土壤的孔隙外，有时还可采用人工淤填法，即把黏土抛入渠中或有意向渠道泄放浑水。此法适于渠床土壤的颗粒不均匀，又不存在大孔隙的情况下采用，渠中流速也不能太大，以免冲走淤填物。

（2）机械压实法。在修建渠道时，通过压实土壤，以提高其不透水性，此法特别适用于填方渠道。

2. 衬砌法

渠道衬砌的作用是：减少渗透损失；防止冲刷；降低糙率，以增加渠道的输水能力；增加边坡的稳定性；保护渠床免受冰块或船只的冲撞；防止渠中生长杂草；防止穴居动物破坏边坡；加快输水时间。

常采用的衬砌形式有：

（1）草皮护面。这是我国在沙质土层采用的一种方法，将草皮（具有厚壤土层）平铺在渠床上，并加拍打，主要起防冲、防渗作用；适用于坡降不大，流速不超过1.2m/s的渠道。

（2）黏土衬砌。主要起防渗作用，边坡的结构形式类似土坝的斜墙。

（3）石料衬砌。分为抛石、干砌石和浆砌石3种。

（4）混凝土及钢筋混凝土衬砌。这种衬砌具有显著的防冲、防渗、降低糙率、稳定边坡、不生杂草的作用，但造价最高。

7.1.2 渠道开挖、填筑与质量控制

7.1.2.1 土方开挖与质量控制

1. 开挖工艺流程

施工测量放样→场地清理→临时排水系统→人工开挖（或机械开挖）→人工修整→验收。

2. 施工控制点的建立

（1）平面控制点的建立。渠堤工程的平面控制可利用已有控制点、图根点建立施工导线，导线点宜与渠堤的起讫桩、转折桩相结合，点位宜埋设稳定的标石，施工导线宜按四等导线的精度进行测量。

渠堤的高程控制不低于四等水准的精度，其高程标点可与平面控制共用标点。

渠堤中心桩（百米桩、千米桩及加桩）的平面位置测量放样限差（相对于邻近控制点）为±200mm，高程测量限差（相对于邻近控制点）为±50mm。所有中心桩应测有桩顶和地面高程。中心桩间距应视地形变化确定，直线段为30～50m，曲线段为10～30m。

横断面应垂直于渠堤的中心线，每一断面的测量范围宜超出挖、填区外边线3～5m，断面点之间的密度应能反映渠堤的实际地形和满足工程量计算的需要。

纵断面比例尺水平为1：(1000～5000)，竖直为1：(100～500)；横断面比例尺水平为1：(200～500)，竖直为1：(100～500)。

在有水工建筑物（水闸、渡槽、桥涵等）的渠堤地段布设平面和高程控制时，应埋设至少3个施工控制点。

平面控制点的点位应选择在通视良好、交通方便、地基稳定且能长期保存的地方，同时考虑控制点便于放样，并对主要建筑物的放样区组成有利图形。

平面控制点的做法：采用具有强制归心装置的混凝土观测墩，观测墩基础位于冻土层以下；观测墩上的照准标准采用垂直照准杆；为了能达到保护和便于瞄准的目的，混凝土观测墩刷成白色，照准杆刷成红色。

在平面控制点埋设完成后，严格按照SL 52—93《水利水电工程施工测量规范》中精度要求和操作要求进行平面控制测量。平面控制网建立后，做好控制点的保护工作，并定期进行复测。在建网一年或大型开挖结束后都进行必要的复测工作。

（2）高程控制点建立。高程控制采用四等水准测量，利用已知水准点和平面控制点观测墩，通过附和水准测量将高程引测至观测墩，使控制点成为三维控制点。在高程控制时，精度标准按 SL 52—93《水利水电工程施工测量规范》要求进行。

3. 施工清理

对测量出的清理范围，用人工或机械清除该范围内的全部有碍物，范围外的清理按监理单位要求进行。

4. 土方开挖与质量控制

场地清理完成后，采用人工或机械开挖。

（1）开挖阶段及顺序。主体工程的开挖，应按施工图纸所示或监理的指示进行开挖。应从上至下分层分段依次进行。严禁自下而上或采取倒悬的开挖方法，施工中随时作成一定的坡势，以利排水，开挖过程中应避免边坡稳定范围形成积水。岸坡易风化崩解的土层开挖后不能及时回填的，应保留保护层。

在每项开挖工程开始前，尽可能结合永久性排水设施的布置，规划好开挖区域内外的临时性排水措施。在开挖边坡遇有地下水渗流时，在边坡修理工整和加固前，采取有效的疏导和保护措施。为防止修整后的开挖边坡遭受雨水冲刷，边坡的护面和加固工作在雨季前完成。冬季施工的开挖边坡修整及其护面和加固工作，宜在解冻后进行。

土方开挖过程中，如出现裂缝和滑动迹象时，应立即暂停施工和采取应急抢救措施，并通知监理，必要时，按监理的指示设置观测点，及时观测边坡变化情况，并做好记录。

（2）土方开挖前的质量检查和验收。土方开挖前，应会同监理进行以下各项的质量检查和验收。

1）用于开挖工程工程量计量的原始地形测量剖面的复核检查。

2）按施工图纸所示的工程建筑物开挖尺寸进行开挖剖面测量放样成果的检查，开挖剖面放样成果，应经监理复核签认后，作为工程量计量的依据。

3）按施工图纸所示进行开挖区周围排水和防渗保护设施的质量检查和验收。

（3）土方开挖过程中的质量检查。在土方开挖过程中，应定期测量校正开挖平面的尺寸和标高，以及按施工图纸的要求检查开挖边坡的坡度和平整度，并将测量资料提交监理。

（4）土方明挖工程完成后的质量检查和验收。土方明挖完成后，应会同监理人进行以下各款的质量检查和验收。

1）按施工图纸要求检查基础开挖面的平面尺寸，标高和建基面平整度。

2）取样检测基础土的物理力学性质指标。

基础面检查清理与砌体填筑前的基础清理作业是检验目的、性质不同的两次作业，未经监理人同意，不得将两次作业合并为一次完成。

（5）永久边坡的检查和验收。永久边坡的坡度和平整度的复测检查；边坡永久性排水沟道的坡度和尺寸的复测检查。

（6）砌体填筑前基础面的质量检查和验收。对基础面进行检查清理后，应保证基础面无积水或流水，不使基础面土壤受扰动。作为永久建筑物土基的基础开挖面，填筑前应清除表面的松软土层或按监理人批准的施工方法进行压实。受积水侵蚀软化的土壤应予清除。

7.1.2.2 石方开挖与质量控制

渠道的石方开挖主要是采用爆破法，药包可根据开挖断面的大小沿渠线布置成一排或几排。当渠底宽度比深度大 2 倍以上时，应布置 2～3 排以上的药包，但最多不宜超过 5 排，以免爆破后回落土方过多。当布置 1～2 排药包时，药包的爆破作用指数 n 可采用 1.75～2。当布置 3 排药包时，药包应布置成梅花形（图 2.7.1），中间一排药包的装药量应比两侧的大 25% 左右，且采用延迟爆破以提高爆破和抛掷效果。

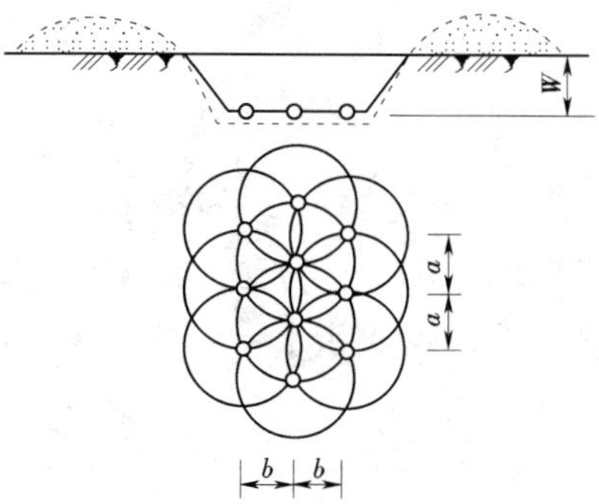

图 2.7.1 渠道开挖药包布置图

同排药包间距 a 可根据爆破作用指数 n 和最小抵抗线的平均值 W_P 用下式计算

$$a = 0.5W_P(n+1)$$

而药包排距 b，应不大于 a，可用下式计算

$$b = a\sin 60°$$

成排药包爆炸后，爆破坑的可见深度 P 可按以下公式计算；

在黏性土中：

当 $n<2$ 时　　$P = 0.4W_P(2n-1)$

当 $n>2$ 时　　$P = 0.75W_P(0.38n+0.88)$

在岩石中：

当 $n<2$ 时　　$P = 0.33W_P(2n-1)$

当 $n>2$ 时　　$P = 0.75W_P(0.2n+0.6)$

爆破坑的可见深度 P 不应超过渠道开挖深度 H，通常采用 $P=(0.9\sim0.95)H$，在爆破后再进行清理，并对渠底和渠坡进行修整。

7.1.2.3 人工填筑渠堤

筑堤用的土料，以黏土略含砂质为宜。如果用几种土料，应将透水性小的填在迎水坡，透水性大的填在背水坡。土料中不得掺有杂质，并应保持一定的含水量，以利压实。

填方渠道的取土坑与堤脚应保持一定距离，挖土深度不宜超过 2m，且中间应留有土埂。取土宜先远后近，并留有斜坡道以便运土。半填半挖渠道应尽量利用挖方筑堤，只有在土料不足或土质不适用时，才在取土坑取土。

铺土前应先行清基，并将基面略加平整，然后进行刨毛，铺土厚度一般为 20～30cm，并应铺平铺匀。每层铺土宽度应略大于设计宽度，以免削坡后断面不足。堤顶应做成坡度为 2%～5% 的坡面，以利排水。填筑高度应考虑沉陷，一般可预加 5% 的沉陷量。

7.1.3 渠道衬护与质量控制

渠道衬护是灌排渠道施工的重要组成部分，它不仅可以提高灌溉水有效利用系数，扩大灌溉面积，而且对于防治农田次生盐渍化有重大作用。渠道衬护的类型有：灰土、砌石、混凝土、沥青材料及塑料薄膜等。在选择衬护类型时，应考虑以下原则：防渗效果好，因地制宜，就地取材，施工简易，能提高渠道输水能力和抗冲能力，减小渠道断面尺寸，造价低廉，有一定的耐久性，便于管理养护，维修费用低等。

7.1.3.1 灰土衬砌

灰土是由石灰和土料混合而成。灰土衬护渠道，防渗效果较好，造价较低。但饱和时抗冻性差，因而在寒冷地区应另加保护层。衬护渠道用的灰土，我国南方地区多用灰土比为1:（2~6）（重量比），衬砌厚度在多缝的岩石渠道上为15~20cm，在土渠上多为25~30cm；北方地区多用1:（3~6）的灰土比，厚度一般为20~40cm，并根据冰冻情况，加设30~50cm的砌石保护层。灰土施工时，先将过筛后的细土料与生石灰干拌均匀，再加水拌和后堆置一段时间，使石灰充分熟化，并待稍干后，即可分层夯实，并注意拍打坡面消除裂缝。灰土夯实完毕后应养护一段时间，待干后再行通水。

7.1.3.2 砌石衬砌

砌石衬砌具有就地取材、施工简单、抗冲、防渗、耐久等优点。石料有卵石、块石、石板等，砌筑方法有干砌和浆两种。

在砂砾地区，采用干砌卵石衬砌是一种经济的抗冲防渗措施，施工时应先按设计要求铺设垫层，然后再砌卵石，砌卵石的基本要求是使卵石的长边垂直于边坡或渠底，并砌紧、砌平、错缝，坐落在垫层上。每隔10~20cm距离用较大的卵石干砌或浆砌一道隔墙。渠坡隔墙可砌成平直形，渠底隔墙砌成拱形，其拱顶迎向水流方向，以加强抗冲能力，隔墙深度可根据渠道可能冲刷深度确定。卵石衬砌应按先渠底后渠坡的顺序铺砌卵石。

块石衬砌时，石料的规格一般以长40~50cm，宽30~40cm，厚度不小于8~10cm为宜，要求有一面平整。干砌勾缝的护面防渗效果较差，防渗要求较高时，可以采用浆砌块石。

砖砌护面也是一种因地制宜，就地取材的防渗衬砌措施，其优点是造价低廉、取材方便、施工简单、防渗效果较好，砖衬砌层的厚度可采用一砖平砌或一砖立砌。

渠底卵石的砌缝最好垂直于水流方向，这样抗冲效果较好。不论是渠底还是渠坡，砌石缝面必须用水泥砂浆压缝，以保证施工质量。

浆砌石渠道的防渗性虽然好，但不如混凝土衬护。在有冻害地区进行浆砌石衬护时，必须铺筑足够厚度的垫层，以防浆砌石层因冻胀而开裂破坏。

7.1.3.3 混凝土衬护

1. 概述

混凝土衬护由于防渗效果好，一般能减少90%以上渗漏量，耐久性强，糙率小，强度高，便于管理，适应性强，因而成为一种广泛采用的衬护方法。

渠道混凝土衬砌，目前多采用板型结构，但小型渠道也采用槽型结构。素混凝土板常用于水文地质条件较好的渠段；钢筋混凝土和预应力钢筋混凝土板则用于地质条件较差和防渗要求较高的重要渠段。混凝土板按其截面形状的不同，又有矩形板、楔形板、肋梁板等不同型式。矩形板适用于无冻胀地区的各种渠道。楔形、肋形板多用于冻胀地区的各种渠道。

大型渠道的混凝土衬砌多为就地浇筑，渠道在开挖和压实处理以后，先设置排水，铺设垫层，然后再浇筑混凝土。一般先浇筑渠底，后浇筑边坡，按伸缩缝进行分块浇筑。渠底一般采用跳仓法浇筑，但也有依次连续浇筑的。渠坡分块浇筑时，先立两侧模板，然后随混凝土的升高，边浇筑边安设表面模板。如渠坡较缓用表面振动器捣实混凝土时，则不安设表面模板。在浇筑中间块时，应按伸缩缝宽度设立两边的缝子板。缝子板在混凝土凝固以后拆除，以便灌浇沥青油膏等填缝材料。

混凝土拌和站的位置，应根据水源、料场分布和混凝土工程量等因素来确定。中、小型工程人工施工时，拌和站控制渠段长度以 150 ~ 400m 为宜；大型渠道采用机械化施工时，以每 3km 移动一次拌和站为宜。有条件时还可采用移动式拌和站或汽车式搅拌机。

装配式混凝土衬砌，是在预制场制作混凝土板，运至现场安装和灌筑填缝材料。预制板的尺寸应与起吊运输设备的能力相适应，人工安装时，一般为 0.4 ~ 0.6m^2。装配式衬砌预制板的，施工受气候条件影响较小，在已运用的渠道上施工，可减少施工与放水之间的矛盾。但装配式衬砌的接缝较多，防渗、抗冻性能差，一般在中小型渠道中采用。

2. 衬砌施工中钢筋混凝土工程质量控制措施

（1）钢筋制安质量措施。钢筋的表面保持洁净无损伤，油漆污染和铁锈等在使用前清除干净。带有颗粒状或片状老锈的钢筋不能使用。钢筋使用前调直，使其无局部弯折。钢筋安装位置、间距、保护层及各部位钢筋的大小尺寸均应严格按设计图纸及有关文件的规定进行施工，横平竖直、间距均匀。钢筋焊接头按设计图纸要求，焊接处的屈服强度应为钢筋屈服强度的 1.5 倍，接头采用电弧焊，钢筋交叉连接采用接触电焊，焊接长度：单面焊搭接为 $15d$，绑扎搭接为 $35d$，钢筋焊接及绑扎工艺质量控制及允许误差严格遵照 DL/T 5144—2001《水工混凝土施工规范》执行。在钢筋与模板之间设置强度不小于设计强度的混凝土垫块，保证混凝土的保护层厚度。

（2）模板工程质量控制。

1）采用有足够强度和刚度的合格模板，能承受混凝土浇筑和振捣的侧向压力和振捣力，防止产生位移，确保混凝土结构外形尺寸准确，并有足够的密封性，以避免漏浆。拆下的模板应及时清理、维修和涂刷好隔离剂，以备待用，变形、破损的模板禁止使用。

2）按批准的模板设计方案准备、安装、固定模板，安装时用经纬精确放线，保证偏差小于允许值，各种连接件、支撑件、加固配件必须安装牢固，无松动现象。安装过程中，设置足够的临时固定设施，以防变形和倾覆。

3）模板固定牢固后，浇筑时还必须指派专人随时观察及检查，防止跑模。

4）模板接缝处用腻子刮缝，防止“挂帘”。

5）模板每次使用前应清洗干净，为防锈和拆模方便，钢模面板表面应涂刷矿物油类的防锈保护涂料，不得采用污染混凝土的油剂，不得影响混凝土或钢筋混凝土的质量。若检查发现在以浇的混凝土面沾染污迹，采取有效措施予以清除。模板在混凝土达到规定强度后拆除，拆除时限：不承重侧面模板的拆除，应在混凝土强度达到其表面及棱角不因拆模而损伤时，方可拆除，墩、墙和柱部位在其强度不低于30MPa时，方可拆除。拆除时小心进行，禁止猛烈敲打及强扭，在边角处特别注意，防止损伤混凝土。

（3）混凝土浇筑质量控制。

1）混凝土运输连续、均衡、快速，防止运输中分离、漏浆、泌水现象；初凝的混凝土作废料处理；在气温较高时做好隔热遮阳工作。

2）混凝土保证在旱地施工，仓面不得有流水，下雨天施工时仓面搭设遮雨篷（棚），并及时排除积水，不得用混凝土赶水。

3）混凝土浇筑严格按规定的分缝尺寸及厚度备好料，检查好机具并有备用，在验仓合格后连续施工，防止冷缝或人为施工缝的发生。

4）混凝土下料自由高度小于2m，防止骨料分离，混凝土振捣不得欠振、漏振及振捣过度，禁止用振捣器平仓。

5）拌制现场浇筑混凝土时，必须严格遵守现场试验室提供并经监理人批准的混凝土配料单进行配料，严禁擅自更改配料单。

6）采用固定拌和设备，设备生产率必须满足本工程高峰浇筑强度的要求，所有的称量、指示、记录及控制设备都应有防尘措施，设备称量应准确，其称量偏差不应超过DL/T 5144—2001《水工混凝土施工规范》第7.1.3条的规定。

7）混凝土的坍落度，根据建筑物的性质、钢筋含量、混凝土运输、浇筑方法和气候条件决定，尽量采用小的坍落度。

8）混凝土在浇完后12～18h后，及时洒水养护，连续保持混凝土面湿润状态，时间不小于14d。

（4）混凝土温控措施。

1）冬季施工。根据水文、气象资料表明，本标段日平均气温偏低，为防止混凝土受冻和开裂，拟采取下列温控措施：

①正确布置骨料储存及堆放系统，如骨料的水下采挖和筛洗加工，在低温季节（日平均气温低于－5℃）一般均停止生产，低温季节混凝土施工需用的骨料，必须在低温施工期以前筛洗加工完毕，堆存备用。骨料堆应尽量覆盖保温，不能保温时要及时清除冰雪。

②拌和混凝土前，用热水冲洗拌和机，并将积水或冰水排除。混凝土拌和时间比常温季节适当延长（延长的时间由试验确定），一般延长20%～25%。为提高出机温度，首先考虑用热水拌和，当热水拌和尚不能满足要求时，再加热砂骨料。水泥不直接加热。用热水拌和，一般水温不宜超过60℃时，超过60℃时，改变拌和加料顺序，将骨料与水先拌和，然后加入水泥拌和，以免水泥假凝。骨料一般用排管通水加热，都采用

不加热的骨料时，注意骨料中绝不能混有冰雪，表面不能结冰。

③混凝土运输注意以下几点：一是尽量减少倒运次数；二是装载混凝土的设备，有可靠的防风措施，并尽可能加以保温；三是在工作停顿或结束时，立即用热水将运输设备及混凝土拌和机洗净。当恢复运输时先给运输设备加热。

④在严寒条件下基岩或其混凝土表层温度通常都成负温，在这些部位浇筑时，将基岩和老混凝土用热水加温保温至表面上没有冰霜，以防施工缝早期受冻。

⑤混凝土拆模后，采用混凝土表面覆盖草袋子、锯末、油毡等保温。

2）降低混凝土浇筑温度。

①加冷水拌和混凝土。

②运输混凝土工具有隔热遮阳措施，缩短混凝土暴晒时间。

③采用喷水雾等措施降低仓面的气温，并将混凝土浇筑尽量安排在早晚和夜间施工。

④采用冷水预冷骨料。

3）降低混凝土的水化热温升。

①选用水化热低的水泥。

②在满足施工图纸要求的混凝土强度、耐久性和和易性的前提下，改善混凝土骨料级配，加优质的掺合料和外加剂适当减少单位水泥用量。

③控制浇筑层最大高度和间歇时间，为利于浇筑块的散热，基础和老混凝土约束部位浇筑层高控制为1～2m，上下层浇筑间歇时间为5～10d。

④在高温季节，有条件部位可采用表面流水冷却的方法进行散热，温度量测采用埋设在混凝土的电阻式温度计或电偶式测量混凝土温度和混凝土内部温度。

（5）材料质量检测方法。

1）原材料质量检测。

①水泥检验：每批水泥应有厂家的品质试验报告，并对每批水泥进行取样检测。检测取样以200～400t同标号水泥为一个取样单位，不足200t时也作为一个取样单位。检测项目：水泥标号、细度、安定性、凝结时间、稠度、比重等试验。水泥在运输过程中注意其品种和标号不得混杂，还必须采取有效措施如搭盖蓬布置防止水泥受潮。到货的水泥按不同品种、标号、出厂批号。袋装或散装等，分别分类堆放。袋装水泥的出厂日期不应超过3个月，堆放高度不得超过15袋。

②细骨料（砂）。细骨料的细度模数应在2.4～3.0范围内，砂料应质地坚硬，清洁，级配良好。砂的质量检验按批进行，在正常情况下，每批数量为200m^3或300t，在砂质量比较稳定，用量又比较大时，定期进行检验，但每次试验所代表的数量不超过400m^3或600t；在发现质量有变化时，应按其变化情况随时取样进行检验。

检验项目：表面含水率、细度模数、含泥量、云母含量、轻物质含量、硫化物及硫酸盐含量、有机物含量。

抽样次数：表面含水率每班检测一次，细度模数、含泥量每批检测一次，云母含量、轻物质含量、硫化物及硫酸盐含量、有机物含量根据材质有怀疑时或监理工程师有要求时检测。

③粗骨料（石）检测。粗骨料的最大粒径，不应超过钢筋最小净间距的2/3及构件断面最小边长的1/4，素混凝土板厚1/2，对少筋或无筋结构，选用较大的粗骨料粒径。含有活性骨料，黄锈等的粗骨料，必须进行专门试验论证后才能使用。粗骨料采用坚硬卵石或碎石，粗骨料按产地、类别、加工方法和规格等不同情况，分批进行检验；机械集中生产时，每批不超过400m^3，人工分散生产时，每批不宜超过200m^3。

检验项目：表面含水率、颗粒级配、针片状颗粒含量、超逊径、含泥量、压碎值指标、硫化物及硫酸盐含量、有机质含量。

抽样频率：表面含水率每班抽检一次，颗粒级配、超逊径、含泥量、有机质含量每批抽检一次，其他按监理工程师要求检测。

④水质检测。使用饮用水时可不经试验，在水源改变或对水质有怀疑时，采取砂浆强度试验法进行检测对比。检测拌和用水所占物质不致影响混凝土和易性和混凝土强度的增长，以反引起钢筋和混凝土的腐蚀。

⑤外加剂。选用的外加剂应有厂家的质量证明单，使用前做混凝土试配试验，检查掺外加剂混凝土性能是否满足要求。外加剂必须与水混合配成一定浓度的溶液，每配置一次，抽样一次，检验外加剂溶液的浓度。不同品种的外加剂应分别储存，在运输与储存中不得相互混装，以避免交叉污染。

2）混凝土强度检测。浇筑混凝土时，每一浇筑仓位应取2组（3个试件为一组），标准养护28d。

3）钢材检验。运至工地的每批钢筋都应具有产品质量证明书及出厂检验单，钢筋使用前进行抽样试验，每批钢筋（最多为60t）中取2组，各截取3节试件，分别做抗拉和冷弯试验。

7.1.3.4　沥青材料衬护

由于沥青材料具有良好的不透水性，一般可减少渗漏量的90%以上，并具有抗碱类腐蚀能力，其抗冲能力则随覆盖层材料而定。沥青材料渠道衬护有沥青薄膜与沥青混凝土两类。

沥青薄膜类防渗按施工方法可分为现场浇筑和装配式两种。现场浇筑又可分为喷洒沥青和沥青砂浆两种。

现场喷洒沥青薄膜施工，首先要将渠床整平、压实、并洒水少许，然后将温度为200℃的软化沥青用喷洒机具，在354kPa压力下均匀地喷洒在渠床上，形成厚6～7mm的防渗薄膜。一般需喷洒两层以上，各层间需结合良好。喷洒沥青薄膜后，应及时进行质量检查和修补工作。最后在薄膜表面铺设保护层（图2.7.2）。一般素土保护层的厚度，小型渠道多用10～30cm，大型渠道多用30～50cm。渠道内坡以不陡于1:1.75为宜，以免保护层产生滑动。

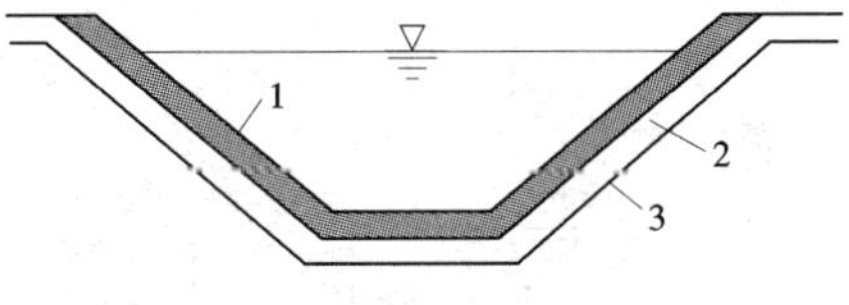

图2.7.2　现场喷洒沥青薄膜衬护渠道
1—砾石铺盖；2—保护层；3—沥青薄膜

沥青砂浆防渗多用于渠底。施工时先将沥青和砂分别加热，然后进行拌和，拌好后保持在 160 ~ 180℃，即行现场摊铺，然后用大方铣反复烫压，直至出油，再作保护层。

沥青混凝土衬护分现场铺筑与预制安装两种施工方法。现场铺筑与沥青混凝土面板施工相似。预制安装多采用矩形预制板。施工时为保证运用过程中不被折断，可设垫层，并将表面进行平整。安装时应将接缝错开，顺水流方向，不应留有通缝，并将接缝处理好。

7.1.3.5 塑料薄膜衬护

采用塑料薄膜进行渠道防渗，具有效果好、适应性强、重量轻、运输方便、施工速度快和造价较低等优点。用于渠道防渗的塑料薄膜厚度以 0.12 ~ 0.2mm 为宜。塑料薄膜的铺设方式有表面式和埋藏式两种。表面式是将塑料薄膜铺于渠床表面，薄膜容易老化和遭受破坏。埋藏式是在铺好的塑料薄膜上铺筑土料或砌石作为保护层。由于塑料表面光滑，为保证渠道断面的稳定，避免发生渠坡保护层滑塌，渠床边坡宜采用锯齿形。保护层厚度一般不小于 30cm。

塑料薄膜衬护渠道施工：大致可分为渠床开挖和修整、塑料薄膜的加工和铺设、保护层的填筑等 3 个施工过程。薄膜铺设前，应在渠床表面加水湿润，以保证薄膜能紧密地贴在基土上。铺设时，将成卷的薄膜横放在渠床内，一端与已铺好的薄膜进行焊接或搭接，并在接缝处填土压实，此后即可将薄膜展开铺设，然后再填筑保护层。铺填保护层时，渠底部分应从一端向另一端进行，渠坡部分则应自下向上逐渐推进，以排除薄膜下的空气。

保护层分段填筑完毕后，再将塑料薄膜的边缘固定在顺渠顶开挖的堑壕里，并用土回填压紧。

塑料薄膜的接缝可采用焊接或搭接。焊接有单层热合与双层热合两种（图 2.7.3）。搭接时为减少接缝漏水，上游一块塑料薄膜应搭在下游一块之上，搭接长度为 5cm。也可用连接槽搭接（图 2.7.4）。

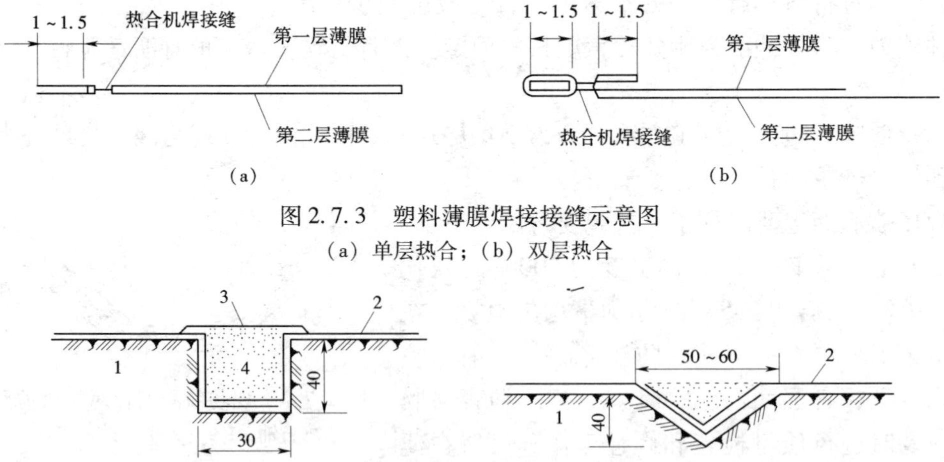

图 2.7.3 塑料薄膜焊接接缝示意图

（a）单层热合；（b）双层热合

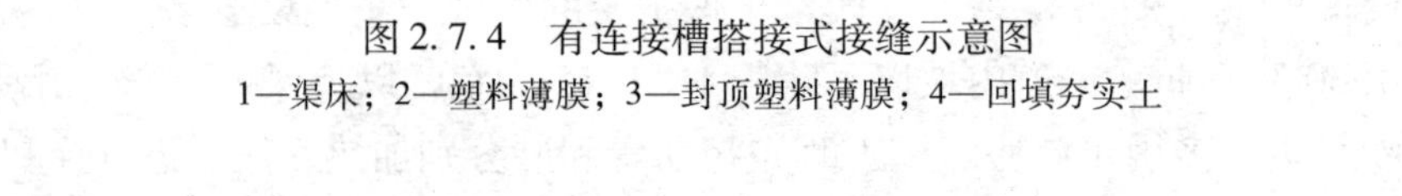

图 2.7.4 有连接槽搭接式接缝示意图

1—渠床；2—塑料薄膜；3—封顶塑料薄膜；4—回填夯实土

7.1.4 渠道机械化衬砌的质量控制

7.1.4.1 概述

1. 衬砌机械化施工定义

就是通过设立基准线，在同一控制线上采用削坡机、布料机、振动滑模（碾压）衬砌机、切缝机、填缝机等机械，进行削坡、垫层铺设、自动上料（混凝土）、振动滑模（碾压）成型、抹面等一次衬砌成型的混凝土衬砌渠坡（底）的施工方法。

2. 渠道自动化衬砌施工技术的发展

渠道自动化衬砌施工技术在国外发展已有几十年的历史，其中美国和意大利公司的产品最具有代表性，在国际上大型渠道衬砌施工设备的生产厂家主要有美国勾马克（GOMACO）公司、意大利玛森萨（MASSENZA）公司、美国 G&Z 公司和美国拉克·汉斯（RACHO HASSON）公司。

从衬砌成型技术方面可分为两种，一种是振动滚筒碾压成型技术；另一种是内置式插入振捣滑模成型衬砌技术，相应也产生不同的衬砌设备。

在渠坡修整技术方面分为三种，一种是精修坡面旋转滚筒铣刨技术（GOMACO），另一种采用的回转链斗式精修坡面技术（G&Z、RACHO HASSON、MASSENZA），螺旋回转铣刨技术（美国的三家公司），相应也对应截然不同的渠道修整设备。

从混凝土布料技术来看，各生产商大同小异，均采用皮带机输送布料。

行走方式有导轨式也有履带式。动力传动方式均为柴油发动机带动液压传动。

这些公司都能设计制造各种规格的渠道自动化衬砌的成套技术设备，包括全幅衬砌成套设备和半幅衬砌成套设备等，也具有先进的大型渠道施工技术和经验。无论哪家的产品都在朝着机电液一体化的方向发展。

我国在大型渠道机械化衬砌施工方面的研究应用起步较晚，20 世纪 80 年代末，在山东“引黄济青”干渠衬砌中曾经做过试验段。21 世纪初，在南水北调东线工程济平干区施工中，积极引进消化国外先进技术，研制成功了具有我国特点的大型渠道机械化衬砌机械，取得了良好的施工效果，填补了我国的一项空白。

3. 机械化衬砌施工特点

人工衬砌具有作业面分散，可全线同时开工；因地制宜，受气象变化影响较大，利于抢工；混凝土板较薄，节约混凝土用量；施工中与各类建筑物交叉影响较小等优点；但缺点是：分缝多，渗漏量大；混凝土板预制、衬砌质量难以控制；施工占地、临时设施较多，供水、供电不便。而机械化衬砌具有人工衬砌无法比拟的优点。

（1）衬砌质量高。机械化衬砌施工可以机械流水作业，质量容易控制。滚筒衬砌时对渠道边坡为 1∶2 的渠道，削坡误差用长 3.66m 样板检测可控制在 0.4cm 以内；衬砌厚 8cm 时，混凝土表面平整度用长 3.66m 样板检测不超过 3mm，40m^2 以内可不超过衬砌厚度的 1/20；从山东“引黄济青”工程实践看，滚筒式设备衬砌质量远好于人工衬砌；滑模设备衬砌质量比滚筒衬砌质量更好；而人工衬砌施工，从削坡整平到混凝土板预制、运至现场、安砌、勾缝等工序较多，因此，施工质量较难控制。影响施工质量主要有以下几方面的因素：混凝土预制板的密实度、强度及表面平整度，钩缝、渗漏工程寿命及输水成本；渠道较长，工作面多，民工多，质监人员难以控制质量，因此，机械化衬砌施工质量控制要优于人工衬砌施工。

（2）施工管理方便。机械化衬砌施工由于是机械化流水作业，因此施工管理方便；而人工衬砌施工由于是以人工为主的人海战术，较难施工管理。

山东“引黄济青”工程自1989年开始通水至今已运行13年，输水河衬砌工程老化已很明显，并且随着运行时间的加长，老化速度会逐渐加快，老化程度也日趋严重，问题越来越多，勾缝脱落较多，衬砌板损坏、塌陷的也不少，需要大修的地方越来越多，不少渠段已到了不进行大修就严重影响正常输水运行的程度。为确保完成向青岛市送水的任务，每年都对人工衬砌段的工程进行维修，特别是自1996年至今，平均每年部从水费收入中拿出100余万元用于衬砌工程的大修。但由于受水费收入低的限制，远远不能满足工程实际运行的需要。

与人工衬砌施工的渠段相比，机械化衬砌施工的试验段在运行了13年后，虽也发生了几条裂缝，尚无其他问题出现，从未进行大的维修。这充分说明了在同样的运行条件下，机械化衬砌施工质量较好。

7.1.4.2　衬砌机械化施工技术的工艺流程

混凝土衬砌机械化施工应按图2.7.5组织进行。

7.1.4.3　机械化衬砌施工质量控制

1. 随时进行施工质量自检

从混凝土原材料、混凝土拌和物到摊铺衬砌后的混凝土厚度、抗压强度、表面平整度等都要按表2.7.1规定进行质量检测。

施工过程中施工单位应配备专职质量检测员，负责整个工程各工序的施工质量检测。监理工程师应进行旁站监理，并按规定的比例进行质量抽检，负责对施工单位的检验结果进行检查认定。质量监督人员应经常巡视施工现场，并进行必要的质量抽查，当监理、监督人员发现异常情况时，应加大检测频率。

2. 关键技术指标的检测

施工单位按表2.7.1的检测项目和频率进行质量检测，其中抗压强度、混凝土板厚、表面平整度等是关键技术指标。技术要求为：

（1）平整度。2m直尺检测平整度，作为施工过程中质量控制检测项目。平整度检测结果作为竣工验收时工程质量的评定依据。规定2m直尺下的空间不超过5mm/2m。

（2）混凝土抗压强度。工程质量评定是以150mm立方试件的抗压强度为依据。为了反映衬砌混凝土板的实际情况，钻取芯样的抗压强度作为主要参考依据。抗压强度合格标准参照有关规范。

（3）板厚。在滑模摊铺施工中应严格控制衬砌混凝土的板厚。以基准线为准，摊铺施工前进行测量控制，在监理工程师的监督下测量待摊铺基面的板厚，监理工程师签字确认预计摊铺混凝土板厚合格，方可下摊铺开工令。混凝土凝固后的板厚检测，应以钻取芯样厚度为判定依据。

根据机械化衬砌施工的具体情况，对各个施工环节制定了切实可行的岗位工作责任

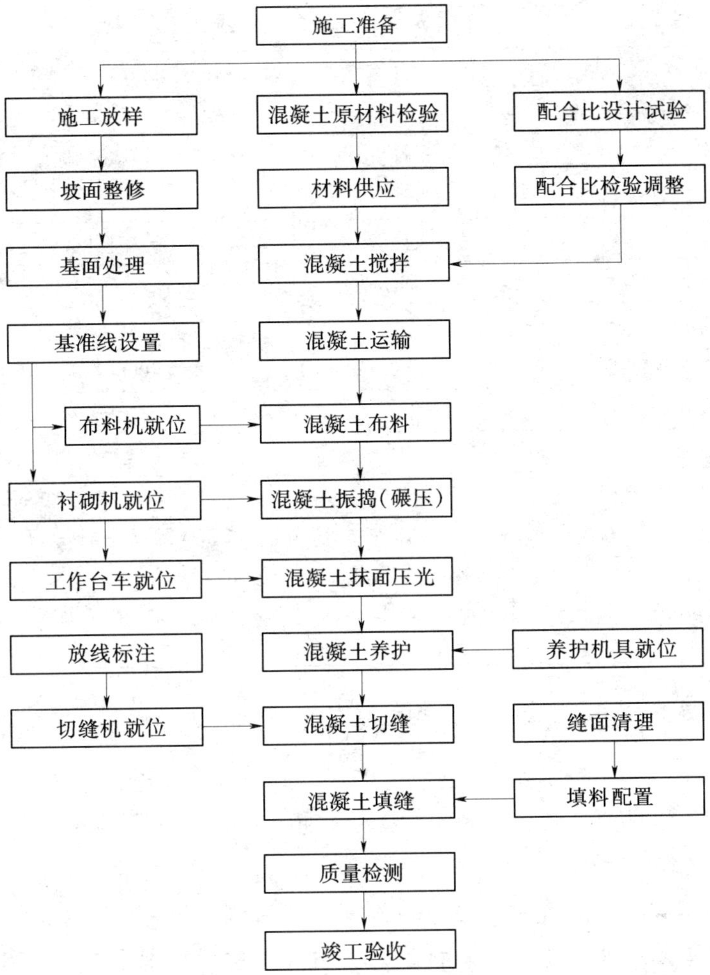

图 2.7.5　混凝土衬砌机械化施工工艺流程

表 2.7.1　　　　混凝土拌和物和坡面混凝土的检测项目和频率

材料	检查项目	标准及允许偏差	检查频率
混凝土拌和物	坍落度	4～6cm	每 4h 检测 1 次
	坍落度损失率	20%/1h	开工前、温度较高时、有变化时随测
	泌水率	不允许	必要时测
	含气量	4%～6%	每 4h 检测 1 次
	密度	配比试验值	每天检测 1 次
	温度		每 4h 检测 1 次
	凝结时间	配比试验值	冬季低温时，夏季高温时，必要时测
	离析	不允许	随时观测
	水胶比	配比试验值	每 12h 检测 1 次
	拌和时间	规定值	每 4h 检测 1 次

续表

材料	检查项目	标准及允许偏差	检查频率
混凝土坡面	*试件抗压强度	设计值	每个单元工程不少于2组
	试件抗渗标号	设计值	5000m^3 混凝土1组
	*试件抗冻融循环	设计值	5000m^3 混凝土1组
	*钻芯取样抗压强度	设计值	试件抗压强度的1/5
	*混凝土板厚	设计值	单坡100m施工缝边缘1处，并参考岩芯高度
	*表面平整度	5mm/2m	单坡100m三处
	伸缩缝几何尺寸		单缝200m六点
	伸缩缝顺直度	15mm/15m	单缝200m六条，用20m拉线测
	灌缝饱满度		单缝200m六点
	断板率	0.2%	数断板块数占总块数的比例
	渠底宽度、高程	设计值	水准仪，单坡200m四个断面
	渠道上口宽度、高程	设计值	水准仪，单坡200m四个断面
	渠口线偏位	直线段：20mm 切线段：50mm 曲线段：100mm	单坡200m二处

注 带*的为关键检测项目。

制和质量要求，从工程铺工放线、削坡、砂砾料回填，暗管井排工程，材料检验（试化验），配料监控、混凝土拌和运输、机械衬砌、混凝土养护、伸缩切割等工序一一落实，专人管理，责任人都相应承担工程质量风险，从而有效地控制了混凝土衬砌的质量。

3. *施工测量铺工放线*

衬砌工程的测量铺工放样是搞好混凝土衬砌的关键环节，施工前，专门成立测量铺工放样小组，负责铺工放样工作，责任到人。首先结合输水渠土方工程开挖施工时的放线成果，精心复核原有的高程、坐标桩点，根据需要把坐标桩点、水准点进行加密，方便混凝土衬砌施工的控制，引用的各桩点精度均符合设计及规范要求。在施工中重点控制五条线，一是渠中心线，二是渠两底脚线，三是左右堤肩线，为搞好渠坡土方削坡、砂砾料回填、机械安装、混凝土衬砌施工奠定基础。

4. *渠坡土方削坡*

土坡削坡采用人工和削坡机相结合，为了保证坡面的平整度，当人工削至离设计坡面8cm时，再用削坡机削平。平整度均掌握在±0.5cm以内（用2m靠尺检测），然后对渠底及渠坡进行压实，压实度分别不小于0.90及0.85，通过环刀取样进行压实度控制，防止不均匀沉降。

5. *砂砾料垫层*

砂砾料铺设采用机械运至现场，人工分层摊铺的方式进行。摊铺前先将砂砾料加水以保持一定的含水率，然后均匀铺设，铺设后的砂砾料喷水湿润，再用机械进行碾压密实，相对密度经检测大于0.7，表面平整度不超过±1cm。砂砾料垫层经项目部自检和监理抽检合格后，及时喷洒阳离子乳化沥青进行密封，并在12~24h内检查无开裂，再安排混凝土衬砌。在混凝土机械衬砌前，严禁践踏垫层。

6. 混凝土机械化衬砌成型

（1）碎石选择质地坚硬、无风化、无泥土，粒径均匀的天然石料，每 $500m^3$ 检测一次超逊径。采用天然优质中砂，细度模数、含泥量的检测每 $500m^3$ 检测一次，并在使用前严格过筛。水泥每400t取样送检一次，粉煤灰每200t送检一次，膨胀剂每200t送检一次，高效引气减水剂每100t送检一次，复合土工膜每3万 m^2 取样送检一次。有效地控制了混凝土衬砌用材料的质量。

（2）混凝土的拌和质量控制。安排专人负责混凝土配制和拌和质量，并有每班的拌和记录，对水泥、粉煤灰、水、外加剂的称量误差控制在1%以内，做到了每 $1000m^3$ 混凝土统计检查一次各种原材料的实用量，误差控制在2%以内。每4h测定坍落度一次、并做好记录，含气量控制在4% ~5%之间，每班测定1 ~2次。

（3）混凝土机械衬砌施工。在混凝土衬砌施工中，设备操作严格责任制度，责任到人。对衬砌完成的渠段，平整度用2m直尺检测误差不超5mm/m，表面无蜂窝麻面、露石、露砂等现象。

（4）混凝土的养护，已衬砌混凝土设立专人分段养护。衬砌好的混凝土先用塑料薄膜覆盖保持水分，防止混凝土表面烈日照射，极度失水干裂；在混凝土初凝固后改换毡布泼水养护，已衬砌好的混凝土养护28d；在28d内，要始终保持覆盖湿润状态。

（5）混凝土衬砌板伸缩缝的切割。已衬砌好的混凝土，对伸缩缝切割专门设立了混凝土伸缩缝切割小组，在切割缝时做到了分缝宽度均匀、切割顺直，缝宽和缝深均满足设计要求。

7.1.5 渠道工程施工质量评定

1. 一般规定

（1）单元工程划分：应按衬砌渠道左、右坡、渠底的变形缝划分，通常以单坡长度100m为一个单元工程。

（2）单元工程的质量标准由削坡、永久排水设施、垫层铺设、混凝土浇筑、伸缩缝施工、附属工程等工序及混凝土外观的质量标准组成。

（3）单元工程的质量检查可采用现场观察、现场测量、仪器测量等方法。

2. 削坡

（1）质量检查项目和质量标准见表2.7.2。

表2.7.2 削坡质量检查项目和质量标准

项次		项目名称	质量标准
主控项目	1	渠底渠坡清理	各种杂草、树根、杂物、杂质土、弹簧土、浮土等按设计要求清理干净
	2	渠坡坍坡处理	对雨淋沟和坍坡，按设计要求厚度补坡后进行压实削坡
一般项目	1	补坡压实度	渠底压实度0.90；渠坡压实度0.92
	2	渠口边线	允许误差：直线段±20mm；曲线段±50mm
	3	坡面局部平整度	允许误差：2cm/2m

（2）检测数量：每工序应不少于10个测点。

（3）工序质量评定。合格：主控项目符合质量标准；一般项目不少于70%的检测点符合质量要求。优良：主控项目符合质量标准；一般项目不少于90%的检测点符合质量要求。

3. 永久排水设施质量检查项目和质量标准按设计图纸确定

4. 垫层铺设

（1）质量检查项目和质量标准见表2.7.3

表2.7.3　砂砾料垫层质量检查项目和质量标准

项次		项目名称	质　量　标　准
主控项目	1	基面	垫层的基面必须符合削坡工序质量要求
	2	砂砾料	质地坚硬清洁，级配连续良好，不含泥块杂物
	3	砂砾料垫层铺设	铺料前适量洒水，厚度要均匀，用机械碾压达到密实、平整，压实后及时进行表面防水处理。不允许人为踩踏
一般项目	1	砂砾料垫层厚度	偏小值不大于设计厚度的15%；平均厚度要达到设计要求
	2	砂砾料垫层密实度	不小于设计值
	3	砂砾料垫层平整度	允许偏差不大于1cm/2m

（2）检测数量：每工序应不少于10个测点。

（3）工序质量评定。合格：主控项目符合质量标准；一般项目不少于70%的检测点符合质量要求。优良：主控项目符合质量标准；一般项目不少于90%的检测点符合质量要求。

5. 衬砌混凝土板

（1）质量检查项目和质量标准见表2.7.4。

表2.7.4　混凝土浇筑质量检查项目和质量标准

项次		项目名称	质　量　标　准	
			优　良	合　格
主控项目	1	入仓混凝料	无不合格料入仓	少量不合格料入仓，经处理后满足设计及规范要求
	2	铺料平仓	铺料均匀，平仓齐平，无骨料集中现象	局部稍差
	3	混凝土振捣	留振时间合理、无漏振，振捣密实、表面出浆	无漏振，无超振
	4	养护	终凝前喷雾养护，保持湿润连续养护不应少于28d	表面保持湿润，短时间内局部有干燥现象连续养护时间基本满足设计要求
一般项目	1	模板	符合模板设计要求	基本符合模板设计要求
	2	混凝土浇筑温度	满足设计要求	基本满足设计要求
	3	泌水	无泌水	有少量泌水
	4	离析	无	有轻微离析

（2）检测数量：在混凝土浇筑过程中随时检查；对混凝土外观进行全面检查，见表2.7.5。

表2.7.5　　　　混凝土板外观质量检查项目和质量标准

项次		项目名称	质量标准	
			优良	合格
主控项目	1	几何尺寸	上口宽：小于设计值+4cm 底宽：小于设计值+3cm	上口宽：设计值+4cm 底宽：设计值+3cm
	2	混凝土坡面平整度	不大于5mm/2m	不大于8mm/2m
	3	贯穿性裂缝	无	经处理后符合设计要求
	4	露石	无	局部少量，累计面积不超过0.5%
一般项目	1	蜂窝空洞	无	轻微、少量、不连续，单个面积不超过$0.1m^2$
	2	碰损掉边	无	重要部位不允许，其他部位轻微少量，经处理符合设计要求
	3	表面裂缝	无	局部有少量不规则干缩裂纹

（3）质量评定。合格：主控项目符合合格质量标准；一般项目不少于70%的检测点符合质量要求。优良：主控项目符合优良质量标准；一般项目不少于90%的检测点符合质量要求。

6. 伸缩缝

（1）质量检查项目和质量标准见表2.7.6。

表2.7.6　　　　伸缩缝质量检查项目和质量标准

项次		项目名称	质量标准
主控项目	1	填充材料	应符合设计要求和填充材料质量标准
	2	灌缝材料	灌缝材料性能符合设计要求；密封胶应达到规定的质量要求
	3	伸缩缝清理	填充前对伸缩缝内的灰末及松动混凝土余渣等杂物清理干净
	4	伸缩缝填充	填充材料必须准确到位；灌缝材料应饱满，顶部与混凝土表面齐平，黏结牢固，密封胶压实抹光，边缘顺直
一般项目	1	伸缩缝宽度	设计缝宽±1mm
	2	伸缩缝顺直度	15mm/20m
	3	切缝深度	设计值±5mm
	4	灌缝厚度	不小于设计厚度值

（2）检测数量：每工序应不少于10个测点。

（3）工序质量评定。合格：主控项目符合质量标准；一般项目不少于70%的检测点符合质量要求。优良：主控项目符合质量标准；一般项目不少于90%的检测点符合质量要求。

7. 附属工程的质量检查项目和质量标准按设计图纸确定

8. 单元工程质量等级评定标准

合格：削坡、永久排水设施、垫层铺设、混凝土浇筑、伸缩缝施工、附属工程等工序及混凝土外观全部达到合格，单元工程质量等级合格。

优良：永久排水设施、垫层铺设、伸缩缝施工、附属工程等工序及混凝土外观等5项达到合格并且其中任意一项达到优良，削坡、混凝土浇筑主要工序全部达到优良，单元工程质量等级为优良。

9. 施工质量验收

（1）工序工程完成后应进行验收，并签发“工程质量认可书”，准予实施下道工序。

（2）单元工程验收的内容包括实体工程质量验收和档案资料验收。

（3）分部工程、单位工程的验收程序，执行SL 223—1999《水利水电建设工程验收规范》。

10. 工序质量评定表

（1）现浇混凝土板外观质量工序质量评定表（表2.7.7）。

表2.7.7　现浇混凝土板外观质量工序质量评定表

单位工程名称				单元工程量		
分部工程名称				检验日期		
单元工程名称、部位				评定日期		
项次		项目名称	质量标准		检验记录	评定
			优良	合格		
主控项目	1	几何尺寸	上口宽：小于设计值+4cm 底宽：小于设计值+3cm	上口宽：设计值+4cm 底宽：设计值+3cm		
	2	混凝土坡面平整度	不大于5mm/2m	不大于8mm/2m		
	3	贯穿性裂缝	无	经处理后符合设计要求		
	4	麻面	无	局部少量，累计面积不超过0.5%		
一般项目	1	蜂窝空洞	无	轻微、少量、不连续，单个面积不超过0.1m^2		
	2	碰损掉边	无	重要部位不允许，其他部位轻微少量，经处理符合设计要求		
	3	表面裂缝	无	局部有少量不规则干缩裂纹		

施工单位自评意见	工序质量等级	监理单位复核意见	核定工序质量等级
主控项目 一般项目			

施工单位名称			监理单位名称	
初检负责人	复检负责人	终检负责人		
			核定人	

（2）渠道衬砌砂砾垫层铺设工序质量评定表（表2.7.8）。

表2.7.8　　渠道衬砌砂砾垫层铺设工序质量评定表

单位工程名称		单元工程量	
分部工程名称		检验日期	
单元工程名称、部位		评定日期	

项次		项目名称	质量标准	检验记录		评定
主控项目	1	基面	垫层的基面必须符合削坡工序质量要求			
	2	砂砾料	质地坚硬清洁，级配连续良好，不含泥块杂物			
	3	△砂砾料垫层铺设	铺料前适量洒水，厚度要均匀，用机械碾压达到密实、平整，压实后及时进行表面防水处理。不允许人为踩踏			
一般项目	1	砂砾料垫层厚度	偏小值不大于设计厚度的15%；平均厚度要达到设计要求	实测值	合格率	
	2	△砂垫层密实度	不小于设计值			
	3	△砂砾料垫层平整度	允许偏差不大于1cm/2m			

施工单位自评意见	工序质量等级	监理单位复核意见	核定工序质量等级
主控项目 一般项目			

施工单位名称			监理单位名称	
初检负责人	复检负责人	终检负责人		
			核定人	

注　△为主要检查项目。

（3）渠道衬砌伸缩缝施工工序质量评定表（表2.7.9）。

表2.7.9　　渠道衬砌伸缩缝施工工序质量评定表

<table>
<tr><td colspan="2">单位工程名称</td><td colspan="2"></td><td colspan="2">单元工程量</td><td colspan="2"></td></tr>
<tr><td colspan="2">分部工程名称</td><td colspan="2"></td><td colspan="2">检验日期</td><td colspan="2"></td></tr>
<tr><td colspan="3">单元工程名称、部位</td><td colspan="2"></td><td colspan="2">评定日期</td><td></td></tr>
<tr><td colspan="2">项次</td><td>项目名称</td><td colspan="2">质量标准</td><td colspan="2">检验记录</td><td>评定</td></tr>
<tr><td rowspan="4">主控项目</td><td>1</td><td>填充材料</td><td colspan="2">应符合设计要求和填充材料质量标准</td><td colspan="2"></td><td></td></tr>
<tr><td>2</td><td>灌缝材料</td><td colspan="2">灌缝材料性能符合设计要求；密封胶应达到规定的质量要求</td><td colspan="2"></td><td></td></tr>
<tr><td>3</td><td>伸缩缝清理</td><td colspan="2">填充前对伸缩缝内的灰末及松动混凝土余渣等杂物清理干净</td><td colspan="2"></td><td></td></tr>
<tr><td>4</td><td>伸缩缝填充</td><td colspan="2">填充材料必须准确到位；灌缝材料应饱满，顶部与混凝土表面齐平，黏结牢固，密封胶压实抹光，边缘顺直</td><td colspan="2"></td><td></td></tr>
<tr><td rowspan="5">一般项目</td><td rowspan="2">1</td><td rowspan="2">伸缩缝宽度</td><td colspan="2" rowspan="2">设计缝宽 ±1mm</td><td>实测值</td><td>合格率</td><td rowspan="2"></td></tr>
<tr><td></td><td></td></tr>
<tr><td>2</td><td>伸缩缝顺直度</td><td colspan="2">规定：15mm/20m</td><td></td><td></td><td></td></tr>
<tr><td>3</td><td>切缝深度</td><td colspan="2">设计值±5mm</td><td></td><td></td><td></td></tr>
<tr><td>4</td><td>灌缝厚度</td><td colspan="2">不小于设计厚度值</td><td></td><td></td><td></td></tr>
<tr><td colspan="4">施工单位自评意见</td><td>工序质量等级</td><td colspan="2">监理单位复核意见</td><td>核定工序质量等级</td></tr>
<tr><td colspan="4">主控项目
一般项目</td><td></td><td colspan="2"></td><td></td></tr>
<tr><td colspan="2">施工单位名称</td><td colspan="3"></td><td colspan="2" rowspan="2">监理单位名称</td><td rowspan="2"></td></tr>
<tr><td colspan="2">初检负责人</td><td colspan="2">复检负责人</td><td>终检负责人</td></tr>
<tr><td colspan="2"></td><td colspan="2"></td><td></td><td colspan="2">核定人</td><td></td></tr>
</table>

（4）渠道衬砌现浇混凝土板工序质量评定表（表 2.7.10）。

表 2.7.10　　渠道衬砌现浇混凝土板工序质量评定表

单位工程名称		单元工程量	
分部工程名称		检验日期	
单元工程名称、部位		评定日期	

项次		项目名称	质量标准		检验记录	评定
			优良	合格		
主控项目	1	△入仓混凝土料	无不合格料入仓	少量不合格料入仓，经处理后满足设计及规范要求		
	2	△铺料平仓	铺料要均匀，平仓要齐平	局部稍差		
	3	△混凝土振捣	留振时间合理、无漏振，振捣密实、表面出浆	无漏振，无超振		
	4	△养护	终凝前喷雾养护，保持湿润连续养护不应少于28d	表面保持湿润，短时间内局部有干燥现象，连续养护时间基本满足设计要求		
一般项目	1	模板	符合模板设计要求	基本符合模板设计要求		
	2	混凝土浇筑温度	满足设计要求	基本满足设计要求		
	3	泌水	无泌水	有少量泌水		
	4	离析	无	有轻微离析		

施工单位自评意见	工序质量等级	监理单位复核意见	核定工序质量等级
主控项目 一般项目			

施工单位名称			监理单位名称	
初检负责人	复检负责人	终检负责人		
			核定人	

注　△为主要检查项目。

（5）渠道衬砌削坡工序质量评定表（表 2.7.11）。

表 2.7.11　　　　渠道衬砌削坡工序质量评定表

单位工程名称		单元工程量	
分部工程名称		检验日期	
单元工程名称、部位		评定日期	

项次		项目名称	质量标准	检验记录		评定
主控项目	1	渠底渠坡清理	各种杂草、树根、杂物、杂质土、弹簧土、浮土等按设计要求清理干净			
	2	△渠坡坍坡处理	对雨淋沟和坍坡，按设计要求厚度补坡后进行压实削坡			
一般项目	1	△渠底、渠坡压实度	渠底压实度 0.90；渠坡压实度 0.92	实测值	合格率	
	2	渠口边线	允许偏差：直线段 ±20mm；曲线段 ±50mm			
	3	坡面局部平整度	允许偏差：2cm/2m			

施工单位自评意见	工序质量等级	监理单位复核意见	核定工序质量等级
主控项目 一般项目			

施工单位名称			监理单位名称	
初检负责人	复检负责人	终检负责人		
			核定人	

注　△为主要检查项目。

7.2 堤防工程

7.2.1 堤基清理质量控制与评定

7.2.1.1 施工准备

1. 一般规定

（1）施工单位开工前，应对合同或设计文件进行深入研究，并应结合施工具体条件编制施工设计，堤防工程施工可分段、或分项、编制，跨年度工程还应分年编制。

（2）开工前，应做好各项技术准备，并做好“四通一平”、临建工程、各种设备和器材等的准备工作。

（3）取土区和弃土堆放场地应少占耕地，不妨碍行洪和引排水，并做好现场勘定工作。

（4）应根据水文气象资料合理安排施工计划。

2. 测量、放样

（1）堤防工程基线相对于邻近基本控制点，平面位置允许误差 ±(30～50)mm，高程允许误差 ±30mm。

（2）堤防断面放样、立模、填筑轮廓，宜根据不同堤型相隔一定距离设立样架。其测点相对设计的限值误差，平面为 ±50mm，高程为 ±30mm，堤轴线点为 ±30mm，高程负值不得连续出现，并不得超过总测点的 30%。

（3）堤防基线的永久标石、标架埋设必须牢固，施工中须严加保护，并及时检查维护，定时核查、校正。

（4）堤身放样时应根据设计要求预留堤基、堤身的沉降量。

3. 料场核查

开工前，施工单位应对料场进行现场核查，内容如下：

（1）料场位置、开挖范围和开采条件，并对可开采土料厚度及储量作出估算。

（2）了解料场的水文地质条件和采料时受水位变动影响的情况。

（3）普查料场土质和土的天然含水量。

（4）根据设计要求对料场土质做简易鉴别，对筑堤土料的适用性做初步评估。

（5）核查土料特性，采集代表性土样按 GBJ 123—88《土工试验方法标准》的要求做颗粒组成、黏性土的液塑限和击实、砂性土的相对密度等试验。

（6）料场土料的可开采储量应大于填筑需要量的 1.5 倍。

（7）应根据设计文件要求划定取土区，并设立标志，严禁在堤身两侧设计规定的保护范围内取土。

7.2.1.2 堤基施工的一般要求

堤基施工系隐蔽工程施工，因此施工技术应从严要求，制订有关施工方案与技术措施，保证堤基施工的质量，避免以后工程运行中产生不可挽回的危害与损失。

对比较复杂或施工难度较大的堤基，施工前应进行现场试验，这是解决堤基施工中存在问题，取得必要施工技术参数的关键性手段，并有利于堤基处理组织实施，保证工程质量。

冰夹层和冻胀土层的融化处理，通常采用自然升温法或夜间地膜保温法，以及土墙挡风法等。个别严寒地区亦可考虑在温棚内加温融化，如黑龙江省冻土层很厚，要求融化层达 50cm 时方可进行堤基处理与填筑堤身。

基坑渗水和积水是堤基施工经常遇到的问题，处理不当就会出现事故或造成严重质量隐患，对较深基坑，要采取措施防止坍岸、滑坡等事故的发生，消除隐患。

7.2.1.3　堤基清理

堤基清理是保证堤基与堤身结合面有抗渗、抗滑要求的关键施工措施，必须认真对待。清理边线的余量，在人工施工时，宜采用较小尺寸；机械施工时，宜采用较大尺寸。

基面清理时，必须根据设计要求将树木、草皮、树根、乱石、坟墓以及动物巢穴、白蚁穴、窑洞、井窖、地道、房基等全部清理与处理，堤基表层的不合格土如淤泥、腐殖土、泥炭以及浮土、松土、杂质土、风化剥离石块、坡积物滑坡体等与勘探施工时遗留的坑、槽、孔、穴等，往往会被忽视或处理不彻底，以致酿成后患，故均必须认真处理。

堤防工程施工中产生的废碴、弃料、杂质、污水等施工废物的乱堆、乱放、乱排，不但影响环境卫生、施工安全，也会影响施工进度和施工质量。

基面保护除盖一般塑料膜外，也可预留 10～30cm 保护土层，待继续施工时再开挖、清理、检验。

沿海淤泥质滩涂或地势低洼，地下水埋深较浅的软土堤基，软土层厚度较大难于替换，或者附近无大量其他土料可取。因而堤基土质状况不易改变，这种土质实施碾压则易发生液化产生弹簧土，因此堤基清理单元工程质量项目与标准确定平整压实时表面应无显著凹凸表面、无松土、无弹簧土。

1. 堤基清理应符合的要求

（1）堤基清理的范围应包括堤身、戗台、铺盖、压载的基面，其边界应在设计基面边线外，老堤加高培厚，其清理范围尚应包括堤顶及堤坡。

（2）堤基表层的淤泥、腐殖土、泥炭等不合格土及草皮、树根、建筑垃圾等杂物必须清除。

（3）堤基内的井窖、墓穴、树坑、坑塘及动物巢穴，应按堤身填筑要求进行回填处理。

（4）堤基清理后，应在第一次铺填前进行平整。除了深厚的软弱堤基需另行处理外，还应进行压实，压实后的质量应符合设计要求。

（5）新老堤结合部的清理、刨毛，应符合 SL 260—98《堤防工程施工规范》的要求。

2. 堤基清理单元工程质量检查的项目与标准

堤基清理单元工程质量检查的项目与标准应符合表 2.7.12 的规定。

表 2.7.12　堤基清理单元工程质量检查项目与标准

项　次	检　查　项　目	质　量　标　准
1	基面清理	堤基表层不合格土、杂物全部清除
2	一般堤基清理	堤基上的坑塘洞穴已按要求处理
3	堤基平整压实	表面无显著凹凸，无松土、弹簧土

3. 堤基清理单元工程质量检测项目与标准

堤基清理单元工程质量检测项目与标准应符合表 2.7.13 的规定。

堤基清理范围应根据堤防工程级别，按施工堤线长度每 20～50m 测量一次，压实质量检测取样应按清基面积平均每 400～800m^2 取样一个。

表 2.7.13　碾压式填筑堤防的堤基清理质量检测内容和标准表

序号	项　目	质量标准	检测频率	检测工具和方法
1	堤基清理范围	清理边线超过设计基面边线 0.3m	每 20～50m 堤防长度测 1 次	钢卷尺
2	堤基表层压实	符合设计要求	按基面面积平均每 400～800m^2 取样 1 个	对细粒土用 100cm^3（内径 50mm）环刀，对砾质土用 200cm^3（内径 70mm）环刀。环刀不能取样时，应用灌砂法测试

4. 堤基清理单元工程质量评定标准应符合的规定

（1）合格标准：检查项目达到标准，清理范围检测合格率不小于 70%，压实质量检测合格率不小于 80%。

（2）优良标准：检查项目达到标准，清理范围与压实质量检测合格率不小于 90%。

7.2.1.4　软弱堤基施工

软弱堤基包括软黏土、淤泥、泥炭土等，按设计要求换填砂基时，宜采用粗砂或砂砾，因为细砂或粉砂会形成流动砂层，对抗震也不利，压实时宜根据砂砾石级配、含水量、夯击机械性能等因素，通过夯压试验来确定夯压参数，以保证压实质量。有防渗要求换填黏土时，应按 SL 260—1998《堤防工程施工规范》中的 6.6 条规定执行。

处理较厚层流塑态淤质软黏土堤基，除堤身自重挤淤法外，目前尚无更有效、更经济的方法。但此法施工难度较大、施工期长，由于流塑土基被逐步加高的堤身自重外挤，导致堤身填筑层会产生不均匀沉陷，因此层面上会出现平行堤轴线的裂缝。为将裂缝控制在较小范围内，故采用放缓堤坡、减慢堤身填筑速度、分期加高等方法予以控制，初期宜采用可塑态的土填筑，随着沉陷量减少和堤身的加高，可逐步恢复到常规填筑，使堤身的变形与堤基的被挤出逐步适应，直至堤基土与堤身填土达到平衡、稳定为止。这种施工方法耗时较长，曾在淮河入江水道三河拦河堤及新沂河河口堤段采用过。

较厚层软塑态淤质软黏土堤基，有一定的抗剪能力，当堤身填筑高度接近软塑态土堤基的临界高度时，应立即在两侧堤脚外设置压载体，以防止堤基土的剪切破坏，随着堤身填筑继续，分期、升高、压载体也可分级加高，直至堤基固结，堤身稳定为止。如采用吹填土作为压载体，可按 SL 260—1998《堤防工程施工规范》中的第6.2条有关规定执行。

抛石挤淤常用于处理流塑态土堤基或施工道路软弱地基，在海堤堤基施工中采用也很普遍，如珠江口感潮区抛石固基法。另外，在东南沿海地区也有采用在堤基面上铺土工布，或土工织物隔水层，插排水板等方法，堤基依靠堤身自重作用排水固结，软基加固也可采用土工布或土工格栅垫底，上填一层石渣或粗砂的办法处理。

7.2.1.5　透水堤基施工

1. 防渗

用黏性土做铺盖或用土工合成材料进行防渗应按 SL 260—1998《堤防工程施工规范》中的第6.6条规定进行施工，铺盖分片施工时应加强接缝处的碾压和检验。

黏性土截水槽施工时宜采用明沟排水或井点抽排，回填黏性土应在无水基底上，并按设计要求施工。

截渗墙应根据不同的地质条件采用槽型孔，高压喷射等方法施工。高压喷射灌浆截渗墙，在南宁市、哈尔滨市、漳州市等城市防洪堤曾采用过，并取得较好效果。其应用情况见表2.7.14。

表2.7.14　　国内堤防高压喷射灌浆防渗应用情况

堤防名称	所在地点	完成年份	工程概况
邕江堤防	南宁市	1986	砂卵石层防渗墙深26～40m
松花江堤防	哈尔滨市	1988	砂砾石层防渗墙深26m
九龙江堤防	漳州市	1984	砂砾石和杂填土层防渗墙深17m
澧水黄沙堤防	澧县	1986	卵漂石层防渗墙深20m

2. 加固

振冲法加固地基适用于较厚层松散砂土层，一般要求砂基黏粒含量小于20%，如云南陆良县盘虹桥防洪大堤，因历年多次滑动，河床隆起，其堤身及河床软基的黏土就是采用振冲法加固的。

7.2.1.6　多层堤基施工

有承压水的相对隔水层被挖穿后，处理比较困难，如承压水的压力较小，可采用黏性土堵塞。如在临近护堤地以外的黏土层取土，亦应征得设计部门的同意，如挖穿处水压力较大无法堵塞时，应按 SL 260—1998《堤防工程施工规范》中第1.0.3条的要求办理。

7.2.1.7　岩石堤基施工

堤基为岩石，如表面无强风化岩层，一般可不进行处理。如需处理，应按设计要求进行。强风化岩层堤基，除按设计要求清除松动岩石外，筑砌石堤或混凝土堤时基面应铺水泥砂浆，层厚宜大于30mm，筑土堤时基面应涂黏土浆，层厚宜为3mm，然后进行堤身填筑。

由于水泥固结灌浆、帷幕灌浆、接触灌浆工艺比较复杂，投资也较大，一般多用于城市防洪堤段。

7.2.2 黏土防渗体填筑质量控制与评定

1. 黏土防渗体填筑应符合以下要求

（1）黏土料的土质及其含水率应符合设计和碾压试验确定的要求。

（2）填筑作业应按水平层次铺填，不得顺坡填筑。分段作业面的最小长度，机械作业不应小于100m，人工作业不应小于50m。应分层统一铺土，统一碾压，严禁出现界沟。当相邻作业面之间不可避免出现高差时，应按照SL 260—1998《堤防工程施工规范》的规定施工。

（3）必须分层填筑，铺料厚度和土块直径的限制尺寸应符合表2.7.15的规定。

表2.7.15　　铺料厚度和土块直径限制尺寸表

压实功能类型	压实机具种类	铺料厚度（mm）	土块限制直径（mm）
轻型	人工夯、机械夯	15～20	≤5
	5～10T平碾	20～25	≤5
中型	12～15t平碾、斗容2.5m^3铲运机、5～8t振动碾	25～30	≤10
重型	斗容大于7m^3铲运机、10～16t振动碾、加载气胎碾	30～50	≤10

（4）碾压机械行走方向应平行于堤轴线，相邻作业面的碾迹必须搭接。搭接碾压宽度，平行堤轴线方向不应小于0.5m，垂直堤轴线方向不应小于1.5m，机械碾压不到的部位应采用人工或机械夯实，夯击应连环套打，双向套压，夯迹搭压宽度不应小于1/3夯径。

（5）土料的压实指标应根据试验成果和GB 50286—98《堤防工程设计规范》的设计压实度要求确定设计干密度值进行控制。

2. 黏土防渗体填筑单元工程质量检查项目与标准（表2.7.16）

表2.7.16　　黏土防渗体填筑单元工程质量检查项目与标准

项次	检查项目	质量标准
1	土堤土料土质、含水率	土质符合设计要求，含水率不宜过大或过小
2	作业工段划分、搭接	符合规程第3.2.1条第2款
3	土块粒径	符合规程第3.2.1条第3款
4	碾压作业程序	符合规程第3.2.1条第4款

注　表中规程是指SL 239—1999《堤防工程施工质量评定与验收规程》（试行）。

3. 黏土防渗体填筑单元工程质量检测项目与标准

黏土防渗体填筑单元工程质量检测项目与标准应符合表2.7.17的规定。

铺料厚度检测应按作业面积大小每100～200m^2取一个测点。铺填边线应按堤轴线长度每20～50m取一个测点。压实质量检测的工具、方法和检测部位应符合SL 286—1998《堤防工程施工规范》的要求，每层取样数量：自检时可控制在填筑量100～150m^3取样一个，堤防加固的狭长作业面，取样可按每20～30m取样一个。

表 2.7.17　　黏土防渗体填筑单元工程质量检测项目与标准

项　次	检 查 项 目	质　量　标　准
1	铺料厚度	允许偏差 0～－5cm
2	铺填宽度	允许偏差：0～＋10cm
3	压实指标	符合设计要求

黏土防渗体填筑压实质量合格标准，按表 2.7.18 的规定执行。

表 2.7.18　　黏土防渗体填筑压实质量合格标准

项　次	填筑类型	筑堤材料	压实干密度合格率下限（%）	
			1 级、2 级土堤	3 级土堤
1	黏土防渗体	黏性土	90	85

注　1. 不合格样干密度值不得低于设计干密度值的 96%。
　　2. 不合格样不得集中在局部范围内。

4. 黏土防渗体填筑单元工程质量评定标准

黏土防渗体填筑单元工程质量评定标准应符合以下规定：

（1）合格标准。检查项目达到标准，铺料厚度和铺填宽度偏差合格率不小于 70%，检测土体压实干密度合格率达到表 2.7.18 要求。

（2）优良标准。检查项目达到标准，铺料厚度和铺填宽度偏差合格率不小于 90%，检测土体压实干密度合格率超过 2.7.18 数值 5% 以上。

7.2.3　土工布防渗施工质量控制与评定

7.2.3.1　国内外应用情况

土工膜作为一种良好的防渗材料，目前在坝工中，特别是土石坝中已被广泛地采用，在混凝土坝或碾压式混凝土坝的修补中，作为防渗护面也逐渐增多，其使用量约为土工织物使用量的 11% 左右。然而在我国的堤防建设中，它的应用则刚刚才开始，如作为垂直防渗墙的墙体材料等。但可以预计，它在今后新建的堤防和已有堤防的加固中将会广泛地被使用。表 2.7.19 和表 2.7.20 中分别给出了国内外坝工中采用土工膜防渗的工程情况。从中可以看出一些特点：

（1）土工膜在坝工中的应用，从地域上看已很广泛，国内外已经普遍接受了这种新型的防渗材料和技术。许多工程实录都表明它的防渗效果良好、经济、施工方便，有推广使用价值。

（2）国内在坝工中使用土工膜防渗虽然较晚（1978 年开始，比国外晚 19 年），但从土工膜承受 20m 以上水头的实例所占的百分数来看，已与国外相当，且国内也有土工膜承受超过 50m 水头的实例。这些都说明国内在坝工中使用土工膜的技术水平已逐渐接近国际先进水平。

（3）关于土工膜的厚度目前有两种观点：一种主张用厚膜（膜厚大于 1.0mm），以欧洲国家为多；另一种观点是使用薄膜（膜厚小于 1.0mm），以美洲国家和我国的实例

表 2.7.19　　国外坝工中使用土工膜的情况一览表

序号	工程名称	所在国家	开始使用年份	坝料	最大挡水水头或坝高（m）	土工膜材料	土工膜厚度（mm）
1	Sabetta	意大利	1959		33	RI	2.0
2	Terzaghi	加拿大	1962	土料	55	PVC	0.76
3	Llano	哥斯达黎加	1963			PVC	0.5
4	Toktogul 围堰	吉尔吉斯斯坦	1964	土料	6	PE	0.2/0.4/0.6
5	Decoto	美国	1966	土料	10	RI	0.24
6	Rinconada	美国	1968	土料	12	RI	0.32
7	Neris	法国	1970	石料	18	RI	1.5
8	Zolina	西班牙	1972	土料	14	PUR	1.1
9	Landsteju	捷克	1973	石料	27	PVC	1.1
10	Pond De Claix	法国	1973	土料	12	RI	2.0
11	Odiel	西班牙	1974	砂砾石	27	PE/PVC	1.5
12	Cotter	美国	1979		坝高 40	CSPE	0.9～1.5
13	Tmarka	捷克	1981		20	HDPE	
14	Colibita	罗马尼亚	1983	石料	坝高 47	PVC	0.8
15	Locone 围堰	意大利	1986		13	异丁橡胶	1.5
16	Stillwater	美国	1987		坝高 45	HDPE	2.5
17	Artik	亚美尼亚	1988	土料	18	LDPE	0.5
18	Jibiya	尼日利亚	1989	土料	22	PVC	2.1
19	Figari	法国	1990		35	PVC	2.0
20	Cerro Do Lobo	葡萄牙	1990	石料	4	HDPE	1.5
21	Oblatos gorge	墨西哥	1992	土料	14	CSPE	0.91

注　PVC 为聚氯乙烯；LDPE 为低密度聚乙烯；HDPE 为高密度聚乙烯；CSPE 为氯磺化聚乙烯；RI 为异丁橡胶；PUR 为聚氨酯。

表 2.7.20　　我国部分堤坝工程中使用土工膜情况表

序号	工程名称	所在省（自治区、直辖市）	使用年份	最大挡水水头或坝高（m）	土工膜使用部位	使用情况	土工膜类型
1	西北峪	陕西	1978	31	库区	修复	3×0.06 单膜
2	滑子	北京	1984	8	斜墙和库区	修复	复合膜
3	放马峪	北京	1984	10	斜墙	修复	3×0.1 单膜
4	先锋	四川	1987	坝高 33	斜墙	修复	3 层 0.12 单膜
5	麦坑	江西	1987	9.75	斜墙	修复	单膜 0.32
6	李家箐	云南	1988	30.6	斜墙	新建	复合膜
7	黑河	辽宁	1989	13.9	心墙	新建	复合膜
8	白河 301	吉林	1989	21.5	心墙	新建	3 层 0.4 单膜
9	田村	广西	1990	41.9	心墙	新建	复合膜
10	水口围堰	福建	1990	26.5	心墙	新建	复合膜
11	小岭头	浙江	1991	坝高 36	斜墙	新建	复合膜

续表

序号	工程名称	所在省（自治区、直辖市）	使用年份	最大挡水水头或坝高（m）	土工膜使用部位	使用情况	土工膜类型
12	四扣	山东	1992	5	斜墙	新建	复合膜
13	切吉	青海	1992	坝高 20	斜墙	加固	单膜 1
14	甲日普	西藏	1992	坝高 31.4	心墙	新建	复合膜
15	毛儿冲	湖北	1993	20	斜墙	修复	单膜 0..22
16	温泉堡	河北	1993	46.3	碾压混凝土坝表面	新建	复合膜
17	湾子	云南	1995	18	库区	修补	复合膜
18	万家寨围堰	山西内蒙古	1995	5.5	心墙	新建	复合膜
19	塘房庙	云南	1997	坝高 52	斜墙	新建	复合膜
20	三峡二期围堰防渗墙上部	湖北	1999	13.2	斜墙、心墙	新建	复合膜
21	温泉	青海		坝高 17.5	斜墙	新建	复合膜
22	贡拜尔沟	新疆		28	铺盖	修复	复合膜
23	土坎	四川		13.3	斜墙	新建	膜 + 织物 0.25

较多，这些坝的使用情况至今仍然良好，因而值得很好地总结经验。

根据上述情况以及目前 SL/T 225—98《水电工程土工合成材料应用技术规范》和 GB 50290—98《土工合成材料应用技术规范》中所列入的土工膜在坝工中的防渗使用规定，都表明土工膜防渗技术在我国坝工中的应用已经渐趋成熟。这将为这项新技术和新材料在堤防中的推广应用提供良好的范例。

7.2.3.2　土工材料的性能指标

土工材料的性能指标应包括下列内容，并应按工程设计需要确定试验项目。

（1）物理性能。单位面积质量、厚度（及其与法向压力的关系）、材料比重、孔径等。

（2）力学性能。条带拉伸、握持拉伸、撕裂、顶破、CBR 顶破、刺破、直剪摩擦、拉拔摩擦、蠕变等。

（3）水力学性能。垂直渗透系数、平面渗透系数、淤堵、防水性等。

（4）耐久性能。抗紫外线能力、化学稳定性和生物稳定性等。

7.2.3.3　施工检验

（1）施工时应有专人随时检查，每完成一道工序应按设计要求及时验收，合格后，方可进行下道工序。

（2）检查验收的主要内容应包括清基、材料辅放方向、材料的接缝或搭接、材料与结构物的连接、回填料、压重和防护层等。

（3）应根据设计要求埋设必要的观测设备。

7.2.3.4　施工中的注意事项

防渗土工膜施工包括以下工序：准备工作、铺设、拼接、质量检查和回填土料。

1. 基本要求

土工膜防渗施工应符合下列要求。

（1）铺膜前，应将膜下基面铲平，土工膜质量也应经检验合格。

（2）大幅土工膜拼接，宜采用胶接法黏合或热元件法焊接。胶接法搭接宽度为5～7cm，热元件法焊接叠合宽度为1～1.5cm。

（3）应自下游侧开始，依次向上游侧平展铺设，避免土工膜打皱。

（4）已铺土工膜上的破孔应及时粘补，粘贴膜大小应超出破孔边缘10～20cm。

（5）土工膜铺完后应及时铺保护层。

2. 工艺要求

（1）准备工作。要求清除地面一切尖硬物质，作好排渗设施，挖好锚固沟。准备好土工膜，尽量用宽幅膜，或先按要求尺寸焊拼好，卷在钢管上，运至现场备用。

（2）在平地上铺放，借拖拉机或人工展放，在坡面上借卷扬机从坡顶徐徐反滚至坡底，将其固定。铺放时应注意：①尽可能在干燥和暖天气进行；②铺放应留足够余幅，不可太紧，以便拼接和适应气温变化；③应随铺随压重，防止风吹；④接缝应与最大受力方向平行；⑤发现损坏，应立即修补；⑥铺设人员应穿软底鞋，以免破坏土工膜，并密切注意防火。

（3）土工膜拼接有热熔焊法和胶粘法，大面积拼接一般用热熔法，局部拼接才用胶粘，应注意太薄的聚乙烯（PE）膜经加热要烧坏，故不能用热熔焊法。胶粘法只适用于聚氯乙烯膜。用胶粘法时应注意黏结胶的耐久性，不能因长期浸水或遇水中化学物质而失效。大规模拼接前，应进行拼接试验。

（4）拼接质量检查。可以先作目测检查，即检查缝有无疏漏，有无烫损，有无褶皱和是否均匀，然后借仪器检漏。例如两条焊缝间有约10mm空腔未焊，可以将待检段两端封死，往空腔内充气，静置一段后，观察其压力有无下降。如发现漏缝，应及时修补。

对较大工程，尚应取样检测，即割取部分接缝试样作拉伸试验，要求接缝强度不低于母体的80%。

（5）回填土料。铺膜后应及时回填，严禁膜较长时间外露。填土一般应不薄于30cm；冬季水位变动时，厚度应加大。如分期施工，应注意两期间膜的良好连接。

（6）防渗土工膜的周边和与结构物连接处应构成密闭系统，具体结构可按地基土质和结构物类型确定。

1）土质地基：土工膜直接埋入锚固沟内，填土并予以压实，沟深可为2m，宽1m，如图2.7.6（a）。

2）砂卵石地基：挖除部分砂卵石直达不透水层，浇混凝土底座，将膜埋入。对新鲜及微风化岩底座宽度应为水头的1/10～1/20；对半风化和全风化岩应为水头的1/5～1/10，所有裂缝都要填实，如图2.7.6（b）所示。如砂卵石太厚，无法控制不透水层或开挖不经济，可将土工膜向上游延伸，作成水平防渗铺盖。

3）岩石地基：如图2.7.6（c）所示。

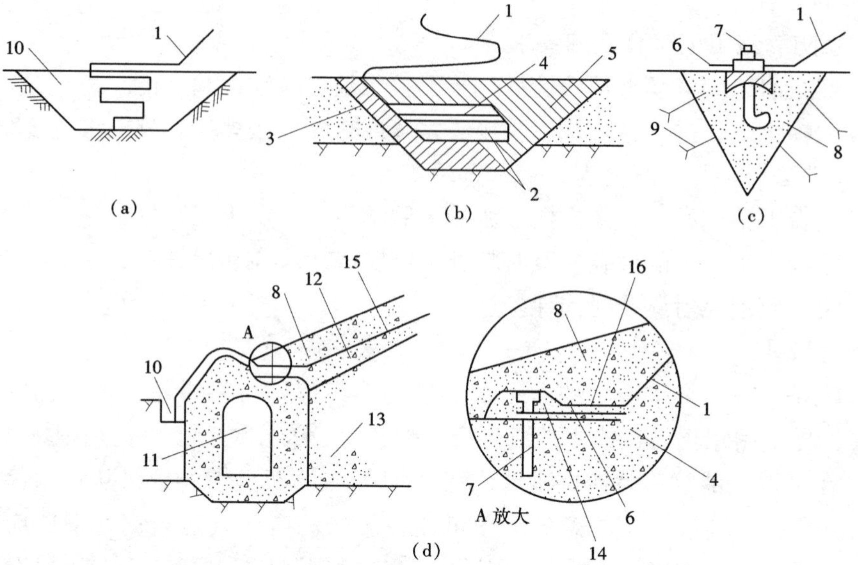

图 2.7.6　土工膜与结构物的连接方式

(a) 与黏土地基的连接；(b) 与砂卵石地基的连接；

(c) 与岩石地基或混凝土的连接；(d) 与廊道顶部的连接

1—薄膜；2—钢筋；3——期混凝土；4—二期混凝土；5—三期混凝土；6——氯丁橡胶垫片；

7—锚栓；8—混凝土；9—锚筋；10—回填黏土；11—廊道；12—过渡层；13—堆石；

14—高密度聚乙烯；15—土工薄膜与土工织物组合层；16—五层薄膜

4）与结构物的连接：如与输水管、箱涵水闸等的连接，应根据具体条件确定，图 2.7.6（d）是部分举例，一般应遵循以下原则，相邻两种材料的弹性模量不要相差过大；应平顺过渡；应为结构物可能产生的较大位移留有余幅。

7.2.4　堤身土料碾压筑堤质量控制与评定

1. 土料碾压筑堤应符合的要求

（1）上堤土料的土质及其含水率应符合设计和碾压试验确定的要求；

（2）填筑作业应按水平层次铺填，不得顺坡填筑，分段作业面的最小长度，机械作业不应小于 100m，人工作业不应小于 50m，应分层统一铺土、统一碾压，严禁出现界沟。当相邻作业面之间不可避免出现高差时，应按照 SL 286—1998《堤防工程施工规范》的规定施工。

（3）堤身土体必须分层填筑，铺料厚度和土块直径的限制尺寸应符合相关规范的规定。

（4）碾压机械行走方向应平行于堤轴线，相邻作业面的碾迹必须搭接，搭接碾压宽度，平行堤轴线方向不应小于 0.5m，垂直堤轴线方向不应小于 1.5m。机械碾压不到的部位应采用人工或机械夯实，夯击应连环套打，双向套压，夯迹搭压宽度不应小于 1/3 夯径。

（5）土料的压实指标应根据试验成果和 GB 50286—1998《堤防工程设计规范》的设计压实度要求，确定设计干密度值进行控制；砂料和砂砾料的压实指标按设计相对密度值控制。

（6）已铺土料表面在压实前被晒干时，应洒水湿润。

（7）用光面碾磙压实黏性土填筑层，在新层铺料前，应对压光层面作刨毛处理，填筑层检验合格后因故未继续施工，因搁置较久或经过雨淋干湿交替使表面产生疏松层时，复工前应进行复压处理。

（8）若发现局部“弹簧土”、层间光面、层间中空、松土层或剪切破坏等质量问题时应及时进行处理，并经检验合格后方准铺填新土。

（9）施工过程中应保证观测设备的埋设安装和测量工作的正常进行，并保护观测设备和测量标志完好。

（10）在软土地基上筑堤，或用较高含水量土料填筑堤身时，应严格控制施工速度，必要时应在地基、坡面设置沉降和位移观测点，根据观测资料分析结果指导安全施工。

（11）对占压堤身断面的上堤临时坡道作补缺口处理，应将已板结老土刨松，与新铺土料统一按填筑要求分层压实。

（12）堤身全断面填筑完毕后，应作整坡压实及削坡处理，并对堤防两侧护堤地面的坑洼进行铺填平整。

2. 铺料作业应符合的要求

（1）应按设计要求将土料铺至规定部位，严禁将砂砾料或其他透水料与黏性土料混杂，上堤土料中的杂质应予清除。

（2）土料或砾质土可采用进占法或后退法卸料，砂砾料宜用后退法卸料，砂砾料或砾质土卸料时如发生颗粒分离现象，应将其拌和均匀。

（3）铺料厚度和土块直径的限制尺寸，宜通过碾压试验确定，在缺乏试验资料时，可参照表 2.7.15 的规定取值。

（4）铺料至堤边时，应在设计边线外侧各超填一定余量，人工铺料宜为 10cm，机械铺料宜为 30cm。

3. 压实作业应符合的要求

（1）施工前应先做碾压试验，验证碾压质量能否达到设计干密度值。若已有相似条件的碾压经验也可参考使用。

（2）分段填筑，各段应设立标志以防漏压、欠压和过压，上下层的分段接缝位置应错开。

（3）碾压施工应符合下列规定：

1）碾压机械行走方向应平行于堤轴线。

2）分段、分片碾压，相邻作业面的搭接碾压宽度，平行堤轴线方向不应小于 0.5m，垂直堤轴线方向不应小于 3m。

3）拖拉机带碾磙或振动碾压实作业，宜采用进退错距法，碾迹搭压宽度应大于 10cm。铲运机兼作压实机械时，宜采用轮迹排压法，轮迹应搭压轮宽的 1/3。

4）机械碾压时应控制行车速度，以不超过下列规定为宜。平碾为 2km/h，振动碾为2km/h，铲运机为2档。

(4) 机械碾压不到的部位，应辅以夯具夯实。夯实时应采用连环套打法，夯迹双向套压，夯压夯1/3，行压行1/3；分段、分片夯实时，夯迹搭压宽度应不小于1/3夯径。

(5) 砂砾料压实时，洒水量宜为填筑方量的20%～40%，中细砂压实的洒水量宜按最优含水量控制。压实施工宜用履带式拖拉机带平碾、振动碾或气胎碾。

4. 采用土工合成加筋材料（编织型土工织物、土工网、土工格栅）填筑加筋土堤时应符合的要求

(1) 筋材铺放基面应平整，筋材宜用宽幅规格。

(2) 筋材应垂直堤轴线方向铺展，长度按设计要求裁制，一般不宜有拼接缝。

(3) 如筋材必须拼接时，应按不同情况区别对待：

1) 编织型筋材接头的搭接长度，不宜小于15cm，以细尼龙线双道缝合，并满足抗拉要求。

2) 土工网、土工格栅接头的搭接长度，不宜小于5cm（土工格栅至少搭接一个方格)，并以细尼龙绳在连接处绑扎牢固。

(4) 铺放筋材不允许有褶皱，并尽量用人工拉紧，以U形钉定位于填筑土面上，填土时不得发生移动。

(5) 填土前如发现筋材有破损、裂纹等质量问题，应及时修补或做更换处理。

(6) 筋材上可按规定层厚铺土，但施工机械与筋材间的填土厚度不应小于15cm。

(7) 加筋土堤压实宜用平碾或气胎碾，但在极软地基上筑加筋堤，开始填筑的二三层宜用推土机或装载机铺土压实；当填筑层厚度大于0.6m后，方可按常规方法碾压。

(8) 加筋堤施工，最初二三层的填筑应注意：

1) 在极软地基上作业时宜先由堤脚两侧开始填筑，然后逐渐向堤中心扩展，在平面上呈凹字形向前推进。

2) 在一般地基上作业时宜先从堤中心开始填筑，然后逐渐向两侧堤脚对称扩展，在平面上呈凸字形向前推进。

3) 随后逐层填筑时，可按常规方法进行。

5. 堤身填筑与砌筑质量控制

土料碾压筑堤质量控制应符合下列要求：

(1) 堤身填筑施工参数应与碾压试验参数相符。

(2) 土料、砾质土的压实指标按设计干密度值控制，砂料和砂砾料的压实指标按设计相对密度值控制。

(3) 压实质量检测的环刀容积：对细粒土不宜小于100cm^3（内径50mm)；对砾质土和砂砾料不宜小于200cm^3（内径70mm)。含砾量多环刀不能取样时，应采用灌砂法或灌水法测试。若采用GB/T 50123—1999《土工试验方法标准》规定方法以外的新测试技术时，应有专门论证资料，经质监部门批准后实施。

（4）质量检测取样部位应符合下列要求。

1）取样部位应有代表性，且应在面上均匀分布，不得随意挑选，特殊情况下取样须加注明。

2）应在压实层厚的下部1/3处取样，若下部1/3的厚度不足环刀高度时，以环刀底面达下层顶面时环刀取满土样为准，并记录压实层厚度。

（5）质量检测取样数量应符合下列要求：

1）每次检测的施工作业面不宜过小，机械筑堤时不宜小于$600m^2$，人工筑堤或老堤加高培厚时不宜小于$300m^2$。

2）每层取样数量，自检时可控制在填筑量每$100 \sim 150m^3$取样1个，抽检量可为自检量的1/3，但至少应有3个。

3）特别狭长的堤防加固作业面，取样时可按每20～30m一段取样1个。

4）若作业面或局部返工部位按填筑量计算的取样数量不足3个时也应取样3个。

（6）在压实质量可疑和堤身特定部位抽样检测时，取样数视具体情况而定，但检测成果仅作为质量检查参考，不作为碾压质量评定的统计资料。

（7）每一填筑层自检，抽检后凡取样不合格的部位应补压或作局部处理，经复验至合格后方可继续下道工序。

（8）土堤质量评定按单元工程进行，并应符合下列要求：

1）单元工程划分，筑新堤宜按工段内每堤长200～500m划分一个单元；老堤加高培厚可按填筑量每$5000m^3$划分一个单元。

2）单元工程的质量评定，是对单元堤段内全部填土质量的总体评价，由单元内分层检测的干密度成果累加统计得出其合格率，样本总数应不少于20个。

3）检测干密度值不小于设计干密度值为合格样。

（9）碾压土堤单元工程的压实质量总体评价合格标准，应按表2.7.21的规定执行。

表2.7.21　　碾压土堤单元工程压实质量合格标准

项　次	填筑类型	筑堤材料	压实干密度合格率下限（%）	
			1级、2级土堤	3级土堤
均质堤	新填筑堤	黏性土	≥85	≥80
		少黏性土	≥90	≥85
	老堤加高培厚	黏性土	≥85	≥80
		少黏性土	≥85	≥80
非均质坝	防渗体	黏性土	≥90	≥85
	非防渗体	少黏性土	≥85	≥80

注　1. 不合格样干密度值不得低于设计干密度值的96%。
2. 不合格样不得集中在局部范围内。
3. 必须同时满足下列条件。

土料碾压筑堤单元工程质量检测项目不包括碾压筑堤顶部高程及顶宽的检测，该项检测在堤防外观质量评定时考虑。因而高程与顶宽等外形尺寸并非单元工程施工质量控制要素，而应是堤身单位工程完工后应检测的质量项目，故确定在外观质量评定时检测。

6. 质量评定的组织与管理

（1）单元工程。单元工程质量评定应在施工单位质检部门组织自评的基础上，由项目法人或委托监理单位核定。

重要隐蔽工程及工程关键部位经施工单位自评合格后，由项目法人或委托监理单位、质量监督、设计、施工、管理运行等单位组成联合小组，共同核定其质量等级。

（2）分部工程。分部工程质量评定应在施工单位质检部门自评的基础上，由项目法人或委托监理单位组织设计、施工、运行管理等单位评定其质量等级，报质量监督机构核备。分部工程质量评定标准如下。

1）合格标准单元工程质量全部合格；原材料及中间产品质量全部合格。

2）优良标准单元工程质量全部合格，其中有50%以上达到优良；主要单元工程，重要隐蔽工程及关键部位的单元工程质量优良，且未发生过质量事故；原材料和中间产品质量全部合格。

（3）单位工程。在单位工程质量评定前应进行堤防工程外观质量评定（表2.7.22）。外观质量评定由工程质量监督机构组织项目法人、监理、设计、施工及管理运行等单位具有中级及以上技术职称的有关代表共同进行，参加人员总数不宜少于5人。

表2.7.22　堤防单位工程外部尺寸检测评定表

单位工程名称								检测日期		年　月　日				
主要工程量								评定日期		年　月　日				
序号	检测项目	允许偏差	实测值										合格率（%）	评定结果
			1	2	3	4	5	6	7	8	9	10		
1△	堤轴线	±15cm												
2△	堤顶高程	0～+15cm												
3	平台高程	−10～+15cm												
4△	堤顶宽度	−5～+15cm												
5	平台宽度	−10～+15cm												
6	堤防内外坡度	局部坡比1∶n（1±5%）整体坡比不陡于设计值（1∶n）												
合计	总测点数			合格点数					合格率					
施工单位名称														
检测人：			记录人：						检测审核人：					
项目法人（或监理单位）评定人								质量监督员						

注　外观尺寸检测项目，每测项抽测不少于10点，各测项“评定结果”根据测点合格率确定，测点合格率不小于70%时该测项为合格，测项不合格时必须进行处理，否则该项合格率以0计算。△为主要检查项目。

7.2.5 土料吹填压渗平台质量控制与评定

7.2.5.1 概述

1. 吹填法施工的优缺点

“吹填”一词过去有称“水力冲填”的，其工艺流程是采用机械挖土，以压力管道输送泥浆至作业面，完成作业面上土颗粒沉积淤填。

吹填法施工的优点是：结合江河疏浚开挖，可充分利用其弃土对堤身两侧的池塘洼地作充填，进行堤基加固；吹填法不受雨天和黑夜的影响；能连续作业，施工效率高，在土质条件符合要求的情况下，也可用以堵口或筑新堤。吹填法施工的缺点是：对土质有一定的选择，吹填土的施工初期干密度值较小，含水量较大，抗剪强度较低，与碾压填筑相比较，堤身的断面需增大，堤坡需放缓，应通过专门的设计确定，不应套用碾压填筑的断面。

2. 土料吹填筑堤方法

土料吹填筑堤方法有多种，最常用的有挖泥船和水力冲挖机组两种施工方法。挖泥船又有绞吸式、斗轮式两种形式。

水下挖土采用绞吸式、斗轮式挖泥船，水上挖土采用水力冲挖机组，并均采用管道以压力输泥吹填筑堤。

3. 吹填筑堤的适用条件

不同土质对吹填筑堤的适用性差异较大，应按以下原则区别选用：

（1）无黏性土。少黏性土适用于吹填筑堤，且对老堤背水侧培厚更为适宜；

（2）流塑。软塑态的中、高塑性有机黏土不应用于筑堤。

（3）软塑。可塑态黏粒含量高的壤土和黏土，不宜用于筑堤，但可用于充填堤身两侧池塘洼地加固堤基。

（4）可塑。硬塑态的重粉质壤土和粉质黏土，适用于绞吸式、斗轮式挖泥船以黏土团块方式吹填筑堤。

7.2.5.2 土料吹填筑堤的要求

（1）根据填筑部位的吹填土质，应选用不同的船、泵及其冲挖、抽方式。

（2）吹填区基础围堰应按设计修筑，单元工程质量评定与土料碾压筑堤相同，逐次抬高的围堰高度不宜超过1.2m（黏土团吹填筑堰高度可为2m），顶宽宜采用1～2m。土料吹填筑堤的单元工程质量评定可参照土料碾压筑堤相应的规定执行。

（3）输泥管出口的位置应合理安放，适时调整，采取措施减缓吹填区沉积比降。

7.2.5.3 土料吹填筑堤单元工程质量检查项目与标准（表2.7.23）

表2.7.23　　土料吹填筑堤质量检查项目与标准

项次	检查项目	质量标准
1	吹填土质	符合设计要求
2	吹填区围堰	符合设计要求，无严重溃堤塌方事故
3	泥沙颗粒分布	吹填区沿程沉积的泥沙颗粒级配宜无显著差异

7.2.5.4 土料吹填筑堤单元工程质量检测项目与标准（2.7.24）

表 2.7.24 土料吹填筑堤质量检测项目与标准

项　次	检测项目	质　量　标　准
1	吹填高程	允许偏差 0 ~ +0.3m
2	吹填区宽度	吹填区宽小于 50m，允许偏差 0.5m； 吹填区宽大于 50m，允许偏差 1.0m
3	吹填平整度	细粒 0.5 ~ 1.2m，粗粒 0.8 ~ 1.6m
4	吹填干密度	符合设计要求

7.2.5.5 土料吹填筑堤单元工程质量评定标准

土料吹填筑堤单元工程质量检测应按吹填区长度每 50 ~ 100m 测一横断面，每个断面测点不应少于 4 个，吹填区土料固结干密度检测数量为每 200 ~ 400m^2 取一个土样。

土料吹填筑堤单元工程质量评定标准应符合以下规定。

（1）合格标准。检查项目达到标准，吹填高程、宽度、平整度，合格率不小于 70%，初期固结干密度合格率达到土料碾压筑堤单元工程压实质量合格标准的要求。吹填高程、宽度、平整度合格率不小于 90%。

（2）优良标准。检查项目达到标准，吹填高程、宽度、平整度合格率不小于 90%，初期固结干密度合格率超过土料碾压筑堤单元工程压实质量合格标准的要求 5% 以上。

7.2.6 穿堤建筑物与堤防连接施工质量控制

1. 接缝施工控制

（1）土堤碾压施工，分段间有高差的连接或新老堤相接时，垂直堤轴线方向的各种接缝，应以斜面相接，坡度可采用 1：3 ~ 1：5，高差大时宜用缓坡。土堤与岩石岸坡相接时岩坡削坡后不宜陡于 1：0.75，严禁出现反坡。

（2）在土堤的斜坡结合面上填筑时，应符合下列要求。

1）应随填筑面上升进行削坡，并削至质量合格层。

2）削坡合格后应控制好结合面土料的含水量，边刨毛、边铺土、边压实。

3）垂直堤轴线的堤身接缝碾压时，应跨缝搭接碾压，其搭接宽度不小于 3.0m。

2. 堤身与建筑物相接的控制

土堤与刚性建筑物、涵闸、堤内埋管、混凝土防渗墙等相接时施工应符合下列要求。

（1）建筑物周边回填土方宜在建筑物强度达到设计强度 50% ~70% 的情况下施工。

（2）填土前应清除建筑物表面的乳皮，粉尘及油污等，对表面的外露铁件，如模板对销螺栓等宜割除，必要时对铁件残余露头需用水泥浆覆盖保护。

（3）填筑时，须先将建筑物表面湿润，边涂泥浆、边铺土、边夯实。涂浆高度应与铺土厚度一致。涂层厚宜为 3 ~ 5mm，并应与下部涂层衔接，严禁泥浆干固后再铺土、夯实。

（4）制备泥浆应采用塑性指数 Ip 大于 17 的黏土，泥浆的浓度可用 1：2.0 ~ 1：3.0（土水质量比）。

（5）建筑物两侧填土应保持均衡上升，贴边填筑宜用夯具夯实，铺土层厚度宜为15～20cm。

（6）浆砌石墙（堤）分段施工时相邻施工段的砌筑面高差应不大于1.0m。

7.2.7 细部构造质量控制与评定

1. 反滤、排水工程施工

铺反滤层前应将基面用挖除法整平，对个别低洼部分应采用与基面相同土料或反滤层第一层滤料填平。反滤层铺筑应符合下列要求。

（1）铺筑前应做好场地排水，设好样桩、备足反滤料。

（2）不同粒径组的反滤料层厚必须符合设计要求。

（3）应由底部向上按设计结构层要求逐层铺设，并保证层次清楚，互不混杂，不得从高处顺坡倾倒。

（4）分段铺筑时应使接缝层次清楚，不得发生层间错位、缺断、混杂等现象。

（5）陡于1：1的反滤层施工时应采用挡板支护铺筑。

（6）已铺筑反滤层的工段应及时铺筑上层堤料，严禁人车通行。

（7）下雪天应停止铺筑，雪后复工时应严防冻土、冰块和积雪混入料内。

2. 土工织物作反滤层、垫层、排水层铺设

土工织物作反滤层、垫层、排水层铺设应符合下列要求：

（1）土工织物铺设前应进行复验，质量必须合格，有扯裂、蠕变、老化的土工织物均不得使用。

（2）铺设时自下游侧开始依次向上游侧进行，上游侧织物应搭接在下游侧织物上或采用专用设备缝制。

（3）在土工织物上铺砂时织物接头不宜用搭接法连接。

（4）土工织物长边宜顺河铺设，并应避免张拉受力、折叠、打皱等情况发生。

（5）土工织物层铺设完毕后应尽快铺设上一层堤料。

3. 其他

（1）堆石排水体应按设计要求分层实施，施工时不得破坏反滤层，靠近反滤层处用较小石料铺设，堆石上下层面应避免产生水平通缝。

（2）排水减压沟应在枯水期施工，沟的位置、断面和深度均应符合设计要求。

（3）排水减压井应严格按设计要求并参照有关规范的要求施工，钻井宜用清水固壁，并随时取样，绘制地质柱状图，钻完井孔要用清水洗井，经验收合格后安装井管，每口井均应建立施工技术档案。

4. 反滤、排水工程质量控制

应重点检查下列内容：

（1）反滤层质量。

1）铺设施工方法是否符合规范的规定。

2）自检取样数可控制在平面上每500m^2左右取样一组。

3）检查层间是否分界清楚，是否有层间错位、缺断等质量问题。

4）分层厚度是否符合设计要求。

5）每层厚度均不得小于设计要求的85%。

（2）土工织物反滤层、垫层和排水层。

1）所用土工织物的质量和规格是否合格。

2）搭接宽度和缝合（或黏合）质量是否符合设计要求。

（3）堆石排水体。

1）反滤层的结构和尺寸是否符合设计要求。

2）地质条件是否与设计相符。

（4）排水减压沟。

1）位置、断面、深度是否符合设计要求。

2）地质条件是否与设计相符。

3）减压沟沟底透水层是否已出露。

4）反滤层是否已按设计要求作好。

（5）排水减压井。

1）井位、井深及成井的材料是否与设计要求相符。

2）抽水试验结果是否满足设计要求。

（6）垫层工程质量抽检主要内容为垫层厚度及垫层铺设情况并满足以下要求。

1）每2000m堤长至少抽检3点。

2）每个单位工程至少抽检3点。

本章习题

2.7.1 渠道开挖、填筑和衬护的质量控制要点有哪些？

2.7.2 渠道机械化衬砌的质量控制有哪些？

2.7.3 渠道工程施工质量评定有哪些内容？

2.7.4 堤防工程中堤基清理、黏土防渗体填筑、土工布防渗施工、堤身土料碾压筑堤、穿堤建筑物均有哪些质量控制要点？

2.7.5 对堤防工程的细部构造质量控制应注意哪些内容？

第8章　水工建筑物金属结构、启闭机及机电产品

教学要求：掌握钢管制造及安装的质量控制要点；掌握闸门和埋件制造及安装的质量控制要点；掌握拦污栅制造安装、起重设备安装质量控制要点。

8.1　钢管制造

8.1.1　直管、弯管和渐变管制造的质量控制要点

（1）钢板划线应满足下列要求。

1）钢板划线的允许偏差应符合表2.8.1的规定。

表2.8.1　　钢板划线的允许偏差

序　号	项　目	允许偏差（mm）	序　号	项　目	允许偏差（mm）
1	宽度和长度	±1	3	对应边相对差	1
2	对角线相对差	2	4	矢高（曲线部分）	±0.5

2）明管的纵缝位置与明管的垂直轴或水平轴所夹的圆心角范围应符合图纸规定。

3）相邻管节的纵缝距离应大于板厚的5倍，且不小于100mm。

4）在同一管节上，相邻纵缝间距不应小于500mm。

（2）钢板划线后应用钢印、油漆分别标出钢管分段、分节、分块的编号、水流方向、水平和垂直的中心线、灌浆孔位置、坡口角度以及切割线等符号。

（3）钢板卷板应满足下列要求。

1）卷板方向应和钢板的压延方向一致。

2）卷板后，将瓦片以自由状态立于平台上，用样板检查弧度，其偏差应符合表2.8.2的规定。

表2.8.2　　瓦片弧度偏差

序　号	钢管内径 D（m）	样板弦长（m）	样板与瓦片的间隙不应超过（mm）
1	<2	0.5D（且不小于500mm）	1.5
2	2~6	1.0	2.0
3	>6	1.5	2.5

3）当钢管内径和壁厚关系符合表 2.8.3 的规定时，瓦片允许冷卷，否则应热卷或冷卷后进行热处理。

表 2.8.3　钢管允许冷卷的管径和管壁关系

序　号	钢　号	钢管内径 D 和壁厚的关系
1	碳素钢（含碳量小于 0.22%）	$D>33\delta$
2	低合金钢	$D>40\delta$

4）钢管对圆应在平台上进行，其管口不平度应符合表 2.8.4 的规定。

表 2.8.4　钢管管口不平度

序　号	钢管内径 D（m）	允许偏差（mm）
1	<5	2
2	>5	3

5）钢管对圆后，其实际周长与设计周长差不应超过 ±3D/1000，且不大于 ±24mm。相邻管节周长差，当板厚小于 10mm 时，不应大于 6mm；板厚大于或等于 10mm，不应大于 10mm。

6）钢管纵缝对口错位不应大于板厚的 10%，且不大于 2mm；环缝对口错位不应大于板厚的 15%，且不大于 3mm。

7）纵缝焊接后，用样板检查纵缝处弧度，其间隙值应符合表 2.8.5 的规定。

表 2.8.5　钢管纵缝焊接后弧度偏差

钢管内径 D（m）	样板弧长（mm）	样板与纵缝的极限间隙（mm）
≤5	500	4
5~8	D/10	4
≥8	1200	6

8）钢管椭圆度不应大于 3D/1000，最大不应大于 30mm。（椭圆度为相互垂直的两直径差的最大值，至少应测两对直径；椭圆度在两端管口测量。）

9）加劲环、支承环和止水环的内圈弧度应用样板检查，其间隙应符合表 2.8.5 的规定。

10）加劲环、支承环和止水环与钢管的组装间隙，不应大于 3mm。

11）直管段的加劲环和支承环组装的允许偏差应符合表 2.8.6 的规定。

12）加劲环、支承环和止水环的对接焊缝应与钢管纵缝错开 100mm 以上。

表 2.8.6　　加劲环和支承环组装的允许偏差

序号	项目	支承环的允许偏差（mm）	加劲环的允许偏差（mm）	简　图
1	支承环或加劲环与管壁的不垂直度	$a<0.01H$	$a<0.02H$	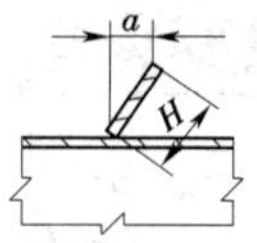
2	支承环或加劲环所组成的平面与管轴线的不垂直度	$b<2D/1000$ 且不超过 6	$b<4D/1000$ 且不超过 12	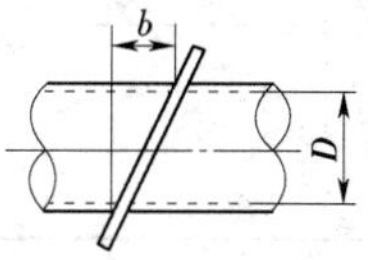
3	相邻两环的间距偏差	±10	±30	

8.1.2　岔管和伸缩节制造的质量控制要点

（1）岔管制造应遵守第一条中的有关规定。

（2）岔管应在厂进行整体组装。组装后其主、支管管口中心的偏差不应超过 ±5mm。如运输条件允许，宜焊成整体出厂。

（3）伸缩节的内、外套管和止水压环焊接后的弧度，应用样板检查，样板长度见表 2.8.2，其间隙在纵缝处不应大于 2mm；其他部位不应大于 1mm。在套管的全长范围内，检查上、中、下 3 个断面。

（4）内、外套管和止水环的实际直径与设计直径的偏差不应超过 $\pm D/1000$，且不超过 ±2.5mm，测量的直径不应少于 4 对。

（5）伸缩节的内、外套管间的最大和最小间隙与平均间隙的差不应大于平均间隙的 10%。伸缩行程与设计行程的偏差不得超过 ±4mm。

（6）伸缩节的橡皮盘根应制成整圈填入，每圈接头应斜接，相邻两圈接头应错开 500mm 以上。

8.2　钢管安装

8.2.1　安装的质量控制要点

（1）钢管支墩应有足够的强度和稳定性，以保证钢管在安装过程中不发生位移和变形。

（2）鞍式支座的顶面弧度，用样板（样板长度见表 2.8.2）检查，其间隙不应大于 2mm。

（3）滚轮式和摇摆式支座的支墩垫板的高程和纵、横向中心的偏差，不应超过 ±5mm；与钢管设计轴线的不平行度不应大于 2/1000（顺水流方向为纵向，垂直水流方向为横向，以下同此）。

（4）滚轮式和摇摆式支座安装后，应能灵活动作，不应有任何卡阻现象，各接触面应接触良好，局部间隙不应大于0.5mm。

（5）钢管安装后，管口中心的允许偏差应符合表2.8.7的规定。

表2.8.7　　钢管管口中心的允许偏差

钢管内径 D（m）	始装节管口中心的允许偏差（mm）	与蜗壳、伸缩节、蝴蝶阀、球阀、岔管连接的管节及弯管起点的管口中心允许偏差（mm）	其他部位管节的管口中心允许偏差（mm）
<2	5	6	15
2～5		10	20
>5		12	25

始装节的里程偏差不应超过±5mm，弯管起点的里程偏差不应超过±10mm。

（6）管安装后，管口椭圆度不应大于5D/1000，最大不应大于40mm，至少测量两对直径。

（7）环缝焊接除图纸有规定者外，应按安装顺序逐条进行，不得跳越，不得在混凝土浇筑后再焊接环缝。

（8）钢管安装后，必须与支墩和锚栓焊牢，防止浇筑混凝土时位移。

（9）钢管竣工前，应将明管内、外壁和埋管内壁的焊疤等清除干净，局部凹坑深度不应超过板厚的10%，且不大于2mm，否则，应予补填。

（10）堵焊灌浆孔前，应将孔口周围的积水、水泥浆、铁锈等清除干净，焊后不应有渗水现象。

8.2.2　水压试验的质量控制要点

（1）岔管的水压试验应符合下列规定：

1）新钢种或新型结构的岔管，应作水压试验。

2）试验压力为工作压力（包括水锤压力）的1.25倍。

（2）明管安装后，应作整体或分段水压试验。

（3）单节明管可不作水压试验，但应按DL 5017—93《压力钢管制造安装及验收规范》第6.4条中的有关规定进行无损探伤检查。

（4）钢管试压时，应缓慢升压至工作压力，保持10min，对钢管进行检查，情况正常，继续升至试验压力，保持5min，再下降至工作压力，保持30min，并用0.5～1.0kg的小锤在焊缝两侧各15～20mm处轻轻敲击。整个试验过程中应无渗水及其他异常现象。

8.3　闸门和埋件制造

8.3.1　埋件制造的质量控制要点

（1）底槛、主机、副轨、反轨、止水座板、门楣、侧轨、侧轮导板、铰座钢梁制造的允许偏差应符合表2.8.8的规定。

表2.8.8　　铰座钢梁制造的允许偏差

序号	项　目	允许偏差	
		构件表面未经加工	构件表面经过加工
1	工作面直线度	构件长度的1/1500，且不超过3.0mm	构件长度的1/2000，且不超过1.0mm
2	侧面直线度	构件长度的1/1000，且不超过4.0mm	构件长度的1/1000，且不超过2.0mm
3	工作面局部平面度	每1m范围内不大于1.0mm，且不超过2处	每1m范围内不大于0.5mm，且不超过2处
4	扭曲	长度不大于3m的构件，不应大于1.0mm，每增加1m，递增5mm，且最大不超过20mm	0.5mm

注　扭曲系指构件两对角线中间交叉点处不吻合值，以下同此。

（2）兼作止水的胸墙制造的允许偏差应符合表2.8.8的规定；不兼作止水的胸墙制造的允许偏差应符合表2.8.9的规定。所有胸墙的宽度允许偏差均为$^{+0.0}_{-4.0}$mm，对角线相对差均不应大于4mm。

表2.8.9　　不兼作止水的胸墙制造的允许偏差

序号	项　目	允许偏差
1	工作面直线度	构件宽度的1/1500，且不超过4mm
2	侧面直线度	构件高度的1/1000，且不超过5mm
3	工作面局部平面度	每1m范围内不超过4mm
4	扭 曲	高度不大于3m的胸墙，不应大于2mm，每增加1m，递增0.5mm，且最大不超过3mm

（3）底槛和门楣的长度允许偏差为$^{+0.0}_{-4.0}$ mm，如底槛不是嵌于其他构件之间，则允许偏差为±4.0mm。

（4）焊接主轨的不锈方钢，止水座板与底板组装时应压合，局部间隙不应大于0.2mm，且每段长度不超过100mm，累计长度不超过全长的15%。

（5）当止水座板在主轨上时，任一横断面的止水座板与主轨轨面的距离c的偏差不应超过±0.5mm。止水座板中心至轨面中心的距离a的偏差不应超过±2mm。止水座板与主轨轨面的相互关系见图2.8.1。

（6）当止水座板在反轨上时，任一横断面的止水座板与反轨工作面的距离c的偏差不应超过±2mm。止水座板与反轨工作面的相互关系见图2.8.2。

（7）护角如兼作侧轨，其与主轨轨面（或反轨工作面）中心的距离a的偏差（图2.8.3）不应超过±3mm。

（8）弧门侧止水座板和侧轮导板的中心线曲率半径偏差不应超过±3mm。

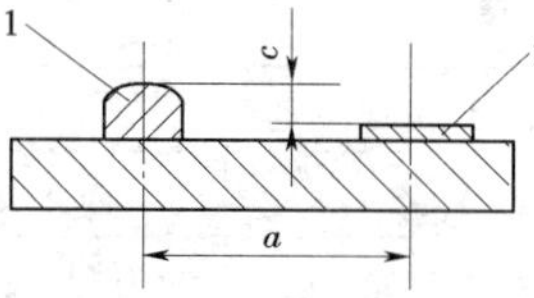

图 2.8.1　止水座板与主轨轨面的相互关系
1—主轨轨面（承压加工面）;
2—止水座板（加工面）

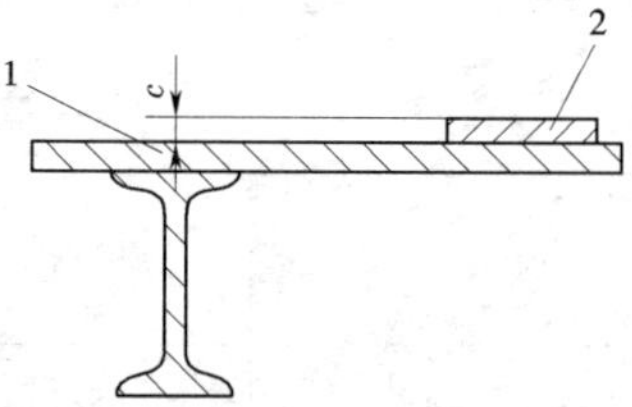

图 2.8.2　止水座板在反轨
1—反轨工作面（与反轨接触部位，非加工面）; 2—止水座板（加工面）

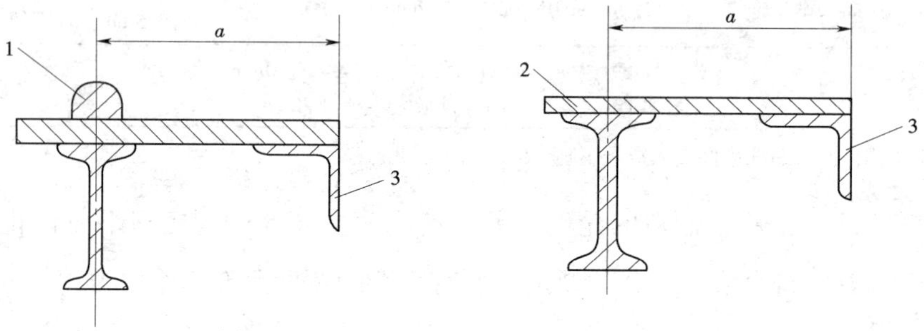

图 2.8.3　护角与主轨的偏差
(a) 护角兼作侧轨与主轨的相互关系; (b) 护角兼作侧轨与反轨的相互关系
1—主轨轨面; 2—反轨; 3—护角

(9) 锥形支铰基础环与支承环的组合面应平整，其平面度公差，经过加工的不得大于 0.5mm。未经加工的不得大于 2mm。锥形支铰如图 2.8.4 所示。

(10) 分节制造的埋件，应在制造厂进行预组装，组装时，相邻构件组合处的错位：经过加工的不应大于 0.5mm，未经加工的不应大于 2mm，且应平缓过渡。其余偏差应符合本节中有关规定。检查合格后，应在组合处打上明显的标记和编号。

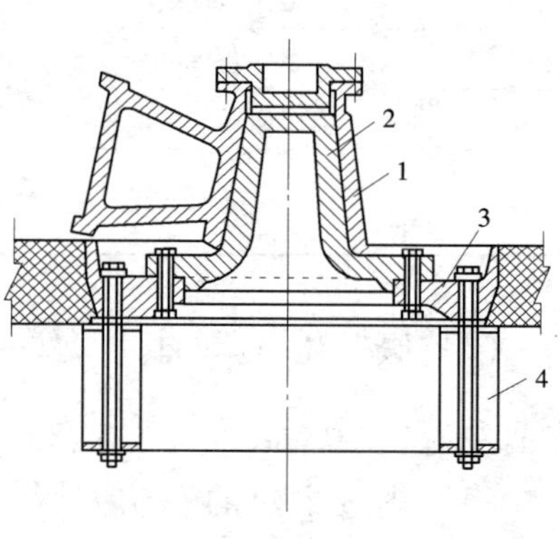

图 2.8.4　锥形支铰
1—轴套; 2—轴; 3—支撑环; 4—基础环

8.3.2　铸钢件和锻件的质量控制要点

(1) 铸件尺寸和筋、壁厚度的允许偏差以及表面质量要求，应符合 GB 11352—89《一般工程用铸造碳钢件》及 GB 6414—86《铸件尺寸公差》中的有关规定。

(2) 铸件应经退火或正火处理。

(3) 铸钢轨道不得有裂纹，当有下列缺陷，但经焊补后不影响使用性能者，允许焊补处理。

1) 承压加工面上有孔眼等缺陷，其单个面积不超过 $3cm^2$，深度不超过该处壁厚的 1/10，且在同一横向表面上或每 $100cm^2$ 的面积上不超过一处，总面积不大于所在面积的2%。但如轨道需经调质、淬火等热处理的，则凡缺陷位置在和滚轮接触的范围内，均不得焊补。

2）轨道上的少量发裂。

3）非承压加工面上有孔眼等缺陷，其单个面积不超过 $5cm^2$，深度不超过该处壁厚的1/5，且在每 $100cm^2$ 的面积上不超过一处。

4）非加工面上有孔眼等缺陷，其单个面积不超过 $8cm^2$，深度不超过该处壁厚的1/5，总面积不大于所在面积的5%。

（4）铸钢滚轮的踏面和轮毂，均不得有裂纹。当有下列缺陷，但经补焊后不影响使用性能者，允许焊补处理。

1）滚轮踏面有少量发裂或有孔眼等缺陷，缺陷的单个面积不超过3cm。深度不超过轮缘厚度的1/10，且在同一横向表面上或每 $100cm^2$ 的面积上不超过一处，总面积不大于所在面积的2%。但滚轮如需经调质、淬火等热处理的，其踏面不得焊补。

2）滚轮非承压加工面有孔眼等缺陷，缺陷单个面积不超过 $5cm^2$，深度不超过该处壁厚的1/5，且在每 $100cm^2$ 的面积上不超过一处。

3）轮毂两端有少量发裂或有孔眼等缺陷，缺陷深度不超过轮毂宽度的1/15，长度不超过轮毂周长的1/8，宽度不超过轮毂壁厚的1/3。

4）辐板两侧距离板孔边缘20mm以外处有孔眼等缺陷，其直径不超过10mm，深度不超过辐板厚度的1/2。

5）轴孔有孔眼等缺陷，其单个面积不超过 $2cm^2$，深度不超过该处壁厚的1/10，且在每 $100cm^2$ 的面积上不超过一处。

（5）铸钢滑道夹槽底面与侧面的转角处不得有裂纹和缩松等缺陷。其他部位如有孔眼等缺陷，其单个面积不超过 $3cm^2$，深度不超过该处壁厚的1/5，总面积不大于所在面积的3%，且经焊补后不影响使用性能者，允许焊补处理。

（6）铸钢支铰（图2.8.5）的辐板根部和锥形铰根部转角处，以及承压加工面均不得有裂纹和缩松。当有下列缺陷，但经焊补后不影响使用性能者，允许焊补处理：

1）承压加工面有孔眼等缺陷，其单个面积不超过 $5cm^2$，深度不超过该处壁厚的1/10，且总面积不大于所在面积的3%。

2）轴有孔眼等缺陷，其单个面积不超过 $2cm^2$，深度不超过该处壁厚的1/10，且总面积不大于所在面积的3%。

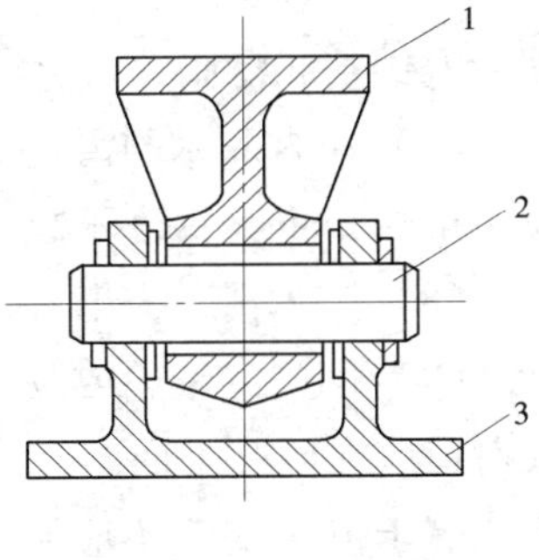

图2.8.5　铰
1—铰链；2—铰轴；3—铰座

3）非承压加工面上有孔眼等缺陷，其单个面积不超过5cm，深度不超过该处壁厚的1/5，且总面积不大于所在面积的5%。

4）非加工面上有孔眼等缺陷，其单个面积不超过8cm，深度不超过该处壁厚的1/5，且总面积不大于所在面积的5%。

5）支铰的次要部位出现的裂纹，其深度不超过壁厚的1/10，长度不超过所在部位长度的1/4，且不超过2条。

（7）当铸件缺陷范围超过上述的规定时，应经技术、质量检查等有关部门研究同意后，方可焊补，并应有焊补措施，焊补后的质量应符合设计要求。

（8）铸件缺陷焊补前，应将缺陷处清除干净，铸件焊补应选用接近该铸件性能的优质焊条。

（9）焊补ZG 35和ZG 35以下的铸件时，原则上冷焊，但焊补大件或较严重的缺陷时，宜将铸件预热至100～150℃。焊补XG 45和ZG 45以上的铸件或合金铸件时，应将铸件预热至200～250℃以上。

（10）铸件焊补后应进行热处理，以消除内应力。

（11）硬度要求的铸件，焊补后其硬度差不应超过HB 15～20范围。

（12）锻件的锻造应符合QZ/B 71—73《锻件通用技术条件》的规定。

（13）重要锻件的质量检查应按图纸规定进行。

（14）起重设备和闸门的吊具、轮轴、支铰轴的缺陷不得焊补。

8.3.3 平面闸门制造的质量控制要点

（1）门叶上单个构件制造的允许偏差应符合表2.8.10的规定。

（2）平面闸门门叶制造、组装的允许偏差应符合表2.8.11的规定。

（3）胶木轴套内圆应先粗加工，压入后再精加工，其外径的压入过盈值可取其直径的0.5%～1.0%。

（4）压合胶木加工前应在70～80℃的石蜡溶液中干燥，使其含水率（包括挥发物）降低到5%以下，干燥后，端部裂纹不应大于0.2mm。

（5）压合胶木应使顺木纹方向受压。胶木压入滑道夹槽的过盈值一般应为槽宽的1.3%～1.7%。同时要尽量缩短干燥后至压入前的间隙时间。

（6）压合胶木单件粗加工光洁度为$\overset{6.3}{\bigtriangledown}$，压入后精加工光洁度为$\overset{3.2}{\bigtriangledown}$，加工后应立即涂上钙基润滑脂，盖上油纸，不得暴晒和碰伤。

（7）压合胶木与滑道夹槽应接触紧密，在两端进行检查，如有局部间隙，其间隙应小于0.2mm，深度不超过30mm，宽度不超过20mm。

（8）胶木滑道夹槽底面与门叶表面的间隙应符合表2.8.12的规定。

（9）闸门的滚轮或胶木滑道组装时，应以止水座面为基准面进行调整，所有滚轮或滑道应在同一平面内，其工作面的最高点和最低点的差值为：当滚轮或滑道的跨度小于或等于10m时，不应超过2mm；跨度大于10m时，不应超过3mm。每段滑道至少应在两端各测一点。同时滚轮对任何平面的倾斜度不应超过轮径的2/1000。

（10）单块滑道两端的高低差：当滑道长度小于或等于500mm时，不应超过0.5mm；当滑道长度大于500mm时，不应超过1mm。相邻滑道衔接端的高低差不应大于1mm。

（11）滚轮或胶木滑道跨度的允许偏差应符合表2.8.13的规定。同侧滚轮或滑道的中心偏差不应超过±1.5mm。

（12）在同一横断面上，胶木滑道或滚轮的工作面与止水座面的距离偏差不应大于1.5mm。

（13）闸门吊耳孔的纵、横向中心偏差均不应超过±2mm。吊耳、吊杆的轴孔应各自保持同心，其倾斜度不应大于1/1000。

（14）闸门不论整体或分节制造，出厂前应进行整体组装检查（包括滚轮、胶木滑道等部件的组装），检查结果除应符合本节中的有关规定外，其组合处的错位不应大于2mm。检查合格后，应在组合处打上明显标记、编号，并焊上定位板。

表 2.8.10　　　　单个构件制造的允许偏差

序号	项目及代号	简　图	允许偏差（mm）
1 2 3	构件宽度 b 构件高度 h 腹板间距 c	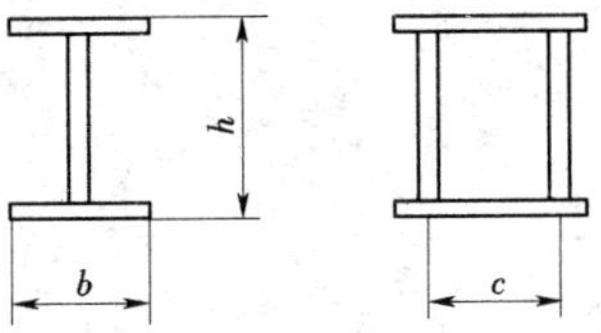	±2.0
4	翼缘板对腹板的倾斜度 a	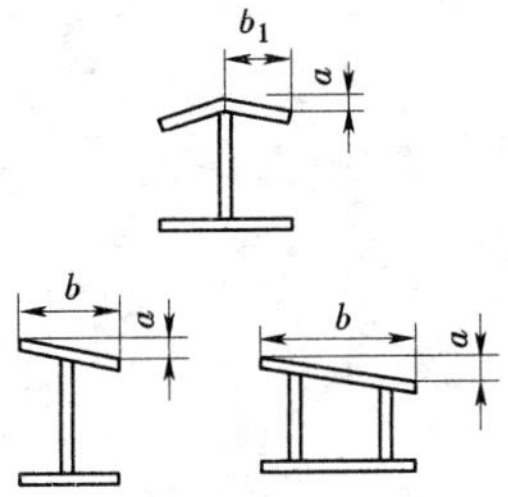	$a \leq h_1/150$ 且不超过2.0 $a < 0.003b$，且不超过2.0
5	腹板对翼缘板的中心位置的偏移 e	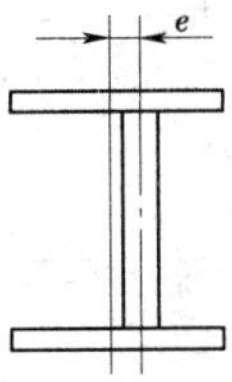	2.0
6	腹板的局部平面度 Δ	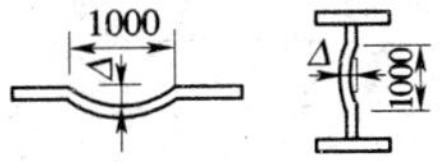	每1m范围内不超过2.0
7	扭曲		长度不大于3m的构件，不应大于1.0，每增加1m，递增0.5，且最大不超过2.0
8	正面（受力面）弯曲度		构件长度的1/1500，且不超过4.0
9	侧面弯曲度		构件长度的1/1000，且不超过6.0

注　本表也适用于其他型式的闸门。

表 2.8.11　平面闸门门叶制造、组装的允许偏差

序号	项目及代号	门叶尺寸 (mm)	允许偏差 (mm)
1	门叶厚度 b	门厚： <500 501～1000 >1 000	 ±3.0 ±4.0 ±5.0
2	门叶外形高度 H 门叶外形宽度 B	门高或门宽： <5000 5001～10000 10001～15000 >15000	 ±5.0 ±8.0 ±10.0 ±12.0
3	对角线相对差 $\|D_1-D_2\|$	取门高或门宽 中尺寸较大者： <5000 5001～10000 10001～15000 >15000	 3.0 4.0 5.0 6.0
4	扭曲	门宽： <10000 >10000	 3.0 4.0
5	门叶横向的弯曲度 f_1		B/1500，且不超过 6.0
6	门叶竖向的弯曲度 f_2		H/1500，且不超过 4.0
7	两边梁中心距	门宽： <10000 >10000～15000 >15000	 ±3.0 ±4.0 ±5.0
8	两边梁不平行度 $\|l_1-l_2\|$	门宽： <10000 >10000～15000 >15000	 ±3.0 ±4.0 ±5.0
9	纵向隔板错位		2.0
10	面板与梁组合面的局部间隙		1.0
11	面板局部 平面度	面板厚度 δ： ≤10 $10<\delta<16$ >16	每 1m 范围内不超过： 5.0 4.0 3.0
12	门叶底缘直线度		2.0
13	门叶底缘倾斜度 $2C_1$		3.0
14	两边梁底缘（或承压板）平面度		2.0
15	止水座面平面度		2.0
16	止水座板至支承面的距离		±1.0
17	侧止水螺孔中心至门叶中心距离		±1.5
18	顶止水螺孔中心至门叶底缘距离		±3.0
19	自动挂钩定位孔（或销）中心距		±2.0

注　1. 门叶横向弯曲度通过各横梁中心线测量，竖向弯曲度通过两边梁中心线测量。门叶整体弯曲应力求凸向迎水面；如出现凸向背水面时，其弯曲度不应大于 3mm，但图纸有规定者，则应符合图纸规定。

2. 门叶宽度 B 和高度 H 的对应边的偏差值应力求正负一致（本规定也适用于其他型式的闸门）。

表 2.8.12　　胶木滑道夹槽底面与门叶表面的间隙

序号	间隙性质	允许偏差 (mm)	
		接触表面未经加工	接触表面经过加工
1	贯穿间隙 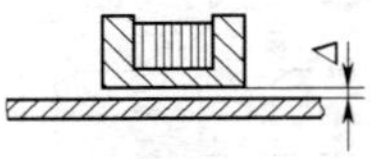	Δ 不应大于 1.0，每段长度不超过 200，累计长度不大于滑道全长的 20%	Δ 不应大于 0.3，每段长度不超过 100，累计长度不大于滑道全长的 15%
2	局部间隙 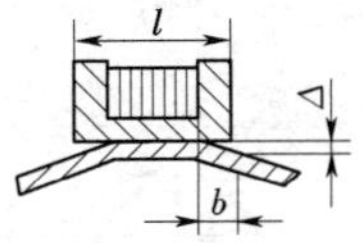	$\Delta<0.5$，$b<L/10$. 累计长度不大于滑道全长的 50%	$\Delta<0.3$，$b<L/10$，累计长度不大于滑道全长的 25%

表 2.8.13　　滚轮或胶木滑道跨度的允许偏差

序号	跨度 L (m)	允许偏差 (mm)	
		滚轮	胶木滑道
1	<5	±2.0	±2.0
2	5~10	±3.0	±2.0
3	>10	±4.0	±3.0

8.3.4　弧形闸门制造的质量控制要点

（1）弧形闸门门叶制造、组装的允许偏差应符合表 2.8.14 的规定。

（2）闸门吊耳孔的纵、横向中心偏差均不应超过 ±2mm。吊耳、吊杆的轴孔应各自保持同心，其倾斜度不应大于 1/1000。

（3）支腿（图 2.8.6）制造、组装的偏差应符合下列规定：

1）支臂下料时，应留出焊接收缩和调整的余量，在弧门整体组装时再修正，以使其长度最后能满足铰链轴孔中心至面板外缘曲率半径的要求。

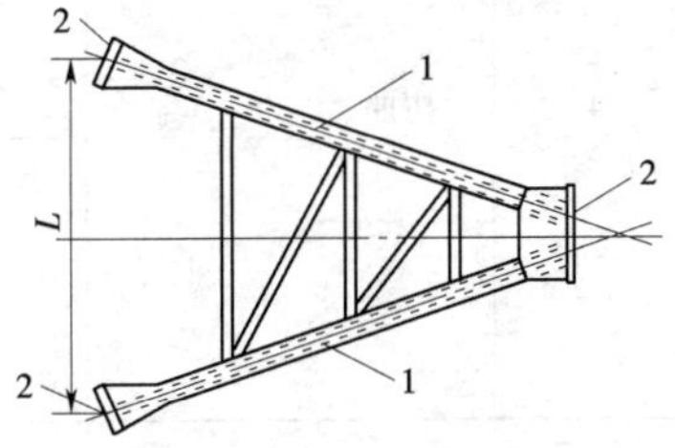

图 2.8.6　支腿
1—支臂；2—连接板

2）支臂制造的允许偏差应符合表 2.8.10 的规定。

3）支腿开口处弦长 L 的允许偏差应符合表 2.8.15 的规定。

4）支腿的侧面扭曲，不应大于 2mm。

（4）支臂两端连接板上的螺孔应分别与铰链和主梁的螺孔配钻，其中有一端的连接板在工厂也可点焊在支臂上，待工地安装时再焊，但未焊前其和铰链、主梁的组合面，应接触紧密。

（5）弧门出厂前，应进行整体组装检查，其偏差除应符合本节中的有关规定外，并应符合下列要求。弧门整体组装检查的部位如图 2.8.7 所示。

表 2.8.14　　弧形闸门门叶制造、组装的允许偏差　　单位：mm

简图	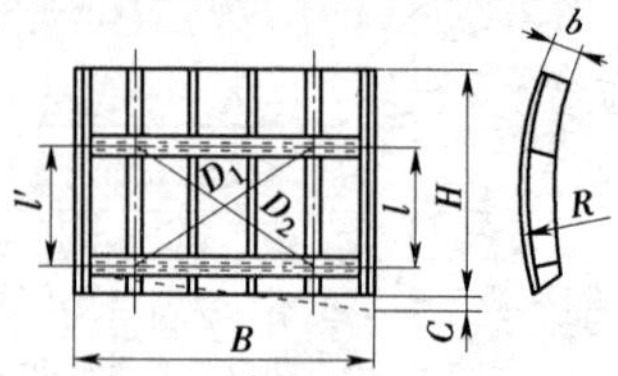				
序号	项目及代号	门叶尺寸	允许偏差		备注
			潜孔式	露顶式	
1	门叶厚度 b	门厚： <500 501~1000 >1000	 ±3.0 ±4.0 ±5.0		
2	门叶外形高度 H，门叶外形宽度 B	门宽或门高： <5000 5001~10000 10001~15000 >15000	 ±5.0 ±8.0 ±10 12		
3	对角线相对差 D_1-D_2	取门宽或门高中尺寸较大者： <5000 5001~10000 >10000	 3.0 4.0 5.0		在主梁与支臂组合处测量
4	扭曲	门宽： <5000 5001~10000 >10000	 2.0 3.0 4.0		在主梁与支臂组合处测量
		门宽： <5000 5001~10000 >10000	 3.0 4.0 5.0		在门叶四角测量
5	门叶横直度	门宽： <5000 5001~10000 >10000	 3.0 4.0 5.0	 6.0 7.0 8.0	通过各主、次横梁或横向隔板的中心线测量
6	门叶纵向弧度与样板的间隙		3.0	6.0	通过各主、次纵梁或纵向隔板的中心线，用弦长3m的样板测量
7	两主梁中心距		±3.0		
8	两主梁平行度 $\|l'-l\|$		3.0		
9	纵向隔板错位		2.0		

序号	项目及代号	门叶尺寸	允许偏差		备注
简图	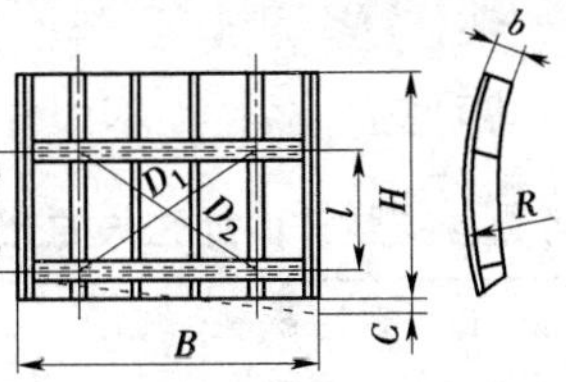				
			潜孔式	露顶式	
10	面板与梁组合面的局部间隙		1.0	1.0	
11	面板局部平面度	面板厚度 δ: 6 ~ 10 $10 < \delta < 16$ > 16	每 1m 范围内不超过 4.0 4.0 3.0	 6.0 5.0 4.0	
12	门叶底缘直线度		2.0		
13	门叶底缘倾斜度 $2C$		3.0		
14	侧顶止水座面直线度		2.0		适用于侧止水橡皮装于门叶两侧与面板垂直的止水座面上的结构
15	顶止水座面直线度		2.0		
16	侧止水螺孔中心至门叶中心距离		±1.5		
17	顶止水螺孔中心至门叶底缘距离		±3.0		

注 当门叶宽度、两边梁中心距及其不平度与侧止水有关时，其偏差值应符合图纸规定。

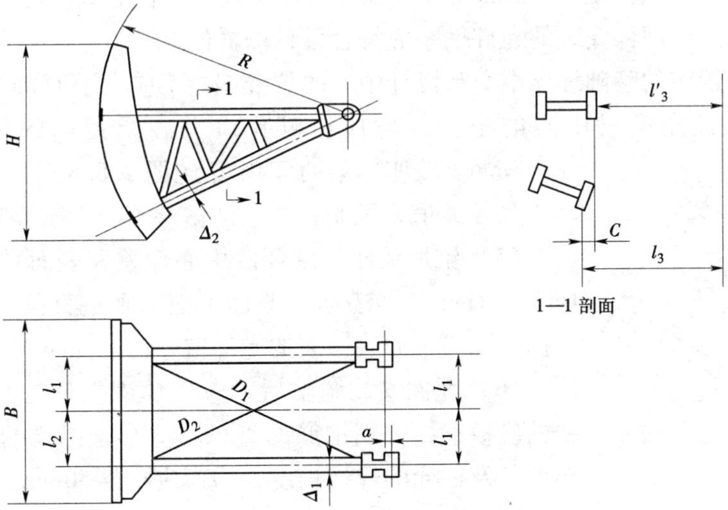

图 2.8.7　弧门整体组装检查的部位

1）两个铰链轴孔的同轴度公差 a 不应大于1mm，每个铰链轴孔的倾斜度不应大于1/1000。

2）铰链中心至门叶中心距离 l_1 的偏差不应超过 ±1mm。

表 2.8.15　　　　　　　　　支腿开口处弦长的允许偏差

序号	支腿开口处弦长 L (m)	允许偏差 (mm)
1	<4	±2.0
2	4～6	±3.0
3	>6	±4.0

3）支臂中心与铰链中心的不吻合值 Δ_1，不应大于2mm；支臂腹板中心与主梁腹板中心的不吻合值 Δ_2，不应大于4mm。

4）支臂中心至门叶中心距离 l_2（在支腿开口处）的偏差不应超过 ±1.5mm。

5）支臂与主梁组合处的中心至支臂与铰链组合处的中心的对角线相对差 $|D_1-D_2|$ 不应大于3mm。

6）在上、下两支臂夹角平分线的垂直剖面图上，上下支臂侧面的位置度公差 $C=|l_3-l'_3|$，不应大于5.0mm。

7）铰链轴孔中心至面板外缘的曲率半径 R 的偏差：对露顶式弧门不应超过 ±7mm，两侧相对差不应大于5mm，对潜孔式弧门不应超过 ±3mm，两侧相对差不应大于3mm。

8）组合处错位不应大于2mm。

8.4　闸门和埋件安装

8.4.1　埋件安装的质量控制要点

（1）埋件安装前，门槽中的模板等杂物必须清除干净。一期、二期混凝土的结合面应全部凿毛，二期混凝土的断面尺寸和预埋锚栓位置应符合图纸规定。

（2）平面闸门埋件安装的允许偏差应符合设计图样的规定。

（3）弧门铰座的基础螺栓中心和设计中心的位置偏差不应大于1mm。

（4）弧门铰座钢梁中心的里程、高程和对孔口中心线距离的偏差不应超过 ±1.5mm。铰座钢梁的倾斜度（图2.8.8）按其水平投影尺寸 L 的偏差值来控制，要求的偏差不应大于 $L/1000$。

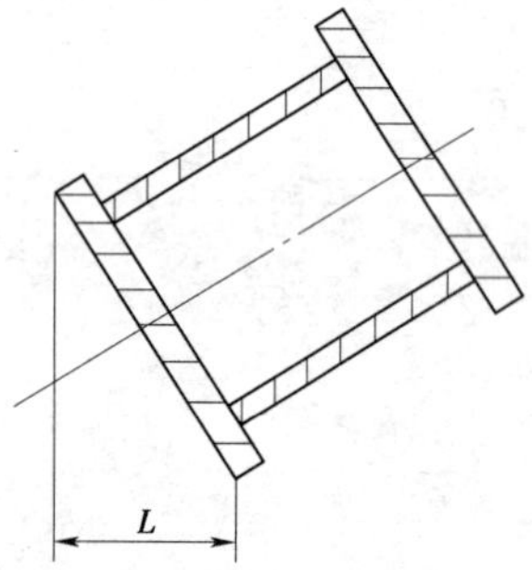

图2.8.8　铰座钢梁的倾斜度

（5）锥形铰座基础环的中心偏差和表面垂直偏差，均不应大于1mm（如表面为非加工面，则垂直偏差为2mm），其表面对孔口中心线距离的允许偏差为 $^{+2.0}_{-1.0}$mm。

（6）埋件安装调整后，应用加固钢筋与预埋锚栓焊牢，锚栓应扳直，加固钢筋的直径不应小于锚栓的直径，其两端与埋件及锚栓的焊接长度，均不应小于50mm。

（7）深孔闸门埋件过流面上的焊疤和焊缝加强高应铲平，弧坑应补平。

（8）埋件安装完，经检查合格后，应在5～7d内浇筑二期混凝土。如过期或有碰撞，应予复测，复测合格，方可浇筑混凝土。浇筑时，应注意防止撞击。

（9）埋件的二期混凝土拆模后，应对埋件进行复测，并作好记录。同时检查混凝土表面尺寸，清除遗留的钢筋头和杂物，以免影响闸门启闭。

8.4.2 平面闸门安装的质量控制要点

（1）整体到货的闸门在安装前，应对其各项尺寸按有关规定进行复查。

（2）分节到货的闸门组成整体后，其各项尺寸，除应按平面闸门制造的质量控制要点的有关规定进行复查外，并应满足下列要求：

1）节间如采用螺栓连接，则螺栓应均匀拧紧，节间橡皮的压缩量应符合图纸规定。

2）节间如采用焊接，则焊接前应按已评定合格的焊接工艺编制焊接工艺规程，焊接时应监视变形。

（3）止水橡皮的螺孔应按门叶或止水压板上的螺孔位置定出，然后进行冲孔或钻孔，孔径应比螺栓直径小1.0mm，严禁烫孔。当螺栓均匀拧紧后，其端头应低于止水橡皮自由表面8.0mm以上。

（4）止水橡皮表面应光滑平直，不得盘折存放。其厚度允许偏差为±1.0mm，其余外形尺寸的允许偏差为设计尺寸的2%。

（5）止水橡皮接头可采用生胶热压等方法胶合，胶合接头处不得有错位、凹凸不平和疏松现象。

（6）止水橡皮安装后，两侧止水中心距离和顶止水中心至底止水底缘距离的偏差均不应超过±3.0mm，止水表面的平面度为2.0mm。闸门处于工作部位后，止水橡皮的压缩量应符合图纸规定，其允许偏差为$^{+2.0}_{-1.0}$mm。

（7）单吊点的平面闸门应作静平衡试验，试验方法为：将闸门吊离地面100mm，通过滚轮或滑道的中心测量上、下与左、右方向的倾斜，倾斜度不应超过门高的1/1000，且不大于8.0mm。

8.4.3 弧形闸门安装的质量控制要点

（1）圆柱形、球形和锥形铰座安装的允许偏差，应符合表2.8.16的规定。

表2.8.16　圆柱形、球形和锥形铰座安装的允许偏差

序号	项　目	允许偏差（mm）
1	铰座中心对孔口中心线的距离	±1.5
2	里 程	±2
3	高 程	±2
4	铰座轴孔倾斜	1/1000
5	两铰座轴线的同轴度	2

注　铰座轴孔倾斜系指任何方向的倾斜。

（2）分节到货的弧门门叶组成整体后，除对其各项尺寸按有关规定进行复查外，并应在焊接前按已评定合格的焊接工艺编制焊接工艺规程，焊接时监视变形。

（3）弧门安装的偏差应符合下列规定。

1）支臂两端的连接板和铰链、主梁组装焊接时，应采取措施减少变形，焊接后其组合面应接触良好。抗剪板应和连接板顶紧。

2）铰轴中心至面板外缘的曲率半径的偏差，对露顶式弧门不应超过 ±8.0mm，两侧相对差不应大于 5.0mm；对潜孔式弧门不应超过 ±4.0mm，两侧相对差不应大于 3.0mm。

3）顶、侧止水安装的允许偏差和止水橡皮的质量要求应符合平面闸门安装的质量控制要点的有关规定。

8.4.4 闸门试验的质量控制要点

（1）闸门安装完，应在无水情况下作全行程启闭试验。共用闸门应对每个门槽作启闭试验。试验前必须清除门叶上和门槽内所有杂物并检查吊杆的连接情况。启闭时，应在止水橡皮处浇水润滑。有条件时，工作闸门应作动水启闭试验。

（2）闸门启闭过程中应检查滚轮转动情况，闸门升降有无卡阻，止水橡皮有无损伤等现象。

（3）闸门全部处于工作部位后，应用灯光或其他方法检查止水橡皮的压紧程度，不应有透亮或有间隙。如闸门为上游止水，则应在支承装置和轨道接触后检查。

（4）闸门在承受设计水头的压力时，通过橡皮止水每米长度的漏水量不应超过 0.1L/s。

8.5 拦污栅制造和安装

（1）拦污栅埋件制造的允许偏差应符合表 2.8.17 的规定。

表 2.8.17　　拦污栅埋件制造的允许偏差

序号	项　目	允许偏差（mm）
1	工作面弯曲度	构件长度的 1/1000，且不超过 6.0
2	侧面弯曲度	构件长度的 1/750，且不超过 8.0
3	工作面局部凹凸不平度	每 1m 范围内不超过 2.0
4	扭曲	3.0

（2）拦污栅单个构件制造的允许偏差应符合相关规范的规定。

（3）拦污栅栅体制造的偏差应符合下列规定：

1）栅体宽度和高度的偏差不应超过 ±8.0mm。

2）栅体厚度的偏差不应超过 ±4.0mm。

3）栅体对角线相对差不应超过 6.0mm；扭曲不应超过 4.0mm。

4）各栅条应互相平行，其间距偏差不应超过设计间距的 ±5%。

5）栅体的吊耳孔中心距偏差不应超过 ±4.0mm。

6）栅体的滑块或滚轮应在同一平面内，其工作面的最高点和最低点的差值不应大于4.0mm。

7）滑块或滚轮的跨度偏差不应超过±6.0mm，同侧滑块或滚轮的中心线偏差不应超过±3.0mm。

8）两边梁下端的承压板应在同一平面内，若不在同一平面内则其平面度公差应不大于3.0mm。

（4）活动式拦污栅埋件安装的允许偏差应符合表2.8.18的规定。

表2.8.18　　活动式拦污栅埋件安装的允许偏差

序号	项目	底槛	主轨	反轨
		允许偏差（mm）		
1	里程	±5.0		
2	高程	±5.0		
3	工作表面一端对另一端的高差	3.0		
4	对栅槽中心线		+3.0 -2.0	+5.0 -2.0
5	对孔口中心线	±5.0	±5.0	±5.0

对于倾斜设置的拦污栅埋件，其倾斜角的偏差不应超过±10′。

（5）固定式拦污栅埋件安装时，各横梁工作表面应在同一平面内，其工作表面最高点或最低点的差值不得超过3.0mm。

（6）栅体吊入栅槽后，应作升降试验，检查其动作情况及各节的连接是否可靠。

8.6　起重设备安装

8.6.1　轨道安装的质量控制要点

（1）钢轨如有弯曲、歪扭等变形，应按下列规定矫形，合格后，方可安装：

1）钢轨正面、侧面的平面度不应大于1/1500，全长不应大于2.0mm。

2）钢轨的两端面应平直，其直线度不应大于1mm。

（2）轨道基础螺栓对轨道中心线距离的偏差不应超过±2.0mm。轨道安装后，螺纹应露出2~5扣。

（3）轨道安装的允许偏差应符合表2.8.19的规定。

（4）轨道接头应符合下列要求：

1）接头左、右、上三面的错位均不应大于1mm。

2）两平行轨道接头的位置应错开，其错开距离不应等于起重机前后车轮的轮距。

3）接头间隙应为1.0~3.0mm。伸缩缝接头间隙应符合图纸规定，其偏差不应超过±1.0mm。

表 2.8.19　　　　　　　　　　　　　轨道安装的允许偏差

序号	项目及代号	允许偏差 (mm)	备注
1	轨道实际中心线对轨道设计中心线的位置偏移： $L<10$m $L>10$m	 2.0 3.0	轨道设计中心线应根据启闭机起吊中心线、坝轴线或厂房中心线测定
2	轨距： $L<10$m $L>10$m	 ±3.0 ±5.0	
3	轨道纵向直线度	1/1500，且全行程不超过 10	
4	轨道横向直线度	1/100 轨宽	在每根轨道两端和中间测量
5	同一断面上，两轨道的标高相对差	L/800，且不超过 10	

注　L 为轨距。

8.6.2　起重设备零部件组装、调整的质量控制要点

（1）轴瓦与轴承座的结合应紧密，轴颈与轴瓦间的顶间隙应符合表 2.8.20 的规定，其顶间隙可用压铅法测量。每侧的侧间隙一般应为顶间隙的 50% ~75% 。轴瓦与轴肩应留有 1.0 ~2.0mm 的轴向间隙。

表 2.8.20　　　　　　　　　　　轴颈与轴瓦间的顶间隙　　　　　　　　　　　单位：mm

轴颈直径 D	顶间隙	轴颈直径 D	顶间隙
50 ~80	0.07 ~0.14	180 ~260	0.12 ~0.23
80 ~120	0.08 ~0.16	260 ~360	0.14 ~0.25
120 ~180	0.10 ~0.20		

（2）联轴器组装时，联轴器两轴的不同轴度和端面间隙可按有关规范测定和控制。

（3）渐开线齿轮啮合的侧间隙和顶间隙应符合表 2.8.21 和表 2.8.22 的规定。

表 2.8.21　　　　　　　　　　　渐开线齿轮的最小侧间隙　　　　　　　　　　　单位：mm

结合形式	中心距										
	50 以下	50 ~80	80 ~120	120 ~200	200 ~320	320 ~500	500 ~800	800 ~1250	1250 ~2000	2000 ~3150	3150 ~5000
	最小侧间隙										
Dc	0.085	0.105	0.130	0.170	0.210	0.260	0.340	0.420	0.530	0.710	0.850
De	0.170	0.210	0.260	0.340	0.420	0.530	0.670	0.850	1.060	1.400	1.700

注　*Dc* 为标准保证侧隙；*De* 为较大保证侧隙。

表 2.8.22　　渐开线齿轮的顶间隙

齿轮压力角	标准间隙（C）	最大间隙
200 标准齿	$0.25m_n$	1.1C

注　m_n 为齿轮的法向模数。

（4）渐开线齿轮啮合的接触斑点百分值，应符合表 2.8.23 的规定。

表 2.8.23　　渐开线齿轮啮合的接触斑点百分值

齿轮类别	测量部位	精度等级		
		7	8	9
		接触斑点百分值不应小于		
圆柱齿轮	齿高 齿长	45 60	40 50	30 40

（5）制动轮在制动状态下，制动带与制动轮的接触面积不应小于总面积的 75%。制动轮工作表面，严禁沾有油腻。

（6）各种型号制动器的闸瓦退距和电磁铁行程，在安装时，可参照起重机制动器有关规定进行初调，调整后两闸瓦的退距应均等。

（7）制动轮摆动值应符合表 2.8.24 的规定。

（8）液压制动器工作油可按表 2.8.25 推荐的油液选用。

表 2.8.24　　制动轮摆动值

序号	摆动方向	制动轮直径 D（mm）		
		<200	200～300	300～600
		允许摆动值		
1	径向摆动	0.10	0.12	0.18
2	轴向摆动	0.15	0.20	0.25

表 2.8.25　　推荐选用的液压制动器工作油

序号	周围介质温度（℃）	推荐选用油液名称
1	+40～0	10 号变压器油（凝固点 -10℃）
2	0～-15	25 号变压器油（凝固点 -25℃）
3	-15～-30	仪表油（凝固点 -60℃）

注　周围介质温度在 0℃以上时，也可选用 20 号机械油。

（9）减速器加油前，应进行清洗、检查。减速器内润滑油的油位应与油标尺的刻度相符。无油标尺时，其油位不得低于大齿轮最低齿的齿高，但亦不应过高。运转时，其油封及结合面处不得漏油。

（10）固定钢丝绳用的螺钉和卷筒上螺孔的螺纹，均应完好无损，螺钉上应有防松装置。

（11）钢丝绳表面应涂防锈油脂，不应有腐蚀、硬弯、扭结和被夹或被砸成扁平状等缺陷，其型号、长度均应符合图纸规定，并应具有出厂合格证。如无合格证，应切下一段长1500mm左右的钢丝绳，做单丝的抗拉强度试验，再算出整绳的抗拉强度（整绳的抗拉强度为单丝抗拉强度总和的83%），其强度符合图纸要求，方可使用。

（12）卷筒上缠绕多层钢丝绳时，钢丝绳应有顺序地逐层缠绕在卷筒上，不得挤叠。

（13）自动挂钩梁的制造、安装应满足下列要求。

1）自动挂钩上的定位杆或吊点的中心偏差不应超过±2mm。

2）自动挂钩梁出厂前应进行试验，检查挂钩装置、液压装置和信号装置等部件，其动作应准确可靠，无卡阻或渗漏现象。电缆接线盒严禁漏水。

3）自动挂钩梁安装后，应在无水情况下进行挂、放闸门试验。

（14）过负荷装置的弹簧出厂前应进行刚度试验。安装时，弹簧长度应按设计单位根据试验结果提供的尺寸进行调整，有条件做负荷试验的，应加以检验。

（15）起重设备上的电气设备安装应符合DJG 108—63《电力建设施工及验收暂行技术规范（电气装置篇）》中的有关规定。

（16）起重设备试运转前，所有限位开关、车挡、缓冲器、安全联轴器和联锁保护装置等必须安装、调整好。

（17）起重设备出厂前，应进行装配和试运转，经检验合格，方可出厂。

（18）起重设备在现场安装前，应对设备进行清扫、检查。如发现腐蚀严重或有其他缺陷，则应会同有关部门研究处理。在现场安装时，零部件的组装可按本节中的有关规定进行。

8.6.3 固定式启闭机安装的质量控制要点

（1）固定式启闭机安装应根据起吊中心线找正，其纵、横向中心线偏差不应超过±3.0mm，高程偏差不应超过±5.0mm，水平偏差不应大于0.5/1000。

（2）快速启闭机过速限制器上离心飞摆弹簧的长度及摩擦片间隙，应按图纸尺寸进行初调。试运转时，再按实际关闭时间，最后调整弹簧的松紧。

（3）螺杆式启闭机安装的偏差应符合下列规定。

1）螺杆与闸门连接前，其垂直度偏差不应大于0.2/1000，螺杆下端如与滑块装置连接时，其倾斜方向应与滑块槽倾斜方向一致。

2）滑块槽对起重螺母中心偏差不应大于1.0mm，其垂直度偏差不应大于0.2/1000，滑块在滑槽内上、下移动时应无别劲现象，两侧间隙应在0.2～0.4mm范围内。

8.6.4 门式和桥式起重机安装的质量控制要点

（1）桥架和门架组装应在轨道上进行，和车轮接触部位的轨道顶面高低不应大于1.0mm。

（2）桥机的桥架和大车行走机构组装的允许偏差应符合表2.8.26的规定。

表 2.8.26　　桥架和大车行走机构组装的允许偏差

序号	项目及代号	允许偏差（mm）	简 图
1	大车跨度 L	±5.0	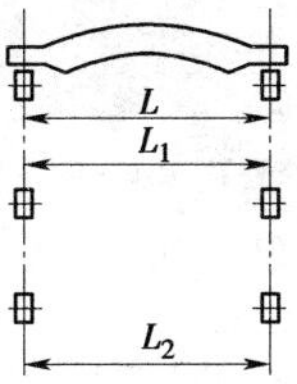
2	大车跨度 L_1、L_2 的相对差	5.0	
3	大车轮垂直偏斜 Δh（只许下轮缘向内偏斜）	$\frac{h}{400}$	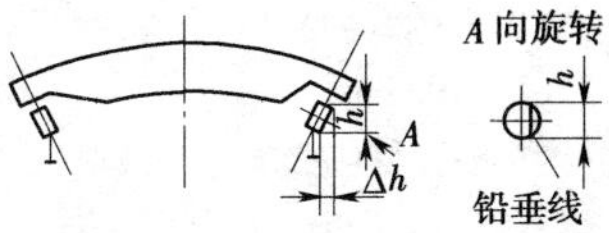
4	对两根平行基准线每个车轮水平偏斜 x_1-x_2；x_3-x_4 y_1-y_2；y_3-y_4	$l/1000$	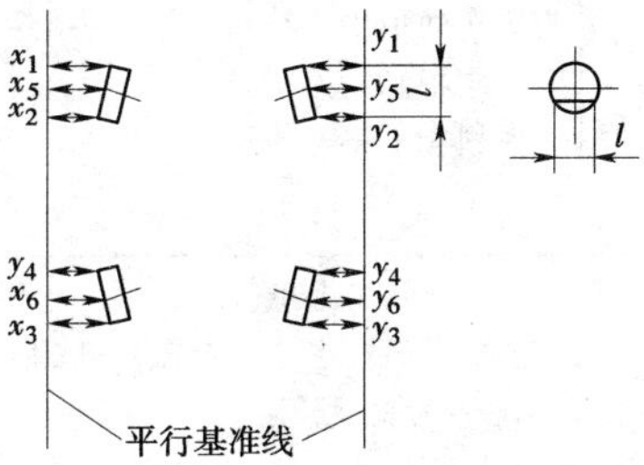
5	同一端梁上车轮同位差 $m_1=x_5-x_6$ $m_2=y_5-y_6$	3.0	
6	主梁上拱度 F（应为$\frac{L}{1000}$）	+0.3F -0.1F	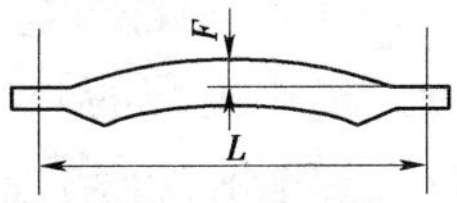
7	对角线 L_3、L_4 的相对差： 箱形梁 单腹板和桁架梁	 5.0 10	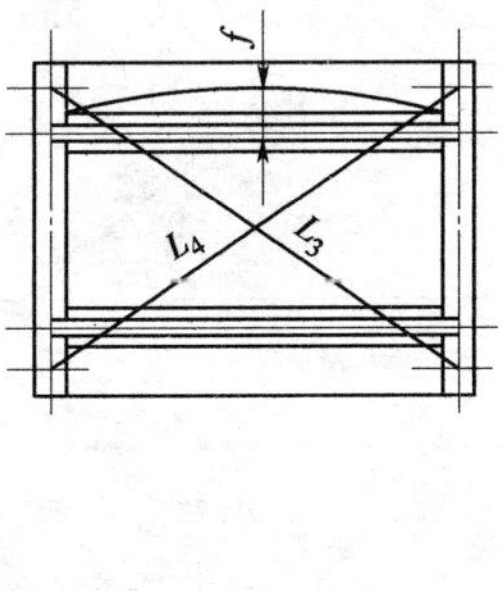
8	箱形梁平面度 f（带走台时，只许向走台侧弯曲）	$L/2000$	
	单腹板、偏轨箱形和桁架梁平面度 f: $L<16.5$m $L>16.5$m	 ±5.0 $\pm L/3000$	
9	箱形梁小车轨距 T_0 跨端/跨中： $L<19.5$ $L>19.5$	 ±1.0 +5.0 +1.0 +7.0 +1.0	
	单腹板、偏轨箱形和桁架梁小车轨距 T_0	±3.0	

续表

序号	项目及代号	允许偏差（mm）	简 图
10	同一横断面上小车轨道高低差 C： $T_0 < 2.5$m $2.5\text{m} < T_0 < 4$m $T_0 > 4$m	 3.0 5.0 7.0	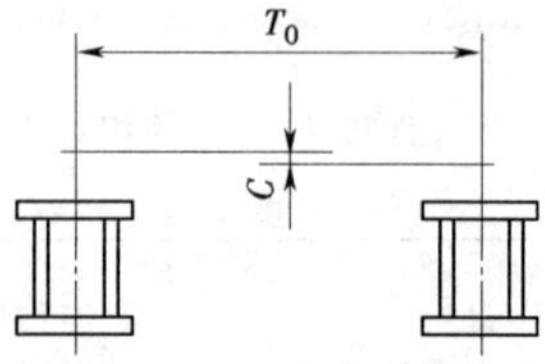
11	箱形梁小车轨道直线度（带走台时，只许向走台侧弯曲） $L < 19.5$m $L > 19.5$m	 3.0 4.0	
12	小车轨道中心线对承轨梁中心线的偏移 d： 单腹板和桁架梁 偏轨箱形梁	 10.0 8.0	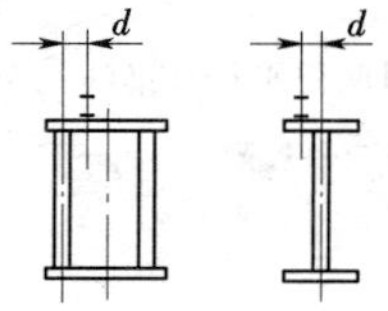

注 1. 用钢丝测量上拱度时，要考虑钢丝自重下垂度和日照影响的扣除值。
2. 主梁平面度系指在上盖板处测量所得值。
3. h、L 为测量长度。

（3）桥机的小车行走机构组装的允许偏差应符合表 2.8.27 的规定。

（4）门机组装的偏差应符合图纸或厂家说明书的规定，如无规定，则门机的上部结构和行走机构组装的允许偏差应符合表 2.8.26 和表 2.8.27 的规定，门腿组装的允许偏差应符合表 2.8.28 的规定。

表 2.8.27　　　　小车行走机构组装的允许偏差

序号	项 目 及 代 号	允许偏差（mm）	简 图
1	小车跨度 T： $T < 2.5$m $T > 2.5$m	 12.0 23.0	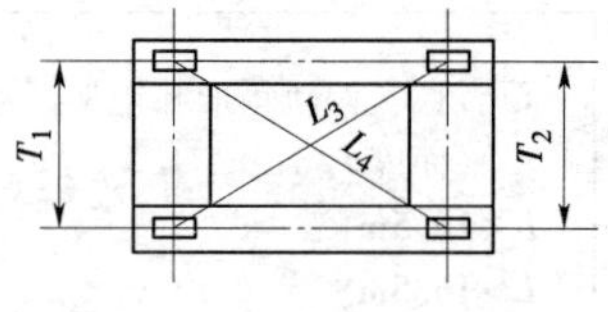
2	小车跨度 T_1、T_2 的相对差： $T < 2.5$ m $T > 2.5$m	 2.0 3.0	
3	小车轮对角线 L_3、L_4 的相对差	3.0	
4	小车轮垂直偏斜 （只许下轮缘向内偏斜）	$h/400$	
5	对两根平行基准线每个小车轮水平偏斜	$L/1000$	
6	小车主动轮和被动轮同位差	2.0	

表 2.8.28　　门腿组装的允许偏差

序号	项目及代号	允许偏差（mm）	备　注
1	门腿高度 H	±5.0	
2	端向及侧向立面对角线相对差： $H<10m$ $H>10m$	 10 15	
3	门腿的倾斜度	0.5/1000	两腿的倾斜方向应互相对称

（5）小车轨道应与大车主梁上翼缘板紧密贴合，当局部间隙大于 0.5mm、长度超过 200mm 时，应加垫铁垫实，垫铁长度不应小于 100mm，宽度应大于轨道底面 10～20mm，每处垫铁不应超过 3 层，垫好后应与主梁焊接固定。

（6）起重机无负荷时，车轮与轨道面的接触情况应符合下列要求。

1）大车车轮应与轨道面接触，不应有悬空现象。

2）小车主动轮在运行区间应与轨道接触，被动轮与轨道面的间隙不应大于 1.0mm，间隙区间每段长度不应大于 1m，累计长度不应大于 2m。

（7）起重机两端车轮前应装清道板，清道板与轨道的间隙为 5～10mm。

（8）吊钩应无裂纹，碰伤和变形，并严禁用电焊修补，其端部螺纹应无损伤，装配后应转动灵活。

8.6.5　油压启闭机安装的质量控制要点

（1）油压启闭机机架的纵、横向中心线与从门槽实际位置测得的起吊中心线的距离偏差不应超过 ±2.0mm，高程偏差不应超过 ±5.0mm。双吊点液压启闭机，支承面的高差不超过 ±0.5mm。

（2）机架钢梁与推力支座的组合面不应有 0.05mm 的通隙，其局部间隙不应大于 0.1mm，深度不应超过组合面宽度的 1/3，累计长度不超过周长的 20%，推力支座顶面水平偏差不应大于 0.2/1000。

（3）存放、运输和吊装活塞杆时，应根据活塞直径和长度决定支点或吊点个数，以防止变形。

（4）在活塞杆竖直状态下，测定活塞杆的不直度，其值应符合图纸规定。如无规定，则其垂直度不应大于 0.5/1000（每 1m 测 1 点），且全长不超过杆长的 1/4000，并检查油缸内壁有无碰伤和拉毛现象。

（5）活塞上的缓冲套筒与活塞杆之间的间隙以及缓冲套筒的节油孔，均应清洗，使其畅通。

（6）缓冲环应能灵活动作，其限位压环螺栓应有防松装置。

（7）检查缸体、活塞杆、吊头连接器等部件上的螺纹，要求其表面光滑。不允许有裂纹、凹陷和断扣，局部微小的断扣不得超过两圈，螺纹和螺母的支承面安装前应涂防锈润滑脂。

（8）安装油封时，油封应压缩至设计尺寸，相邻两圈的油封接头应错开90°以上。

（9）油缸组装后，应按图纸规定的压力和稳压时间试压，如无规定，则按额定压力（启门力）试压10min，活塞沉降量不应大于0.5mm，上、下端盖法兰不应漏油，缸壁不得有渗油现象。

（10）活塞杆与闸门吊耳连接时，在活塞与油缸下端盖之间应留有30mm左右的间距，以保证闸门能严密关闭。

（11）径向柱塞油泵或径向叶片油泵等，根据情况需分解清洗时，柱塞或叶片严禁互换。装配后，以手转动泵油，应灵活而无别劲现象。

（12）电磁操作阀、差动配压阀、逆止阀、起动阀及手动阀等，根据情况需分解清洗时，则在分解、清洗所测出的各阀的行程值应符合图纸规定。阀内弹簧不得有断裂，阀体应能自由升降而无别劲现象。装配后，各阀应按图纸规定试压，如无规定，则按1.25倍工作压力试压，其漏油量应符合图纸要求。

（13）油桶和储油箱的渗漏试验以及管路弯制、清洗和安装的质量要求，均应符合GB 8564—88《水轮发电机组安装技术规范》中的有关规定。

本章习题

2.8.1　钢管制造和安装的质量控制要点有哪些？

2.8.2　闸门埋件制造和埋件安装的质量控制要点有哪些？

2.8.3　拦污栅制造和安装的质量控制要点有哪些？

2.8.4　起重设备安装质量控制要点有哪些？

第3部分

水利水电工程施工质量评定表填表说明与示例

第1章 水利水电工程施工质量评定表填表说明与示例

水利水电工程建设各个阶段的质量控制的要求不同，在各个阶段质检员的工作内容也是不同的，根据水利部 SL 176—2007《水利水电工程施工质量检验与评定规程》的规定，质检员应参与水利水电工程施工质量检验与评定工作，自参加由项目法人组织的工程施工质量评定项目划分开始，至工程竣工验收资料整理的全过程。

质量检验包括施工准备检查，原材料与中间产品质量检验，水工金属结构、启闭机及机电产品质量检查，单元（工序）工程质量检验，质量事故检查和质量缺陷备案，工程外观质量检验等。

《水利水电工程施工质量评定表》（以下简称《评定表》）是检验与评定施工质量的基础资料，是水利水电工程验收的备查资料。根据《水利基本建设项目（工程）档案资料管理规定》，工程竣工验收后，《评定表》要归档长期保存。因此《评定表》的填写，应遵守以下基本规则。

（1）单元（工序）工程完工后，应及时评定及质量等级，并按现场检验结果，如实填写《评定表》。现场检验应遵守随机取样原则。

（2）《评定表》应使用钢笔，蓝色或黑色墨水填写，不得使用圆珠笔、铅笔填写。

（3）文字：应按国务院颁布的简化汉字（或繁体字）书写，字迹应工整、清晰。

（4）数字：用阿拉伯数字（1、2、3、…、9、0）；单位使用国家法定计量单位，并以规定之符号表示（如 MPa、m、m^3、t…）。

（5）合格率：用百分数表示，小数点后保留一位；如恰为整数，则小数点后以0表示。例：95.0%。

（6）改错：将错误用斜线划掉，再在其右上方填写正确文字（或数字），禁止使用改正液、贴纸重写、橡皮擦、刀片刮或用墨水涂黑等方法。例：……表面有裂缝纹。

（7）表头填写：

1）单位工程、分部工程名称，按项目划分确定之名称填写。

2）单元工程名称、部位：填写该单元名称（中文名称或编号）、部位可用桩号、高程等表示。

3）施工单位：填写与项目法人（建设单位）签订承包合同的施工单位全称。

4）单元工程量：填本单元主要工程量。

5）检验（评定）日期：年—填写4位数，月—填写实际月份（1～12月），日—填写实际日期（1～31日）。

（8）质量标准中，凡有“符合设计要求者”，应注明设计具体要求（如内容较多，可附页说明）、凡有“符合规范要求者”，应标出所执行的规范名称及编号。

（9）检验记录：文字记录应真实、准确、简练；数字记录应准确、可靠，小数点后保留位数应符合有关规定。

（10）设计值按施工图填写。实测值填写实际检测数据，而不是偏差值；当实测数据多时，可填写实测组数、实测值范围（最小值～最大值）、合格数。

（11）评定表中列出的某些项目，如实际工程无该项内容，应在相应检验栏用斜线“/”表示。

（12）评定表从表头至评定意见栏均由施工单位经“三检”合格后填写，“质量等级”栏由复核质量的监理人员填写。监理人员复核质量等级时，如对施工单位填写的质量检验资料有不同意见，可写入“质量等级”栏内或另附页说明，并在“质量等级”栏内填写出正确的等级。

（13）单元（工序）工程表尾填写：

1）施工单位由负责终验的人员签名。如果该工程由分包单位施工，则单元（工序）工程表尾由分包施工单位的终验人员签名。重要隐蔽工程、关键部位的单元工程。当分包单位自检合格后，总包单位应参加联合小组核定其质量等级。

2）建设、监理单位：实行了监理的工程，由负责该项目的监理人员复核质量等级并签字。

3）表尾所有签字人员，必须由本人按照身份证上的姓名签字，不得使用化名，也不得由旁人代签名。

（14）数值修约应符合GB 8170—87的规定。

1）拟舍弃数字的最左一位数字小于5时，则舍去。

2）拟舍弃数字数最左一位数字大于5或是5但其后跟有并非全部为0的数字时，则进1。

3）如拟舍弃数字的最左一位数字为5，而右面无数字或皆为0时，若所保留的末位数字为奇数（1，3，5，7，9）则进1，为偶数（2，4，6，8，0）则舍弃。即“四舍五入，奇入偶舍”的原则。

1.1 水利水电工程外观质量评定

工程外观质量是水利水电工程质量的重要组成部分，在单位工程完工后，进行外观质量检验与评定，由项目法人组织外观质量检验所需仪器、工具和测量人员等，并主持外观质量检验评定工作。外观质量评定项目、标准及办法按《水利水电工程施工质量检验与评定规程》SL 176—2007 的附录 A 执行。

水利水电工程外观质量评定办法，按工程类型分为：枢纽工程、堤防工程、引水（渠道）工程、其他工程等 4 类。填表时必须遵守“填表基本规则”，并符合以下要求。

（1）表中各项质量标准，是在主体工程开工初期由项目法人组织监理、设计、施工等单位根据本工程特点（等级及使用情况等）共同研究提出，报质量监督机构确认后执行。

（2）外观质量等级评定工作是在单位工程完工后，由质量监督机构组织项目法人、监理、设计及施工等单位组成外观质量评定组，进行现场检验评定。参加外观质量评定组的人员，必须具有工程师及以上技术职称。评定组人数不应少于 5 人，大型工程不宜少于 7 人。

检测数量：全面检查后，抽测 25%，且各项不少于 10 点。

（3）评定质量等级：测点中符合质量标准的点数占总测点数的百分率为 100% 时，为一级。合格率为 90% ~99.9% 时，为二级。合格率为 70% ~89.9% 时，为三级。合格率 <70% 时，为四级。其下方的百分数为相应于所得标准分的百分数。每项评定得分为

$$各项评定得分 = 该项标准分 \times 该项得分百分率$$

评定得分小数点后保留一位，并填写在相应级别栏内。

（4）表中第 13 项混凝土表面缺陷指混凝土表面的蜂窝、麻面、挂帘、裙边、小于 3cm 的错台、局部凹凸及表面裂缝等。如无上述缺陷，该项得分率为 100%，缺陷面积超过总面积 5% 者，该项得分为 0。

（5）表中带括号的标准分为工作量大时的标准分。填表时，须将不执行的分数用“/”划掉。

（6）合计应得分是实际评定各项标准分之和，实得分是各项实际得分之和。得分率 = 实得分/应得分 ×100%，小数点后保留一位。

（7）表尾由各单位参加外观质量评定的人员签名（施工单位 1 人，若本工程由分包单位施工，则分包单位、总包单位各派 1 人参加；建设、监理各 1 ~2 人，质量监督检测 2 ~3 人）。

（8）常用的外观质量评定表列出的某些项目，如实际工程中无该项内容，应在相应检查、检测栏内用斜线“/”表示；工程中有规范附表未列出的外观质量项目时，应根据工程情况和有关技术标准进行补充。其质量标准及标准分应由项目法人组织监理、设计、施工等单位研究确定后，报工程质量监督机构核备。

1.1.1 枢纽工程外观质量评定方法

枢纽工程中的水工建筑物外观质量评定表见表 3. 1. 1。

表 3.1.1　　　　　　　　　　水工建筑物外观质量评定表

<table>
<tr><td colspan="2">单位工程名称</td><td colspan="2"></td><td colspan="2">施工单位</td><td colspan="2"></td></tr>
<tr><td colspan="2">主要工程量</td><td colspan="2"></td><td colspan="2">评定日期</td><td colspan="2">年　月　日</td></tr>
<tr><td rowspan="2">项次</td><td rowspan="2">项　　目</td><td rowspan="2">标准分（分）</td><td colspan="4">评定得分（分）</td><td rowspan="2">备注</td></tr>
<tr><td>一级 100%</td><td>二级 90%</td><td>三级 70%</td><td>四级 0</td></tr>
<tr><td>1</td><td>建筑物外部尺寸</td><td>12</td><td></td><td></td><td></td><td></td><td></td></tr>
<tr><td>2</td><td>轮廓线</td><td>10</td><td></td><td></td><td></td><td></td><td></td></tr>
<tr><td>3</td><td>表面平整度</td><td>10</td><td></td><td></td><td></td><td></td><td></td></tr>
<tr><td>4</td><td>立面垂直度</td><td>10</td><td></td><td></td><td></td><td></td><td></td></tr>
<tr><td>5</td><td>大角方正</td><td>5</td><td></td><td></td><td></td><td></td><td></td></tr>
<tr><td>6</td><td>曲面与平面联结</td><td>9</td><td></td><td></td><td></td><td></td><td></td></tr>
<tr><td>7</td><td>扭面与平面联结</td><td>9</td><td></td><td></td><td></td><td></td><td></td></tr>
<tr><td>8</td><td>马道及排水沟</td><td>3（4）</td><td></td><td></td><td></td><td></td><td></td></tr>
<tr><td>9</td><td>梯步</td><td>2（3）</td><td></td><td></td><td></td><td></td><td></td></tr>
<tr><td>10</td><td>栏杆</td><td>2（3）</td><td></td><td></td><td></td><td></td><td></td></tr>
<tr><td>11</td><td>扶梯</td><td>2</td><td></td><td></td><td></td><td></td><td></td></tr>
<tr><td>12</td><td>闸坝灯饰</td><td>2</td><td></td><td></td><td></td><td></td><td></td></tr>
<tr><td>13</td><td>混凝土表面缺陷情况</td><td>10</td><td></td><td></td><td></td><td></td><td></td></tr>
<tr><td>14</td><td>表面钢筋割除</td><td>3（4）</td><td></td><td></td><td></td><td></td><td></td></tr>
<tr><td>15</td><td>砌体勾缝　宽度均匀、平整</td><td></td><td></td><td></td><td></td><td></td><td></td></tr>
<tr><td>16</td><td>砌体勾缝　竖、横缝平直</td><td></td><td></td><td></td><td></td><td></td><td></td></tr>
<tr><td>17</td><td>浆砌卵石露头情况</td><td>8</td><td></td><td></td><td></td><td></td><td></td></tr>
<tr><td>18</td><td>变形缝</td><td>3（4）</td><td></td><td></td><td></td><td></td><td></td></tr>
<tr><td>19</td><td>启闭平台梁、柱、排架</td><td>5</td><td></td><td></td><td></td><td></td><td></td></tr>
<tr><td>20</td><td>建筑物表面</td><td>10</td><td></td><td></td><td></td><td></td><td></td></tr>
<tr><td>21</td><td>升压变电工程围墙（栏栅）、杆、架、塔、柱</td><td>5</td><td></td><td></td><td></td><td></td><td></td></tr>
<tr><td>22</td><td>水工金属结构外表面</td><td>6（7）</td><td></td><td></td><td></td><td></td><td></td></tr>
<tr><td>23</td><td>电站盘柜</td><td>7</td><td></td><td></td><td></td><td></td><td></td></tr>
<tr><td>24</td><td>电缆线路敷设</td><td>4（5）</td><td></td><td></td><td></td><td></td><td></td></tr>
<tr><td>25</td><td>电站油气、水、管路</td><td>3（4）</td><td></td><td></td><td></td><td></td><td></td></tr>
<tr><td>26</td><td>厂区道路及排水沟</td><td>4</td><td></td><td></td><td></td><td></td><td></td></tr>
<tr><td>27</td><td>厂区绿化</td><td>8</td><td></td><td></td><td></td><td></td><td></td></tr>
<tr><td colspan="3">合计</td><td colspan="5">应得　　分，实得　　分，得分率　　%</td></tr>
<tr><td colspan="2" rowspan="6">外观质量评定组成员</td><td>单 位</td><td colspan="2">单位名称</td><td colspan="2">职 称</td><td>签 名</td></tr>
<tr><td>项目法人</td><td colspan="2"></td><td colspan="2">工程师</td><td></td></tr>
<tr><td>监 理</td><td colspan="2"></td><td colspan="2">高级工程师</td><td></td></tr>
<tr><td>设 计</td><td colspan="2"></td><td colspan="2">高级工程师</td><td></td></tr>
<tr><td>施 工</td><td colspan="2"></td><td colspan="2">工程师</td><td></td></tr>
<tr><td>运行管理</td><td colspan="2"></td><td colspan="2">工程师</td><td></td></tr>
<tr><td colspan="2">工程质量监督机构</td><td colspan="6">核定意见：

核定人：（签名），加盖公章
年　月　日</td></tr>
</table>

注　量大时，标准分采用括号内数值。

1.1.2　堤防工程外观质量评定方法

堤防工程外观质量评定表见表3.1.2。堤防工程外观质量评定标准，见表3.1.3。

表3.1.2　　　　　　　　　　堤防工程外观质量评定表

<table>
<tr><td colspan="2">单位工程名称</td><td colspan="2"></td><td colspan="2">施工单位</td><td colspan="3"></td></tr>
<tr><td colspan="2">主要工程量</td><td colspan="2"></td><td colspan="2">评定日期</td><td colspan="3">年　月　日</td></tr>
<tr><td rowspan="2">项次</td><td rowspan="2" colspan="2">项　　目</td><td rowspan="2">标准分（分）</td><td colspan="4">评定得分（分）</td><td rowspan="2">备注</td></tr>
<tr><td>一级
100%</td><td>二级
90%</td><td>三级
70%</td><td>四级
0</td></tr>
<tr><td>1</td><td colspan="2">外部尺寸</td><td>30</td><td></td><td></td><td></td><td></td><td></td></tr>
<tr><td>2</td><td colspan="2">轮廓线</td><td>10</td><td></td><td></td><td></td><td></td><td></td></tr>
<tr><td>3</td><td colspan="2">表面平整度</td><td>10</td><td></td><td></td><td></td><td></td><td></td></tr>
<tr><td>4</td><td colspan="2">曲面平面联结</td><td>5</td><td></td><td></td><td></td><td></td><td></td></tr>
<tr><td>5</td><td colspan="2">排水</td><td>5</td><td></td><td></td><td></td><td></td><td></td></tr>
<tr><td>6</td><td colspan="2">上堤马道</td><td>3</td><td></td><td></td><td></td><td></td><td></td></tr>
<tr><td>7</td><td colspan="2">堤顶附属设施</td><td>5</td><td></td><td></td><td></td><td></td><td></td></tr>
<tr><td>8</td><td colspan="2">防汛备料堆放</td><td>5</td><td></td><td></td><td></td><td></td><td></td></tr>
<tr><td>9</td><td colspan="2">草皮</td><td>8</td><td></td><td></td><td></td><td></td><td></td></tr>
<tr><td>10</td><td colspan="2">植树</td><td>8</td><td></td><td></td><td></td><td></td><td></td></tr>
<tr><td>11</td><td colspan="2">砌体排列</td><td>5</td><td></td><td></td><td></td><td></td><td></td></tr>
<tr><td>12</td><td colspan="2">砌缝</td><td>10</td><td></td><td></td><td></td><td></td><td></td></tr>
<tr><td colspan="3">合　　计</td><td colspan="6">应得　分，实得　分，得分率　%</td></tr>
<tr><td rowspan="8" colspan="2">外观质量
评定组成员</td><td>单 位</td><td colspan="2">单位名称</td><td colspan="2">职 称</td><td colspan="2">签 名</td></tr>
<tr><td>项目法人</td><td colspan="2"></td><td colspan="2">工程师</td><td colspan="2"></td></tr>
<tr><td>监 理</td><td colspan="2"></td><td colspan="2">高级工程师</td><td colspan="2"></td></tr>
<tr><td>单 位</td><td colspan="2">单位名称</td><td colspan="2">职 称</td><td colspan="2">签 名</td></tr>
<tr><td>设 计</td><td colspan="2"></td><td colspan="2">高级工程师</td><td colspan="2"></td></tr>
<tr><td>施 工</td><td colspan="2"></td><td colspan="2">工程师</td><td colspan="2"></td></tr>
<tr><td>运行管理</td><td colspan="2"></td><td colspan="2">工程师</td><td colspan="2"></td></tr>
<tr><td colspan="7"></td></tr>
<tr><td colspan="2">工程质量
监督机构</td><td colspan="7">核定意见：

核定人：（签名），加盖公章
年　月　日</td></tr>
</table>

表 3.1.3　　　　　　　　堤防工程外观质量评定标准

<table>
<tr><th>项次</th><th>项目</th><th colspan="3">检查、检测内容</th><th>质量标准</th></tr>
<tr><td rowspan="12">1</td><td rowspan="12">外部尺寸</td><td rowspan="5">土堤</td><td rowspan="2">高程</td><td>堤顶</td><td>允许偏差为 0 ~ +15cm</td></tr>
<tr><td>平（戗）台顶</td><td>允许偏差为 -10 ~ +15cm</td></tr>
<tr><td rowspan="2">宽度</td><td>堤顶</td><td>允许偏差为 -5 ~ +15cm</td></tr>
<tr><td>平（戗）台顶</td><td>允许偏差为 -10 ~ +15cm</td></tr>
<tr><td colspan="2">边坡坡度</td><td>不陡于设计值，目测平顺</td></tr>
<tr><td rowspan="7">混凝土及砌石墙（堤）</td><td rowspan="3">堤顶高程</td><td>干砌石墙（堤）</td><td>允许偏差为 0 ~ +5cm</td></tr>
<tr><td>浆砌石墙（堤）</td><td>允许偏差为 0 ~ +4cm</td></tr>
<tr><td>混凝土墙（堤）</td><td>允许偏差为 0 ~ +3cm</td></tr>
<tr><td rowspan="3">墙面垂直度</td><td>干砌石墙（堤）</td><td>允许偏差为 0.5%</td></tr>
<tr><td>浆砌石墙（堤）</td><td>允许偏差为 0.5%</td></tr>
<tr><td>混凝土墙（堤）</td><td>允许偏差为 0.5%</td></tr>
<tr><td>墙顶厚度</td><td>各类砌筑墙（堤）</td><td>允许偏差为 -1 ~ +2cm</td></tr>
<tr><td></td><td></td><td></td><td colspan="2">边坡坡度</td><td>不陡于设计值，目测平顺</td></tr>
<tr><td>2</td><td>轮廓线</td><td colspan="3">用长 15m 拉线沿堤顶轮廓连续测量</td><td>15m 长度内凹凸偏差为 3cm</td></tr>
<tr><td rowspan="3">3</td><td rowspan="3">表面平整度</td><td colspan="3">干砌石墙（堤）</td><td>用 2m 靠尺检测，不大于 5.0cm/2m</td></tr>
<tr><td colspan="3">浆砌石墙（堤）</td><td>用 2m 靠尺检测，不大于 2.5cm/2m</td></tr>
<tr><td colspan="3">混凝土墙（堤）</td><td>用 2m 靠尺检测，不大于 1.0cm/2m</td></tr>
<tr><td>4</td><td>曲面与平面联结</td><td colspan="3">现场检查</td><td>一级：圆滑过渡，曲线流畅；
二级：平顺联结，曲线基本流畅；
三级：联结不够平顺，有明显折线；
四级：联结不平顺，折线突出</td></tr>
<tr><td>5</td><td>排水</td><td colspan="3">现场检查，结合检测</td><td>质量标准：排水通畅，形状尺寸误差为 ±3cm，无附着物。
一级：符合质量标准；
二级：基本符合质量标准；
三级：局部尺寸误差大，局部有附着物；
四级：排水尺寸误差大，多处有附着物</td></tr>
<tr><td>6</td><td>上堤马道</td><td colspan="3">现场检查，结合检测</td><td>质量标准：马道宽度偏差为 ±2cm，高度偏差为 ±2cm。
一级：符合质量标准；
二级：基本符合质量标准；
三级：发现尺寸误差较大；
四级：多处马道尺寸误差大</td></tr>
<tr><td>7</td><td>堤顶附属设施</td><td colspan="3">现场检查</td><td>一级：混凝土表面平整，棱线平直度等指标符合质量标准；
二级：混凝土表面平整，棱线平直度等指标基本符合质量标准；
三级：混凝土表面平整，棱线平直度等指标发现尺寸误差较大；
四级：混凝土表面平整，棱线平直度等指标误差大</td></tr>
</table>

续表

项次	项目	检查、检测内容	质 量 标 准
8	防汛备料堆放	现场检查	一级：按规定位置备料，堆放整齐； 二级：按规定位置备料，堆放欠整齐； 三级：未按规定位置备料，堆放欠整齐； 四级：备料任意堆放
9	草皮	现场检查	一级：草皮铺设（种植）均匀，全部成活，无空白； 二级：草皮铺设（种植）均匀，成活面积 90% 以上，无空白； 三级：草皮铺设（种植）基本均匀，成活面积 70% 以上，有少量空白； 四级：达不到三级标准者
10	植树	现场检查	一级：植树排列整齐、美观，全部成活，无空白； 二级：植树排列整齐，成活率 90% 以上，无空白； 三级：植树排列基本整齐，成活率 70% 以上，有少量空白； 四级：达不到三级标准者
11	砌体排列	现场检查	一级：砌体排列整齐、铺放均匀、平整，无沉陷裂缝； 二级：砌体排列基本整齐、铺放均匀、平整，局部有沉陷裂缝； 三级：砌体排列多处不够整齐、铺放均匀、平整，局部有沉陷裂缝； 四级：砌体排列不整齐、不平整，多处有裂缝
12	砌缝	现场检查	一级：勾缝宽度均匀，砂浆填塞平整； 二级：勾缝宽度局部不够均匀，砂浆填塞基本平整； 三级：勾缝宽度多处不均匀，砂浆填塞不够平整； 四级：勾缝宽度不均匀，砂浆填塞粗糙不平

注 项次 9 草皮、10 植树质量标准中的“空白”，指漏栽（种）面积。

堤防工程较大交叉连接建筑物外观质量评定标准参见引水（渠道）建筑物工程外观质量评定标准表 3.1.5 中类似建筑物。

单位工程完工后，项目法人应组织监理、设计、施工及工程运行管理等单位组成工程外观质量评定组，现场进行工程外观质量检验评定，并将评定结论报工程质量监督机构核定。参加工程外观质量评定的人员应具有工程师以上技术职称或相应执业资格。在进行工程外观质量检验评定时。

1.1.3 引水（渠道）工程外观质量评定方法

明（暗）渠工程外观质量评定表见表3.1.4。明（暗）渠工程外观质量评定标准见表3.1.5。

表3.1.4　　明（暗）渠工程外观质量评定表

<table>
<tr><td colspan="2">单位工程名称</td><td colspan="2"></td><td colspan="2">施工单位</td><td colspan="3"></td></tr>
<tr><td colspan="2">主要工程量</td><td colspan="2"></td><td colspan="2">评定日期</td><td colspan="3">年　月　日</td></tr>
<tr><td rowspan="2">项次</td><td rowspan="2" colspan="2">项　目</td><td rowspan="2">标准分（分）</td><td colspan="4">评定得分（分）</td><td rowspan="2">备注</td></tr>
<tr><td>一级
100%</td><td>二级
90%</td><td>三级
70%</td><td>四级
0</td></tr>
<tr><td>1</td><td colspan="2">外部尺寸</td><td>10</td><td></td><td></td><td></td><td></td><td></td></tr>
<tr><td>2</td><td colspan="2">轮廓线</td><td>10</td><td></td><td></td><td></td><td></td><td></td></tr>
<tr><td>3</td><td colspan="2">表面平整度</td><td>10</td><td></td><td></td><td></td><td></td><td></td></tr>
<tr><td>4</td><td colspan="2">曲面与平面联结</td><td>3</td><td></td><td></td><td></td><td></td><td></td></tr>
<tr><td>5</td><td colspan="2">扭面与平面联结</td><td>3</td><td></td><td></td><td></td><td></td><td></td></tr>
<tr><td>6</td><td colspan="2">渠坡渠底衬砌</td><td>10</td><td></td><td></td><td></td><td></td><td></td></tr>
<tr><td>7</td><td colspan="2">变形缝、结构缝</td><td>6</td><td></td><td></td><td></td><td></td><td></td></tr>
<tr><td>8</td><td colspan="2">渠顶路面及排水沟</td><td>8</td><td></td><td></td><td></td><td></td><td></td></tr>
<tr><td>9</td><td colspan="2">渠顶以上边坡</td><td>6</td><td></td><td></td><td></td><td></td><td></td></tr>
<tr><td>10</td><td colspan="2">戗台及排水沟</td><td>5</td><td></td><td></td><td></td><td></td><td></td></tr>
<tr><td>11</td><td colspan="2">沿渠小建筑物</td><td>5</td><td></td><td></td><td></td><td></td><td></td></tr>
<tr><td>12</td><td colspan="2">梯步</td><td>3</td><td></td><td></td><td></td><td></td><td></td></tr>
<tr><td>13</td><td colspan="2">弃渣堆放</td><td>5</td><td></td><td></td><td></td><td></td><td></td></tr>
<tr><td>14</td><td colspan="2">绿化</td><td>10</td><td></td><td></td><td></td><td></td><td></td></tr>
<tr><td>15</td><td colspan="2">原状岩土面完整性</td><td>3</td><td></td><td></td><td></td><td></td><td></td></tr>
<tr><td colspan="3">合计</td><td colspan="6">应得　分，实得　分，得分率　%</td></tr>
<tr><td colspan="2" rowspan="6">外观质量
评定组成员</td><td>单 位</td><td colspan="2">单位名称</td><td colspan="2">职 称</td><td colspan="2">签 名</td></tr>
<tr><td>项目法人</td><td colspan="2"></td><td colspan="2">工程师</td><td colspan="2"></td></tr>
<tr><td>监 理</td><td colspan="2"></td><td colspan="2">高级工程师</td><td colspan="2"></td></tr>
<tr><td>设 计</td><td colspan="2"></td><td colspan="2">高级工程师</td><td colspan="2"></td></tr>
<tr><td>施 工</td><td colspan="2"></td><td colspan="2">工程师</td><td colspan="2"></td></tr>
<tr><td>运行管理</td><td colspan="2"></td><td colspan="2">工程师</td><td colspan="2"></td></tr>
<tr><td colspan="2">工程质量
监督机构</td><td colspan="7">核定意见：

核定人：（签名），加盖公章
年　月　日</td></tr>
</table>

表 3.1.5　　明（暗）渠工程外观质量评定标准

<table>
<tr><th>项次</th><th>项目</th><th colspan="3">检查、检测内容</th><th>质　量　标　准</th></tr>
<tr><td rowspan="13">1</td><td rowspan="13">外部尺寸</td><td rowspan="2">土堤</td><td rowspan="2">高程</td><td>堤顶</td><td>允许偏差为 0 ~ +15cm</td></tr>
<tr><td>平（戗）台顶</td><td>允许偏差为 -10 ~ +15cm</td></tr>
<tr><td rowspan="11">混凝土及砌石墙（堤）</td><td rowspan="2">宽度</td><td>堤顶</td><td>允许偏差为 -5 ~ +15cm</td></tr>
<tr><td>平（戗）台顶</td><td>允许偏差为 -10 ~ +15cm</td></tr>
<tr><td colspan="2">边坡坡度</td><td>不陡于设计值，目测平顺</td></tr>
<tr><td rowspan="3">堤顶高程</td><td>干砌石墙（堤）</td><td>允许偏差为 0 ~ +5cm</td></tr>
<tr><td>浆砌石墙（堤）</td><td>允许偏差为 0 ~ +4cm</td></tr>
<tr><td>混凝土墙（堤）</td><td>允许偏差为 0 ~ +3cm</td></tr>
<tr><td rowspan="3">墙面垂直度</td><td>干砌石墙（堤）</td><td>允许偏差为 0.5%</td></tr>
<tr><td>浆砌石墙（堤）</td><td>允许偏差为 0.5%</td></tr>
<tr><td>混凝土墙（堤）</td><td>允许偏差为 0.5%</td></tr>
<tr><td>墙顶厚度</td><td>各类砌筑墙（堤）</td><td>允许偏差为 -1 ~ +2cm</td></tr>
<tr><td colspan="2">边坡坡度</td><td>不陡于设计值，目测平顺</td></tr>
<tr><td>2</td><td>轮廓线</td><td colspan="3">用长 15m 拉线沿堤顶轮廓连续测量</td><td>15m 长度内凹凸偏差为 3cm</td></tr>
<tr><td rowspan="3">3</td><td rowspan="3">表面平整度</td><td colspan="3">干砌石墙（堤）</td><td>用 2m 靠尺检测，不大于 5.0cm /2m</td></tr>
<tr><td colspan="3">浆砌石墙（堤）</td><td>用 2m 靠尺检测，不大于 2.5cm /2m</td></tr>
<tr><td colspan="3">混凝土墙（堤）</td><td>用 2m 靠尺检测，不大于 1.0cm /2m</td></tr>
<tr><td>4</td><td>曲面与平面联结</td><td colspan="3">现场检查</td><td>一级：圆滑过渡，曲线流畅；
二级：平顺联结，曲线基本流畅；
三级：联结不够平顺，有明显折线；
四级：联结不平顺，折线突出</td></tr>
<tr><td>5</td><td>排水</td><td colspan="3">现场检查，结合检测</td><td>质量标准：排水通畅，形状尺寸误差为 ±3cm，无附着物。
一级：符合质量标准；
二级：基本符合质量标准；
三级：局部尺寸误差大，局部有附着物；
四级：排水尺寸误差大，多处有附着物</td></tr>
<tr><td>6</td><td>上堤马道</td><td colspan="3">现场检查，结合检测</td><td>质量标准：马道宽度偏差为 ±2cm，高度偏差为 ±2cm。
一级：符合质量标准；
二级：基本符合质量标准；
三级：发现尺寸误差较大；
四级：多处马道尺寸误差大</td></tr>
</table>

续表

项次	项目	检查、检测内容	质量标准
7	堤顶附属设施	现场检查	一级：混凝土表面平整，棱线平直度等指标符合质量标准； 二级：混凝土表面平整，棱线平直度等指标基本符合质量标准； 三级：混凝土表面平整，棱线平直度等指标发现尺寸误差较大； 四级：混凝土表面平整，棱线平直度等指标误差大
8	防汛备料堆放	现场检查	一级：按规定位置备料，堆放整齐； 二级：按规定位置备料，堆放欠整齐； 三级：未按规定位置备料，堆放欠整齐； 四级：备料任意堆放
9	草皮	现场检查	一级：草皮铺设（种植）均匀，全部成活，无空白； 二级：草皮铺设（种植）均匀，成活面积90%以上，无空白； 三级：草皮铺设（种植）基本均匀，成活面积70%以上，有少量空白； 四级：达不到三级标准者
10	植树	现场检查	一级：植树排列整齐、美观，全部成活，无空白； 二级：植树排列整齐，成活率90%以上，无空白； 三级：植树排列基本整齐，成活率70%以上，有少量空白； 四级：达不到三级标准者
11	砌体排列	现场检查	一级：砌体排列整齐、铺放均匀、平整，无沉陷裂缝； 二级：砌体排列基本整齐、铺放均匀、平整，局部有沉陷裂缝； 三级：砌体排列多处不够整齐、铺放均匀、平整，局部有沉陷裂缝； 四级：砌体排列不整齐、不平整，多处有裂缝
12	砌缝	现场检查	一级：勾缝宽度均匀，砂浆填塞平整； 二级：勾缝宽度局部不够均匀，砂浆填塞基本平整； 三级：勾缝宽度多处不均匀，砂浆填塞不够平整； 四级：勾缝宽度不均匀，砂浆填塞粗糙不平

注 项次9草皮、10植树质量标准中的“空白”，指漏栽（种）面积。

1.1.4 引水（渠道）建筑物工程外观质量评定

引水（渠道）建筑物工程外观质量评定表见表3.1.6。引水（渠道）建筑物工程外观质量评定标准见表3.1.7。

表 3.1.6　　　　引水（渠道）建筑物工程外观质量评定表

单位工程名称			施工单位				
主要工程量			评定日期	年　月　日			
项次	项　　目	标准分（分）	评定得分（分）				备注
			一级 100%	二级 90%	三级 70%	四级 0	
1	外部尺寸	12					
2	轮廓线	10					
3	表面平整度	10					
4	立面垂直度	10					
5	大角方正	5					
6	曲面与平面联结	8					
7	扭面与平面联结	8					
8	梯步	4					
9	栏杆	4（6）					
10	灯饰	2（4）					
11	变形缝、结构缝	3					
12	砌体	6（8）					
13	排水工程	3					
14	建筑物表面	5					
15	混凝土表面	5					
16	表面钢筋割除	4					
17	水工金属结构表面	6					
18	管线（路）及电气设备	4					
19	房屋建筑安装工程	6（8）					
20	绿化	8					
合计		应得　　分，实得　　分，得分率　　%					

外观质量评定组成员	单 位	单位名称	职 称	签 名
	项目法人		工程师	
	监 理		高级工程师	
	设 计		高级工程师	
	施 工		工程师	
	运行管理		工程师	
工程质量监督机构	核定意见： 核定人：（签名），加盖公章 年　月　日			

注　量大时，标准分采用括号内数值。

表 3.1.7　　　　　　　　引水（渠道）建筑物工程外观质量标准

项次	项目	检查、检测内容	质量标准
1	外部尺寸	过流断面尺寸	允许偏差为 ±1/200 设计值
		梁、柱截面	允许偏差为 ±0.5cm
		墩墙宽度、厚度	允许偏差为 ±4cm
		坡度 m 值	允许偏差为 ±0.05
2	轮廓线	连续拉线检测	尺寸较大建筑物，最大凹凸不超过 2cm/10m；较小建筑物，最大凹凸不超过 1cm/5m
3	表面平整度	混凝土面、砂浆抹面、混凝土预制块	用 2m 直尺检测，不大于 1cm/2m
		浆砌石（料石、块石、石板）	用 2m 直尺检测，不大于 2cm/2m
		干砌石	用 2m 直尺检测，不大于 3cm/2m
		饰面砖	用 2m 直尺检测，不大于 0.5cm/2m
4	立面垂直度	墩墙	允许偏差为 1/200 设计高，且不超过 2cm
		柱	允许偏差为 1/500 设计高，且不超过 2cm
5	大角方正	检测	±0.6°（用角度尺检测）
6	曲面与平面联结	现场检查	一级：圆滑过渡，曲线流畅； 二级：平顺联结，曲线基本流畅； 三级：联结不够平顺，有明显折线； 四级：未达到三级标准者
7	扭面与平面联结		
8	梯步	检测	高度偏差为 ±1cm； 宽度偏差为 ±1cm； 长度偏差为 ±2cm
9	栏杆	现场检查、检测	1. 混凝土栏杆：顺直度 1.5cm/15m；垂直度 ±1.0cm； 2. 金属栏杆：顺直度 1cm/15m；垂直度 ±0.5cm；漆面色泽均匀，无起皱、脱皮、结疤及流淌现象
10	灯饰	现场检查	一级：排列顺直，外形规则； 二级：排列顺直，外形基本规则； 三级：排列基本顺直，外形基本规则； 四级：未达三级标准者
11	变形缝、结构缝	现场检查	一级：缝面顺直，宽度均匀，填充材料饱满密实； 二级：缝面顺直，宽度基本均匀，填充材料饱满； 三级：缝面基本顺直，宽度基本均匀，填充材料基本饱满； 四级：未达到三级标准者

续表

项次	项目	检查、检测内容	质量标准
12	砌体	现场检查	一级：砌体排列整齐、露头均匀，大面平整，砌缝饱满密实，缝面顺直，宽度均匀； 二级：砌体排列基本整齐、露头基本均匀，大面平整，砌缝饱满密实，缝面顺直，宽度基本均匀； 三级：砌体排列多处不整齐、露头不够均匀，大面基本平整，砌缝基本饱满，缝面基本顺直，宽度基本均匀； 四级：未达三级标准者
13	排水工程	现场检查	一级：排水沟轮廓顺直流畅，宽度一致，排水孔外形规则，布置美观，排水畅通； 二级：排水沟轮廓顺直，宽度基本一致，排水孔外形规则，排水畅通； 三级：排水沟轮廓基本顺直，宽度基本一致，排水孔外形基本规则，排水畅通； 四级：未达三级标准者
14	建筑物表面	现场检查	一级：建筑物表面洁净无附着物； 二级：建筑物表面附着物已清除，但局部清除不彻底； 三级：表面附着物已清除80%，无垃圾； 四级：未达到三级标准者
15	混凝土表面	现场检查、检测	一级：混凝土表面无蜂窝、麻面、挂帘、裙边、错台、局部凹凸及表面裂缝等缺陷； 二级：缺陷面积之和不大于3%总面积； 三级：缺陷面积之和为总面积3%～5%； 四级：缺陷面积之和超过总面积5%并小于10%，超过10%应视为质量缺陷
16	表面钢筋割除	现场检查、检测	一级：全部割除，无明显凸出部分； 二级：全部割除，少部分明显凸出表面； 三级：割除面积达到95%以上，且未割除部分不影响建筑功能及安全； 四级：割除面积小于95%者 （设计有具体要求者，应符合设计要求）
17	水工金属结构表面	现场检查	一级：焊缝均匀，两侧飞渣清除干净，临时支撑割除干净，且打磨平整，油漆均匀，色泽一致，无脱皮起皱现象； 二级：焊缝均匀，表面清除干净，油漆基本均匀； 三级：表面清除基本干净，油漆防腐完整，颜色基本一致； 四级：未达到三级标准者
18	管线（路）及电气设备	现场检查	一级：管线（路）顺直，设备排列整齐，表面清洁； 二级：管线（路）基本顺直，设备排列基本整齐，表面基本清洁； 三级：管线（路）不够顺直，设备排列不够整齐，表面不够清洁； 四级：未达到三级标准者

续表

项次	项目	检查、检测内容	质量标准
19	房屋建筑安装工程		见 SL 176—2007《水利水电工程施工质量检验与评定规程》附录 A.5 相关内容。
20	绿化	现场检查	一级：草皮铺设、植树满足设计要求； 二级：草皮铺设、植树基本满足设计要求； 三级：草皮铺设、植树有空白，多处成活不好； 四级：未达到三级标准者

注 项次 20 绿化质量标准中的“空白”指漏栽（种）面积。

单位工程完工后，项目法人应组织监理、设计、施工及工程运行管理等单位组成工程外观质量评定组，现场进行工程外观质量检验评定，并将评定结论报工程质量监督机构核定。参加工程外观质量评定的人员应具有工程师以上技术职称或相应执业资格。

1.1.5 其他工程外观质量评定

水利水电工程中的永久性房屋（管理设施用房）、专用公路及专用铁路等工程外观质量评定，应执行相关行业规定。

房屋建筑工程在单位工程完工后，项目法人应组织监理、设计、施工及工程运行管理等单位组成工程外观质量评定组，现场进行工程外观质量检验评定，并将评定结论报工程质量监督机构核定。参加工程外观质量评定的人员应具有工程师以上技术职称或相应执业资格。在进行工程外观质量检验评定时，应按以下条件进行。

（1）观感质量等级评定工作是在单位工程完工后，由质量监督机构组织项目法人、监理、设计及施工等单位组成外观质量评定组，进行现场检验评定。参加外观质量评定组的人员，必须具有工程师及以上技术职称。评定组人数不应少于 5 人，大型工程不宜少于 7 人。

（2）检测数量：室外和屋面全数检查。室内按有代表性的自然间抽查 10%，且应包括附属房间及厅道等。

（3）外观质量检查的内容多为定性判断项目，应由工程外观质量评定组人共同通过观察触摸（有时可辅以简单量测），经商讨后给予评价。

（4）房屋建筑工程的各专业施工质量验收规范中，对外观质量有具体检验要求。表 3.1.8 中质量评价标准如下。

1）好，指外观质量较优良。

2）一般，指基本符合要求。

3）差，指外观质量达不到要求，且存在明显缺陷者。被评为“差”的项目应进行返修处理，在达到质量要求后再检查评定。

（5）观感质量评定后，各单位参加工程外观质量评定组人员应在表 3.1.8 表尾签字（施工单位 1 人，若本工程由分包单位施工，则分包单位、总包单位各派 1 人参加。建设、监理各 1~2 人，质量监督检测 2~3 人）。

水利水电工程中的房屋建筑工程外观质量评定表见表 3.1.8。

表 3.1.8 水利水电工程房屋建筑工程外观质量评定表

单位工程名称		分部工程名称		施工单位	
结构类型		建筑面积		评定日期	年 月 日

序号	项目		抽查质量状况	质量评价		
				好	一般	差
1	建筑与结构	室外墙面				
2		变形缝				
3		水落管、屋面				
4		室内墙面				
5		室内顶棚				
6		室内地面				
7		楼梯、踏步、护栏				
8		门窗				
1	给排水与采暖	管道接口、坡度、支架				
2		卫生器具、支架、阀门				
3		检查口、扫除口、地漏				
4		散热器、支架				
1	建筑电气	配电箱、盘、板、接线盒				
2		设备器具、开关、插座				
3		防雷、接地				
1	通风与空调	风管、支架				
2		风口、风阀				
3		风机、空调设备				
4		阀门、支架				
5		水泵、冷却塔				
6		绝热				
1	电梯	运行、平层、开关门				
2		层门、信号系统				
3		机房				
1	智能建筑	机房设备安装及布局				
2		现场设备安装				

外观质量综合评价：

	单 位	单位名称	职 称	签 名
外观质量评定组成员	项目法人		工程师	
	监理		高级工程师	
	设计		高级工程师	
	施工		工程师	
	运行管理		工程师	
工程质量监督机构	核定意见： 核定人：（签名），加盖公章 年 月 日			

注 质量综合评价为“差”的项目，应进行返修。

1.2 单元工程施工质量评定

表 3.1.9　　水利水电工程分部工程施工质量评定表

<table>
<tr><td colspan="2">单位工程名称</td><td></td><td colspan="2">施工单位</td><td colspan="2"></td></tr>
<tr><td colspan="2">分部工程名称</td><td></td><td colspan="2">施工日期</td><td colspan="2">自　年　月　日
至　年　月　日</td></tr>
<tr><td colspan="2">分部工程量</td><td></td><td colspan="2">评定日期</td><td colspan="2">年　月　日</td></tr>
<tr><td>项次</td><td>单元工程类别</td><td>工程量</td><td>单元工程个数</td><td>合格个数</td><td>其中优良个数</td><td>注</td></tr>
<tr><td>1</td><td>基岩开挖</td><td></td><td></td><td></td><td></td><td></td></tr>
<tr><td>2</td><td>混凝土</td><td></td><td></td><td></td><td></td><td></td></tr>
<tr><td>3</td><td>房建</td><td></td><td></td><td></td><td></td><td>闸房</td></tr>
<tr><td>4</td><td>混凝土构件安装</td><td></td><td></td><td></td><td></td><td></td></tr>
<tr><td>5</td><td></td><td></td><td></td><td></td><td></td><td></td></tr>
<tr><td>6</td><td></td><td></td><td></td><td></td><td></td><td></td></tr>
<tr><td colspan="2">合计</td><td></td><td></td><td></td><td></td><td></td></tr>
<tr><td colspan="2">主要（重要、关键）单元工程</td><td></td><td></td><td></td><td></td><td></td></tr>
<tr><td colspan="4">施工单位自评意见</td><td colspan="3">监理单位复核意见</td></tr>
<tr><td colspan="4">本分部工程的单元工程质量全部合格。优良单元工程为　%，主要单元工程、重要隐蔽工程及关键部位单元工程质量　。施工中　发生过　　质量事故。原材料质量　，金属结构、启闭机质量　，机电产品质量　。中间产品质量　。
分部工程质量等级：
评定人：
项目技术负责人：　　（盖公章）
年　月　日</td><td colspan="3">复核意见：
分部工程质量等级：
监理工程师：
总监或总监代表：　　（盖公章）
年　月　日</td></tr>
<tr><td colspan="3">质量监督机构核定（大型水利枢纽主体建筑物的分部工程）</td><td colspan="4">核定意见：
核定等级：　核定人：（签名）　项目站负责人：（签名）
年　月　日　　　年　月　日</td></tr>
</table>

注　分部工程质量在施工单位质检部门自评的基础上，由监理单位复核其质量等级。大型水利枢纽工程主体建筑物的分部工程质量，在施工单位自评、监理单位复核后，需报质量监督机构核定其质量等级。

1.3 分部工程施工质量评定

表 3.1.10　　水利水电工程单位工程施工质量评定表

工程项目名称				施工单位			
单位工程名称				施工日期	自　年　月至　年　月　日		
单位工程量				评定日期	年　月　日		
序号	分部工程名称	质量等级		序号	分部工程名称	质量等级	
		合格	优良			合格	优良
1	5 坝段△412m 以下			8	7 坝段（中孔坝段）		
2	5 坝段△412m 至坝顶			9	△坝基灌浆		
3	△溢流面及闸墩			10	坝基及坝体排水		
4	6 坝段△412m 以下			11	坝基开挖与处理		
5	6 坝段△412m 至坝顶			12	中孔弧门及启闭机安装		
6	坝顶工程			13	1 号、2 号弧门及启闭机安装		
7	上游护岸加固			14	检修门及门机安装		
分部工程共　个，其中优良　个，优良率　%，主要分部工程优良率　%							
原材料质量							
中间产品质量							
金属结构、启闭机制造质量							
机电产品制造质量							
外观质量							
施工质量检验资料							
质量事故情况							
施工单位自评等级： 评定人： 项目经理：　（公章）			监理复核等级： 复核人： 总监理工程师：　（公章）		质量监督机构核定等级： 核定人： 项目监督负责人：　（公章）		

1.4 单位工程施工质量评定

表 3.1.11　　水利水电工程单位工程施工质量检验资料核查表

单位工程名称			施工单位	
			核定日期	年　月　日
项次	项　目		份　数	核查情况
1	原材料	水泥出厂合格证、厂家试验报告		
2		钢材出厂合格证、厂家试验报告		
3		外加剂出厂合格证及技术性能指标		
4		粉煤灰出厂合格证及技术性能指标		
5		防水材料出厂合格证、厂家试验报告		
6		止水带出厂合格证及技术性能试验报告		
7		土工布出厂合格证及技术性能试验报告		
8		装饰材料出厂合格证及有关技术性能资料		
9		水泥复验报告及统计资料		
10		钢材复验报告及统计资料		
11		其他原材料出厂合格证及技术性能资料		

续表

单位工程名称			施工单位	
			核定日期	年　月　日
项次	项　目		份　数	核查情况
12	中间产品	砂、石骨料试验资料		
13		石料试验资料		
14		混凝土拌和物检查资料		
15		混凝土试件统计资料		
16		砂浆拌和物及试件统计资料		
17		混凝土预制件（块）检验资料		
18	金属结构及启闭机	拦污栅出厂合格证及有关技术文件		
19		闸门出厂合格证及有关技术文件		
20		启闭机出厂合格证及有关技术文件		
21		压力钢管生产许可证及有关技术文件		
22		闸门、拦污栅安装测量记录		
23		压力钢管安装测量记录		
24		启闭机安装测量记录		
25		焊接记录及探伤报告		
26		焊工资质证明材料（复印件）		
27		运行试验记录		
28	机电设备	产品出厂合格证、厂家提交的安装说明书及有关文件		
29		重大设备质量缺陷处理资料		
30		水轮发电机组安装测量记录		
31		升压变电设备安装测试记录		
32		电气设备安装测试记录		
33		焊缝探伤报告及焊工资质证明		
34		机组调试及试验记录		
35		水力机械辅助设备试验记录		
36		发电电气设备试验记录		
37		升压变电电气设备检测试验报告		
38		管道试验记录		
39		72h 试运行记录		
40	重要隐蔽工程施工记录	灌浆记录、图表		
41		造孔灌注桩施工记录、图表		
42		振冲桩振冲记录		
43		基础排水工程施工记录		
44		地下防渗墙施工记录		
45		其他重要施工记录		

续表

单位工程名称			施工单位	
			核定日期	年 月 日
项次	项 目		份 数	核查情况
46	综合资料	质量事故调查及处理报告、重大缺陷处理检查记录		
47		工程试运行期观测资料		
48		工序、单元工程质量评定表		
49		分部工程、单位工程质量评定表		
施工单位自查意见			监理单位复查意见	
自查： 填表人： 质检：			复查： 监理工程师： 监理单位： （公章）	

1.5 单位工程施工质量检查与评定资料核查

表 3.1.12　　水利水电工程工程项目施工质量评定表

工程项目名称					项目法人 （建设单位）				
工程等级					设计单位				
建设地点					监理单位				
主要工程量					施工单位				
开工、竣工日期		年 月至 年 月			评定日期		年 月 日		
序号	单位工程名称	单元工程质量统计			分部工程质量统计			单位工程质量等级	备 注
		个数（个）	其中优良（个）	优良率（%）	个数（个）	其中优良（个）	优良率（%）		
1	△左岸挡水坝								加△者为主要建筑物单位工程
2	△溢流泄水坝								
3	△右岸挡水坝								
4	防护工程								
5	大坝管理及监测设施								
6	引水工程进水口								
7	进水口值班房								
8	△引水隧洞								
9	调压井								
10	调压井值班房								
11	△压力管道工程								
12	永久支洞								
13	△发电厂房工程								
14	升压变电工程								
15	综合楼								

续表

序号	单位工程名称	单元工程质量统计			分部工程质量统计			单位工程质量等级	备　注
		个数（个）	其中优良（个）	优良率（%）	个数（个）	其中优良（个）	优良率（%）		
16	厂区防护工程								加△者为主要建筑物单位工程
17	永久交通工程								
18									
19									
20									
单元工程、分部工程合计									
评定结果		本项目有单位工程　个，质量全部合格。其中优良单位工程　个，优良率　%，主要建筑物单位工程优良率　%							
监理意见		项目法人（建设单位）意见						质量监督机构核定意见	
工程项目质量等级： 总监理工程师： 监理单位：（公章）		工程项目质量等级： 法定代表人： 项目法人：（公章）						工程项目质量等级： 项目站长或负责人： 质量监督机构：（公章）	

1.6　水工建筑工程单元工程质量评定

施工单位应按《单元工程评定标准》检验工序及单元工程质量，做好书面记录，在自检合格后，填写《水利水电工程施工质量评定表》报监理单位复核。监理单位根据抽检资料核定单元（工序）工程质量等级。发现不合格单元（工序）工程，应要求施工单位及时进行处理，合格后才能进行后续工程施工。对施工中的质量缺陷应书面记录备案，进行必要的统计分析，并在相应单元（工序）工程质量评定表“评定意见”栏内注明。

对《单元工程评定标准》中未涉及的单元工程进行项目划分的同时，项目法人应组织监理、设计和施工单位，根据未涉及的单元工程的技术要求（如新技术、新工艺的技术规范、设计要求和设备生产厂商的技术说明书等）制定施工、安装的质量评定标准，并按照水利部颁发的《水利水电工程施工质量评定表》的统一格式（表头、表身、表尾）制定相应的质量评定表格。按水利部《水利水电工程施工质量评定表填表说明与示例（试行）》（办建管〔2002〕182 号）规定，上述单元工程的质量评定标准和表格，地方项目须经省级水行政主管部门或其委托的工程质量监督机构批准；流域机构主管的中央项目须经流域机构或其委托的水利部水利水电工程质量监督总站流域分站批准，并报水利部水利水电工程质量监督总站备案；部直管工程须经水利部水利水电工程质量监督总站批准。

工程中出现检验不合格的项目时，应按以下规定进行处理。

（1）原材料、中间产品一次抽样检验不合格时，应及时对同一取样批次另取 2 倍数量进行检验，如仍不合格，则该批次原材料或中间产品应定为不合格，不得使用。

（2）单元（工序）工程质量不合格时，应按合同要求进行处理或返工重作，并经重新检验且合格后方可进行后续工程施工。

（3）混凝土（砂浆）试件抽样检验不合格时，应委托具有相应资质等级的质量检测单位对相应工程部位进行检验。如仍不合格，应由项目法人组织有关单位进行研究，并提出处理意见。

（4）工程完工后的质量抽检不合格，或其他检验不合格的工程，应按有关规定进行处理，合格后才能进行验收或后续工程施工。

下面介绍水工建筑工程单元工程质量评定表的填写。

1.6.1 水利水电工程岩石边坡开挖单元工程质量评定

表 3.1.13　　　　水利水电工程岩石边坡开挖单元工程质量评定表

<table>
<tr><td colspan="5">单位工程名称</td><td>单元工程量</td><td colspan="2"></td></tr>
<tr><td colspan="5">分部工程名称</td><td>施工单位</td><td colspan="2"></td></tr>
<tr><td colspan="5">单元工程名称、部位</td><td>检测日期</td><td colspan="2">年　　月　　日</td></tr>
<tr><td>项次</td><td colspan="2">检　查　项　目</td><td colspan="2">质量标准</td><td colspan="3">检验记录</td></tr>
<tr><td>1</td><td colspan="2">△保护层开挖</td><td colspan="2">采用分层爆破</td><td colspan="3"></td></tr>
<tr><td>2</td><td colspan="2">△平均坡度</td><td colspan="2">小于或等于设计坡度
（设计边坡 1：0.5）</td><td colspan="3"></td></tr>
<tr><td>3</td><td colspan="2">开挖坡面</td><td colspan="2">稳定、无松动岩块</td><td colspan="3"></td></tr>
<tr><td>项次</td><td colspan="2">检测项目</td><td>设计值</td><td>允许偏差
（cm）</td><td>实测值（单位：
项次 1m，项次 2cm）</td><td>合格数
（点）</td><td>合格率
（%）</td></tr>
<tr><td>1</td><td colspan="2">坡脚标高</td><td>−10m</td><td>+20
−10</td><td></td><td></td><td></td></tr>
<tr><td>2</td><td rowspan="2">坡面局部超欠挖</td><td>斜长不大于 15m</td><td></td><td>+30
−20</td><td></td><td></td><td></td></tr>
<tr><td>3</td><td>斜长大于 15m</td><td></td><td>+50
−30</td><td></td><td></td><td></td></tr>
<tr><td colspan="2">检测结果</td><td colspan="6">共检测　点，其中合格　点，合格率　　%</td></tr>
<tr><td colspan="6">评　定　意　见</td><td colspan="2">单元工程质量等级</td></tr>
<tr><td colspan="6">主要检查项目全部符合质量标准。一般检查项目　　质量标准，检测项目实测点合格率　%</td><td colspan="2"></td></tr>
<tr><td colspan="2">施工
单位</td><td colspan="3"></td><td>建设（监理）
单位</td><td colspan="2"></td></tr>
</table>

注　+为超挖，−为欠挖。

填表说明：

填表时必须遵守填表基本规则，并符合以下要求：

1. 单元工程划分：按设计或施工检查验收的区、段划分，每区、段为一单元工程。
2. 单元工程量：本单元开挖工程量（m^3）。
3. 检查项目：项次 2 的质量标准栏须填写设计坡度。本例为 1：0.5。检验记录栏要将检验情况简要记录下来，以便与质量标准比较，不能只填符合要求或合格。
4. 检测项目；坡面局部超欠挖分为 2 项，本例斜坡长度小于 15m，故将实测值写在项次 2 相应的检测栏内。
5. 总检测数量：$500m^2$ 及其以内，不少于 20 个；$500m^2$ 以上不少于 30 个；局部突出或凹陷部位（面积在 $0.5m^2$ 以上者）应增设检测点。
6. 评定意见：一般检查项目后面的空格填符合质量标准或基本符合质量标准，视一般检查项目的检查记录而定。

质量标准：在主要检查项目（有△号的）符合质量标准的前提下，一般检查项目（无△号的）基本符合质量标准，检测总点数中有 70% 及其以上符合标准，即评为合格。若一般检查项目符合质量标准，并且检测总点数中有 90% 及其以上符合质量标准的，则评为优良。

1.6.2 水利水电工程岩石地基开挖单元工程质量评定

表 3.1.14　　　　水利水电工程岩石地基开挖单元工程质量评定表

单位工程名称		单元工程量	
分部工程名称		施工单位	
单元工程名称		检验日期	年　月　日

项次	检查项目	质量标准	检验记录
1	△保护层开挖	采用分层爆破	
2	△建基面	无松动岩块，无爆破影响裂隙	
3	△断层及裂隙	按规定挖槽。槽深为宽度的 1~1.5 倍。规模较大时，按设计要求处理	
4	△多组切割的不稳定岩体	按设计要求处理	
5	岩溶洞穴	按设计要求处理	
6	软弱夹层	厚度大于 5cm 者，挖至新鲜岩层或设计规定的深度	
7	夹泥裂隙	挖 1~1.5 倍断层宽度，清除夹泥，或按设计要求处理	小部分裂缝挖深已按 1.5 倍宽度开挖，夹泥已清除干净

项次	检测项目			设计值	允许偏差（cm）	实　测　值	合格数（点）	合格率（%）
1	无钢筋要求或无配筋	坑（槽）长宽	小于 5m		+20 -10			
2			5~10m		+30 -20			
3			10~15m		+40 -30			
4			大于 15m	31m	+50 -30			
5		坑（槽）底部标高		-10m	+20 -10			
6		垂直或斜面平整度			20			

续表

项次	检测项目			设计值	允许偏差（cm）	实　测　值	合格数（点）	合格率（%）
7	有结构要求或有配筋	坑（槽）长宽	小于5m		+10 -0			
8			5～10m		+20 -0			
9			10～15m		+30 -0			
10			大于15m		+40 -0			
11		坑（槽）底部标高			+20 -0			
12		垂直或斜面平整度			15			

检测结果	共检测　　点，其中合格　　点，合格率　　%		
评定意见			单元工程质量等级
主要检查项目全部符合质量标准。一般检查项目　　质量标准。检测项目实测点合格率　　%			
施工单位		建设（监理）单位	

注　+为超挖，-为欠挖。

填表说明：

填表时必须遵守填表基本规则，并符合以下要求：

1. 单元工程划分：按相应混凝土浇筑仓块划分，每一块为一单元工程两岸边坡地基开挖也可按施工检查验收的区划分，每一验收区为一个单元工程。
2. 单元工程量：本单元开挖的面积（m^2），本单元开挖工程量（m^3）。
3. 检查项目中的3～7项，如果按设计要求处理，应附上设计要求说明。
4. 检测项目分无结构要求或无配筋和有结构要求或有配筋两类，属于哪一类填相应的栏。除平整度项外，其余均应按施工图填设计值及其单位（m或cm）。复杂的地基开挖，宜附测量图。
5. 检测数量：200m^2以内，总检测点数不少于20个；200m^2以上不少于30个；局部突出或凹陷部位（面积在0.5 m^2以上者）应增设检测点（平整度用2m直尺检查）。
6. 评定意见：一般检查项目后面的空格填符合质量标准或基本符合质量标准，视一般检查项目检查记录而定。

单元工程质量标准：在主要检查项目（有△号的）符合质量标准的前提下，一般检查项目（无△号的）基本符合质量标准，检测总点数中有70%及其以上符合标准，即评为合格。若一般检查项目符合质量标准，并且检测总点数中有90%及其以上符合质量标准的，即评为优良。

1.6.3 水利水电工程岩石洞室开挖单元工程质量评定

表 3.1.15　　　　水利水电工程岩石洞室开挖单元工程质量评定表

单位工程名称		单元工程量	
分部工程名称		施工单位	
单元工程名称、部位		检测日期	年　月　日

项次	检查项目	质量标准	检验记录
1	△开挖岩面	无松动岩块，小块悬挂体	洞壁无松动岩块，无悬挂体
2	△地质弱面处理	符合设计要求	
3	△洞室轴线	符合规范要求。SDJ 292—83《水工建筑物地下开挖工程施工技术规范》	与施工导线标定的轴线一致

项次	检测项目		设计值	允许偏差（cm）	实测值	合格数（点）	合格率（%）
1	无结构要求或无配筋	底部标高		+20 -10			
2		径向		+20 -10			
3		侧墙		+20 -10			
4		开挖面平整度		15			
5	有结构要求或有配筋	底部标高	+7.15m	+20 -0			
6		径向	$R=210$cm	+20 -0			
7		侧墙	$b=210$cm	+20 -0 指每边侧墙			
8		开挖面平整度		10			

检测结果	共检测　点，其中合格　点，合格率　%		
评定意见		单元工程质量等级	
主要检查项目全部符合质量标准。一般检查项目　质量标准。检测项目实测点　点合格率　%			
施工单位		建设（监理）单位	

注　+为超挖，-为欠挖。

填表说明：

填表时必须遵守填表基本规则，并符合以下要求：

1. 单元工程划分：混凝土衬砌部位按设计分缝确定的块划分；锚喷支护部位按一次锚喷区划分；不砌部位，可按施工检查验收区划分。
2. 单元工程量：填写开挖方量（m^3）。
3. 检查项目中的地质弱面处理，应附上设计要求。洞室轴线项质量标准栏应标明规范名称及编号，本例为 SDJ 212—83《水工建筑物地下开挖工程技术规范》。检验记录栏不能只填符合设计规范或要求。
4. 检测项目分无结构要求或无配筋和有结构要求或有配筋两类，属于哪一类填相应的栏。除平整度项外，其余均应按施工图填设计值及其单位（m 或 cm）。
5. 检测数量：按横断面或纵断面进行检测，一般应不少于 2 个断面，总检测点数不少于 20 个；局部突出或凹陷部位（面积在 0.5m^2 以上者）应增设检测点（平整度用 2m 直尺检查）。
6. 单元工程质量标准：在检查项目符合质量标准的前提下，检测总点数中有 70% 及其以上符合标准，即评为合格，检测总点数中有 90% 及其以上符合质量标准的，即评为优良。

1.6.4 水利水电工程软基和岸坡开挖单元工程质量评定

表 3.1.16　　水利水电工程软基和岸坡开挖单元工程质量评定表

单位工程名称		单元工程量	
分部工程名称		施工单位	
单元工程名称、部位		检验日期	年　月　日

项次	检查项目	质量标准	检验记录
1	地基清理和处理	无树根、草皮、乱石、坟墓，水井泉眼已处理，地质符合设计	
2	△取样检验	符合设计要求（$R\geqslant 70$kPa，$C\leqslant 5$kPa，$\varphi\geqslant 10°$）	
3	岸坡清理和处理	无树根、草皮、乱石。有害裂隙及洞穴已处理	
4	岩石岸坡清理坡度	符合设计要求	
5	△黏土、湿陷性黄土清理坡度	符合设计要求	
6	截水槽地基处理	泉眼、渗水已处理，岩石冲洗洁净，无积水	
7	截水槽（墙）基岩面坡度	符合设计要求	

项次	检测项目			设计值	允许偏差（cm）	实测值	合格数（点）	合格率（%）
1	无结构要求，无配筋	（槽）长宽	小于 5m		+20 -10			
2			5～10m		+30 -20			
3			10～15m		+40 -30			
4			大于 15m	30m	+50 -30			
5		坑（槽）底部标高		-2.5m	+20 -10			
6		垂地或斜面平整度			20			
1	有结构要求有配筋预埋件	坑（槽）长宽	小于 5m		+20 0			
2			5～10m		+30 0			
3			10～15m		+40 0			
4			大于 15m		+40 0			
5		坑（槽）底部标高			+20 0			
6		垂地或斜面平整度			15			
检测结果	共检测　　点，其中合格　　点，合格率　　%							

续表

评　定　意　见			单元工程质量等级
主要检查项目全部符合质量标准。一般检查项目　　质量标准。检测项目实测点合格率　　%			
施工单位		建设单位	

注　+为超挖，-为欠挖。

填表说明：

填表时必须遵守填表基本规则，并符合以下要求：

1. 单元工程划分：按施工检查区、段划分，每一区段为一单元工程。
2. 单元工程量：填写开挖方量（m^3）。
3. 检查项目中的2、4、5、7项应附上设计要求说明。填写不下可另附。如本例第2项设计要求为（R）≥70kPa，$C\leqslant 5$kPa，$\phi\geqslant 10°$。检查数量：按50～100m正方形检查网进行取样，局部可加密至15～20m。
4. 检测项目分无结构要求或无配筋和有结构要求或有配筋两类，属于哪一类填相应的栏。除平整度项外，其余均应按施工图填设计值及其单位（m或cm）。
5. 检测数量：200m^2以内，总检测点数不少于20个；200m^2以上不少于30个；
6. 评定意见：一般检查项目后面的空格填符合质量标准或基本符合质量标准，视一般检查项目检查记录而定。
7. 单元工程质量标准：在主要检查项目（有△号的）符合质量标准的前提下，一般检查项目（无△号的）基本符合质量标准，检测总点数中有70%及其以上符合标准，即评为合格。若一般检查项目符合质量标准，并且检测总点数中有90%及其以上符合质量标准的，即评为优良。

1.6.5　水利水电工程基础面或混凝土施工缝处理工序质量评定

表3.1.17　　水利水电工程基础面或混凝土施工缝处理工序质量评定表

单位工程名称			单元工程量	
分部工程名称			施工单位	
单元工程名称、部位			检验日期	年　月　日
项　次	检　查　项　目	质　量　标　准		检验记录
1	基础岩面			
(1)	△建基面	无松动岩块		
(2)	△地表水和地下水	妥善引排或封堵		
(3)	岩面清洗	清洗洁净		
2	混凝土施工缝			
(1)	△表面处理	无乳皮、成毛面		
(2)	混凝土表面清洗	清洗洁净，无积水，无积渣杂物		
3	软基面			
(1)	△建基面	预留保护层已挖除，地质符合设计要求		
(2)	垫层铺填	符合设计要求		
(3)	基础面清理	无乱石、杂物，坑洞分层回填夯实		
评　定　意　见				工序质量等级
主要检查项目全部符合质量标准，一般检查项目　　质量标准				
施工单位		建设（监理）单位		

填表说明：

填表时必须遵守填表基本规则，并符合以下要求：

1. 单元工程量除填混凝土量（m^3）外，还要填基础岩面、施工缝或软基面处理的数量（m^2）。
2. 本工序表分为基础岩面、混凝土施工缝和软基面等3种类型。各类检查项目与质量标准相同。所评定工序属于哪种类型，就按相应类型检查项目的质量标准进行质量检验，并记录检验结果。本例为混凝土施工缝处理工序，故按表中2项的（1）、（2）项次检查处理质量，并记录。
3. 工序质量标准：在开仓前进行最后一次检查，主要检查项目（有△号的）基本符合质量标准，评为合格，全部符合质量标准，即评为优良。

1.6.6 水利水电工程混凝土模板工序质量评定

表 3.1.18　　水利水电工程混凝土模板工序质量评定表

<table>
<tr><td colspan="2">单位工程名称</td><td colspan="4"></td><td>单元工程量</td><td colspan="2"></td></tr>
<tr><td colspan="2">分部工程名称</td><td colspan="4"></td><td>施工单位</td><td colspan="2"></td></tr>
<tr><td colspan="2">单元工程名称、部位</td><td colspan="4"></td><td>检验日期</td><td colspan="2">年　月　日</td></tr>
<tr><td>项次</td><td>检查项目</td><td colspan="4">质量标准</td><td colspan="3">检验记录</td></tr>
<tr><td>1</td><td>△稳定性、刚度和强度</td><td colspan="4">符合设计要求（支撑牢固，稳定）</td><td colspan="3"></td></tr>
<tr><td>2</td><td>模板表面</td><td colspan="4">光洁、无污物、接缝严密</td><td colspan="3"></td></tr>
<tr><td rowspan="3">项次</td><td rowspan="3">检测项目</td><td rowspan="3">设计值</td><td colspan="3">允许偏差（mm）</td><td rowspan="3">实测值（单位：1～4 项 mm；6 项 m）</td><td rowspan="3">合格数（点）</td><td rowspan="3">合格率（%）</td></tr>
<tr><td colspan="2">外露表面</td><td rowspan="2">隐蔽内面</td></tr>
<tr><td>钢模</td><td>木模</td></tr>
<tr><td>1</td><td>模板平整度：相邻两模板面高差</td><td></td><td>2</td><td>3</td><td>5</td><td></td><td></td><td></td></tr>
<tr><td>2</td><td>局部不平（用 2m 直尺检查）</td><td></td><td>2</td><td>5</td><td>10</td><td></td><td></td><td></td></tr>
<tr><td>3</td><td>板面缝隙</td><td></td><td>1</td><td>2</td><td>2</td><td></td><td></td><td></td></tr>
<tr><td>4</td><td>结构物边线与设计边线</td><td>8.75m×15.5m</td><td colspan="2">10</td><td>15</td><td></td><td></td><td></td></tr>
<tr><td>5</td><td>结构物水平断面内部尺寸</td><td>+2.5m</td><td colspan="3">±20</td><td></td><td></td><td></td></tr>
<tr><td>6</td><td>承重模板标高</td><td></td><td colspan="3">±5</td><td></td><td></td><td></td></tr>
<tr><td>7</td><td>预留孔、洞尺寸及位置</td><td></td><td colspan="3">±10</td><td></td><td></td><td></td></tr>
<tr><td>检测结果</td><td colspan="8">共检测　　点，其中合格　　点，合格率　　%</td></tr>
<tr><td colspan="7">评　定　意　见</td><td colspan="2">工序质量等级</td></tr>
<tr><td colspan="7">主要检查项目全部符合质量标准。一般检查项目　　质量标准。检测项目实测点合格率　　%</td><td colspan="2"></td></tr>
<tr><td colspan="2">施工单位</td><td colspan="2"></td><td colspan="3">建设（监理）单位</td><td colspan="2"></td></tr>
</table>

填表说明：

填表时必须遵守填表基本规则，并符合以下要求：

1. 单元工程量除填本单位混凝土量（m^3）外，还要填模板安装量（m^2）。
2. 检查项目项次 1 质量标准栏须填写设计要求，如写不下可另附页。本例将设计要求（支撑牢固、稳定）直接填写在栏内。
3. 检测项目：

（1）许偏差栏，分为 3 种，应按模板性质及种类在相应栏内加√标明。本例模板是外露表面、钢模，故在钢模处加√。

（2）第 4、5、6、7 项应按施工图填写设计值及其单位（m 或 cm）。实测值应对应于设计值，且一般同单位，而不应填偏差值。

（3）检测数量：按水平线（或垂直线）布置检测点。总检测点数量：模板面积在 100cm^2 以内，不少于 20 个；100cm^2 以上，不少于 30 个。

4. 质量标准：在主要检查项目（有△号的）符合质量标准的前提下，一般检查项目（无△号的）基本符合质量标准，检测总点数中有 70% 及以上符合质量标准，即评为合格。一般检查项目符合质量标准，检测总点数中有 90% 及以上符合质量标准，即评为优良。

1.6.7 水利水电工程混凝土钢筋工序质量评定

表 3.1.19　　　　水利水电工程混凝土钢筋工序质量评定表

单位工程名称		单元工程量	
分部工程名称		施工单位	
单元工程名称		检验日期	

项次	检查项目	质量标准	检验记录
1	△钢筋的数量、规格尺寸、安装位置	符合设计图纸图号（水工 08A）	
2	焊缝表面和焊缝中	不允许有裂缝	
3	△脱焊点和漏焊点	无	

项次	检测项目	设计值	允许偏差	实测值（mm）	合格数（点）	合格率（%）
1	点焊及电弧焊：帮条对焊接头中心的纵向偏移差		0.5d			
2	点焊及电弧焊：接头处钢筋轴线的曲折		4 度			
3	点焊及电弧焊：△焊缝：长度（d=20）	200mm	-0.5d（-10）			
	点焊及电弧焊：△焊缝：高度	14mm	-0.05d（-1）			
	点焊及电弧焊：△焊缝：宽度	14mm	-0.1d（-2）			
	点焊及电弧焊：△焊缝：咬边深度		0.05d 不大于 1			
	点焊及电弧焊：△焊缝：表面气孔夹渣：在 2d 长度上		不多于 2 个			
	点焊及电弧焊：△焊缝：表面气孔夹渣：气孔、夹渣直径		不大于 3 个			
4	△绑扎：缺扣、松扣		不大于 20% 且不集中			
	△绑扎：弯钩朝向正确		符合设计图纸			
	△绑扎：搭接长度		-0.05 设计值			
5	对焊及熔槽焊：△焊接接头根部未焊透深度：ϕ25～400mm 钢筋		0.15d			
	对焊及熔槽焊：△焊接接头根部未焊透深度：ϕ40～70mm 钢筋		0.10d			
	对焊及熔槽焊：接头处钢筋中心线的位移		0.1d 不大于 2			
	对焊及熔槽焊：焊缝表面（长为 2d）和焊缝截面上蜂窝、气孔、非金属杂质		不大于 1.5d，3 个			
6	钢筋长度方向的偏差（净保护层 50mm）	174003 0900	±1/2 净保护层厚			
7	同一排受力钢筋间距的局部偏差：柱及梁		±0.5d			
	同一排受力钢筋间距的局部偏差：板、墙	间距 200	±0.1 间距（±20）			
8	同一排分布钢筋间距的偏差		±0.1 间距			
9	双排钢筋，其排与排间距的局部偏差		±0.1 排距			

续表

项次	检查项目	质量标准		检验记录		
10	梁与柱中钢箍间距的偏差		0.1 箍筋间距			
11	保护层厚度的局部偏差	50	±1/4 净保护层厚 （±12.5）			
检测结果	共检测　　点，其中合格　　点，合格率　　%					
评定意见				工序质量等级		
主要检查项目全部符合质量标准。一般检查项目　　质量标准。检测项目实测点合格率　　%						
施工单位		建设（监理）单位				

填表说明：

填表时必须遵守填表基本规则，并符合以下要求：

1. 单元工程量除填本单元混凝土量（m^3）外，还要填钢筋工程量（m）。
2. 检查项目项次 1 质量标准栏为符合设计，填表时须在该栏中注明设计图号，本例为：水工 08A。
3. 检测数量：先进行宏观检查，没发现有明显不合格处，即可进行抽样检查，对梁、板、柱等小型构件，总检测点数不少于 30 个，其余总检测点数一般不少于 50 个。
4. 质量标准：在主要检查、检测项目符合质量标准的前提下，一般检查项目基本符合质量标准，检测总点数中有 70% 及以上符合质量标准，即评为合格，一般检查项目符合质量标准，检测总点数中有 90% 及以上符合质量标准，即评为优良。

1.6.8 水利水电工程混凝土止水、伸缩缝和排水管安装工序质量评定

表 3.1.20　水利水电工程混凝土止水、伸缩缝和排水管安装工序质量评定表

单位工程名称		单元工程量	
分部工程名称		施工单位	
单元工程名称、部位		检验日期	年　月　日

项次	检查项目		质量标准	检验记录
1	伸缩缝制作及安装	涂敷沥青料	混凝土表面洁净干燥，涂刷均匀平整，与混凝土黏接紧密，无气泡及隆起现象	
2		黏贴沥青油毛毡	伸缩缝表面清洁干燥，蜂窝麻面已处理并填平，外露施工铁件割除，铺设厚度均匀平整，搭接紧密	
3		铺设预制油毡板	混凝土表面清洁，蜂窝麻面已处理并填平，外露施工铁件割除，铺设厚度均匀平整、牢固，相邻块安装紧密平整无缝	
4		沥青井、柱安装	电热原件及绝缘材料置放准确牢固，不短路，沥青填塞密实，安装位置准确、稳固，上下层衔接好	

续表

项次	检测项目			设计值（mm）	允许偏差（mm）	实测值（mm）	合格数（点）	合格率（%）
1	金属、塑料、橡胶止水	金属止水片的止水作用	宽	400	±5			
2			高（牛鼻子）	40	±2			
			长	4×1500	±20			
3		△金属止水片搭接长度		20	不小于20 双面氧焊			
4		安装偏差：大体积混凝土 细部结构其他			±30 ±20			
5		△插入基岩部分			符合设计要求			
6	坝体排水管安装	拔管	平面位置		≤100			
7		排水管	倾斜度		≤4%			
8		多孔性排水管	平面位置		≤100			
9			倾斜度		≤4%			
10		排水管通畅性			通畅			
检测结果	共检测　点，其中合格　点，合格率　%							
评　定　意　见							工序质量等级	
主要检查项目全部符合质量标准。一般检查项目　质量标准。检测项目实测点合格率　%								
施工单位					建设（监理）单位			

填表说明：

填表时必须遵守填表基本规则，并符合以下要求：

1. 单元工程量除填本单元混凝土量（m^3），还要填本工序工程量（m）。
2. 检查项目项次5允许偏差为符合设计要求，填表时应将设计止水插入基岩部分的要求写出。
3. 检测数量：一单元工程中若同时有止水、伸缩缝和坝体排水管3项，则每一单项检查（测）点不少于8个，总检查（测）点数一般不少于30个；若只有其中一项或两项总检查（测）点数一般不少于20个。
4. 质量标准：在主要检查项目符合质量标准的前提下，一般检查项目基本符合质量标准，检测总点数中有70%及以上符合质量标准，即评为合格，一般检查项目符合质量标准，检测总点数中有90%及以符合质量标准，即评为优良。

1.6.9　水利水电工程混凝土浇筑工序质量评定

表 3.1.21　　水利水电工程混凝土浇筑工序质量评定表

单位工程名称			单元工程量	
分部工程名称			施工单位	
单元工程名称、部位			检验日期	年　月　日
项次	检查项目	质量标准		检验记录
		优良	合格	
1	砂浆铺筑	厚度不大于3cm，均匀平整	厚度不大于3cm，局部稍差	
2	△入仓混凝土料	无不合格料入仓	少量不合格料入仓，经处理尚能基本满足设计要求	

续表

项次	检查项目	质量标准		检验记录
		优良	合格	
3	△平仓分层	厚度不大于50cm，铺设均匀，分层清楚，无骨料集中现象	局部稍差	
4	△混凝土振捣	垂直插入下层5cm，有次序，无漏振	无架空和漏振	
5	△铺料间歇时间	符合要求，无初凝现象	上游迎水面15cm以内无初凝现象，其他部位初凝累计面积不超过1%并经处理合格	
6	积水和泌水	无外部水流入，泌水排除及时	无外部水流入，有少量泌水，排除不够及时	
7	插筋、管路等埋设件保护	保护好，符合要求	有少量位移，但不影响使用	
8	混凝土养护	混凝土表面保持湿润，无时干时湿现象	混凝土表面保持湿润，但局部短时间有时干时湿现象	
9	△有表面平整要求的部位	符合设计规定	局部稍超出规定，但累积面积不超过0.5%	
10	麻面	无	少量麻面，但累积面积不超过0.5%	
11	蜂窝狗洞	无	轻微、少量、不连续，单个面积不超过0.1m^2，深度不超过骨料最大粒径，已按要求处理	
12	△露筋	无	无主筋外漏，箍、副筋个别微露，已按要求处理	
13	碰损掉角	无	重要部位不允许，其他部位轻微少量，已按要求处理	
14	表面裂缝	无	有短小、不跨层的表面裂缝，已按要求处理	
15	△深层及贯穿裂缝	无	无	
评定意见				工序质量等级
主要检查项目、全部符合优良质量标准，一般检查项目　　优良质量标准				
施工单位		建设（监理）单位		

填表说明：

填表时必须遵守填表基本规则，并符合以下要求：

1. 单元工程量除填本单元混凝土量（m^3）。
2. 检验日期：混凝土浇筑时和拆模后分别进行检查，填写两个检查时间。
3. 检查项目项次9△有表面平整要求的部分，指过流表面及高速水流区。
4. 质量标准：如果主要检查项目全部符合优良质量标准，一般检查项目符合优良或合格质量标准，评为优良；如果主要检查项目全部符合合格质量标准，一般检查项目基本符合合格质量标准评为合格。

1.6.10 水利水电工程混凝土单元工程质量评定

表 3.1.22　　　　水利水电工程混凝土单元工程质量评定表

单位工程名称		单元工程量	
分部工程名称		施工单位	
单元工程名称、部位		评定日期	年　月　日
项次	工序名称	工序质量等级	
1	基础面或混凝土施工缝处理		
2	模板		
3	△钢筋		
4	止水、伸缩缝和排水管安装		
5	△混凝土浇筑		
评定意见		单元工程质量等级	
工序质量全部合格，主要工序——钢筋、混凝土浇筑两工序质量　　，工序质量优良率为　　%			
施工单位		建设（监理）单位	

填表说明：

填表时必须遵守填表基本规则，并符合以下要求：

1. 单元工程划分：按混凝土浇筑仓号划分，每一仓号为一单元工程，排架柱梁系按一次检查验收的范围，若干个柱梁为一个单元工程。
2. 单元工程量：填写本单元混凝土浇筑量（m^3）。
3. 本表是在前5个表等工序质量评定后，由施工单位按照监理复核的工序质量结果填写（从表头至评定意见）。单元工程质量等级由建设、监理复核评定。
4. 单元工程质量标准

   合格：工序质量全部合格。

   优良：工序质量全部合格，优良工序达70%及以上，且主要工序全部优良。

1.6.11 水利水电工程混凝土预制构件安装单元工程质量评定表

表 3.1.23　　　　水利水电工程混凝土预制构件安装单元工程质量评定表

单位工程名称					单元工程量		
分部工程名称					施工单位		
单元工程名称、部位					检验日期	年　月　日	
项次	检查项目			质量标准	检验记录		
1	△构件型号和安装位置			符合设计（图纸桥09）			
2	△构件吊装时的混凝土强度			符合设计要求			
3	△构件预制质量			符合设计要求（C_{30}）			
项次	检测项目			允许偏差（mm）	实测值	合格数（点）	合格率（%）
1	杯形基础	中心线和轴线的位移		±10			
2		杯形基础底标高		0～－10			
3	柱	中心线和轴线的位移		±5			
4		垂直度	柱高10m以下	10			
5			柱高10m及其以上	20			
6		牛腿上表面和柱顶标高		±8			

续表

项次	检测项目			允许偏差（mm）	实测值	合格数（点）	合格率（%）
7	吊车梁	中心线和轴线的位移		±5			
8		梁顶面标高		+10 ~ -5			
9	屋架	下弦中心线和轴线位移		±5			
10		垂直度	桁架、拱型屋架	1/250 屋架高			
11			薄腹梁	5			
12	预制廊道、井筒板（埋入建筑物）	中心线和轴线的位移		±20			
13		相邻两构件的表面平整		10			
14	建筑物外表面模板	相邻两板面高差		3（局部5）			
15		外边线与结构物边线		±10			
检测结果	共检测			点，其中合格	点，合格率	%	
评定意见					单元工程质量等级		
主要检查项目全部符合质量标准，检测项目实测点合格率 %							
施工单位					建设（监理）单位		

填表说明：

填表时必须遵守填表基本规则，并符合以下要求：

1. 单元工程划分：按检查质量评定的根、套、组划分，每一根、套、组为一个单元工程。
2. 单元工程量：填写安装预制构件数量（t、m^3、件）。
3. 检查项目项次1，2，3的质量标准栏为符合设计要求，项次1填写图纸的图号。本例为桥09。项次2内容较多，采用另附页方式，填写见附页，项次3填写混凝土预制件的设计标号（或等级），本例为C_{30}。
4. 检测数量：按要求逐项检查，总检测点数不少于20个。
5. 质量标准：在主要检查项目全部符合质量标准的前提下，如果检测项目实测点合格率在70%及以上（90%），则评为合格。如果实测点合格率为90%及以上，则评为优良；或者，实测点合格率虽在70% ~ 90%之间，但预制构件制造质量优良，则本单元工程仍可评为优良。
6. 如果本单元中的预制构件制造质量优良，可在百分数后面加上预制构件制造质量优良。

1.6.12 水利水电工程混凝土坝坝体接缝灌浆单元工程质量评定

表 3.1.24　　水利水电工程混凝土坝坝体接缝灌浆单元工程质量评定表

单位工程名称			单元工程量	
分部工程名称			施工单位	
单元工程名称、部位			检验日期	年 月 日
项次	检查项目		质量标准	检验记录
1	灌浆前应具备的条件	△灌缝两侧及压重层混凝土温度	达到设计要求（侧温14℃，压重温14℃）	
2		△灌浆管路通畅，缝面通畅，以及灌区密封情况	应符合规范或设计要求（压水检查，管路畅通，无串漏）	
3		灌浆前后接缝张开度	灌前张开度值大于0.5mm。灌浆过程中接缝张开度值不得大于设计规定（设计张开度5mm）	
4		灌浆材料	应符合规范或设计要求 SL 62—94《水工建筑物水泥灌浆水工规范》	

续表

项次	检查项目		质量标准	检验记录
5	灌浆	△排气管出浆密度	两个排气管均应出浆，且其 密度均宜大于1.5g/cm^3	
6		△排气管管口压力	一排气管压力应达设计值，另一排气管压力最低应达到设计压力的50%以上	
7		△浆液变换和结束标准	应符合规范或设计要求 SL 62—94《水工建筑物水泥灌浆水工规范》	
8		施灌中有无串漏，及其影响质量程度	应基本无串漏，或虽稍有串漏，但处理后，不影响灌浆质量	
9		有无中断，及其影响质量程度	应无中断，或虽有中断，但经检查分析尚不影响灌浆质量	
10		缝面注水泥量	应符合设计要求（不大于0.4L/min）	
11		△灌浆记录	齐全、清晰、准确	
灌区测试情况		钻孔取芯、缝面槽检、压水检查及孔内电视等	钻孔取芯、压水检查	
评　定　意　见				单元工程质量等级
主要检查项目全部符合质量标准，一般检查项目　　质量标准				
施工单位			建设（监理）单位	

填表说明：

填表时必须遵守填表基本规则，并符合以下要求：

1. 单元工程划分：按设计、施工确定的灌浆区、段划分，每灌浆区、段为一个单元工程。
2. 单元工程量：本单元灌浆区域面积（m^2）。
3. 填表依据：本评定表依据施工记录填写。施工中要认真做好记录，监理要认真检查。
4. 检查项目项次1、2、3、4、7、9，将设计要求或规范名称编号直接填写在栏内。
5. 检查数量：逐项检查，总检查点数不少于30个。
6. 质量标准：在主要检查项目全部符合质量标准前提下，一般检查项目也全部符合质量标准，检测点总数中有90%及以上符合标准的，主要检查项目全部符合质量标准，一般检查项目基本符合质量标准，检测点总数中有70%及其以上符合质量标准的则评为合格。

1.6.13 水利水电工程岩石地基帷幕灌浆单元工程质量评定

表3.1.25　　水利水电工程岩石地基帷幕灌浆单元工程质量评定表

单位工程名称				单元工程量									
分部工程名称				施工单位									
单元工程名称、部位				检验日期	年　月　日								
项次	检查项目		质量标准	各孔检测结果									
				1	2	3	4	5	6	7	8	9	10
1	钻孔	孔序	应符合设计要求（三序）										
2		孔位	允许偏差±10cm										
3		△孔深	不得小于设计孔深（25m）										
4		偏斜率	应符合规范或设计要求（1%）										

续表

<table>
<tr><td rowspan="2">项次</td><td colspan="2" rowspan="2">检查项目</td><td rowspan="2">质量标准</td><td colspan="10">各孔检测结果</td></tr>
<tr><td>1</td><td>2</td><td>3</td><td>4</td><td>5</td><td>6</td><td>7</td><td>8</td><td>9</td><td>10</td></tr>
<tr><td>5</td><td rowspan="9">灌浆</td><td>灌浆段长</td><td>应符合设计要求（5m）</td><td></td><td></td><td></td><td></td><td></td><td></td><td></td><td></td><td></td><td></td></tr>
<tr><td>6</td><td>钻孔冲洗</td><td>应符合设计要求（见附页）</td><td></td><td></td><td></td><td></td><td></td><td></td><td></td><td></td><td></td><td></td></tr>
<tr><td>7</td><td>先导孔灌前压水试验，或灌浆孔灌前简易压水</td><td>应符合规范或设计要求 SL 62—94《水工建筑物水泥灌浆施工技术规范》</td><td></td><td></td><td></td><td></td><td></td><td></td><td></td><td></td><td></td><td></td></tr>
<tr><td>8</td><td>△灌浆压力</td><td>应符合设计要求（0.4～0.6MPa）</td><td></td><td></td><td></td><td></td><td></td><td></td><td></td><td></td><td></td><td></td></tr>
<tr><td>9</td><td>浆液变换和结束标准</td><td>应符合规范或设计要求 SL 62—94《水工建筑物水泥灌浆施工技术规范》</td><td></td><td></td><td></td><td></td><td></td><td></td><td></td><td></td><td></td><td></td></tr>
<tr><td>10</td><td>灌浆管或射浆管口距灌浆段底距离</td><td>不大于 50cm</td><td></td><td></td><td></td><td></td><td></td><td></td><td></td><td></td><td></td><td></td></tr>
<tr><td>11</td><td>有无中断及影响质量程度</td><td>应无中断或虽有中断，但经检查分析尚不影响灌浆质量</td><td></td><td></td><td></td><td></td><td></td><td></td><td></td><td></td><td></td><td></td></tr>
<tr><td>12</td><td>封孔</td><td>应符合规范或设计要求 SL 62—94《水工建筑物水泥灌浆施工技术规范》</td><td></td><td></td><td></td><td></td><td></td><td></td><td></td><td></td><td></td><td></td></tr>
<tr><td>13</td><td>△灌浆记录</td><td>齐全、清晰、准确</td><td></td><td></td><td></td><td></td><td></td><td></td><td></td><td></td><td></td><td></td></tr>
<tr><td colspan="4">各孔质量评定</td><td></td><td></td><td></td><td></td><td></td><td></td><td></td><td></td><td></td><td></td></tr>
<tr><td colspan="14">本单元工程内共有　　孔，其中优良　　孔，优良率为　　%</td></tr>
<tr><td colspan="3" rowspan="3">单元工程效果检查</td><td>检查孔压水试验</td><td colspan="10"></td></tr>
<tr><td>检查孔单位水泥注入量</td><td colspan="10"></td></tr>
<tr><td>其他（检查孔芯样）</td><td colspan="10"></td></tr>
<tr><td colspan="4">评　定　意　见</td><td colspan="10">单元工程质量等级</td></tr>
<tr><td colspan="4">灌浆孔全部合格，其中优良孔占　%，单元效果检查优良</td><td colspan="10"></td></tr>
<tr><td colspan="3">施工单位</td><td></td><td colspan="8">建设（监理）单位</td><td colspan="2"></td></tr>
</table>

注　表中第 10 项，系采用孔口封闭灌浆法或自上而下分段灌浆法时，应遵循的质量标准。

填表说明：

填表时必须遵守填表基本规则，并符合以下要求：

单元工程划分：以相邻 10～20 孔为一个单元工程。

1. 单元工程量：灌浆孔总长度（m）。
2. 填表依据：本表依据各孔施工记录填写，施工单位务必做好施工记录，监理要认真检查。
3. 检查项目项次 1、3～9、12 的质量标准栏均须填写设计要求或规范名称编号，本例以将设计具体要求或执行的规范名称及编号填写在相应栏内。
4. 各孔检测结果：每个孔共有 12 个检查项目，每项检查结果用符号表示：以√表示符合质量标准，以 0 表示基本符合质量标准，×表示不符合质量标准。
5. 各孔质量评定：各孔质量等级用符号表示：以√表示优良，以 0 表示合格，×表示不合格。
6. 质量标准：在主要检查项目全部符合质量标准前提下，一般检查项目也符合质量标准的孔评为优良孔；一般检查项目基本符合质量标准孔评为合格孔。
7. 单元工程效果检查：帷幕灌浆检查孔的数量宜为灌浆孔总数的 10%，一个单元工程内，至少应布置 1 个检查孔。压水试验在该部位灌浆结束 14d 后进行。检查孔采取岩芯，计算获得率并加以描述。
8. 压水试验标准：合格—坝体混凝土与基岩接触及其下一孔段的合格率为 100%，再以下各孔段合格率不小于 90%，不合格段的透水率不大于 $2.0q_{设}$，且不集中（若个别孔段透水率超过 $2.0q_{设}$，则应处理，处理后经检查合格，即认定为合格）；优良—坝体混凝土与基岩接触及其下一孔段合格率为 100%，再以下各孔段合格率不小于 90%，不合格段的透水率不大于 $1.5q_{设}$，且不集中。
9. 单元工程质量标准：在本单元灌浆孔全部合格的前提下，若优良孔占 70% 及以上，且单元效果检查优良，则评为优良；若优良孔数达不到 70%，或单元效果检查只评为合格，则本单元评为合格。

1.6.14 水利水电工程岩石地基固结灌浆单元工程质量评定

表 3.1.26　　　　水利水电工程岩石地基固结灌浆单元工程质量评定表

<table>
<tr><td colspan="3">单位工程名称</td><td></td><td colspan="5">单元工程量</td><td colspan="5"></td></tr>
<tr><td colspan="3">分部工程名称</td><td></td><td colspan="5">施工单位</td><td colspan="5"></td></tr>
<tr><td colspan="3">单元工程名称、部位</td><td></td><td colspan="5">检验日期</td><td colspan="5">年　月　日</td></tr>
<tr><td rowspan="2">项次</td><td colspan="2" rowspan="2">检查项目</td><td rowspan="2">质量标准</td><td colspan="10">各孔检测结果</td></tr>
<tr><td>1</td><td>2</td><td>3</td><td>4</td><td>5</td><td>6</td><td>7</td><td>8</td><td>9</td><td>10</td></tr>
<tr><td>1</td><td rowspan="3">钻孔</td><td>孔序</td><td>应符合设计要求</td><td></td><td></td><td></td><td></td><td></td><td></td><td></td><td></td><td></td><td></td></tr>
<tr><td>2</td><td>孔位</td><td>应符合设计要求（允许偏差 ±10cm）</td><td></td><td></td><td></td><td></td><td></td><td></td><td></td><td></td><td></td><td></td></tr>
<tr><td>3</td><td>△孔深</td><td>不得小于设计孔深（5m）</td><td></td><td></td><td></td><td></td><td></td><td></td><td></td><td></td><td></td><td></td></tr>
<tr><td>4</td><td rowspan="9">灌浆</td><td>灌浆分段和段长</td><td>应符合设计要求</td><td></td><td></td><td></td><td></td><td></td><td></td><td></td><td></td><td></td><td></td></tr>
<tr><td>5</td><td>钻孔冲洗</td><td>应符合设计要求</td><td></td><td></td><td></td><td></td><td></td><td></td><td></td><td></td><td></td><td></td></tr>
<tr><td>6</td><td>灌前进行压水试验的孔数和压水试验</td><td>孔数不少于总孔数的 5%，压水试验应符合设计要求</td><td></td><td></td><td></td><td></td><td></td><td></td><td></td><td></td><td></td><td></td></tr>
<tr><td>7</td><td>△灌浆压力</td><td>应符合设计要求（0.4～0.5MPa）</td><td></td><td></td><td></td><td></td><td></td><td></td><td></td><td></td><td></td><td></td></tr>
<tr><td>8</td><td>△浆液变换和结束标准</td><td>应符合设计要求</td><td></td><td></td><td></td><td></td><td></td><td></td><td></td><td></td><td></td><td></td></tr>
<tr><td>9</td><td>有无中断及影响质量程度</td><td>应无中断或虽有中断，但经检查分析尚不影响灌浆质量</td><td></td><td></td><td></td><td></td><td></td><td></td><td></td><td></td><td></td><td></td></tr>
<tr><td>10</td><td>△抬动变形</td><td>抬动值不应超过设计规定</td><td></td><td></td><td></td><td></td><td></td><td></td><td></td><td></td><td></td><td></td></tr>
<tr><td>11</td><td>封孔</td><td>应符合设计要求（机械压浆封孔体）</td><td></td><td></td><td></td><td></td><td></td><td></td><td></td><td></td><td></td><td></td></tr>
<tr><td>12</td><td>△灌浆记录</td><td>齐全、清晰、准确</td><td></td><td></td><td></td><td></td><td></td><td></td><td></td><td></td><td></td><td></td></tr>
<tr><td colspan="4">各孔质量评定</td><td></td><td></td><td></td><td></td><td></td><td></td><td></td><td></td><td></td><td></td></tr>
<tr><td colspan="14">本单元工程内共有　　孔，其中优良　　孔，优良率为　　%</td></tr>
<tr><td colspan="3" rowspan="4">单元工程效果检查</td><td>波速测试</td><td colspan="10" rowspan="4"></td></tr>
<tr><td>检查孔压水试验</td></tr>
<tr><td>检查孔单位水泥注入量</td></tr>
<tr><td>其他</td></tr>
<tr><td colspan="4">评　定　意　见</td><td colspan="10">单元工程质量等级</td></tr>
<tr><td colspan="4">灌浆孔全部合格，其中优良孔占　%，单元效果检查</td><td colspan="10"></td></tr>
<tr><td colspan="3">施工单位</td><td></td><td colspan="9">建设（监理）单位</td><td></td></tr>
</table>

填表说明：

填表时必须遵守填表基本规则，并符合以下要求：

1. 单元工程划分：按混凝土浇筑块、段划分，每一块段的固结灌浆为一个单元工程。
2. 单元工程量：灌浆孔总长度（m）。
3. 填表依据：本表依据各孔施工记录填写，施工单位务必做好施工记录，监理要认真检查。
4. 检查项目项次 1～5、7、8、10、11 的质量标准有设计要求的，本例视内容多少，分别要取直接填写具体要求和另附页方式。
5. 各孔检测结果：每个孔共有 12 个检查项目，每项检查结果用符号表示：以√表示符合质量标准，以 0 表示基本符合质量标准，×表示不符合质量标准。
6. 各孔质量评定：各孔质量等级用符号表示：以√表示优良，以 0 表示合格，×表示不合格。
7. 质量标准：在主要检查项目全部符合质量标准前提下，一般检查项目也符合质量标准的孔评为优良孔；一般检查项目基本符合质量标准孔评为合格孔。

（1）单元工程效果检查：

测量岩体波速或静弹性模量，分别在灌浆结束 14d、28d 后进行，岩体波速或静弹性模量应符合设计规定。

（2）压水试验：检查孔数量不少于灌浆总孔数 5%，压水试验在灌浆结束 3～7d 后进行。检查孔段的合格率不小于 80%，不合格孔段的透水率不大于 $1.5q_{设}$ 为合格；检查孔段合格率不小于 95%，不合格孔段的透水率不大于 $1.5q_{设}$，为优良。

8. 单元工程质量标准：在本单元灌浆孔全部合格的前提下，若优良孔占 70% 及以上，且单元效果检查优良，则评为优良；若优良孔数达不到 70%，或单元效果检查只评为合格，则本单元评为合格。

1.6.15 水利水电工程水工隧洞回填灌浆单元工程质量评定

表 3.1.27　　　　水利水电工程水工隧洞回填灌浆单元工程质量评定表

单位工程名称				单元工程量									
分部工程名称				施工单位									
单元工程名称、部位				检验日期		年　月　日							
项次	检查项目		质量标准	各孔检测结果									
				1	2	3	4	5	6	7	8	9	10
1	钻孔	孔序	应符合设计要求（二序孔）										
2		孔位	应符合设计要求(允许偏差±20cm)										
3		孔径	不小于38mm										
4		孔深	进入岩石10cm										
5	灌浆	△灌浆压力	应符合设计要求（0.3~0.4MPa）										
6		△浆液变换和结束标准	应符合规范或设计要求 SL 62—94《水工建筑物水泥灌浆施工技术规范》										
7		△抬动变形	抬动值不应超过设计规定值（小于0.01mm）										
8		封孔	应符合规范或设计要求 SL 62—94《水工建筑物水泥灌浆施工技术规范》										
9		△灌浆记录	齐全、清晰、准确										
各孔质量评定													
本单元工程内共有　　孔，其中优良　　孔，优良率为　　%													
单元工程效果检查													
评　定　意　见				单元工程质量等级									
各灌浆孔质量全部合格，其中质量优良孔占　%，单元工程效果检查													
施工单位				建设（监理）单位									

填表说明：

填表时必须遵守填表基本规则，并符合以下要求：

1. 单元工程划分：以施工确定的区、段划分。
2. 单元工程量：灌浆孔总长度（m）。
3. 填表依据：本表依据各孔施工记录填写，施工单位务必做好施工记录，监理要认真检查。
4. 检查项目项次1、2、5~8的质量标准有设计要求的，本例直接将设计具体要求或规范名称、编号填写在相应栏内。
5. 各孔检测结果：每个孔共有12个检查项目，每项检查结果用符号表示：以√表示符合质量标准，以0表示基本符合质量标准，×表示不符合质量标准。
6. 各孔质量评定：各孔质量等级用符号表示：以√表示优良，以0表示合格，×表示不合格。

质量标准：在主要检查项目全部符合质量标准前提下，一般检查项目也符合质量标准的孔评为优良孔；一般检查项目基本符合质量标准孔评为合格孔。

7. 单元工程效果检查：水工隧洞回填灌浆质量检查在该部位灌浆结束7d后进行，检查孔应布置在脱空较大、串浆孔集中以及灌浆情况异常的部位，其数量为灌浆孔数的5%，检查方法可采用钻孔注浆法：局孔内注入水灰比2:1的浆液，在规定压力下，初始10min内注入量不超过10L为合格，不超过5L为优良。
8. 单元工程质量标准：在本单元灌浆孔全部合格的前提下，若优良孔占70%及以上，且单元效果检查优良，则评为优良；若优良孔数达不到70%，或单元效果检查只评为合格，则本单元评为合格。

1.6.16 水利水电工程高压喷射灌浆单元工程质量评定

表 3.1.28　　水利水电工程高压喷射灌浆单元工程质量评定表

单位工程名称				单元工程量									
分部工程名称				施工单位									
单元工程名称、部位				检验日期	年　月　日								
项次	检查项目		质量标准	各孔检测结果									
				1	2	3	4	5	6	7	8	9	10
1	钻孔	孔序	应符合设计要求（二序）										
2		孔位	应符合设计要求（允许偏差±20cm）										
3		△孔深	应符合设计要求（43m）										
4		偏斜度	应符合设计要求（1%）										
5	灌浆	△高压喷杆下入深度	应符合设计要求（见附页）										
6		水压（MPa）水量（l/min）	应符合设计要求（38～40MPa，80L/min）										
7		气压（MPa）气量（m^3/h）	应符合设计要求（0.7～0.8MPa，800～1001L/min）										
8		△进浆密度浆量和浆液	应符合设计要求（$G=1.7$，80ml/s）										
9		定喷（或摆喷、旋喷）	应符合设计要求（$\theta=15°$）										
10		回转速度	应符合设计要求（20°/s）										
11		△提升速度（cm/min）	应符合设计要求（5cm/min）										
12		△灌浆记录	齐全、清晰、准确										
各孔质量评定													
本单元工程内共有　　孔，其中优良　　孔，优良率为　　%													
单元工程效果检查													
评　定　意　见				单元工程质量等级									
各灌浆孔质量全部合格，其中质量优良孔占　　%，单元工程效果检查													
施工单位				建设（监理）单位									

填表说明：

填表时必须遵守“填表基本规则”，并符合以下要求：

1. 单元工程划分：以相邻5～10孔为一单元工程。
2. 单元工程量：灌浆孔总长度（m，旋喷），或灌浆开线的防渗墙垂直投影面积（m^2，定喷、摆喷）。
3. 填表依据：本表依据各孔施工记录填写，施工单位务必做好施工记录，监理要认真检查。
4. 第9项定喷（或摆喷、旋喷）共列3类，属于哪一类，便在其上打“√”，本例为摆喷、即在摆喷处打“√”。
5. 各检查项目的质量标准均有“设计要求”，本例采用将设计具体要求填入相应栏或另附页方式。
6. 各孔检测结果：每个孔共有12个检查项目，每项检查结果用符号表示：以“√”表示符合质量标准，以“0”表示基本符合质量标准，“×”表示不符合质量标准。
7. 各孔质量评定：各孔质量等级用符号表示：以“√”表示优良，以“0”表示合格，“×”表示不合格。
   质量标准：在主要检查项目全部符合质量标准前提下，一般检查项目也符合质量标准的孔评为优良孔；一般检查项目基本符合质量标准孔评为合格孔。
8. 单元工程效果检查：
   （1）物探检验结果符合设计要求。
   （2）抽水试验：渗透系数 $K \leqslant K_{设}$。
9. 单元工程质量标准：在本单元灌浆孔全部合格的前提下，若优良孔占70%及以上，且单元效果检查优良，则评为“优良”；若优良孔数达不到70%，或单元效果检查只评为合格，则本单元评为“合格”。

1.6.17 水利水电工程基础排水单元工程质量评定

表 3.1.29　　水利水电工程基础排水单元工程质量评定表

<table>
<tr><td colspan="4">单位工程名称</td><td></td><td colspan="3">单元工程量</td><td colspan="7"></td></tr>
<tr><td colspan="4">分部工程名称</td><td></td><td colspan="3">施工单位</td><td colspan="7"></td></tr>
<tr><td colspan="4">单元工程名称、部位</td><td></td><td colspan="3">检验日期</td><td colspan="7">年　月　日</td></tr>
<tr><td rowspan="2">项次</td><td colspan="3" rowspan="2">检查项目</td><td rowspan="2">质量标准</td><td colspan="10">各孔检测结果</td></tr>
<tr><td>1</td><td>2</td><td>3</td><td>4</td><td>5</td><td>6</td><td>7</td><td>8</td><td>9</td><td>10</td></tr>
<tr><td>1</td><td rowspan="4">垂直排水孔</td><td colspan="2">孔口平面位置偏差</td><td>不大于10cm</td><td></td><td></td><td></td><td></td><td></td><td></td><td></td><td></td><td></td><td></td></tr>
<tr><td rowspan="2">2</td><td rowspan="2">倾斜度</td><td>深孔</td><td>不大于1%</td><td></td><td></td><td></td><td></td><td></td><td></td><td></td><td></td><td></td><td></td></tr>
<tr><td>浅孔</td><td>不大于2%</td><td></td><td></td><td></td><td></td><td></td><td></td><td></td><td></td><td></td><td></td></tr>
<tr><td>3</td><td colspan="2">△孔深偏差</td><td>±2%（孔深15m，允许±0.3m）</td><td></td><td></td><td></td><td></td><td></td><td></td><td></td><td></td><td></td><td></td></tr>
<tr><td>4</td><td rowspan="2">水平孔（槽）</td><td colspan="2">平面位置偏差</td><td>不大于10cm</td><td></td><td></td><td></td><td></td><td></td><td></td><td></td><td></td><td></td><td></td></tr>
<tr><td>5</td><td colspan="2">倾斜度</td><td>不大于2%</td><td></td><td></td><td></td><td></td><td></td><td></td><td></td><td></td><td></td><td></td></tr>
<tr><td>6</td><td colspan="3">△管（槽板）接头，管（槽板）与岩石接触</td><td>密合不漏浆，管（槽）内干净</td><td></td><td></td><td></td><td></td><td></td><td></td><td></td><td></td><td></td><td></td></tr>
<tr><td colspan="5">各孔质量评定</td><td></td><td></td><td></td><td></td><td></td><td></td><td></td><td></td><td></td><td></td></tr>
<tr><td colspan="15">本单元共有　孔，其中优良　孔，优良率　%</td></tr>
<tr><td colspan="5">评　定　意　见</td><td colspan="10">单元工程质量等级</td></tr>
<tr><td colspan="5">单元内各排水孔质量全部达到合格标准，其中优良排水孔为　%</td><td colspan="10"></td></tr>
<tr><td colspan="4">施工单位</td><td></td><td colspan="6">建设（监理）单位</td><td colspan="4"></td></tr>
</table>

填表说明：

填表时必须遵守“填表基本规则”，并符合以下要求：

1. 单元工程划分：按施工质量考核要求划分，以每一排水区为一个单元工程。
2. 单元工程量：灌浆孔总长度（m）。
3. 填表依据：本表依据各孔施工记录填写，施工单位务必做好施工记录，监理要认真检查。
4. 检查项目项次3的质量标准填写设计孔深及按±2%计算出的允许偏差值。本例为孔深15 m，±0.3 m。
5. 各孔检测结果：每个孔共有12个检查项目，每项检查结果用符号表示：以“√”表示符合质量标准，以“0”表示基本符合质量标准，“×”表示不符合质量标准。

   各孔质量评定：各孔质量等级用符号表示：以“√”表示优良，以“0”表示合格，“×”表示不合格。
6. 质量标准：在主要检查项目全部符合质量标准前提下，一般检查项目也符合质量标准的孔评为优良孔；一般检查项目基本符合质量标准孔评为合格孔。
7. 单元工程质量标准：在本单元灌浆孔全部合格的前提下，若优良孔占70%及以上，且单元效果检查优良，则评为“优良”；若优良孔数达不到70%，或单元效果检查只评为合格，则本单元评为“合格”。

1.6.18 水利水电工程锚喷支护锚杆、钢筋网工序质量评定

表 3.1.30　　水利水电工程锚喷支护锚杆、钢筋网工序质量评定表

<table>
<tr><td colspan="2">单位工程名称</td><td colspan="2"></td><td>单元工程量</td><td colspan="3"></td></tr>
<tr><td colspan="2">分部工程名称</td><td colspan="2"></td><td>施工单位</td><td colspan="3"></td></tr>
<tr><td colspan="2">单元工程名称、部位</td><td colspan="2"></td><td>检验日期</td><td colspan="3">年　月　日</td></tr>
<tr><td>项次</td><td>检查项目</td><td colspan="2">质量标准</td><td colspan="4">检验记录</td></tr>
<tr><td>1</td><td>△锚杆材质和砂浆标号</td><td colspan="2">符合设计要求（ϕ20 锚杆；100 号砂浆）</td><td colspan="4"></td></tr>
<tr><td>2</td><td>△锚孔清理</td><td colspan="2">无岩粉、积水</td><td colspan="4"></td></tr>
<tr><td>3</td><td>△砂浆锚杆抗拔力</td><td colspan="2">符合设计和规范要求（18t）</td><td colspan="4"></td></tr>
<tr><td>4</td><td>△预应力锚杆张拉力</td><td colspan="2">符合设计和规范要求</td><td colspan="4"></td></tr>
<tr><td>5</td><td>钢筋材质、规格、尺寸</td><td colspan="2">符合设计要求（纵 ϕ8；环 ϕ10；纵、横间距 250cm）</td><td colspan="4"></td></tr>
<tr><td>项次</td><td>检测项目</td><td>设计值</td><td>质量标准允许偏差（cm）</td><td colspan="2">实　测　值</td><td>合格数（点）</td><td>合格率（%）</td></tr>
<tr><td>1</td><td>孔位偏差</td><td>150cm</td><td>小于 10</td><td colspan="2"></td><td></td><td></td></tr>
<tr><td>2</td><td>孔轴方向</td><td></td><td>垂直岩壁或符合设计要求</td><td colspan="2"></td><td></td><td></td></tr>
<tr><td>3</td><td>孔深偏差</td><td>300cm</td><td>±5</td><td colspan="2"></td><td></td><td></td></tr>
<tr><td>4</td><td>钢筋间距</td><td>纵横 25cm</td><td>±2</td><td colspan="2"></td><td></td><td></td></tr>
<tr><td>5</td><td>钢筋网与基岩面距离</td><td>4cm</td><td>±1</td><td colspan="2"></td><td></td><td></td></tr>
<tr><td>6</td><td>钢筋绑扎</td><td></td><td>牢固</td><td colspan="2"></td><td></td><td></td></tr>
<tr><td colspan="2">检测结果</td><td colspan="6">共检测　点，其中合格　点，合格率　%</td></tr>
<tr><td colspan="4">评　定　意　见</td><td colspan="4">工序质量等级</td></tr>
<tr><td colspan="4">主要检查项目全部符合质量标准。一般检查项目质量标准。检测项目实测点合格率　%</td><td colspan="4"></td></tr>
<tr><td colspan="2">施工单位</td><td colspan="2"></td><td colspan="2">建设（监理）单位</td><td colspan="2"></td></tr>
</table>

填表说明：

填表时必须遵守"填表基本规则"，并符合以下要求：

1. 单元工程量：本单元锚喷支护的钢筋网面积（㎡）和安装锚杆根数及长度（m）。
2. 检查项目项次 1、3、4、5 质量标准栏，要附设计或规范要求，本例将设计值直接填写在相应栏中。
3. 检查数量：锚杆的锚孔采用抽样检查，总抽样数量为 10%～15%，但不少于 20 根，锚杆总量少于 20 根时，进行全项检查（2～5）项，每批喷锚支护锚杆施工时，必须进行砂浆质量检查。锚杆的抗拔力、张拉力检查；每 300～400 根（或按设计要求）抽样不少于一组（3 根）。
4. 单元工程质量标准：在主要检查项目符合质量标准的前提下，一般检查项目基本符合质量标准，检测总点数中有 70% 及以上符合标准，评为"合格"。若一般检查项目符合质量标准，并且检测总点数中有 90% 及以上符合标准，则评为"优良"。

1.6.19　水利水电工程锚喷支护喷射混凝土质量工序评定

表 3.1.31　　　　水利水电工程锚喷支护喷射混凝土质量工序评定表

<table>
<tr><td colspan="3">单位工程名称</td><td></td><td>单元工程量</td><td></td></tr>
<tr><td colspan="3">分部工程名称</td><td></td><td>施工单位</td><td></td></tr>
<tr><td colspan="3">单元工程名称、部位</td><td></td><td>检验日期</td><td>年　　月　　日</td></tr>
<tr><td rowspan="2">项次</td><td rowspan="2" colspan="2">检查项目</td><td colspan="2">质量标准</td><td rowspan="2">检验记录</td></tr>
<tr><td>优良</td><td>合格</td></tr>
<tr><td>1</td><td colspan="2">△抗压强度保证率</td><td colspan="2">85% 及其以上</td><td></td></tr>
<tr><td>2</td><td colspan="2">△喷混凝土性能</td><td colspan="2">符合设计要求［设计：f_c = 20MPa（抗压）f_t = 1.5MPa（抗压）W_g = 0.8MPa（抗渗）］</td><td></td></tr>
<tr><td rowspan="2">3</td><td rowspan="2">喷混凝土厚度不得小于设计厚度</td><td>水工隧洞</td><td>80% 及其以上</td><td>70% 及其以上</td><td></td></tr>
<tr><td>非过水隧洞</td><td>70% 及其以上</td><td>60% 及其以上</td><td></td></tr>
<tr><td>4</td><td colspan="2">△喷层均匀性（现场取样）</td><td>无夹层、包砂</td><td>个别处有夹层、包砂</td><td></td></tr>
<tr><td>5</td><td colspan="2">喷层表面整体性</td><td>无裂缝</td><td>个别处有裂缝</td><td></td></tr>
<tr><td>6</td><td colspan="2">△喷层密实情况</td><td>无渗水、滴水</td><td>个别点渗水</td><td></td></tr>
<tr><td>7</td><td colspan="2">喷层养护</td><td>养护、保温好</td><td>养护、保温一般</td><td></td></tr>
<tr><td colspan="4">评　定　意　见</td><td colspan="2">工序质量等级</td></tr>
<tr><td colspan="4">主要检查项目全部符合优良质量标准。一般检查项目　　优良标准</td><td colspan="2"></td></tr>
<tr><td colspan="2">施工单位</td><td colspan="2"></td><td>建设（监理）单位</td><td></td></tr>
</table>

填表说明：

填表时必须遵守“填表基本规则”，并符合以下要求：

1. 单元工程、分部工程名称、单元工程名称、部位填写与表 3.1.30 相同。
2. 单元工程量：本单元锚喷支护的面积（㎡）和喷射混凝土体积（m^3）。
3. 检验日期：填本工序质量的评定日期。本工序质量评定必须在本工序施工完成且试验取得混凝土试块抗压强度后及时进行。
4. 检查数量：喷射混凝土每 20～50m（水工隧洞为 20m）设置检查断面一个，检测点数不少于 5 个。每 100m^3 喷射混凝土的混合料试件数不少于 2 组（每组 3 块），做喷射混凝土性能试验。
5. 单元工程质量标准：在主要检查项目符合优良质量标准，其他检查项目符合优良或合格质量标准的评为“优良”。凡主要检查项目全部符合合格及以上质量标准，其他检查项目符合合格质量标准的评为“合格”。

1.6.20 水利水电工程锚喷支护单元工程质量评定

表 3.1.32　　水利水电工程锚喷支护单元工程质量评定表

单位工程名称		单元工程量	
分部工程名称		施工单位	
单元工程名称、部位		评定日期	年　月　日
项次	项目名称	工序质量等级	
1	锚杆、钢筋网		
2	△喷射混凝土		
评　定　意　见		单元工程质量等级	
两个工序质量均达到合格标准，其中　　% 工序质量达到优良			
施工单位		建设（监理）单位	

填表说明：

填表时必须遵守“填表基本规则”，并符合以下要求：

1. 单元工程划分：按一次锚喷支护施工区、段划分，每一区段为一个单元工程。
2. 单元工程量：本单元衬护的面积（m^2）。
3. 本表是在表 3.1.31 质量评定后，由施工单位按照监理复核的工序质量等级填写（从表头至评定意见），单元工程质量等级由建设监理复核评定。
4. 单元工程质量标准：在 2 个工序都合格的前提下，喷射混凝土工序达到优良，则单元工程为“优良”，喷射混凝土工序为合格，则单元工程质量评为“合格”。

1.6.21 水利水电工程混凝土防渗墙单元工程质量评定

表 3.1.33　　水利水电工程混凝土防渗墙单元工程质量评定表

单位工程名称			单元工程量	
分部工程名称			施工单位	
单元工程名称、部位			检验日期	年　月　日
项次	检查项目		质量标准	检验记录
1	槽孔	槽孔中心偏差	±3cm	
2	槽孔	△槽孔中心偏差	不得小于设计孔深（20m）	
3	槽孔	△孔斜率	小于 0.4%	
4	槽孔	槽孔宽	满足设计要求（包括接头搭接厚度）（5.4cm）	

续表

项次	检查项目		质量标准	检验记录
5	清孔	△接头刷洗	刷子、钻头不带泥屑，孔底淤积不在增加	
6	清孔	△孔底淤积	不大于10cm	
7	清孔	孔内浆液密度	不大于1.3g/cm^3	
8	清孔	浆液黏度	不大于30s	
9	清孔	浆液含砂量	不大于12%	
10	坝体排水管安装	钢筋笼安放	符合设计要求（见附页）	
11	坝体排水管安装	导管间距与埋深	两导管距离小于3.5m；导管距孔端，一期槽孔为1.0～1.5m；二期槽孔为0.5～1.0m；埋深小于6m，但大于1.0m	
12	坝体排水管安装	△混凝土上升速度	≥2m/h，或符合设计要求	
13	坝体排水管安装	混凝土坍落度	18～22cm	
14	坝体排水管安装	混凝土扩散度	34～38cm	
15	坝体排水管安装	浇筑最终高度	符合设计要求（顶面50cm）	
16	坝体排水管安装	△施工记录、图纸	齐全、准确、清晰	
17	（1）混凝土设计指标，包括抗压强度、抗渗标号、弹性模量。 （2）混凝土设计原材料、配合比等是否符合设计要求。 （3）若在此单元（槽内）钻孔取芯，混凝土质量应符合设计要求			

评　定　意　见			工作质量等级
主要检测项目全部符合质量标准，一般检查项目　　质量标准，检测项目实测点合格率　　%			
施工单位		建设（监理）单位	

填表说明：

填表时必须遵守“填表基本规则”，并符合以下要求．

1. 单元工程划分：以每一槽孔为一个单元工程。
2. 单元工程量：本单元混凝土体积（m^3）及单元槽段长度L_X（m）。
3. 检查项目项次2、4、10、15的质量标准栏中有设计要求，须填写出设计具体要求。本例除项次10因内容多，另附页外，其余各项均填写出设计具体要求。项次17必须填写检查结果。混凝土芯结构、表面情况、混凝土抗压强度、抗渗标号、弹性模量必须符合设计标准，强度保证率在80%以上。
4. 单元工程质量标准：在槽孔的主要检查（测）项目符合质量标准的前提下，凡其他检查项目基本符合质量标准，且其他检测项目有70%及以上符合质量标准的，评为“合格”。凡其他检查项目全部符合质量标准，且其他检测项目有90%及以上符合质量标准的，评为“优良”。

1.6.22 水利水电工程振冲地基加固单元工程质量评定

表 3.1.34　　水利水电工程振冲地基加固单元工程质量评定表

单位工程名称		单元工程量	
分部工程名称		施工单位	
单元工程名称、部位		检验日期	年　月　日

项次	检查项目		质量标准	各抽检振冲孔检测结果									
				1	2	3	4	5	6	7	8	9	10
1	钻孔	孔位允许偏差	成孔中心与设计定位中心偏差小于 10cm 柱顶中心与定位中心偏差小于 20cm										
2		△孔深	不得小于设计孔深（设计孔深 10m）										
3		孔径	符合设计要求（见附页）										
4	灌浆	△振密电流	符合设计要求（见附页）										
5		填料质量（包括数量）	粒径小于 5cm，含泥量小于 10%，填料数量符合设计要求（见附页）										
6		填料水压	符合设计要求（见附页）										
7		提升高度	提升孔高不大于 0.5cm										
8		△振冲记录	齐全、清晰、准确										
各振冲孔质量评定													

本单元工程内共有　孔，其中优良　孔，优良率为　%			
振冲桩或复合地基的贯入击数和载荷试验	说明情况和测试成果采用标贯试验：		
评　定　意　见		单元工程质量等级	
本单元各抽检孔质量均达到合格标准，其中优良孔占　%			
施工单位		建设（监理）单位	

注　1. 本表适用于 30kW 振动器振冲加固地基。

2. 若用 75kW 振动器，表中第 4 项振密电流值应加大；第 5 项填料粒径标准，可加大，要求小于 10cm。

填表说明：

填表时必须遵守“填表基本规则”，并符合以下要求：

1. 单元工程划分：每一独立建筑物地基或不同要求区的振冲工程为一个单元工程。
2. 单元工程量：钻孔总长度（m），总孔数，抽检孔数。
3. 填表依据：（1）本表要求抽检单元总孔数的 20% 以上，并以抽检孔的质量评定单元工程质量。（2）本表依据各抽检孔施工记录填写，施工单位务必做好施工记录，监理要认真检查。
4. 检查项目项次 2～6 的质量标准有符合设计要求，本例采取直接填写设计具体要求或另附页方式。
5. 各孔检测结果：每个孔共有 8 个检查项目，每项检查结果用符号表示：以“√”表示符合质量标准，以“0”表示基本符合质量标准，“×”表示不符合质量标准。
6. 各抽检孔质量评定：各孔质量等级用符号表示：以“√”表示优良，以“0”表示合格，“×”表示不合格。质量标准：在主要检查项目全部符合质量标准前提下，一般检查项目也符合质量标准的孔评为优良孔；一般检查项目基本符合质量标准孔评为合格孔。
7. 单元工程质量标准：在本单元抽检孔全部合格的前提下，若优良孔占 70% 及以上，则评为“优良”；若优良孔数达不到 70%，则本单元评为“合格”。

1.6.23 水利水电工程造孔灌注桩基础单元工程质量评定

表 3.1.35　　　　水利水电工程造孔灌注桩基础单元工程质量评定表

单位工程名称				单元工程量									
分部工程名称				施工单位									
单元工程名称				检验日期				年　月　日					
项次	检查项目		质量标准	各孔检测结果									
				1	2	3	4	5	6	7	8	9	10
1	钻孔	孔位偏差	单桩、条形桩基沿垂直轴线方向和群桩基础边桩的偏差小于1/6桩设计直径，其他部位桩的偏差小于1/4桩径										
2	钻孔	孔径偏差	+10cm　-5cm										
3	钻孔	△孔斜率	<1%										
4	钻孔	△孔深	不得小于设计孔深（10m）										
5	清孔	△孔底淤积厚度	端承桩不大于10cm；摩擦桩不大于30cm										
6	清孔	孔内浆液密度	循环1.15～1.25g/cm^3，原造孔浆1.1g/cm^{3}左右										
7	混凝土浇筑	导管埋深	埋深=（1，6］（m）										
8	混凝土浇筑	钢筋笼安放	符合设计要求（见附页）										
9	混凝土浇筑	△混凝土上升速度	≥2m/h或符合设计要求										
10	混凝土浇筑	混凝土坍落度	18～22cm										
11	混凝土浇筑	混凝土扩散度	34～38cm										
12	混凝土浇筑	浇筑最终高度	符合设计要求（见附页）										
13	混凝土浇筑	△施工记录、图表	齐全、准确、清晰										
各孔质量评定													
本单元工程内共有　孔，其中优良　孔，优良率为　%													
混凝土质量指标和桩的载荷测试													
评定意见					单元工程质量等级								
施工单位				建设（监理）单位									

填表说明：

填表时必须遵守“填表基本规则”，并符合以下要求：

1. 单元工程划分：按柱（墩）基础划分，每一柱（墩）下的灌注桩基础为一个单元工程。
2. 单元工程量：以灌注桩孔总长度计（m）和混凝土总量（m^3）表示，且必须为相同直径的桩（不同直径的桩应划分在不同单元）。
3. 填表依据：本表依据各孔施工记录填写，施工单位务必做好施工记录，监理要认真检查。
4. 检查项目项次4、8、12的质量标准有符合设计要求，本例采取直接填写设计具体要求（如孔深10m）或另附页方式。
5. 各孔检测结果：每个孔均有13个检查项目，每项检查结果用符号表示：以“√”表示符合质量标准，以“0”表示基本符合质量标准，“×”表示不符合质量标准。
6. 各抽检孔质量评定：各孔质量等级用符号表示：以“√”表示优良，以“0”表示合格，“×”表示不合格。质量标准：在主要检查项目全部符合质量标准前提下，一般检查项目也符合质量标准的孔评为优良孔；一般检查项目基本符合质量标准孔评为合格孔。
7. 单元工程质量标准：在混凝土抗压强度保证率达80%及以上，以及各灌注桩全部达到合格的前提下，若优良桩达70%及以上，则评为“优良”；若优良桩达不到70%，则评为“合格”。

灌注桩质量评定意见，还应注意并说明的几个问题：

（1）灌注桩造孔应分序，一序孔浇筑后再进行二序孔的施工，避免串孔、塌孔等事故。

（2）成孔后，应规定在一定时间内浇筑混凝土，一般在4h之内，尤其是更换泥浆后，不能停滞时间过长。

（3）孔内应保持一定高度水头，尤其是有外水压力时更应注意孔内水头压力，一般孔内水头高于地下水位。

（4）混凝土浇筑时间，每次导管提升高度。

（5）黏土与亚黏土层泥浆密度可控制在1.1～1.2g/cm^3，砂土和较厚夹砂层泥浆密度应控制在1.1～1.3g/cm^3，砂夹卵石层泥浆密度应控制在1.3～1.5g/cm^3。

1.6.24 水利水电工程河道疏浚单元工程质量评定

表3.1.36　　　　水利水电工程河道疏浚单元工程质量评定表

单位工程名称					单元工程量		
分部工程名称					施工单位		
单元工程名称、部位					检验日期	年　月　日	
检　测　项　目					实测值	合格数（点）	合格率（%）
横断面部位			设计标准	允许误差			
河底			宽度80m	±50cm			
			高程5.0m	±40～20cm			
内堤距			154m	±80cm			
左岸部分	河坡		*M*=3.5				
	河滩		高程6.3	±20cm			
			宽度17m	±30cm			
	标准堤	内坡	*M*=2.5				
		外坡	*M*=2				
		顶高程	12m	+5cm			
		顶宽度	6m	±10cm			
		干容重	1.55t/m^3				
	弃土	顶高程	m				
		外坡	*M*=				
		宽度	m				
右岸部分	河坡		*M*=3.3				
	河滩		高程6.0	±20cm			
			宽度22m	±30cm			
	标准堤	内坡	*M*=2.5				
		外坡	*M*=2				
		顶高程	12m	+5cm			
		顶宽度	6m	±10cm			
		干容重	1.55t/m^3				
	弃土	顶高程	m				
		外坡	*M*=				
		宽度	m				

续表

检测结果				
评　定　意　见				单元工程质量等级
实测点合格率为　　%				
施工单位		建设（监理）单位		

填表说明：

填表时必须遵守“填表基本规则”，并符合以下要求：

1. 单元工程划分：按设计、施工控制质量要求的段划分，每一疏浚河段为一个单元工程。
2. 单元工程量：填写河段长度（m），土石方量（m^3）。
3. 检查数量：以检查疏浚的横断面为主，横断面间距宜为 50 m，检测点间距宜为 2 ~ 5 m，必要时可检测河道纵断面，以便复核。
4. 单元工程质量标准：检测点不欠挖，超宽超深值在允许范围内，即为合格点。凡单元工程范围内，检测合格点占总检测点数的 90% 及以上的，即评为“合格”。检测合格点占总检测点数的 95 及以上的，即评为“优良”。

1.6.25　水利水电工程砂料质量评定

表 3.1.37　　　　水利水电工程砂料质量评定表

单位工程名称			产地	
分部工程名称			生产单位	
单元工程名称、部位			检验日期	至
项次	检查项目		质量标准	检验记录
1	天然砂中含泥量		小于 3%。其中黏土含量小于 1%	
2	△天然砂中泥团含量		不允许	
3	△人工砂中的石粉含量		6% ~12%（指颗粒小于 0.15mm）	
4	坚固性		<10%	
5	△云母含量		<2%	
6	密度		>2.5t/m^3	
7	轻物质含量		<1%	
8	硫化物及硫酸盐含量，按重量折算成 SO_3		<1%	
9	△有机质含量		浅于标准色	
评　定　意　见			质量等级	
主要检查项目全部符合质量标准。其他检查项目有　%检查点符合质量标准				
施工单位			建设（监理）单位	

填表说明：

填表时必须遵守“填表基本规则”，并符合以下要求：

1. 检验日期：检验月（季）的开始及终止日期。
2. 数量：填写本批检验资料所代表的砂料总量。
3. 产地：填写砂料出产地。
4. 检查数量：按月或季进行抽样检查分析，一般每生产 500m^3 砂石料，在净料堆放场取组样，总抽检数量：按月检查分析，不少于 10 组；按季检查分析，不少于 20 组。要分规格进行质量评定。
5. 检验记录：填写抽检组数、最大值 ~ 最小值、合格组数。
6. 质量标准：综合分析抽样检查成果时，应分规格评定质量。凡抽样检查中主要检查项目全部符合标准，任一种规格的其他检查项目有 90% 及其以上的检查点符合质量标准的，即评为优良；有 7% 及其以上的抽点符合质量标准的，即评为合格。

1.6.26 水利水电工程粗骨料质量评定

表 3.1.38　　　　水利水电工程粗骨料质量评定表

单位工程名称		产地	
分部工程名称		生产单位	
单元工程名称、部位		检验日期	至

项次	检查项目	质量标准	检验记录
1	超径	原孔筛检验小于5% 超逊径检验0	
2	逊径	原孔筛检验小于10%超逊径检验小于2%	
3	含泥量	D_{20}、D_{40}粒径级小于1%，D_{80}、D_{150}（或D_{120}）粒径级小于0.5%	
4	△泥团	不允许	
5	△软弱颗粒含量	<5%	
6	硫酸盐及硫化物含量按重量折算成SO_3	0.50%	
7	△有机质含量	浅于标准色	
8	密度	>2.55t/m^3	
9	吸水率	D_{20}、D_{40} < 2.5%，D_{80}、D_{150} <1.5%	
10	△针片状颗粒含量	< 15%；有试验论证，可以放宽至25%	

评　定　意　见	质量等级
主要检查项目全部符合质量标准。其他检查项目合格率　　%	

施工单位		建设（监理）单位	

填表说明：

填表时必须遵守“填表基本规则”，并符合以下要求：

1. 抽检日期：填写检验月（季）的开始及终止日期。
2. 数量：填写本批检验资料所代表的粗骨料总量（m^3）。
3. 产地：填写粗骨料出产地名或料场名称。
4. 检查数量：按月或季进行抽样检查分析，一般每生产500m^3 砂石料，在净料堆放场取组样，总抽检数量：按月检查分析，不少于10组；按季检查分析，不少于20组。要分规格进行质量评定。
5. 检验记录：填写抽检组数、最大值~最小值、合格组数。
6. 质量标准：综合分析抽样检查成果时，应分规格评定质量。凡抽样检查中主要检查项目全部符合标准，任一种规格的其他检查项目有90%及其以上的检查点符合质量标准的，即评为优良；有7%及其以上的抽点符合质量标准的，即评为合格。

1.6.27 水利水电工程混凝土拌和物质量评定

表 3.1.39　　　　水利水电工程混凝土拌和物质量评定表

单位工程名称				分部工程量	
分部工程名称				施工单位	
分部工程部位				检验日期	至

项次	项　目	质量标准		检验记录
		优良	合格	
1	△原材料称量偏差符合要求的频率	≥90%	≥70%	
2	砂子含水量＜6% 的频率	≥90%	≥70%	
3	△拌和时间符合规定的频率	100%	100%	
4	混凝土坍落度符合要求的频率	≥80%	≥70%	
5	△混凝土水灰比符合设计要求的频率	≥90%	≥80%	
6	混凝土出机口温度符合设计要求的频率	≥80% （高 1～2℃）	≥70% （高 2～3℃）	

评　定　意　见			质量等级
检查以上六项，均达到　　标准			
施工单位		建设（监理）单位	

填表说明：

填表时必须遵守“填表基本规则”，并符合以下要求：

1. 本表依据施工单位施工过程的检验记录和监理检查后评定。
2. 检验日期：填写本批混凝土检验月（季）的开始日期及终止日期。
3. 本表第 3、4、5、6 项要填写设计具体要求，第一项原材料称量偏差填写拌和楼（站）施工配料单规定的各种材料的称量（kg）。规定原材料称量值和设计要求值，可填在检验记录栏内。
4. 试验记录栏填：检查组数、实测最大值、最小值、合格总数。
5. 质量标准：如果主要检查项目全部符合优良标准，一般检查项目符合优良或合格标准，评为优良。若主要检查项目只符合合格标准，一般检查项目基本符合合格标准，则评为合格。

1.6.28 水利水电工程混凝土试块质量评定

表 3.1.40　　　　水利水电工程混凝土试块质量评定表

单位工程名称				分部工程量	
分部工程名称				施工单位	
分部工程部位				检验日期	至

项次	项　目	质量标准		检验记录
		优良	合格	
1	任何一组试块抗压强度最低不得低于设计标号的	90%	85%	

续表

项次	项目		质量标准		检验记录	
			优良	合格		
2	△无筋（或少筋）混凝土强度保证率		85%	80%		
3	△配筋混凝土强度保证率		90%	85%		
4	混凝土抗拉、抗渗、抗冻指标		不低于设计标号	不低于设计标号		
5	混凝土强度的离差系数	<200 号	<0.18	<0.22		
		≥200 号	<0.14	<0.18		
评　定　意　见					质量等级	
全部检查项目符合　质量标准						
施工单位					建设（监理）单位	

填表说明：

填表时必须遵守“填表基本规则”，并符合以下要求：

1. 本表依据施工单位在机口及仓面取样成型的28d龄期混凝土试件试验成果及统计资料，经监理检查后评定。
2. 表头填写与表3.1.20相同。
3. 分部工程量：填写本批试块所代表的混凝土量、混凝土设计等级（或标号）、试块组数。
4. 检验日期：填写本批试块质量检验的开始日期及终止日期。
5. 检查项目：第4项要标明设计标号。本例将设计抗渗标号W6填写在检验记录栏内。
6. 检验记录：第1、4项要检查组数、各组试块的实测值。若实测值较多，也可填实测组数、最大值~最小值，合格组数。
7. 试验数据统计：按《水利水电工程施工质量检验与评定规程》SL 176—2007规定进行。
8. 质量标准：全部检查项目符合合格标准前提下，如主要检查项目为优良，则评为优良。若主要检查项目为合格，则评为合格。

1.6.29　水利水电工程混凝土拌和质量评定

表3.1.41　　　　水利水电工程混凝土拌和质量评定表

单位工程名称		分部工程量	
分部工程名称		施工单位	
分部工程部位		评定日期	年　月　日
项次	项目	项目质量等级	
1	混凝土拌和物		
2	△混凝土试块		
评　定　意　见			质量等级
施工单位		建设（监理）单位	

填表说明：

填表时必须遵守“填表基本规则”，并符合以下要求：

1. 分部工程名称：填写使用本批混凝土料的分部工程名称。
2. 分部工程量：填写本批检验资料所代表的混凝土总量（m^3）及混凝土设计等级或设计标号。
3. 项目质量等级：按照表3.1.40评定结果填写。
4. 质量标准：在混凝土拌和物、混凝土试块两个项目均达到合格标准的前提下，如试块质量达到优良，则评为优良；如试块质量只达到合格，则评为合格。

1.6.30 水利水电工程混凝土预制构件制作质量评定

表 3.1.42　　水利水电工程混凝土预制构件制作质量评定表

单位工程名称						单元工程量		
分部工程名称						施工单位		
单元工程名称、部位						检验日期	至	
项次	检查项目			设计值（mm）	允许偏差（mm）	实测值（mm）	合格数（点）	合格率（%）
1	模板安装	相邻两板面高差			2			
2	模板安装	局部不平（用2m直尺检查）			3			
3	模板安装	板面缝隙			1			
4	模板安装	预留孔、洞位置			10			
5	模板安装	梁、桁架拱度		30	+5 -2			
6	钢筋焊接与安装	帮条对焊接接头中心的纵向偏移		ϕ28	0.5d （14mm）			
7	钢筋焊接与安装	两根钢筋的轴向曲折			4°			
8	钢筋焊接与安装	焊缝	高度（ϕ28）	7	-0.05d （-1.4）			
		焊缝	长度（ϕ28）	140	-0.5d （-14）			
		焊缝	宽度（ϕ28）	20	-0.1d （-2.8）			
		焊缝	咬边深度		-0.05d 且小于1			
		焊缝	表面气孔夹渣：在2d长度上气孔夹渣直径		不多于2个 <3			
9	钢筋焊接与安装	同一排受力钢筋间距的局部偏差： 梁与柱 板及墙		 ϕ28 94	 ±0.5d ±0.1间距			
10	钢筋焊接与安装	同一排分布钢筋间距的局部偏差		125	±0.1间距			
11	钢筋焊接与安装	双排钢筋的排间距局部偏差		50	±0.1排距			
12	钢筋焊接与安装	箍筋间距偏差		200	±0.1 箍筋距			
13	钢筋焊接与安装	保护层厚度		30	±1/4 净保护层厚			
14	钢筋焊接与安装	钢筋起重点位移			20			
15	钢筋焊接与安装	钢筋骨架： 高度 长度		 1120 15700	 ±5 ±10			

续表

项次	检　查　项　目	设计值（mm）	允许偏差（mm）	实测值（mm）	合格数（点）	合格率（%）
16 外形尺寸	埋入建筑物内部的，预制廊道、井筒、小构件等		±10（长、宽）			
	埋入建筑物内部的电梯井、垂线井、风道、预制模板	±5（长、宽）				
	板、梁柱等装配式构件	1200 15800	±3（长、宽）			
17 中心线偏差	埋入建筑物内部的，预制廊道、井筒、小构件等		±10			
	埋入建筑物内部的电梯井、垂线井、风道、预制模板		±5			
	板、梁柱等装配式构件		±3			
18 顶、底部平整度	埋入建筑物内部的，预制廊道、井筒、小构件等		±10			
	埋入建筑物内部的电梯井、垂线井、风道、预制模板		±5			
	板、梁柱等装配式构件		±5			
19	预埋件纵、横中心线位移		±3			
20	起吊环、钩中心线位移		±10			
检测结果		共检测　　点，其中合格　　点，合格率　　%				
评　定　意　见				质量等级		
模板合格率　　%；钢筋焊接与安装合格率　　%，构件尺寸合格率　　%						
施工单位				建设（监理）单位		

注　构件尺寸包括：外型尺寸，中心线偏差，顶、底部平整度，预埋件纵、横中心线位移，起吊环、钩中心线位移。

填表说明：

填表时必须遵守“填表基本规则”，并符合以下要求：

1. 本表填写的前提是预制构件的原材料的质量和品种已经过检验符合设计要求；混凝土配合比符合设计要求，混凝土拌和质量合格。构件无漏筋、无裂缝。混凝土强度达到要求。
2. 检查数量：按月或按季进行抽样检查分析，按构件各种类型的件数，各抽查10%，但月检查3件，季检查不少于5件。
3. 检验日期：本批构件制作的开始及完工日期。
4. 质量标准：每一类型构件抽样的模板、钢筋和构件尺寸的检查点数，分别有70%及其以上符合质量标准的，即评为“合格”，凡模板、钢筋、构件尺寸检查，分别有90%及其以上符合质量标准的，即评为“优良”。

本章习题

3.1.1　工程外观质量检验评定办法，按工程类型分为几种？

3.1.2　单位工程质量评定为优良的条件是什么？

3.1.3 质量事故发生后，有关单位应按“三不放过”原则作好事故处理工作，“三不放过”是指的哪些“不放过”？

3.1.4 房屋建筑外观质量评定的标准是什么？

3.1.5 水工建筑单元工程质量评定表填写时应注意些什么？